U0376215

"十二五"普通高等教育本科国家级规划教材

普通高等教育土建学科专业"十二五"规划教材

教育部普通高等教育精品教材

高校土木工程专业指导委员会规划推荐教材

（经典精品系列教材）

混 凝 土 结 构

下册　混凝土公路桥设计

（第六版）

东南大学　李爱群　叶见曙　程文瀼

同济大学　颜德姮　　　　　　　主编

天津大学　王铁成

清华大学　叶列平　　　　　　　主审

中国建筑工业出版社

图书在版编目（CIP）数据

混凝土结构　下册　混凝土公路桥设计/东南大学等合
编. —6版. —北京：中国建筑工业出版社，2015.12
"十二五"普通高等教育本科国家级规划教材. 普通高等教
育土建学科专业"十二五"规划教材. 教育部普通高等教育精
品教材. 高校土木工程专业指导委员会规划推荐教材（经典精
品系列教材）
ISBN 978-7-112-18895-6

Ⅰ.①混…　Ⅱ.①东…　Ⅲ.①混凝土结构-结构设计-高
等学校-教材②钢筋混凝土桥-设计-高等学校-教材　Ⅳ.①TU37

中国版本图书馆 CIP 数据核字（2015）第 306655 号

"十二五"普通高等教育本科国家级规划教材
普通高等教育土建学科专业"十二五"规划教材
教 育 部 普 通 高 等 教 育 精 品 教 材
高校土木工程专业指导委员会规划推荐教材
（经典精品系列教材）
混 凝 土 结 构
下册　混凝土公路桥设计
（第六版）

东南大学　李爱群　叶见曙　程文瀼
同济大学　颜德姮　　　　　　　　　　　主编
天津大学　王铁成
清华大学　叶列平　　　　　　　　　　　主审

*

中国建筑工业出版社出版、发行（北京西郊百万庄）
各地新华书店、建筑书店经销
北京红光制版公司制版
北京圣夫亚美印刷有限公司印刷

*

开本：787×960 毫米　1/16　印张：25½　字数：526 千字
2016 年 4 月第六版　　2016 年 4 月第十九次印刷
定价：**52.00** 元
ISBN 978-7-112-18895-6
（28157）

本教材分为上、中、下三册。此次修订全面参照最新的国家规范和标准对全书内容进行了梳理、充实和重新编排，使本教材能更好地适应当前混凝土结构课程教学发展的需要。上册混凝土结构设计原理，主要讲述基本理论和基本构件；中册混凝土结构与砌体结构设计，主要讲述楼盖、单层厂房、多层框架、高层建筑；下册为混凝土公路桥设计。

下册共分5章，主要结合《公路工程技术标准》JTGB 01—2014、《公路桥涵设计通用规范》TJG D60—2015、《公路钢筋混凝土及预应力混凝土桥涵设计规范》JTG D62—2004 和《公路圬工桥涵设计规范》JTG D61—2005 编写，内容包括：公路混凝土桥总体设计、公路混凝土桥结构的设计原理、混凝土梁式桥、混凝土拱式桥、桥墩与桥台等。

本教材可作为高校土木工程专业教材，也可供从事混凝土结构设计、制作、施工等工程技术人员参考。

＊ ＊ ＊

责任编辑：朱首明　王　跃　吉万旺
责任校对：李美娜　刘　钰

出　版　说　明

　　1998年教育部颁布普通高等学校本科专业目录，将原建筑工程、交通土建工程等多个专业合并为土木工程专业。为适应大土木的教学需要，高等学校土木工程学科专业指导委员会编制出版了《高等学校土木工程专业本科教育培养目标和培养方案及课程教学大纲》，并组织我国土木工程专业教育领域的优秀专家编写了《高校土木工程专业指导委员会规划推荐教材》。该系列教材2002年起陆续出版，共40余册，十余年来多次修订，在土木工程专业教学中起到了积极的指导作用。

　　本系列教材从宽口径、大土木的概念出发，根据教育部有关高等教育土木工程专业课程设置的教学要求编写，经过多年的建设和发展，逐步形成了自己的特色。本系列教材投入使用之后，学生、教师以及教育和行业行政主管部门对教材给予了很高评价。本系列教材曾被教育部评为面向21世纪课程教材，其中大多数曾被评为普通高等教育"十一五"国家级规划教材和普通高等教育土建学科专业"十五"、"十一五"、"十二五"规划教材，并有11种入选教育部普通高等教育精品教材。2012年，本系列教材全部入选第一批"十二五"普通高等教育本科国家级规划教材。

　　2011年，高等学校土木工程学科专业指导委员会根据国家教育行政主管部门的要求以及新时期我国土木工程专业教学现状，编制了《高等学校土木工程本科指导性专业规范》。在此基础上，高等学校土木工程学科专业指导委员会及时规划出版了高等学校土木工程本科指导性专业规范配套教材。为区分两套教材，特在原系列教材丛书名《高校土木工程专业指导委员会规划推荐教材》后加上经典精品系列教材。各位主编将根据教育部《关于印发第一批"十二五"普通高等教育本科国家级规划教材书目的通知》要求，及时对教材进行修订完善，补充反映土木工程学科及行业发展的最新知识和技术内容，与时俱进。

高等学校土木工程学科专业指导委员会

中国建筑工业出版社

第 六 版 前 言

本教材第五版于 2012 年出版发行。不幸的是，深受我们尊敬和爱戴的本教材主编程文瀼老师于 2013 年 2 月 17 日永远离开了我们。为告慰程先生，并做好先生倾注毕生心血、特别钟爱的、深受同行师生关爱的本教材的修订工作，来自东南大学、天津大学、同济大学和中国建筑工业出版社的作者和代表共 16 人，于 2015 年 7 月 11 日在东南大学榴园宾馆举行了本教材修订工作研讨会。会议确定了三条修订原则：一是尊重第五版的教材内容设计和构成，对发现和收集到的问题和意见做局部完善和修订；二是按现行新规范进行修订，这些规范主要包括：《混凝土结构设计规范》GB 50010—2010、《建筑结构荷载规范》GB 50009—2012、《砌体结构设计规范》GB 50003—2011 和《公路工程技术标准》JTGB 01—2014；三是精益求精。

本教材是"十一五"、"十二五"普通高等教育本科国家级规划教材、普通高等教育土建学科专业"十二五"规划教材和高校土木工程专业指导委员会规划推荐教材，是东南大学、天津大学、同济大学和清华大学四校三代教师精诚合作、精心创作、凝聚情感和学识并紧跟时代的教材作品。

本教材第六版的分工如下：王铁成（第 1、2、3、10 章）、顾蕙若（第 4 章）、李砚波（第 5、6 章）、康谷贻（第 3、7 章）、高莲娣（第 9 章）、颜德姮（第 9 章）、李爱群（第 8、12、15 章）、邱洪兴（第 11 章）、张建荣（第 13、14 章）、熊文（第 16、18 章）、叶见曙（第 17 章）、张娟秀（第 19 章）、吴文清（第 20 章）。上册教学 PPT 文件光盘修订、中册教学 PPT 光盘制作由祝磊完成。下册由叶见曙统稿。全书由李爱群统稿。担任本教材主审的是清华大学叶列平教授。

在修订工作过程中，程先生的夫人、师母张素德老师给予了真诚的关爱和信任，中国建筑工业出版社王跃主任、吉万旺编辑给予了工作指导和帮助，东南大学黄镇老师、张志强老师、陆飞老师，合肥工业大学陈丽华老师、陈道政老师，南京林业大学黄东升老师、苏毅老师和北京建筑大学祝磊老师、刘栋栋老师、邓思华老师、赵东拂老师、彭有开老师提出了宝贵的意见，东南大学傅乐萱老师给予了热情的帮助。2012 年第五版发行后，我们收到了来自高校的老师和同学们的修订意见。这些意见和帮助对于我们做好本次修订工作大有裨益，在此一并表示衷心感谢。

限于时间和水平，不妥和错误之处敬请批评指正。

编　者

2015 年 10 月

第 五 版 前 言

在编写第五版时，感到压力特别大。一是因为这本教材的发行量一直很大。二是因为本教材的老前辈，清华大学 滕智明 教授、东南大学 丁大钧 教授、本教材的主审清华大学 江见鲸 教授以及主要编写成员东南大学 蒋永生 教授都相继离开了我们。这就鞭策我们必须把本教材修订好，以不辜负大家和前辈们的殷切期望。

本教材是教育部确定的普通高等教育"十一五"国家级规划教材；同时本教材已被住房和城乡建设部评为普通高等教育土建学科专业"十二五"规划教材；也被高校土木工程专业指导委员会评为规划推荐教材。

第五版是在第四版的基础上修订的，仍分为上、中、下三册；章、节都没有大的变动。这次修订，除了按新修订的《混凝土结构设计规范》GB 50010—2010 和《砌体结构设计规范》GB 50003—2011 进行修改外，还主要做了以下工作：

1. 对每一章都给出了教学要求，分为基本概念、计算能力和构造要求三方面，并都分为三个档次：对概念，分为"深刻理解"、"理解"和"了解"；对计算，分为"熟练掌握"、"掌握"和"会做"；对构造，分为"熟悉"、"领会"和"识记（知道）"。

2. 进一步突出重点内容，进一步讲清了难点内容。例如，增加了无腹筋梁斜截面受剪承载力的实验；给出了排架计算例题；用两个控制条件讲清了梁内负钢筋的截断；用控制截面的转移讲清了偏心受压构件的 $P—\delta$ 效应；把小偏心受压分成三种情况，并用两个计算步骤讲清了矩形截面非对称配筋小偏心受压构件截面承载力的设计等。并且对重要的内容，采用黑体字。

3. 为了贯彻规范提出的"宜采用箍筋作为承受剪力的钢筋"，并与我国常规设计接轨，在楼盖设计中，不再采用弯起钢筋，并介绍了钢筋的平面表示法。

4. 全面地修改和补充了计算例题。

5. 为了方便教学，对本教材的上册制作了教学光盘。

担任本教材主审的是清华大学博士生导师、教授叶列平博士。

制作本教材教学光盘的是清华大学硕士、东京大学博士，现在北京建筑工程学院任教的祝磊副教授。

编写本教材第五版的分工如下：上册主编程文瀼、李爱群、王铁成、颜德姮；中册主编程文瀼、李爱群、颜德姮、王铁成；下册主编程文瀼、李爱群、叶见曙、颜德姮、王铁成。参加编写的有：王铁成（第 1、2、3、10章）、顾蕙若（第 4 章）、李砚波（第 5、6 章）、康谷贻（第 3、7 章）、高莲娣（第 9 章）、颜德姮（第 9 章）、程文瀼（第 3、8、12、14、15 章）、邱洪兴（第11 章）、张建荣（第 13、14 章）、戴国亮（第 15 章）、叶见曙（第 16、17 章）、安琳（第 18 章）、张娟秀（第 19 章）、吴文清（第 20 章）、熊文（第 16、18章）。有些图是东南大学硕士研究生高海平画的。

在编写过程中，南昌大学熊进刚教授、常州工学院周军文、刘爱华教授、北京工业大学曹万林教授、北京建筑工程学院刘栋栋教授、南京林业大学黄东升教授、苏毅副教授、扬州大学曹大富教授、华中科技大学袁涌副教授、华北水利水电学院程远兵教授、太原理工大学张文芳教授、河海大学张富有副教授、贵州大学须亚平教授、深圳大学曹征良教授、西南交通大学林拥军教授、哈尔滨工业大学邹超英教授、山东科技大学韩金生博士、青岛理工大学隋杰英博士、上海师范大学建筑工程学院副教授赵世峰博士后、广东省惠州建筑设计院总工程师任振华博士、中国建筑科学研究院白生翔研究员等对本教材的内容提出了宝贵意见，在此表示衷心感谢。

由程文瀼主编的《混凝土结构学习辅导与习题精解》也同时进行了修订，补充了很多疑难问题的解答，供大家学习时参考。这本《混凝土结构学习辅导与习题精解》（第二版）也是由中国建筑工业出版社出版的。

限于水平，不妥的地方一定很多，欢迎批评指正。

编 者
2011 年 9 月

第四版前言

这本《混凝土结构》教材主要是供土木工程专业中主修建筑工程，选修桥梁工程的大学生用的。全书有上、中、下三册。上册为《混凝土结构设计原理》，包括绪论、材性、弯、剪、压、拉、扭、变形裂缝和预应力等9章；中册为《混凝土结构与砌体结构设计》，包括设计原则和方法、楼盖、单厂、多层框架、高层和砌体结构等6章；下册为《混凝土公路桥设计》，包括总体设计、设计原理、梁式桥、拱式桥和墩台设计等5章。

这本教材是教育部确定普通高等教育"十一五"国家级规划教材，同时也被住房和城乡建设部评为普通高等教育土建学科专业"十一五"规划教材。2007年底，高校土木工程指导委员会对"混凝土结构基本原理"和"土力学"两门课程的教材组织了推荐评审工作，本教材的上册被评为建设部高等学校土木工程专业指导委员会"十一五"推荐教材。

本教材是在原有的第三版基础上进行修订的。这次修订的主要内容是，把原来上册第3章计算方法的内容都移到现在的中册第10章设计原则和方法中去，并把原来分散在楼盖和单厂中的楼面竖向荷载、风、雪荷载等内容也归并到第10章中；在上册中删去双偏压，增加型钢混凝土柱和钢管混凝土柱简介；在中册高层中突出剪力墙，并把它单独列为一节；在例题和习题中的受力钢筋大多改为HRB400级钢筋。

本教材的重点内容是，受弯构件的正截面受弯承载力、矩形截面偏压构件的正截面承载力计算、单向板肋形楼盖、单跨排架计算、多层框架的近似计算、剪力墙和梁式桥。本教材的难点内容是，保证受弯构件斜截面受弯承载力的构造措施、矩形截面小偏心受压构件的正截面承载力计算、钢筋混凝土超静定结构的内力重分布、排架柱和框架梁、柱控制截面的内力组合。教学中应突出重点内容，讲清难点内容。

编写本教材第四版的分工如下：上册主编程文瀼、王铁成、颜德姮；中册主编：程文瀼、颜德姮、王铁成；下册主编：程文瀼、叶见曙、颜德姮、王铁成。江见鲸担任全书的主审。参加编写的有：王铁成（第1、2、3、10章）、顾蕙若（第4章）、李砚波（第5、6章）、康谷贻（第3、5、6、7章）；高莲娣（第9章）、颜德姮（第9章）、程文瀼（第3、8、12、14、15章）、邱洪兴（第11章）、张建荣（第13、14章）、戴国亮（第15章）、叶见曙（第16、17、18章）、安琳（第18章）、张娟秀（第19章）、吴文清（第20章）。东南大学 蒋永生 教授因病逝世，在此对他以前为本书所做的工作表示感谢。

为满足广大读者的要求，我们按本教材上册和中册的内容，由程文瀼担任主编，编写了《混凝土结构学习辅导与习题精解》，已由中国建筑工业出版社出版，供大家学习时参考。

限于水平，不妥的地方一定很多，欢迎批评指正。

编　者
2008 年 2 月

第 一 版 前 言

本教材是教育部、建设部共同确定的"十五"国家级重点教材，也是我国土木工程专业指导委员会推荐的面向21世纪的教材。

本教材是根据全国高校土木工程专业指导委员会审定通过的教学大纲编写的，分上、中、下册，上册为《混凝土结构设计原理》，属专业基础课教材，主要讲述基本理论和基本构件；中册为《混凝土建筑结构设计》，属专业课教材，主要讲述楼盖、单层厂房、多层框架、高层建筑；下册为《混凝土桥梁设计》，也属专业课教材，主要讲述公路桥梁的设计。

编写本教材时，注意了以教学为主，少而精；突出重点、讲清难点，在讲述基本原理和概念的基础上，结合规范和工程实际；注意与其他课程和教材的衔接与综合应用；体现国内外先进的科学技术成果；有一定数量的例题，每章都有思考题，除第1章外，每章都有习题。

本教材的编写人员都具有丰富的教学经验，上册主编：程文瀼、康谷贻、颜德姮；中、下册主编：程文瀼、颜德姮、康谷贻。参加编写的有：王铁成（第1、2、3章）、陈云霞（第1、2章）、杨建江（第4、8章）、顾蕙若（第5章）、李砚波（第6、7章）、康谷贻（第6、7、8章）、蒋永生（第9章）、高莲娣（第10章）、颜德姮（第10章）、叶见曙（第11、16章）、程文瀼（第11、13章）、邱洪兴（第12章）、曹双寅（第13章）、张建荣（第14、15章）、陆莲娣（第16章）、朱征平（第16章）。全书主审：江见鲸。

原三校合编，清华大学主审，中国建筑工业出版社出版的高等学校推荐教材《混凝土结构》（建筑工程专业用），1995年荣获建设部教材一等奖。本教材是在此基础上全面改编而成的，其中，第11章是按东南大学叶见曙教授主编的高等学校教材《结构设计原理》中的部分内容改编的。

本教材已有近30年的历史，在历届专业指导委员会的指导下，四校的领导和教师紧密合作，投入很多精力进行了三次编写。在此，特向陈肇元、沈祖炎、江见鲸、蒋永生等教授及资深前辈：吉金标、蒋大骅、丁大钧、滕智明、车宏亚、屠成松、范家骥、袁必果、童启明、黄兴棣、赖国麟、储彭年、曹祖同、于庆荣、姚崇德、张仁爱、戴自强等教授，向中国建筑科学研究院白生翔教授、清华大学叶列平教授，向给予帮助和支持的兄弟院校，向中国建筑工业出版社的领导及有关编辑等表示深深的敬意和感谢。

限于水平，本教材中有不妥之处，请批评指正。

编　者

2000 年 10 月

目　　录

第16章 公路混凝土桥总体设计

教学要求：

1. 了解桥梁的结构组成与分类，理解桥梁设计的基本原则；
2. 理解桥梁结构上的各种作用，掌握桥梁可变作用的计算方法。

钢筋混凝土和预应力混凝土是桥梁中广泛采用的结构材料。中小跨径的永久性桥梁，无论是公路、铁路还是城市桥梁，绝大部分为钢筋混凝土或预应力混凝土桥，同时，在大跨径或特大跨径桥梁中，预应力混凝土桥梁也占有重要的地位。

本章将根据我国现行的公路桥梁标准和设计规范，介绍我国公路混凝土桥梁总体设计的概念。

§16.1 桥梁的结构组成与分类

16.1.1 公路混凝土桥的结构组成

公路混凝土桥由上部结构、下部结构、基础和附属结构等部分组成。

1. 上部结构

上部结构包括桥跨结构和桥面系，是桥梁承受行人、车辆等各种作用并跨越障碍(例如河流、山谷和道路等天然或人工障碍)空间的直接承重部分，例如图 16-1 所示梁式桥中的主梁和桥面系以及图 16-2 所示拱式桥中的主拱圈、拱上建筑和桥面系。

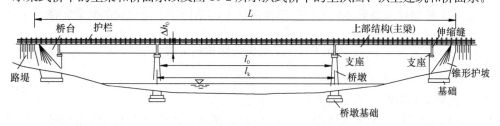

图 16-1 混凝土梁桥的结构组成

2. 下部结构与基础

桥台和桥墩是支承上部结构，把结构重力、车辆等各种荷载作用传递给基础的构筑物。桥台位于桥的两端与路基衔接，还起到承受台后路堤土压力的作用。桥墩位于两端桥台之间，单孔桥只有桥台没有桥墩。

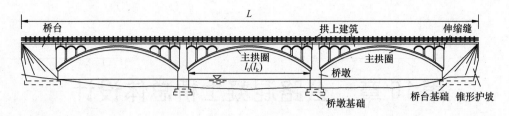

图 16-2　混凝土拱桥的结构组成

基础位于桥台或桥墩与地基之间，桩基础和扩大基础是桥梁用得比较多的基础形式。

3. 附属结构

附属结构包括桥头路堤锥形护坡、护岸等，其作用是防止桥头路基土向河中坍塌，并抵御水流的冲刷。

主梁和主拱圈又称桥跨结构，通常主梁与墩、台之间还设置专门的支座，是用以支承上部结构的传力装置，并且可保证桥跨结构的变位符合设计要求。

参照图 16-1 和图 16-2 介绍一些与桥梁总体布置有关的主要尺寸术语：

（1）净跨径 l_n：对设有支座的桥梁，l_n 为相邻墩、台身顶内缘之间的水平净距；对不设支座的桥梁，l_n 为上、下部结构相交处内缘间的水平净距。

（2）标准跨径 l_k'：对梁桥为桥墩中线间或桥墩中线与台背前缘间距离；对拱桥为净跨径。

（3）计算跨径 l：对于梁桥为桥跨结构两支承点之间距离；对于拱桥为两拱脚截面重心点之间的水平距离。

（4）桥梁全长 L：对有桥台的桥梁为两岸桥台侧墙或八字尾端间的距离；对无桥台桥梁为桥面系行车道长度。

（5）多孔跨径总长 L_1：对梁（板）桥为多孔标准跨径的总长；对拱桥为两岸桥台内拱脚截面最低点（起拱线）间的距离；对其他形式桥梁为桥面系行车道长度。

（6）桥梁建筑高度 Δh_0：行车道顶面至上部结构最下边缘间的竖向距离。

16.1.2　混凝土公路桥的分类

1. 按受力体系的分类

按桥梁承重结构的受力体系，可分为：

（1）梁式桥　主要承重构件是梁（板），桥墩、桥台承受支座传来的竖向力，见图 16-3。

（2）拱式桥　主要承重构件是主拱圈，桥墩、桥台除承受竖向力和弯矩外，还承受水平推力，见图 16-4。

（3）刚架桥　上部结构与墩、台（支柱）彼此刚性连接成一个整体刚架结构，见图 16-5。

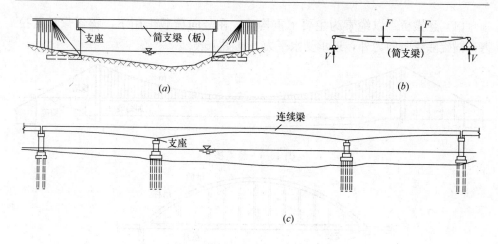

图 16-3　梁式桥

（a）简支梁桥；（b）简支梁受力力学图式；（c）连续梁桥

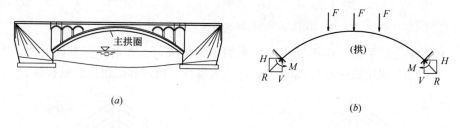

图 16-4　拱式桥

（a）上承式无铰拱桥；（b）无铰拱受力力学图式

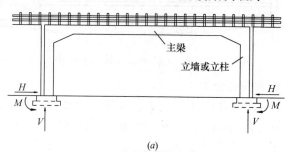

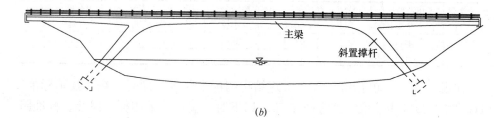

图 16-5　刚架桥

（a）门式刚架桥；（b）斜腿刚架桥

（4）悬索桥　以缆索为主要承重构件。在竖向荷载作用下，缆索只承受拉力，锚碇除受竖向力外，还承受水平力，见图 16-6。

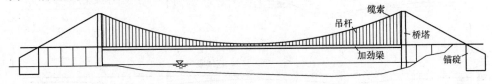

图 16-6　悬索桥

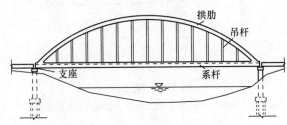

图 16-7　梁与拱组成的系杆拱桥

（5）组合体系桥　由不同受力体系的结构组成，互相联系，共同受力。图16-7 为由梁与拱组成的系杆拱桥；图 16-8 为塔柱、拉索和梁组成的斜拉桥。

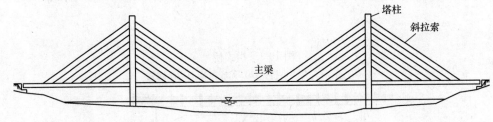

图 16-8　塔柱、拉索和梁组成的斜拉桥

2. 按桥梁的总长和跨径分类

按桥梁的总长度和跨径可分为特大桥、大桥、中桥和小桥。表 16-1 为我国《公路工程技术标准》JTG B01—2014❶对桥涵分类的规定。

桥涵按跨径分类表　　　　　　　　　　　　　　　表 16-1

桥涵分类	多孔跨径总长 L(m)	单孔跨径 l_k(m)	桥涵分类	多孔跨径总长 L(m)	单孔跨径 l_k(m)
特大桥	$L>1000$	$l_k>150$	小桥	$8 \leqslant L \leqslant 30$	$5 \leqslant l_k<20$
大桥	$100 \leqslant L \leqslant 1000$	$40 \leqslant l_k \leqslant 150$	涵洞		$l_k<5$
中桥	$30<L<100$	$20 \leqslant l_k<40$			

在表 16-1 中，单孔跨径是指桥跨结构的标准跨径。同时，在《技术标准》JTG B01—2014 中建议，当跨径在 50m 以下时，应尽量采用标准跨径。标准跨

---

❶　为简便，下文简称《技术标准》JTG B01—2014。

径为 3.0m、4.0m、5.0m、6.0m、8.0m、10m、13m、16m、20m、25m、30m、35m、40m、45m 和 50m。

　　3. 按桥面系位置分类

　　按桥面系位置可分为上承式桥、下承式桥和中承式桥。桥面系布置在桥跨承重结构之上称为上承式桥，见图 16-3、图 16-4 和图 16-5。桥面系布置在桥跨承重结构之下称为下承式桥；而桥面系布置在桥跨结构高度中部的称为中承式桥，图 16-9 为中承式拱桥的简图。

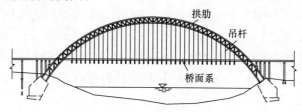

图 16-9　中承式拱桥的立面示意

　　除以上三种划分方法外，按跨越障碍的不同，可分为跨河桥、跨线桥（立体交叉）、高架桥等，在此不详述。

§16.2　总体设计简介

16.2.1　桥梁设计的基本原则

　　桥梁工程的设计应符合技术先进、安全可靠、适用耐久、经济合理的要求，同时应满足美观、环境保护和可持续发展的要求。桥梁设计应遵循以下各项基本原则。

　　1. 技术先进

　　在因地制宜的前提下，尽可能采用成熟的新结构、新设备、新材料和新工艺，必须认真学习国内外的先进技术，充分利用最新科学技术成就，把学习和创新结合起来。

　　2. 安全可靠

　　（1）所设计的桥梁结构应有足够的安全储备；

　　（2）防撞栏杆应具有足够的高度和安全性，人与车流之间应做好防护栏，防止车辆撞入人行道或撞坏栏杆而落至桥下；

　　（3）对于交通繁忙的桥梁，应设计好照明设施，并有明确的交通标志，两端引桥坡度不宜太陡，以避免发生车辆碰撞等引起的车祸；

　　（4）地震区的桥梁，应按抗震要求采取防震措施；对于河床易变迁的河道，应设计好导流设施，防止桥梁基础底部被过度冲刷；对于通行大吨位船舶的河道，除按规定加大桥孔跨径外，必要时设置防撞构筑物等。

3. 适用耐久

(1) 应保证桥梁结构在设计使用年限内正常使用；

(2) 桥面宽度能满足当前以及今后规划年限内的交通流量（包括行人通行）；

(3) 桥梁结构在正常使用阶段，不出现过大的变形和过宽的裂缝；

(4) 应考虑不同的环境类别对桥梁耐久性的影响，在选择材料、混凝土保护层厚度、钢材防锈等方面满足耐久性的要求；

(5) 桥跨结构下的净空应满足泄洪、通航（跨河桥）或车辆和行人的通行（跨线桥）要求；

(6) 桥梁的两端方便车辆的进入和疏散，不致产生交通堵塞现象等；

(7) 城市桥梁可考虑综合利用，方便各种管线（水、电、气及通信等）的搭载。

4. 经济合理

(1) 桥梁设计应遵循因地制宜、就地取材和方便施工的原则；

(2) 经济的桥型应该是造价和使用年限内养护费用综合最省的桥型，设计中应充分考虑维修的方便和维修费用少，维修时尽可能不中断桥上（下）交通，或中断桥上（下）交通的时间最短；

(3) 所选择的桥位应是地质、水文条件好，桥梁长度也较短的位置；

(4) 桥位应考虑建在能缩短河道两岸的运距，促进该地区的经济发展，产生最大的经济效益和社会效益。

5. 美观

一座桥梁应具有优美的外形，而且这种外形从任何角度看都应是优美的。桥梁结构布置必须精练，并在空间有和谐的比例。桥型应与周围环境相协调，城市桥梁和游览地区的桥梁，可较多地考虑建筑艺术上的要求。合理的结构布局和轮廓是美观的主要因素，结构细部的美学处理也十分重要。

6. 环境保护和可持续发展

桥梁设计必须考虑环境保护和可持续发展的要求，包括生态、水、空气、噪声等几方面，应从桥位选择、桥跨布置、基础方案、墩身外形、上部结构施工方法、施工组织设计等多方面全面考虑环境要求。

16.2.2 桥梁的纵断面和横断面设计

1. 桥梁纵断面设计

桥梁纵断面设计又称桥孔设计，主要包括桥孔长度、桥孔布设、桥面高程的确定，以及墩台基础冲刷计算与最小埋置埋深、桥头引道设计等。

(1) 桥孔长度与桥孔布设

桥孔长度设计的目的是在保证桥梁安全营运情况下，顺畅宣泄洪水（包括设计洪水）的水流和泥砂，避免河床产生不利变形。桥梁的渲洪净孔径设计得过小，将使洪水不能全部从桥下通过，从而抬高了桥前的壅水高度，加大了桥下的水流速度，使河床和河岸发生冲刷，甚至引起墩台失稳、路堤决口等重大事故。

桥孔净长的确定方法详见《公路桥位勘测设计规范》JTJ 062—2002。

桥梁的分孔与许多因素有关。分孔过多，虽然桥跨结构因跨径小而经济一些，但桥墩的数目增多，综合造价可能反而增大。反之，分孔过少，墩台的造价可能降低些，但桥跨结构因跨径增大，造价也要提高。最经济的跨径就是使上部结构和下部结构的总造价最低。因此，当桥墩较高或地质不良，基础工程较复杂时，桥梁跨径就得选大些；反之，当桥墩较矮或地质较好时，跨径就可选小些，但应尽量采用标准跨径。在实际设计中，要对不同的跨径布置进行比较，来选择最经济的跨径和孔数。

桥孔布设应遵循以下原则：

1）应考虑河床变形和流量不均匀分布的影响，即桥孔布设应与天然河流断面流量分配相适应。

2）在通航和筏运的河段上，应充分考虑河床演变所引起的航道变化，将通航孔布设在稳定的航道上，必要时可预留通航孔。

3）在主流深泓线上不宜布高桥墩，在断层、陷穴、溶洞等地质不良段也不宜布设墩台。

4）在有流冰、流木的河段上，桥孔应适当放大，必要时，墩台应设置破冰体。

（2）桥面高程

桥面高程实际上控制着桥梁的高度，应根据桥下的设计水位、是否通航等，结合桥型以及桥梁所在道路的断面设计来确定。

1）按流水净空要求

对不通航河流或孔跨，应按流水净空要求，由桥下设计水位来计算桥面的最低高程，同时要考虑河流的流冰水位。

按计算水位或流冰水位计算所需的桥面最低高程

$$H_{\min} = H_j + \Delta h_j + \Delta h_0 \qquad (16\text{-}1)$$

式中　$H_{\min}$——桥面最低高程（m）；

　　　H_j——桥下计算水位（m）或最高流冰水位（m）；对桥下计算水位，还应根据河流的具体情况，计入壅水、浪高、水拱及局部股流壅高（水拱与局部股流壅高不能同时考虑时，取二者中的大者）、河湾两岸高差诸因素的总和值；

　　　Δh_j——桥下最小净空（m）；

　　　Δh_0——桥梁上部构造的建筑高度（包括桥面铺装厚度）（m）。

在式（16-1）中，Δh_j 为桥下最小净空。我国交通行业标准《公路桥涵设计通用规范》JTG D60—2015❶ 规定梁式桥的主梁底面应高出桥下计算水位值（H_j）0.50m（洪水期无大漂流物时）、1.50m（洪水期有大漂流物时）和 1.0m（有泥石流时），还应满足主梁底面高出最高流冰水位 0.75m（洪水期无大漂流物时）。对梁式桥还规定主梁支座垫石应高出计算水位 0.25m、高于流冰水位 0.50m（图16-10）。

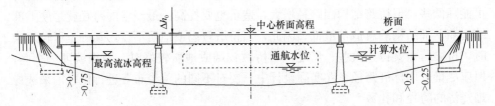

图 16-10　梁式桥桥下净空示意图（尺寸单位：m）

规范还规定对拱桥主拱圈的拱脚应高出桥下计算水位值（H_j）为 0.25m，高于最高流冰水位 0.25m（图 16-11）。同时对无铰拱主拱圈的拱脚可以被洪水淹没，但淹没高度不宜超过拱圈高度的 2/3；拱顶底面至桥下计算水位的净高度不应小于 1m。

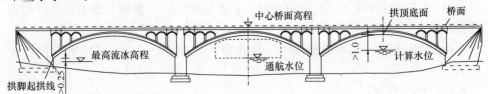

图 16-11　拱桥桥下净空示意图（尺寸单位：m）

2）按通航净空高度要求

在通航的河流上，必须设置 1 孔或数孔能保证桥下有足够通航净空的通航孔。

通航河流的桥面高程除应满足式（16-1）的要求外，同时应满足：

$$H_{\min} = H_{tn} + H_M + \Delta h_0 \qquad (16\text{-}2)$$

式中　H_{tn}——设计最高通航水位（m）；

　　　H_M——通航净空高度（m）。

其余符号意义同式（16-1）。

通航净空，就是在桥孔中垂直于流水方向所规定的空间界限，如图 16-10 和图 16-11 中虚线所示的图形。通航河流的桥下净空，根据《内河通航标准》GB

❶　现行的公路桥涵设计规范《公路桥涵设计通用规范》JTG D60—2015、《公路钢筋混凝土及预应力混凝土桥涵设计规范》JTG D62—2004 和《公路圬工桥涵设计规范》JTG D61—2005，为方便，在本书中统称《公路桥规》，以后面括号内的不同编号表示上述不同的规范。

50139—2014 的有关规定，汇总于表 16-2。表中的通航净空尺度符号示意详见图 16-12，其中净高 H 即为式（16-2）中的 H_M。

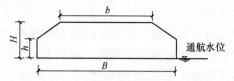

图 16-12 通航净空尺度符号示意图

天然和渠化河流水上过河建筑物通航净空尺寸（m）   表 16-2

航道等级	净高 H	单向通航孔			双向通航孔		
		净宽 B	上底宽 b	侧高 h	净宽 B	上底宽 b	侧高 h
I-（1）	24.0	200	150	7.0	400	350	7.0
I-（2）	18.0	160	120	7.0	320	280	7.0
I-（3）		110	82	8.0	220	192	8.0
II-（1）	18.0	145	108	6.0	290	253	6.0
II-（2）		105	78	8.0	210	183	8.0
II-（3）	10.0	75	56	8.0	150	131	6.0
III-（1）	18.0☆ / 10.0	100	75	6.0	200	175	6.0
III-（2）	10.0	75	56	6.0	150	131	6.0
III-（3）		55	61	4.0	150	136	4.0
IV-（1）	8.0	75	61	4.0	150	136	4.0
IV-（2）		6.0	49	4.0	120	109	4.0
IV-（3）		45	36	5.0	90	81	5.0
IV-（4）							
V-（1）	8.0	55	44	4.5	110	99	4.5
V-（2）	8.0▲ 或	40	32	5.5 或	80	72	5.5 或
V-（3）	5.0▲			3.5▲			3.5▲
VI-（1）	4.5	25	18	3.4	40	33	3.4
VI-（2）	6.0			4.0			4.0
VII-（1）	3.5	20	15	2.8	32	27	2.8
VII-（2）	4.0						

注：1. 角注☆的尺度仅适用于长江；角注▲的尺度仅适用于通航拖带船队的河流；

2. 当水上过河建筑物的法线方向与水流方向的交角大于 5°，且横向流速大于 0.3m/s 时，通航净宽需适当加大；当横向流速大于 0.8m/s 时，应一跨过河或在通航水域中不设置墩柱；

3. 当水上过河建筑物的墩柱附近可能出现碍航紊流时，通航净宽值应适当加大。

3）在设计跨越线路（公路或铁路）的跨线桥或立体交叉跨线桥时，桥跨结构底缘的标高应比被跨越线路的路面或轨面标高大出规定的通行车辆的净空高度，对于公路所需的净空尺寸，见桥梁横断面设计部分的内容，铁路的净空尺寸可查阅铁路桥涵设计规范。

桥面中心标高确定后，可根据两端桥头的地形和线路要求来设计桥梁纵断面及桥面线型，一般的小桥，通常做成平坡桥，对于大、中桥，常常把桥面做成从桥的中央向桥头两端纵坡为 1‰～2‰ 的双坡面，特别是由于通航要求桥面标高较高时，为了缩短引桥和降低桥头引道路堤的高度，更需要采用双向倾斜的纵向坡度，对大、中桥桥上的纵坡不宜大于 4‰，桥头引道纵坡不宜大于 5‰，位于市镇混合交通繁忙处，桥上纵坡和桥头引道纵坡均不得大于 3‰。

2. **桥梁横断面设计**

桥梁横断面设计，主要是确定桥面宽度、与此相适应的桥跨结构宽度与横断面的布置。为了保证车辆和行人的安全通过，应在桥面以上垂直于行车方向保留一定界限的空间，这个空间称为桥面净空。

桥面净空主要指净宽和净高。《技术标准》JTG B01—2014 根据桥梁与公路路基应尽可能同宽的指导思想，规定桥面净空与相应公路等级的建筑界限相同。图 16-13 为《技术标准》JTG B01—2014 中高速公路和一级公路（整体式）的建筑界限示意图，其他情况的建筑界限示意图详见《技术标准》JTG B01—2014。

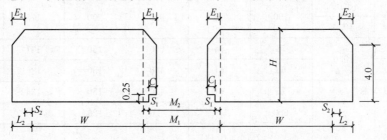

图 16-13　高速公路的建筑界限（尺寸单位：m）

图 16-13 中的 W 为行车道宽度，其值规定详见《技术标准》JTG B01—2014。C 的取值与计算行车道速度有关，当计算行车速度等于或大于 100km/h 时为 0.5m，小于 100km/h 时为 0.25m；S_1 为行车道左侧路缘带宽度；S_2 为行车道右侧路缘带宽度；M_1 和 M_2 分别为中间带及中央分隔带宽度，L 为侧向宽度，其取值详见《技术标准》JTG B01—2014。E_1 为建筑界限顶角宽度，当 $L_1 \leqslant 1m$ 时，$E_1=L_1$；当 $L_1 \geqslant 1m$ 时，$E_1=1m$；H 为净高，高速公路和一级、二级公路桥梁为 5.0m，三、四级公路桥梁为 4.5m。

§16.3　桥梁上的作用

作用是引起桥涵结构反应的各种原因的统称，它可以归纳为性质不同的两大

类。一类是直接施加于结构上的外力，例如车辆、结构自重等；另一类是以间接的形式作用于结构上，例如地震、墩台变位、混凝土收缩徐变等，它们产生的效应与结构本身的特征有关。作用种类、形式和大小的选择是否恰当，不但关系到桥梁结构在使用年限内是否安全可靠，而且还关系到桥梁建设费用是否经济合理。

施加在桥涵上的各种作用按照随时间的变化情况可以归纳为永久作用、可变作用、偶然作用和地震作用四类。公路桥涵设计中采用的各类作用如表 16-3 所示。

作　用　分　类　　　　　　　　　表 16-3

编　号	作用分类	作用名称
1	永久作用	结构重力（包括结构附加重力）
2		预加力
3		土的重力
4		土侧压力
5		混凝土收缩、徐变作用
6		水的浮力
7		基础变位作用
8	可变作用	汽车荷载
9		汽车冲击力
10		汽车离心力
11		汽车引起的土侧压力
12		汽车制动力
13		人群荷载
14		疲劳荷载
15		风荷载
16		流水压力
17		冰压力
18		波浪力
19		温度（均匀温度和梯度温度）作用
20		支座摩阻力
21	偶然作用	船舶的撞击作用
22		漂流物的撞击作用
23		汽车撞击作用
24	地震作用	地震作用

按照对结构的反应情况，作用还可以分为静态作用和动态作用两类，静态作用指在结构上不产生加速度或产生的加速度可以忽略不计的作用，比如结构自重等；动态作用是使结构上产生一个不可忽略的加速度的作用，包括汽车荷载、地震作用等，对动态作用效应的分析一般比较复杂，在容许的情况下，通常将它们转变成静态作用来计算。

16.3.1　永　久　作　用

永久作用是指在结构使用期间，其量值不随时间而变化，或其变化值与平均值相比可以忽略不计的作用，包括结构重力、预加力、土的重力、土侧压力、混凝土收缩及徐变作用、水的浮力和基础变位作用等七种。

结构物自身重力及桥面铺装、附属设施等重力均属于结构重力，它们可按照结构物的实际体积或设计拟定的体积乘以材料的重力密度计算。

预加力在结构正常使用极限状态设计和使用阶段构件应力计算时，应作为永久作用来计算其主效应和次效应，并计入相应阶段的预应力损失。在结构承载能力极限状态设计时，预加应力不作为荷载，而将预应力钢筋作为结构抗力的一部分，但在连续梁等超静定结构中，仍需考虑预加力引起的次效应。

对于超静定的混凝土结构桥梁应考虑混凝土的收缩和徐变作用引起的次效应，《公路桥规》JTG D62—2004 规定了混凝土的收缩应变和徐变系数的计算方法。

其他永久作用均可按《公路桥规》相关条文计算。

16.3.2　可　变　作　用

可变作用是指在结构使用期间，其量值随时间变化，且其变化值与平均值相比不可忽略的作用。这些作用包括有汽车荷载，汽车荷载的冲击力、离心力、制动力及其引起的土侧压力，人群荷载，风荷载，流水压力，冰压力，温度作用和支座摩阻力等十一种。

1. 汽车荷载

汽车荷载是公路桥涵上最主要的一种可变荷载。《技术标准》JTG B01—2014 规定各级公路桥涵设计中采用的汽车荷载等级分为公路-Ⅰ级和公路-Ⅱ级（表 16-4）。

各级公路桥涵的汽车荷载等级　　　　　　　　　　　　表 16-4

公路等级	高速公路	一级公路	二级公路	三级公路	四级公路
汽车荷载等级	公路-Ⅰ级	公路-Ⅰ级	公路-Ⅰ级	公路-Ⅱ级	公路-Ⅱ级

当二级公路为集散公路且交通量小、重型车辆少时，其桥涵的设计可采用公路-Ⅱ级汽车荷载；对交通组成中重载交通比较大的公路，宜采用与该公路交通组成相适应的汽车荷载模式进行结构整体和局部验算。

（1）荷载标准值

汽车荷载有车道荷载和车辆荷载两种。

车道荷载由均布荷载和集中荷载组成，如图 16-14 所示。公路-Ⅰ级车道荷载的均布荷载标准值 q_K 为 10.5kN/m。集中荷载标准值的取值方法为：当桥梁计算跨径小于或等于 5m 时，P_K 为 270kN；桥梁计算跨径等于或大于 50m 时，P_K 为 360kN；桥梁计算跨径在 5～50m 之间时，P_K 为 $2(L_0+130)$，其中 L_0 为计算跨径，设支座的取相邻两支座中心间的水平距离；不设支座的为上、下部结构相交面中心间的水平距离。对于多跨连续结构，P_K 按照最大跨径为基准值进行计算。当计算剪力效应时，上述集中荷载标准值 P_K 应乘以 1.2 的系数。

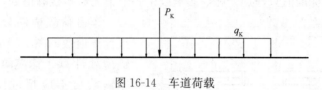

图 16-14　车道荷载

公路-Ⅱ级车道荷载的均布荷载标准值 q_K 和集中荷载标准值 P_K 按公路-Ⅰ级车道荷载的 0.75 倍采用。

车辆荷载为一辆总重 550kN 的标准车。标准车立面和平面尺寸见图 16-15，主要技术指标列于表 16-5。公路-Ⅰ级和公路-Ⅱ级汽车荷载采用相同的车辆荷载标准值。

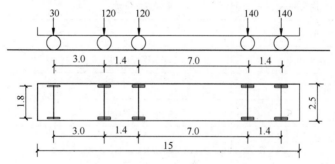

图 16-15　车辆荷载的立面和平面尺寸
（轴重单位：kN；尺寸单位：m）

车辆荷载主要技术指标　　　　　　　　　　　　表 16-5

项　　　目	单　　　位	技术指标
车辆重力标准值	kN	550
前轴重力标准值	kN	30
中轴重力标准值	kN	2×120
后轴重力标准值	kN	2×140
轴距	m	3+1.4+7+1.4
轮距	m	1.8
前轮着地宽度及长度	m	0.3×0.2
中、后轮着地宽度及长度	m	0.6×0.2
车辆外形尺寸（长×宽）	m	15×2.5

（2）计算规定

车道荷载用于桥梁结构的整体计算，车辆荷载用于桥梁结构的局部加载（例如桥面板计算）、涵洞、桥台和挡土墙压力的计算。

在计算中车辆荷载和车道荷载的作用效应不得叠加。

车道荷载的均布荷载标准值应满布于使结构产生最不利效应的同号影响线上；集中荷载标准值只作用于相应影响线中一个最大影响线峰值处。

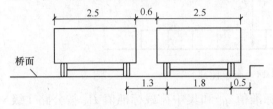

图 16-16　车辆荷载的横向布置（尺寸单位：m）

车道荷载横向分布系数应按设计车道数如图 16-16 所示布置车辆荷载计算。其横向布置的最多车辆数目不应超过设计车道数。表 16-6 列出了行车道宽度与设计车道数的关系。

桥涵设计车道数　　　　　　　　　　　　　　　　　表 16-6

行车道宽度 W（m）		桥涵设计车道数 N
车辆单向行驶	车辆双向行驶	
$W < 7.0$	—	1
$7.0 \leqslant W < 10.5$	$6.0 \leqslant W < 14.0$	2
$10.5 \leqslant W < 14.0$		3
$14.0 \leqslant W < 17.5$	$14.0 \leqslant W < 21.0$	4
$17.5 \leqslant W < 21.0$		5
$21.0 \leqslant W < 24.5$	$21.0 \leqslant W < 28.0$	6
$24.5 \leqslant W < 28.0$		7
$28.0 \leqslant W < 31.5$	$28.0 \leqslant W < 35.0$	8

当桥涵设计车道数大于 2 时，汽车荷载应考虑多车道折减，表 16-7 列出了横向车道布载系数。但是多车道布载的荷载效应不得小于两条车道布载荷载的效应。

横向车道布载系数　　　　　　　　　　　　　　　　　表 16-7

横向布置车道数（条）	2	3	4	5	6	7	8
横向车道布载系数	1.00	0.78	0.67	0.60	0.55	0.52	0.50

当桥梁计算跨径大于 150m 时，应考虑计算荷载效应的纵向折减。当为多跨连续结构时，整个结构均应按最大的计算跨径考虑计算荷载效应的纵向折减，纵向折减系数的规定见表 16-8。

纵向折减系数 表 16-8

计算跨径 l （m）	$150{\leqslant}l{<}400$	$400{\leqslant}l{<}600$	$600{\leqslant}l{<}800$	$800{\leqslant}l{<}1000$	$l{\geqslant}1000$
纵向折减系数	0.97	0.96	0.95	0.94	0.93

2. 汽车荷载冲击力

汽车以较高速度驶过桥梁时，由于桥面不平整、发动机振动等原因，会引起桥梁结构的振动，从而造成作用效应增大，这种动力效应称为汽车对桥梁的冲击作用。

在桥梁的计算中，一般采用结构静力计算，再引入一个竖向动力效应的增大系数——冲击系数 μ，来计及汽车荷载作用的这种动力效应。**汽车荷载的冲击力为汽车荷载标准值乘以冲击系数 μ。**

《公路桥规》JTG D60—2015 对冲击系数的计算采用以桥梁结构基频为指标的方法。桥梁结构基频反映了结构尺寸、类型、建造材料等相关的动力特征，它直接反映了冲击效应和桥梁结构之间的关系。按结构不同的基频，汽车荷载引起的冲击系数在 0.05~0.45 之间变化，其计算方法为：

当 $f<1.5\mathrm{Hz}$ 时， $\mu=0.05$

当 $1.5\mathrm{Hz}{\leqslant}f{\leqslant}14\mathrm{Hz}$ 时， $\mu=0.1767\ln f-0.0157$ （16-3）

当 $f>14\mathrm{Hz}$ 时， $\mu=0.45$

式中 f——结构基频（Hz）；

μ——冲击系数。

桥梁结构基频的计算宜采用有限元法。对于常规结构形式，可采用《公路桥规》JTG D60—2015 条文说明中给出的估算公式计算。例如简支梁桥的基频估算公式为：

$$f=\frac{\pi}{2l^2}\sqrt{\frac{EI_\mathrm{c}}{m_\mathrm{c}}}$$ （16-4）

$$m_\mathrm{c}=G/g$$

式中 l——结构的计算跨径（m）；

E——结构材料的弹性模量（N/m²）；

I_c——结构跨中截面的截面惯性矩（m⁴）；

m_c——结构跨中处的单位长度质量（kg/m）；

G——结构跨中处延米结构重力（N/m）；

g——重力加速度，$g=9.81$（m/s²）。

钢筋混凝土及预应力混凝土桥、圬工拱桥等上部结构和钢支座、板式橡胶支座、盆式橡胶支座及钢筋混凝土柱式墩台，均应计入汽车的冲击作用。

填料厚度（包括路面厚度）等于或大于 0.5m 的拱桥、涵洞以及重力式墩台不计冲击力。

支座的冲击力，按相应的桥梁取用。

对汽车荷载的局部加载及汽车荷载作用在 T 形梁、箱梁悬臂板上时，冲击系数取 $\mu = 0.3$。

3. 人群荷载

当桥梁计算跨径 L_0 小于或等于 50m 时，人群荷载标准值为 $3.0kN/m^2$；当桥梁计算跨径等于或大于 150m 时，人群荷载标准值为 $2.5kN/m^2$；当桥梁计算跨径在 $50 \sim 150m$ 之间时，可由 $(3.25 - 0.005L_0)$ 计算得到人群荷载标准值。对跨径不等的连续结构，以最大计算跨径为准。

城镇郊区行人密集地区的公路桥梁，人群荷载标准值取上述规定值的 1.15 倍。专用人行桥梁，人群荷载标准值为 $3.5kN/m^2$。

4. 汽车荷载离心力

汽车荷载离心力是车辆在弯道行驶时所伴随产生的惯性力，它以水平力的形式作用于结构上。

汽车荷载离心力标准值为车辆荷载（不计冲击力）标准值乘以离心力系数 C。离心力系数 C 计算式为：

$$C = \frac{v^2}{127R} \tag{16-5}$$

式中　v——设计速度（km/h），应按桥梁所在公路设计速度采用；

　　　R——曲线半径（m）。

计算多车道桥梁的汽车荷载离心力时，应考虑横向车道布载系数，规定的横向车道布载系数见表 16-7。

离心力的着力点在桥面以上 1.2m 处。为计算简便，也可移至桥面上但不计由此引起的竖向力和力矩。

5. 汽车荷载引起的土侧压力

汽车荷载引起的土压力采用车辆荷载来计算。车辆荷载作用在桥台台背或路堤挡土墙上，将引起台背填土或挡土墙后填土的破坏棱体对桥台或挡土墙的土侧压力，此类土侧压力可按规定的方法换算成等代均布土层厚度 h（m）计算，《公路桥规》JTG D60—2015 规定 h 按下式计算：

$$h = \frac{\Sigma G}{Bl_0\gamma} \tag{16-6}$$

式中　γ——土的重力密度（kN/m^3）；

　　　B——桥台的横向全宽或挡土墙的计算长度（m）；

　　　l_0——桥台或挡土墙后填土的破坏棱体长度（m）；

　　　ΣG——布置在 $B \times l_0$ 面积内的车辆车轮总重力（kN）。

6. 汽车荷载制动力

汽车荷载制动力是指车辆在桥上减速或制动时，在桥面与车辆之间产生的滑动摩擦力。汽车荷载制动力的方向与行车方向一致。汽车制动时，车辆与路面间的摩擦系数可以达 0.5 以上，但是刹车常常只限于车队的一部分车辆，所以制动力并不等于摩擦系数乘以全部车辆荷载。

《公路桥规》JTG D60—2015 规定，一个设计车道上的汽车制动力标准值为车道荷载标准值在加载长度上计算的总重力的 10%，但公路-I 级汽车荷载的制动力标准值不得小于 165kN；公路-Ⅱ 级汽车荷载的制动力标准值不得小于 90kN。

同向行驶双车道的汽车荷载的制动力标准值为一个设计车道制动力标准值的两倍；同向行驶三车道为一个设计车道的 2.34 倍；同向行驶四车道为一个设计车道的 2.68 倍。

制动力的作用点在设计车道桥面以上 1.2m 处。在计算墩台时，可移至支座中心（铰或滚轴中心），或滑动支座、橡胶支座、摆动支座的底座面上；计算刚构桥和拱桥时，可移至桥面上，但不计由此而产生的竖向力和力矩。

7. 温度作用

温度变化将在桥梁结构中产生变形和影响力，温度作用包括均匀温度和梯度温度两种影响。均匀温度变化为常年气温变化，这种温变将导致桥梁纵向长度的变化，当这种变化受到约束时就会引起温度次内力；梯度温度主要指太阳辐射作用，它使结构构件沿高度方向形成非线性的温度变化场，导致结构产生次内力。

计算结构的均匀温度效应，应自结构物合拢时的温度算起，考虑最高和最低有效温度的作用效应。气温变化范围应根据桥梁所在地区气温条件而定，《公路桥规》JTG D60—2015 按照全国气温分区，即严寒、寒冷和温热三类分区，规定了公路桥梁结构的最高和最低有效温度标准值，列于表 16-9，若缺乏桥址处实际气温调查资料，即可参照表 16-9 值取用。

混凝土桥梁有效温度标准值（℃）　　　　　　　　　　　　表 16-9

气温分布	混凝土桥、石桥	
	最　　高	最　　低
严寒地区	34	−23
寒冷地区	34	−10
温热地区	34	−3（0）

表 16-9 中括号内的数值适用于昆明、南宁、广州、福州地区。

计算混凝土桥梁结构由于温度梯度引起的效应时，采取图 16-17 所示的竖向温度梯度曲线，其相关温度基数列于表 16-10。在图 16-17 中，高度 A 取值为：$H < 400mm$ 时，$A = H - 100$；$H \geqslant 400mm$ 时，$A = 300mm$。而 t 为混凝土桥面板的厚度。

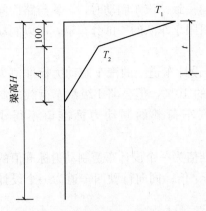

图 16-17   混凝土梁的温度梯度
模式（尺寸单位：mm）

竖向日照正温差计算的温度基数   表 16-10

结构类型	T_1 （℃）	T_2 （℃）
混凝土铺装	25	6.7
50mm 沥青混凝土铺装	20	6.7
100mm 沥青混凝土铺装	14	5.5

混凝土结构竖向的反温差为正温差的（－0.5）倍。

基于公路桥梁都带有较长的悬臂，两侧腹板较少受到阳光直接照射，因而公路桥涵设计时不计及横桥向温度梯度的影响。

8. 支座摩阻力

支座摩阻力标准值计算值 F 为：

$$F = \mu W \tag{16-7}$$

式中 W——作用于活动支座上的上部结构重力产生的效应；

μ——支座摩擦系数，无实测数据时按表 16-11 取用。

支座摩擦系数   表 16-11

支座种类		支座摩擦系数 μ
滚动支座或摆动支座		0.05
板式橡胶支座	支座与混凝土面接触	0.30
	支座与钢板接触	0.20
	聚四氟乙烯板与不锈钢板接触	0.06（加 5201 硅脂润滑后；温度低于－25℃时为 0.078）
		0.12（不加 5201 硅脂润滑时；温度低于－25℃时为 0.156）
盆式支座		加 5201 硅脂润滑后，常温型活动支座摩擦系数不大于 0.03（支座适用温度为－25～+60℃）
		加 5201 硅脂润滑后，耐寒型活动支座摩擦系数不大于 0.06（支座适用温度为－40～+60℃）
球形支座		加 5201 硅脂润滑后，活动支座摩擦系数不大于 0.03（支座适用温度为－25～+60℃）
		加 5201 硅脂润滑后，活动支座摩擦系数不大于 0.05（支座适用温度为－40～+60℃）

思 考 题

16.1 混凝土公路桥由哪几部分组成？按桥梁承重结构的受力体系，桥梁可分为哪几类？

16.2 桥梁设计的基本原则是什么？

16.3 在公路桥梁的设计中采用的汽车荷载有哪几种？车辆荷载用于设计中的哪些场合？试画出车道荷载的图式。

16.4 公路桥梁上采用什么方法来考虑汽车荷载的冲击作用？

第17章 公路混凝土桥结构的设计原理

教学要求：

1. 理解公路混凝土桥结构设计的设计状况和结构安全等级，理解结构上作用的代表值和作用效应组合。

2. 了解桥梁钢筋混凝土受弯构件和受压构件的截面形式与钢筋配置方式。掌握受弯构件正截面承载力和斜截面承载力计算方法，掌握矩形截面偏心受压构件承载力计算方法，会进行构件截面设计和承载力复核计算。对构件的构造要求能应用。

3. 理解桥梁钢筋混凝土受弯构件施工阶段和使用阶段的设计要求，掌握受弯构件截面应力、最大裂缝宽度和挠度计算方法。

4. 掌握桥梁预应力混凝土受弯构件承载力、抗裂性和截面应力计算方法，掌握受弯构件变形（挠度）的计算方法。了解桥梁预应力混凝土梁设计计算步骤，知道构造要求。

对于公路桥涵钢筋混凝土和预应力混凝土结构构件的计算，《公路桥规》JTG D62—2004 采用的是近似概率极限状态设计法，规定设计计算应满足承载能力和正常使用两类极限状态的各项要求。

§17.1 我国公路桥涵设计规范的计算原则

17.1.1 结构功能的要求

1. 结构的安全等级与桥梁结构的重要性系数

按照《工程结构可靠性设计统一标准》GB 50153 的规定，根据桥涵结构破坏所产生后果的严重程度，应按表 17-1 划分的三个安全等级进行设计，以体现不同情况的桥涵可靠度差异。在计算上，不同安全等级是用桥梁结构的重要性系数 γ_0 来体现的，即 γ_0 是为了使不同安全等级的桥梁结构具有规定的可靠度而采用的作用组合效应设计值的附加分项系数。γ_0 的取值见表 17-1。

表 17-1 中所列特大、大、中桥可按表 16-1 确定，对不等跨的多跨桥梁，以其中最大跨径为准。

在一般情况下，同一座桥梁只宜取一个安全等级，但对个别构件，也允许在必要时作安全等级的调整，但调整后的级差不应超过一个等级。

公路桥涵结构设计安全等级 表 17-1

设计安全等级	破坏后果	适用对象	结构重要性系数 γ_0
一级	很严重	(1) 各等级公路上的特大桥、大桥和中桥; (2) 高速公路、一级公路、二级公路、国防公路及城市附近交通繁忙公路上的小桥	1.1
二级	严重	(1) 三级公路和四级公路上的小桥; (2) 高速公路、一级公路、二级公路、国防公路及城市附近交通繁忙公路上的涵洞	1.0
三级	不严重	三级公路和四级公路上的涵洞	0.9

2. 桥梁结构的设计使用年限和设计基准期

我国公路桥涵主体结构和可更换构件设计使用年限的最低值见表 17-2。

公路桥涵设计使用年限（年） 表 17-2

公路等级	主体结构			可更换部件	
	特大桥 大桥	中桥	小桥涵洞	斜拉索吊索 系杆等	栏杆伸缩缝 支座等
高速公路 一级公路	100	100	50	20	15
二级公路 三级公路	100	50	30		
四级公路	100	50	30		

根据我国公路桥梁的使用现状和以往的设计经验，**我国公路桥梁结构的设计基准期统一取为 100 年，属于适中时域。**

3. 结构的目标可靠指标

用作公路桥梁结构设计依据的可靠指标，称为目标可靠指标。它主要是采用"校准法"并结合工程经验和经济优化原则加以确定的。所谓"校准法"就是根据各基本变量的统计参数和概率分布类型，运用可靠度的计算方法，揭示以往规范隐含的可靠度，以此作为确定目标可靠指标的依据。这种方法在总体上承认了以往规范的设计经验和可靠度水平，同时也考虑了渊源于客观实际的调查统计分析资料，无疑是比较现实和稳妥的。

根据《工程结构可靠性设计统一标准》GB 50153 的规定，按持久状况进行承载能力极限状态设计时，公路桥梁结构的目标可靠指标应符合表 17-3 的规定。

按偶然状况进行承载能力极限状态设计时，公路桥梁结构的目标可靠指标应符合有关规范的规定。

进行正常使用极限状态设计时，公路桥梁结构的目标可靠指标可根据不同类型结构的特点和工程经验确定。

公路桥梁结构构件的目标可靠指标 表 17-3

构件破坏类型　　结构安全等级	一 级	二 级	三 级
延性破坏	4.7	4.2	3.7
脆性破坏	5.2	4.7	4.2

表 17-3 中延性破坏类型是指结构构件破坏时有明显变形或其他预兆的破坏；脆性破坏类型是指结构构件破坏时无明显变形或其他预兆的破坏。

当有充分依据时，各种材料桥梁结构设计规范采用的目标可靠指标值，可对表 17-3 的规定值作幅度不超过 ± 0.25 的调整。

17.1.2 极限状态设计表达式

1. 设计状况

设计状况是结构从施工到使用的全过程中，代表一定时段的一组物理条件，设计时必须做到使结构在该时段内不超越有关极限状态。按照《工程结构可靠性设计统一标准》GB 50153 的要求，并与国际标准衔接，《公路桥规》JTG D60—2015 根据桥梁在施工和使用过程中面临的不同情况，规定了四种结构设计状况：持久状况、短暂状况、偶然状况和地震状况。这四种设计状况的结构体系、结构所处环境条件、经历的时间长短都是不同的，所以设计时采用的计算模式、作用（或荷载）、材料性能的取值及结构可靠度水平也是有差异的。

（1）持久状况　指桥涵建成后承受自重、车辆荷载等作用持续时间很长的状况。该状况是指桥梁使用正常情况的阶段。这个阶段持续的时间很长，结构可能承受的作用（或荷载）在设计时均需考虑，需接受结构是否能完成其预定功能的考验，因而必须进行承载能力极限状态和正常使用极限状态的设计。

（2）短暂状况　指桥涵施工或维护过程中承受临时性作用（或荷载）的状况。短暂状况所对应的是桥梁的施工阶段或桥梁维护施工阶段。这个阶段的持续时间相对于使用阶段是短暂的，结构体系、结构所承受的荷载与使用阶段也不同，设计时要根据具体情况而定。因为这个阶段是短暂的，一般只进行承载能力极限状态计算（规范中以计算构件截面应力表达），必要时才作正常使用极限状态验算。

（3）偶然状况　指在桥涵使用过程中偶然出现的状况。偶然状况是指桥梁可能遇到的地震等作用的状况。这种状况出现的概率极小，且持续的时间极短。结构在极短时间内承受的作用以及结构可靠度水平等在设计中都需特殊考虑。偶然状况的设计原则是主要承重结构不致因非主要承重结构发生破坏而导致丧失承载能力；或允许主要承重结构发生局部破坏而剩余部分在一段时间内不发生连续倒塌。显然，偶然状况只需进行承载能力极限状态计算，不必考虑正常使用极限状态。

（4）地震状况　是考虑结构遭受地震时情况的设计状况。

2. 承载能力极限状态设计表达式

公路桥涵结构承载能力极限状态是对应于桥涵及其构件达到最大承载能力或出现不适于继续承载的变形或变位的状态。

公路桥涵结构的持久状态设计按承载能力极限状态的要求，应对构件进行承载力及稳定计算，必要时还应对结构的倾覆和滑移进行验算。在进行承载能力极限状态计算时，作用（或荷载）的效应（其中汽车荷载应计入冲击系数）应采用其组合设计值；结构材料性能采用其强度设计值。

《公路桥规》JTG D62—2004 规定桥梁构件的承载能力极限状态的计算以塑性理论为基础，设计的原则是**作用最不利组合（基本组合）的设计值，必须小于或等于结构抗力的设计值**，其基本表达式为：

$$\gamma_0 S_d \leqslant R \tag{17-1}$$

$$\gamma_0 S_d = \gamma_0 S \left(\sum_{i=1}^{m} G_{id} + Q_{1d} + \sum_{j=2}^{n} Q_{jd} \right) \tag{17-2}$$

$$R = R(f_d, a_d) \tag{17-3}$$

式中　　γ_0——桥梁结构的重要性系数，按表 17-1 取用；

S_d——作用组合的效应设计值；

$S()$——作用组合的效应函数；

G_{id}——第 i 个永久作用效应的设计值；

Q_{1d}——汽车荷载作用（含汽车冲击力、离心力）的设计值；

Q_{jd}——在作用组合效应中除汽车荷载（含汽车冲击力、离心力）外的第 j 个可变作用的设计值；

R——结构或构件的承载力设计值；

f_d——材料强度设计值；

a_d——几何参数设计值，当无可靠数据时，可采用几何参数标准值 a_k，即设计文件规定值。

3. 持久状况正常使用极限状态设计表达式

公路桥涵结构正常使用极限状态是指对应于桥涵及其构件达到正常使用或耐久性的某项限值的状态。正常使用极限状态计算在构件持久状况设计中占有重要地位，尽管不像承载能力极限状态计算那样直接涉及结构的安全可靠问题，但如果设计不好，也有可能间接引发出结构的安全问题。

公路桥涵按正常使用极限状态要求进行的计算是以结构弹性理论或弹塑性理论为基础，对构件的抗裂、裂缝宽度和挠度进行验算，并使各项计算值不超过《公路桥规》JTG D60—2015 规定的各相应限值。采用的极限状态设计表达式为：

$$S \leqslant c_1 \tag{17-4}$$

式中　　S——正常使用极限状态作用组合的效应设计值；

c_1——结构构件达到正常使用要求所规定的限值，例如变形、裂缝宽度和截面抗裂的相应限值。

《公路桥规》JTG D60—2015 对正常使用极限状态作用组合的效应设计值 S 分为作用频遇组合的效应设计值和准永久组合的效应设计值，详见本章第 17.1.3 节。

对公路桥涵结构的设计计算，《公路桥规》JTG D62—2004 除了要求进行上述持久状况承载能力极限状态计算和持久状况正常使用极限状态验算外，还按照公路桥梁的结构受力特点和设计习惯，要求对钢筋混凝土和预应力混凝土受力构件按短暂状况设计计算其在制作、运输及安装等施工阶段由自重、施工荷载产生的应力，并不应超过规定的限值；按持久状况设计预应力混凝土受弯构件，应计算其使用阶段的应力，并不应超过限值。**构件应力计算的实质是构件强度计算，是对构件承载能力计算的补充，因而是结构承载能力极限状态表现之一。**

本节中涉及的作用效应组合概念详见本章第 17.1.3 节。

4. 材料强度的取值

钢筋混凝土结构和预应力混凝土结构的主要材料是普通钢筋、预应力钢筋和混凝土。按照承载能力极限状态和正常使用极限状态进行设计计算时，结构构件的抗力计算中必须用到这两种材料的强度值。

在实际工程中，按同一标准生产的钢筋或混凝土各批之间的强度是有差异的，不可能完全相同，即使是同一炉钢轧成的钢筋或同一次配合比搅拌而得的混凝土试件，按照同一方法在同一台试验机上进行试验，所测得的强度值也不完全相同，这就是材料强度的变异性。为了在设计中合理取用材料强度值，《公路桥规》JTG D62—2004 对材料强度的取值采用了标准值和设计值。

（1）材料强度的标准值

材料强度标准值是材料强度的一种特征值，也是设计结构或构件时采用的材料强度的基本代表值，可根据符合规定标准的材料按强度概率分布的 0.05 分位值确定，即其取值原则是在符合规定质量的材料强度实测值的总体中，材料的标准强度应具有不小于 95% 的保证率。所以，材料的标准强度确定基本式为：

$$f_k = f_m (1 - 1.645\delta_f) \tag{17-5}$$

式中　　f_m——材料强度的平均值；

δ_f——材料强度的变异系数。

《公路桥规》JTG D62—2004 对混凝土和普通钢筋的强度标准值见附表 15-1 和附表 15-3。

（2）材料强度的设计值

材料强度的设计值是材料强度的标准值除以材料强度分项系数后的值，基本表达式为：

$$f_d = f_k / \gamma_m \tag{17-6}$$

式中的 γ_m 称为材料强度分项系数，需根据不同材料，进行构件分析的可靠指标达到规定的目标可靠指标来确定。

《公路桥规》JTG D62—2004 对混凝土和普通钢筋的强度设计值见附表 15-1 和附表 15-3。

17.1.3 作用的代表值与作用组合

1. 作用的代表值

结构或结构构件设计时，针对不同设计目的所采用的各种作用代表值，它包括作用标准值、准永久值和频遇值等。

(1) 作用的标准值

作用的标准值是作用的基本代表值，其值可根据作用在设计基准期内最大概率分布的某一分值确定，若无充分资料时，可根据工程经验，经分析后确定。

永久作用的标准值，对结构自重，可按结构构件的设计尺寸与材料单位体积的自重（重力密度）计算确定。

可变作用的标准值可按《公路桥规》JTG D60—2015 的规定采用。

(2) 可变作用频遇值

对可变作用，在设计基准期间，其超越的总时间为规定的较小比率或超越次数为规定次数的作用值。 它是指结构上较频繁出现的且量值较大的荷载作用取值。

可变作用频遇值为可变作用标准值乘以频遇值系数，在《公路桥规》JTG D60—2015 中频遇值系数用 ψ_{fj} 表示。

(3) 可变作用准永久值

指的是**对可变作用，在设计基准期间，其超越的总时间约为设计基准期一半的作用值。** 它指在结构上经常出现的且量值较小的荷载作用取值，也是结构在正常使用极限状态按长期效应（准永久）组合设计时采用准永久值作为可变作用的代表值，实际上是考虑可变作用的长期作用效应而对标准值的一种折减，可计为 $\psi_q Q_k$，其中折减系数 ψ_q 称为准永久值系数，在《公路桥规》JTG D60—2015 中用 ψ_{qj} 表示。

2. 作用组合

公路桥涵结构设计时应当考虑到结构上可能出现的多种作用，例如桥涵结构构件上除构件永久作用（如自重等）外，可能同时出现汽车荷载、人群荷载等可变作用。《公路桥规》JTG D60—2015 要求这时应按承载能力极限状态和正常使用极限状态，结合相应的设计状况，进行作用组合，并取其最不利组合进行设计。

作用效应组合是结构上几种作用分别产生的效应的随机叠加，而作用效应最

不利组合是指所有可能的作用效应组合中对结构或结构构件产生总效应最不利的一组作用效应组合。

（1）承载能力极限状态计算时的作用组合

《公路桥规》JTG D60—2015 规定按承载能力极限状态设计时，应根据各自的情况选用基本组合和偶然组合中的一种或两种作用组合。下面介绍作用基本组合表达式。

作用的基本组合是承载能力极限状态设计时，永久作用效应设计值与可变作用效应设计值的组合，基本表达式为：

$$S_{ud} = \gamma_0 S \left(\sum_{i=1}^{m} \gamma_{Gi} G_{ik} + \gamma_{Q_1} \gamma_L Q_{1k} + \psi_c \sum_{j=2}^{n} \gamma_{L_j} \gamma_{Q_j} Q_{jk} \right) \tag{17-7}$$

式中　S_{ud}——承载能力极限状态下，作用基本组合的效应设计值；

γ_0——结构重要性系数，按表 17-1 的结构设计安全等级采用；

γ_{G_i}——第 i 个永久作用效应的分项系数，当永久作用（结构自重、预应力作用时）的效应对结构承载力不利时，$\gamma_{G_i} = 1.2$；对结构承载力有利时，$\gamma_{G_i} = 1.0$，其他永久作用效应的分项系数取值详见《公路桥规》JTG D60—2015；

G_{ik}——第 i 个永久作用效应的标准值；

γ_{Q_1}——汽车荷载（含汽车冲击力、离心力）的分项系数，采用车道荷载计算时，取 $\gamma_{Q_1} = 1.4$，采用车辆荷载计算时，其分项系数取 $\gamma_{Q_1} = 1.8$，当某个可变作用在组合中其效应值超过汽车荷载效应时，则该作用取代汽车荷载，其分项系数 $\gamma_{Q_1} = 1.4$；对专为承受某作用而设置的结构或装置，设计时该作用的分项系数取 $\gamma_{Q_1} = 1.4$；计算人行道板和人行道栏杆的局部荷载，其分项系数 $\gamma_{Q_1} = 1.4$；

Q_{1k}——汽车荷载（含汽车冲击力、离心力）的标准值；

γ_{Q_j}——在作用组合中除汽车荷载（含汽车冲击力、离心力）、风荷载外的其他第 j 个可变作用的分项系数，取 $\gamma_{Q_j} = 1.4$，但风荷载作用的分项系数取 $\gamma_{Q_j} = 1.1$；

Q_{jk}——在作用组合中除汽车荷载（含汽车冲击力、离心力）外的其他第 j 个可变作用效应的标准值；

ψ_c——在作用组合中除汽车荷载（含汽车冲击力、离心力）外的其他可变作用的组合值系数，取 $\psi_c = 0.75$；

$\psi_c Q_{jk}$——在作用组合中除汽车荷载（含汽车冲击力、离心力）外的其他第 j 个可变作用的组合值；

ψ_{Lj}——第 j 个可变作用的结构设计使用年限荷载调整系数，公路桥涵结构的设计使用年限按表 17-2 取值时，$\psi_{Lj} = 1.0$，否则，ψ_{Lj} 取值应按专题研究确定。

《公路桥规》JTG D60—2015 规定，当作用和作用效应可按线性关系考虑时，作用基本组合的效应设计值可通过作用效应代数相加计算，这时，式(17-7)变为：

$$S_{ud} = \gamma_0 S \left(\sum_{i=1}^{m} \gamma_{Gi} G_{ik} + \gamma_{Q1} \gamma_L Q_{1k} + \psi_c \sum_{j=2}^{n} \gamma_{Lj} \gamma_{Qj} Q_{jk} \right) \tag{17-8}$$

式中符号意义与式（17-7）相同。

在式（17-8）中，下标 G 表示永久作用，下标 Q 表示可变作用，下标 k 表示作用的标准值。

（2）正常使用极限状态设计计算时作用效应组合

《公路桥规》JTG D60—2015 规定按正常使用极限状态设计时，应根据不同结构不同的设计要求，选用作用的频遇组合或准永久组合：

（1）作用频遇组合

作用频遇组合是永久作用标准值与汽车荷载频遇值、其他可变作用准永久值相组合，作用频遇组合的效应设计值计算表达式为：

$$S_{fd} = S \left(\sum_{i=1}^{m} G_{ik} + \psi_{f1} Q_{1k} + \sum_{j=2}^{n} \psi_{qj} Q_{jk} \right) \tag{17-9}$$

式中　S_{fd} ——作用频遇组合设计值；

　　　ψ_{f1} ——汽车荷载（不计汽车冲击力）频遇值系数，$\psi_{f1} = 0.7$；

　　　ψ_{qj} ——其他可变作用准永久值系数，人群荷载效应时 $\psi_q = 0.4$，风荷载效应时 $\psi_q = 0.75$，温度梯度作用效应时 $\psi_q = 0.8$，其他作用时 $\psi_q = 1.0$。

其他符号意义见式（17-7）。

《公路桥规》JTG D60—2015 规定，当作用和作用效应可按线性关系考虑时，作用频遇组合的效应设计值 S_{fd} 可通过作用效应代数相加计算。

（2）作用准永久组合

作用准永久组合是永久作用标准值与可变作用准永久值相组合，作用准永久组合设计值计算表达式为：

$$S_{qd} = S \left(\sum_{i=1}^{m} G_{ik} + \sum_{j=1}^{n} \psi_{qj} Q_{jk} \right) \tag{17-10}$$

式中　S_{qd} ——作用准永久组合设计值；

　　　ψ_{qj} ——可变作用准永久值系数，汽车荷载（不计汽车冲击力）准永久值系数值 $\psi_q = 0.4$，其他可变作用准永久值系数值见式（17-9）；

其他符号意义见式（17-7）。

《公路桥规》JTG D60—2015 规定，当作用和作用效应可按线性关系考虑时，作用准永久组合的效应设计值 S_{qd} 可通过作用效应代数相加计算。

§17.2　钢筋混凝土受弯构件的计算

17.2.1　梁、板的一般构造

与一般建筑物中的梁（板）相比，桥梁用的梁（板）尺寸、内力和配筋数量都大得多，并且梁的配筋设计往往要综合考虑正截面抗弯承载力、斜截面抗剪承载力、斜截面抗弯承载力以及构造等要求，比较复杂、细致。另外，在房屋建筑中，当没有动力作用时，梁（板）一般不设置弯起钢筋，但公路桥中的梁一般情况下都是有弯起钢筋的。

桥梁中常用的钢筋混凝土梁、板截面形式有矩形、T 形和箱形等，如图 17-1 所示。

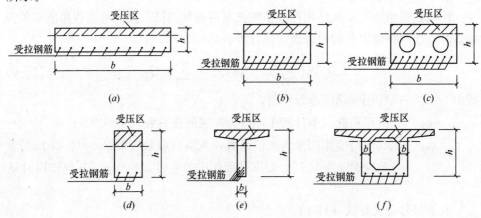

图 17-1　受弯构件的截面形式

（a）整体式板；（b）装配式实心板；（c）装配式空心板；（d）矩形梁；（e）T 形梁；（f）箱形梁

1. 板的一般构造

为保证施工质量及耐久性要求，《公路桥规》JTG D62—2004 规定了人行道板厚度不应小于 80mm（整体现浇）与 60mm（预制）；空心板的顶板和底板厚度均不应小于 80mm。

梁格体系中的桥面板可分为周边支承、悬臂板，如图 17-2 所示。

当桥面板按单向板设计时，单向板内主钢筋沿板的跨度方向（短边方向）布置在板的受拉区，钢筋数量由计算确定。受力主钢筋的直径不应小于 10mm（行车道板）或 8mm（人行道板）。近梁肋处的板内主钢筋，可在沿板高中心纵轴线的 1/6～1/4 计算跨径处按 30°～45° 弯起，但通过支承而不弯起的主钢筋，每米板宽内不应少于 3 根，并不少于主钢筋截面积的 1/4。

在简支板的跨中和连续板的支点处，板内主钢筋间距不大于 200mm。

行车道板受力钢筋的最小混凝土保护层厚度 c（图17-3）应不小于钢筋的公称直径且同时满足附表15-8的要求。

在板内应设置垂直于板受力钢筋的分布钢筋（图17-3）。分布钢筋是在主筋上按一定间距设置的连接用横向钢筋，属于构造配置钢筋，即其数量不通过计算，而是按照设计规范规定选择

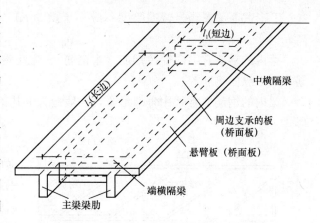

图 17-2　周边支承桥面板与悬臂桥面板示意图

的。分布钢筋的作用是使各主钢筋受力更均匀，同时也起着固定受力钢筋位置、分担混凝土收缩和温度应力的作用。分布钢筋应放置在受力钢筋的内侧（图17-3）。《公路桥规》JTG D62—2004 规定，行车道板内分布钢筋直径不小于8mm，其间距应不大于 200mm，截面面积不宜小于板截面面积的 0.1%。在所有主钢筋的弯折处，均应设置分布钢筋。人行道板内分布钢筋直径不应小于6mm，其间距不应大于 200mm。

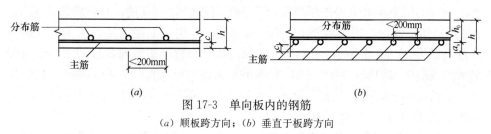

图 17-3　单向板内的钢筋
（a）顺板跨方向；（b）垂直于板跨方向

装配式板桥中的行车道板是由数块预制板在板间企口缝中填入混凝土拼连而成的，属单向受力的梁式板，故它的钢筋布置与矩形截面梁的相似，混凝土保护层厚度 c 应满足附表15-8的要求。

2. 梁的一般构造

（1）现浇矩形截面梁的宽度 b 常取 120mm、150mm、180mm、200mm、220mm 和 250mm，其后按 50mm 一级增加（当梁高 $h \leqslant 800$mm 时）或 100mm 一级增加（当梁高 $h > 800$mm 时）。

矩形截面梁的高宽比 h/b 一般可取 2.0～2.5。

（2）预制的 T 形截面梁，其截面高度 h 与跨径 l 之比（称高跨比）一般为1/16～1/11，跨径较大时取用偏小比值。梁肋宽度 b 常取为 150～180mm，根据梁内主筋布置及抗剪要求而定。

T 形截面梁翼缘悬臂端厚度不应小于 100mm，梁肋处翼缘厚度不宜小于梁高 h 的 1/10。

梁内的钢筋有纵向受拉钢筋（主钢筋）、弯起钢筋或斜钢筋、箍筋、架立钢筋和水平纵向钢筋等。

梁内的钢筋常常采用骨架形式，一般分为绑扎钢筋骨架和焊接钢筋骨架两种形式。

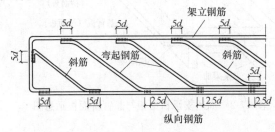

图 17-4　焊接平面骨架示意图

绑扎骨架是将纵向钢筋与横向钢筋通过绑扎而成的空间钢筋骨架。焊接骨架是先将纵向受拉钢筋（主钢筋），弯起钢筋或斜筋和架立钢筋焊接成平面骨架，然后用箍筋将数片焊接的平面骨架组成空间骨架。图 17-4 为一片焊接平面骨架的示意图，图中 d 为相焊两根钢筋中较粗钢筋的直径。

梁内纵向受拉钢筋的数量由计算确定。可选择的钢筋直径一般为 12～32mm，通常不得超过 40mm。在同一根梁内主钢筋宜用相同直径的钢筋，当采用两种以上直径的钢筋时，为了便于施工识别，直径间应相差 2mm 以上。

钢筋的最小混凝土保护层厚度应不小于钢筋的公称直径，且应符合附表 15-8 的规定值。例如，当桥梁处于 I 类环境条件时，钢筋混凝土梁内主钢筋（钢筋公称直径为 d）与梁底面的混凝土保护层厚度、布置距梁侧面最近的主钢筋与梁侧面的混凝土保护层 c（图 17-5）应不小于钢筋的公称直径 d 和 30mm。当受拉区主筋的混凝土保护层厚度大于 50mm 时，应在保护层内设置直径不小于 6mm，间距不大于 100mm 的钢筋网。

绑扎钢筋骨架中，各主钢筋的净距或层与层间的净距 S_n：当钢筋为三层或三层以下时，应不小于 30mm，并不小于主钢筋直径 d；当为三层以上时，不小于 40mm 或主钢筋直径 d 的 1.25 倍（图 17-5a）。

焊接钢筋骨架中，多层主钢筋是竖向不留空隙用焊缝连接，钢筋层数一般不宜超过 6 层。焊接钢筋骨架的净距要求见图 17-5b。

梁内弯起钢筋是由主钢

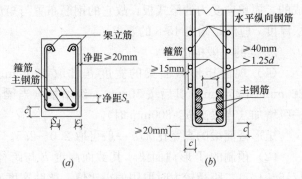

图 17-5　梁主钢筋净距和混凝土保护层
(a) 绑扎钢筋骨架时；(b) 焊接钢筋骨架时

筋按规定的部位和角度弯至梁上部后，并满足锚固要求的钢筋；斜钢筋是专门设置的斜向钢筋，它们的设置及数量均由抗剪计算确定。

梁内箍筋是沿梁纵轴方向按一定间距配置并箍住纵向钢筋的横向钢筋。箍筋除了帮助混凝土抗剪外，在构造上起着固定纵向钢筋位置的作用并与纵向钢筋、架立钢筋等组成骨架。因此，无论计算上是否需要，梁内均应设置箍筋。梁内采用的箍筋形式如图 17-6 所示。箍筋的直径不宜小于 8mm 和主钢筋直径的 1/4。

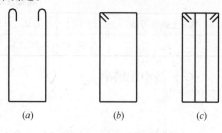

图 17-6　箍筋的形式

(a) 开口式双肢箍筋；(b) 封闭式双肢箍筋；(c) 封闭式四肢箍筋

架立钢筋和沿梁高的两侧面呈水平方向布置的水平纵向钢筋，均为梁内构造钢筋。

架立钢筋是为构成钢筋骨架因而附加设置的纵向钢筋，其直径依梁截面尺寸而选择，通常采用直径为 10～14mm 的钢筋。

水平纵向钢筋的作用主要是在梁侧面出现混凝土裂缝后，可以减小混凝土裂缝宽度。纵向水平钢筋要固定在箍筋外侧，其直径一般采用 6～8mm 的光面钢筋，也可以用带肋钢筋。梁内水平纵向钢筋的总截面积可取用 (0.001～0.002)bh，b 为梁肋宽度，h 为梁截面高度。其间距在受拉区不应大于梁肋宽度，且不应大于 200mm；在受压区不应大于 300mm。在梁支点附近剪力较大区段水平纵向钢筋间距宜为 100～150mm。

17.2.2　正截面受弯承载力计算

1. 计算的基本假定

(1) 构件弯曲后，其截面仍保持为平面；

(2) 不考虑截面受拉混凝土的抗拉强度；

(3) 截面受压区混凝土的应力图形简化为矩形，其压力强度取混凝土的轴心抗压强度设计值；

(4) 截面相对界限受压区高度值见表 17-4；混凝土极限压应变值见表 17-5。

相对界限受压区高度 ξ_b　　　　　　　　　　　表 17-4

钢筋种类	混凝土强度等级 ξ_b		
	C50 及以下	C55、C60	C65、C70
R235	0.62	0.60	0.58
HRB335	0.56	0.54	0.52
HRB400，KL400	0.53	0.51	0.49

截面受拉区内配置不同种类钢筋的受弯构件，其 ξ_b 值应选用相应于各种钢

筋的较小者。

混凝土极限压应变 ε_{cu} 表 17-5

混凝土强度等级	C50 以下	C55	C60	C65	C70	C75	C80
ε_{cu}	0.0033	0.00325	0.0032	0.00315	0.0031	0.00305	0.003

（5）最小配筋率 $\rho_{\min}$

$$\rho = \frac{A_s}{b\,h_0} \leqslant \rho_{\min} \tag{17-11}$$

《公路桥规》JTG D62—2004 规定的纵向受拉钢筋的最小配筋率 $\rho_{\min}$ 见附表 15-9。

2. 单筋矩形截面的受弯承载力计算

（1）基本计算公式及适用条件

计算简图如图 17-7 所示。

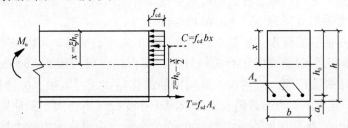

图 17-7   单筋矩形截面受弯构件正截面承载能力计算图式

基本计算公式如下：

$$f_{cd}bx = f_{sd}A_s \tag{17-12}$$

$$M_u = f_{cd}bx\left(h_0 - \frac{x}{2}\right) \tag{17-13}$$

或

$$M_u = f_{cd}A_s\left(h_0 - \frac{x}{2}\right) \tag{17-14}$$

适用条件：

为防止超筋，要求满足

$$x \leqslant \xi_b h_0,\ 或\ \xi \leqslant \xi_b,\ 或\ \rho \leqslant \rho_{\max} \tag{17-15}$$

为防止少筋，要求满足

$$\rho \geqslant \rho_{\min} \tag{17-16}$$

这里，ξ 为截面相对受压区高度，$\xi = x/h_0$；ρ 为纵向受拉钢筋的配筋率。

$$\rho = \xi \frac{f_{cd}}{f_{sd}} \tag{17-17}$$

$$\rho_{\max} = \xi_b \frac{f_{cd}}{f_{sd}} \tag{17-18}$$

（2）截面计算

1）截面设计

已知弯矩计算值 $M=\gamma_0 M_d$（M_d 为弯矩组合设计值）、混凝土强度等级和钢筋级别、截面尺寸 $b \times h$，求 A_s，选择钢筋规格及截面上的布置。

计算方法：按 $M=M_u$ 进行计算，这时假定 a_s，得出 h_0。对于绑扎钢筋骨架的梁：布置一层钢筋，可设 $a_s=40\text{mm}$；二层钢筋时，可设 $a_s=65\text{mm}$。对于板可设 $a_s=25\text{mm}$ 或 $a_s=35\text{mm}$。

先算出

$$A_0 = \frac{M}{f_{cd}bh_0^2} \qquad (17\text{-}19)$$

由基本计算公式可得以下的 ξ 及 ζ_0 值，ξ 称为相对受压区高度，ζ_0 称为内力矩臂系数。

$$\xi = 1 - \sqrt{1-2A_0} \qquad (17\text{-}20)$$
$$\zeta_0 = 0.5(1+\sqrt{1-2A_0}) \qquad (17\text{-}21)$$

由此得出 $x=\xi h_0$

$$A_s = \frac{M}{\zeta_0 f_{sd} h_0} \text{ 或 } A_s = \frac{f_{cd}}{f_{sd}}\xi b h_0 \qquad (17\text{-}22)$$

2）截面复核

已知截面尺寸 $b \times h$、混凝土强度等级和钢筋级别、钢筋面积 A_s 及 a_s，求 M_u。

计算方法：这时应先检查钢筋在截面上的布置是否符合规范要求，再计算 ρ，检查 $\rho \geqslant \rho_{min}$，然后算出 x。这时有两种情况，当 $x \leqslant \xi_b h_0$ 时，按式（17-13）求出 M_u；当 $x > \xi_b h_0$ 时则为超筋截面，是不允许的，应加大截面或配置受压钢筋。最后复核是否满足 $M \leqslant M_u$。

【例 17-1】 矩形截面梁 $b \times h = 250\text{mm} \times 500\text{mm}$，截面处弯矩组合设计值 $M_d = 116\text{kN} \cdot \text{m}$，采用 C25 混凝土和 HRB335 级钢筋。I 类环境条件。安全等级为二级。试进行配筋计算。

【解】 根据已给的材料，分别由附表 15-1 和附表 15-3 查得，$f_{cd} = 11.5\text{MPa}$，$f_{td} = 1.23\text{MPa}$，$f_{sd} = 280\text{MPa}$。由表 17-3 查得 $\xi_b = 0.56$。桥梁结构的重要性系数 $\gamma_0 = 1$，则弯矩计算值 $M = \gamma_0 M_d = 116\text{kN} \cdot \text{m}$。

采用绑扎钢筋骨架，按一层钢筋布置，假设 $a_s = 40\text{mm}$，则有效高度 $h_0 = 500 - 40 = 460\text{mm}$。

（1）求 $A_0 = \dfrac{M}{f_{cd}bh_0^2} = \dfrac{116 \times 10^6}{11.5 \times 250 \times 460^2} = 0.191$

按式（17-20）和式（17-21）分别计算

$$\xi = 1 - \sqrt{1-2A_0} = 0.214 < \xi_b = 0.56，可以。$$
$$\zeta_0 = 0.5 \times (1+\sqrt{1-2A_0}) = 0.893$$

（2）求所需钢筋截面面积 A_s，按式（17-22）

$$A_s = \frac{M}{\zeta_0 f_{sd} h_0} = \frac{116 \times 10^6}{0.893 \times 280 \times 460} = 1009 \text{mm}^2$$

（3）选择并布置钢筋

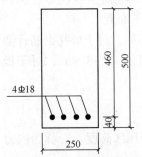

图 17-8　例 17-1 的截面钢
　　　　筋布置

（尺寸单位：mm）

选择 4 Φ 18，$A_s = 1018 \text{mm}^2$，可以。混凝土保护层厚度 $c = 30 \text{mm}$，钢筋 Φ 18 的外径为 20.5mm，故 $a_s =$ （30＋10.25）＝40.25mm，与假设的 40mm 相近，不必重算，配筋见图 17-8。

钢筋净距 $S_n = \dfrac{250 - 2 \times 30 - 4 \times 20.5}{3} = 36 \text{mm} >$ 30mm，并大于 $d = 20 \text{mm}$，满足要求。

最小配筋率计算：45 $(f_{td}/f_{sd})\% = 45$ （1.23/ 280)％＝0.198％，即配筋率不小于 0.198％，且不应小于 0.2％，故取 $\rho_{min} = 0.2\%$。实际配筋率 $\rho = \dfrac{A_s}{bh_0} =$ $\dfrac{1018}{250 \times 460} = 0.89\% > \rho_{min} = 0.2\%$，满足。

【例 17-2】　矩形截面梁尺寸 $b \times h = 240 \text{mm} \times 500 \text{mm}$。
C30 混凝土，R235 级钢筋，$A_s = 1256 \text{mm}^2$（4 Φ 20）。钢筋布置如图 17-9 所示。I 类环境条件，安全等级为二级。复核该截面是否能承受计算弯矩值 $M = 95 \text{kN} \cdot \text{m}$。

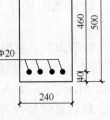

图 17-9　例 17-2 图

（尺寸单位：mm）

【解】　根据已给材料分别由附表 15-1 和附表 15-3 查得 $f_{cd} = 13.8 \text{MPa}$，$f_{sd} = 195 \text{MPa}$；$f_{td} = 1.39 \text{MPa}$。由表 17-4 查得 $\xi_b = 0.62$。最小配筋率计算：45 $(f_{td}/f_{sd})\% = 45$ （1.39/ 195)％＝0.32％，且不应小于 0.2％，故取 $\rho_{min} = 0.32\%$。

由图 17-9 得到混凝土保护层 $c = a_s - \dfrac{d}{2} = 40 - \dfrac{20}{2} =$ 30mm，符合附表 15-8 的要求，且大于钢筋公称直径 $d = 20 \text{mm}$。钢筋间净距 $S_n = \dfrac{240 - 2 \times 30 - 4 \times 20}{3} \cong 33 \text{mm}$，符合大于 30mm 及 $d = 20 \text{mm}$ 的要求。

实际配筋率 $\rho = \dfrac{1256}{240 \times 460} = 1.14\% > \rho_{min} = 0.24\%$

（1）求受压区高度 x

由式（17-12）可得

$$x = \frac{f_{sd} A_s}{f_{cd} b} = \frac{195 \times 1256}{13.8 \times 240} = 74 \text{mm} < \xi_b h_0 = 0.62 \times 460 = 285 \text{mm}$$

不会发生超筋破坏情况。

（2）求抗弯承载能力 M_u

由式（17-13）可得

$$M_u = f_{cd}bx\left(h_0 - \frac{x}{2}\right) = 13.8 \times 240 \times 74 \times \left(460 - \frac{74}{2}\right)$$

$$= 103.7 \times 10^6 \, N \cdot mm = 103.7kN \cdot m > M = 95kN \cdot m$$

经复核梁截面可以承受计算弯矩 $M = 95kN \cdot m$ 的作用。

【例 17-3】 计算跨径为 2.05m 的人行道板，承受人群荷载标准值为 $3.5kN/m^2$，板厚为 100mm。采用 C25 混凝土，R235 级钢筋，I 类环境条件，安全等级为二级。试进行配筋计算。

【解】 取 1m 宽板带进行计算（图 17-10），即计算板宽 $b = 1000mm$，板厚 $h = 80mm$。

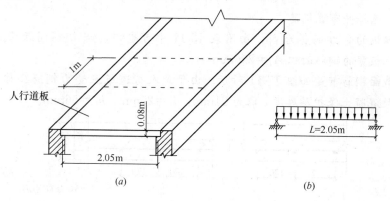

图 17-10 人行道板计算图式（例 17-3 图）

$f_{cd} = 11.5MPa$，$f_{td} = 1.23MPa$，$f_{sd} = 195MPa$，$\xi_b = 0.62$，计算后取最小配筋率 ρ_{min} 为 0.24%。

（1）板控制截面的弯矩组合设计值 M_d

板的计算图式为简支板，计算跨径 $L = 2.05m$。板上作用的荷载为板自重 g_1 和人群荷载 g_2，其中 g_1 为钢筋混凝土重度（取为 $25kN/m^3$）与截面积乘积，即 $g_1 = 25 \times 10^3 \times 0.10 \times 1 = 2500N/m$，$g_2 = 3500 \times 1 = 3500N/m$。

板的控制截面为跨中截面，则

自重弯矩标准值 $M_{G1} = \frac{1}{8}g_1L^2 = \frac{1}{8} \times 2500 \times 2.05^2 = 1.31kN \cdot m$

人群产生的弯矩标准值 $M_{Q2} = \frac{1}{8}g_2L^2 = \frac{1}{8} \times 3500 \times 2.05^2 = 1.84kN \cdot m$

由基本组合（式 17-8），得到板跨中截面上的弯矩组合设计值 M_d 为：

$$M_d = \gamma_{G1}M_{G1} + \gamma_{Q2}M_{Q2} = 1.2 \times 1.31 + 1.4 \times 1.84 = 4.15kN \cdot m$$

取 $\gamma_0 = 1.0$，则弯矩计算值 $M = \gamma_0 M_d = 1 \times 4.15 = 4.15kN \cdot m$

（2）设 $a_s = 25mm$，则 $h_0 = 100 - 25 = 75mm$。令 $M = M_u$，则

$$A_0 = \frac{M}{f_{cd}bh_0^2} = \frac{4.15 \times 10^6}{11.5 \times 1000 \times 75^2} = 0.064$$

由式 (17-20)

$$\xi = 1 - \sqrt{1 - 2 \times 0.064} = 0.067 < \xi_b = 0.62,\ \text{不超筋}。$$

由式 (17-21)

$$\zeta_0 = 0.5 \times (1 + \sqrt{1 - 2 \times 0.064}) = 0.965$$

（3）求所需钢筋面积 A_s

将各已知值代入式 (17-22)，得到

$$A_s = \frac{M}{\zeta_0 f_{sd}h_0} = \frac{4.15 \times 10^6}{0.965 \times 195 \times 75} = 295\text{mm}^2$$

（4）选择并布置钢筋

现取板的受力钢筋为 $\phi 8$，由附表 15-11 中可查得，$\phi 8$ 钢筋间距为 130mm 时，单位板宽的钢筋面积 $A_s = 296\text{mm}^2$。

板截面钢筋布置如图 17-11 所示。由于是人行道板且受力钢筋公称直径为 8mm，故混凝土保护层厚度 c 取为 21mm，$a_s = 25\text{mm}$，$h_0 = 56\text{mm}$。

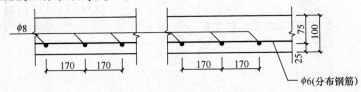

图 17-11   人行道板截面钢筋布置（尺寸单位：mm）

截面的实际配筋率 $\rho = \dfrac{387}{1000 \times 56} = 0.69\% > \rho_{min}$ （$= 0.24\%$）。

板的分布钢筋取 $\phi 8$，其间距为 200mm。

3. 双筋矩形截面的受弯承载力计算

（1）受压钢筋的应力

为了充分发挥受压钢筋的作用，《公路桥规》JTG D62—2004 规定在计算中考虑受压钢筋时，必须满足 $x \geqslant 2a_s'$，a_s' 为受压钢筋合力作用点至截面受压区边缘的距离。

《公路桥规》JTG D62—2004 取受压钢筋压应变 $\varepsilon_s' = 0.002$，这时 R235 级、HRB335 级、HRB400 级和 KL400 级钢筋都已达到屈服强度，故对它们分别取 $f_{sd}' = 195\text{N/mm}^2$、280N/mm²、330N/mm² 和 330N/mm²。KL400 级钢筋的压应变达 0.002 时应力为 400N/mm²，故对它只能取为 330N/mm²。

《公路桥规》JTG D62—2004 要求，当梁中配有计算需要的受压钢筋时，箍筋应为封闭式。一般情况下，箍筋的间距不大于 400mm 并不大于受压钢筋直径 d' 的 15 倍；箍筋直径不小于 8mm 或 $d'/4$，d' 为受压钢筋直径。

（2）基本计算公式及适用条件

计算图式如图 17-12 所示。

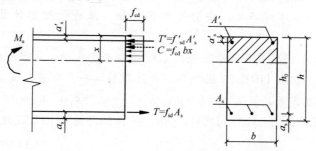

图 17-12 双筋矩形截面的正截面承载能力计算图式

基本计算公式如下：

$$f_{cd}bx + f'_{sd}A'_s = f_{sd}A_s \qquad (17\text{-}23)$$

$$M_u = f_{cd}bx\left(h_0 - \frac{x}{2}\right) + f'_{sd}A'_s(h_0 - a'_s) \qquad (17\text{-}24)$$

或

$$M_u = -f_{cd}bx\left(\frac{x}{2} - a'_s\right) + f_{sd}A_s(h_0 - a'_s) \qquad (17\text{-}25)$$

适用条件：1) 　　　　　　$x \leqslant \xi_b h_0$ 　　　　　　(17-26)

　　　　　2) 　　　　　　$x \geqslant 2a'_s$ 　　　　　　(17-27)

当 $x < 2a'_s$ 时，《公路桥规》JTG D62—2004 规定取 $x = 2a'_s$，可得截面受弯承载力计算的近似公式

$$M_u = f_{sd}A_s(h_0 - a'_s) \qquad (17\text{-}28)$$

（3）计算

1）截面设计

截面弯矩计算值 $M = \gamma_0 M_d$，令 $M = M_u$。

情况 1：A_s 和 A'_s 均为未知。这时假定 a_s、a'_s 值，并取 $\xi = \xi_b$，由式（17-24）求 A'_s，再将 ξ_b 和 A'_s 代入式（17-23）中可求得所需的 A_s。

情况 2：A'_s 为已知，A_s 为未知。这时假定 a_s 值后，由式（17-24）直接求出受压区高度

$$x = h_0 - \sqrt{h_0^2 - \frac{2[M - f'_{sd}A'_s(h_0 - a'_s)]}{f_{cd}b}} \qquad (17\text{-}29)$$

当 $x \leqslant \xi_b h_0$ 且 $x \geqslant 2a'_s$ 时，按式（17-23）求得 A_s。

当 $x \leqslant \xi_b h_0$ 且 $x < 2a'_s$ 时，按 $x = 2a'_s$，求得

$$A_s = \frac{M}{f_{sd}(h_0 - a'_s)} \qquad (17\text{-}30)$$

2）截面复核

先按式（17-23）求出 x，若 $2a'_s \leqslant x \leqslant \xi_b h_0$，可由基本公式（17-24）或式（17-25）求出 M_u；若 $x \leqslant \xi_b h_0$，且 $x < 2a'_s$，则按式（17-28）求出 M_u。

【例 17-4】   钢筋混凝土矩形梁的截面尺寸限定为 $b \times h = 200\text{mm} \times 400\text{mm}$。C30 混凝土且不提高混凝土强度等级，钢筋为 HRB335，弯矩组合设计值 $M_d = 118\text{kN} \cdot \text{m}$。Ⅰ类环境条件，安全等级为一级。试进行配筋计算并进行截面复核。

【解】   本例因梁截面尺寸及混凝土材料均不能改动，故可考虑按双筋截面设计。受压钢筋仍取 HRB335 级钢筋，受压钢筋按一层布置，假设 $a'_s = 35\text{mm}$；受拉钢筋按二层布置，假设 $a_s = 65\text{mm}$，$h_0 = h - a_s = 400 - 65 = 335\text{mm}$。弯矩计算值 $M = \gamma_0 M_d = 1.1 \times 118 = 130\text{kN} \cdot \text{m}$。受拉钢筋为 HRB335 级钢筋，即 $f_{sd} = 280\text{MPa}$。

(1) 验算是否需要采用双筋截面。单筋矩形截面的最大正截面承载力为：

$$M_u = f_{cd} b h_0^2 \xi_b (1 - 0.5\xi_b)$$
$$= 13.8 \times 200 \times (335)^2 \times 0.56 \times (1 - 0.5 \times 0.56)$$
$$= 124.88 \times 10^6 \text{N} \cdot \text{mm} = 124.88\text{kN} \cdot \text{m} < M = 130\text{kN} \cdot \text{m}$$

故需采用双筋截面。

(2) 取 $\xi = \xi_b = 0.56$，代入式（17-24）得

$$A'_s = \frac{M - f_{cd} b h_0^2 \xi_b (1 - 0.5\xi_b)}{f'_{sd}(h_0 - a'_s)}$$
$$= \frac{130 \times 10^6 - 13.8 \times 200 \times 335^2 \times 0.56 \times (1 - 0.5 \times 0.56)}{280 \times (335 - 35)} = 61\text{mm}^2$$

(3) 由式（17-23）求所需的 A_s 值

$$A_s = \frac{f_{cd} bx + f'_{sd} A'_s}{f_{sd}} = \frac{13.8 \times 200 \times (0.56 \times 335) + 280 \times 61}{280} = 1910\text{mm}^2$$

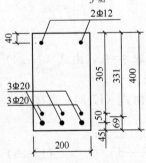

图 17-13 例 17-4 截面
配筋图
(尺寸单位：mm)

选择受压区钢筋为 2Φ12（$A'_s = 226\text{mm}^2$），受拉区钢筋为 3Φ20+3Φ20（$A_s = 1884\text{mm}^2$），布置如图 17-13 所示。受拉钢筋层净距为 30mm，钢筋间净距 $s_n = \dfrac{200 - 2 \times 30 - 3 \times 22.7}{2} = 36\text{mm} > 30\text{mm}$ 及 $d = 20\text{mm}$。受拉钢筋混凝土保护层厚度 $c = 34\text{mm}$，钢筋截面重心至受拉边缘距离 $a_s = 69\text{mm}$，$h_0 = 331\text{mm}$，而 $a'_s = 40\text{mm}$。

现进行截面复核。由 $A_s = 1884\text{mm}^2$，$A'_s = 226\text{mm}^2$，$h_0 = 331\text{mm}$，$f_{cd} = 13.8\text{MPa}$，$f_{sd} = f'_{sd} = 280\text{MPa}$，代入式（17-23）求受压区高度 x 为：

$$x = \frac{f_{sd} A_s - f'_{sd} A'_s}{f_{cd} b}$$
$$= \frac{280 \times (1884 - 226)}{13.8 \times 200}$$

$$=168\text{mm} < \xi_\text{b}h_0 = 0.56 \times 331\text{mm} = 185.4\text{mm}$$

$$> 2a'_\text{s} = 2 \times 40\text{mm} = 80\text{mm}$$

由式（17-24）求得截面的受弯承载能力 M_u 为：

$$M_\text{u} = f_\text{cd}bx\left(h_0 - \frac{x}{2}\right) + f'_\text{sd}A'_\text{s}(h_0 - a'_\text{s})$$

$$= 13.8 \times 200 \times 168 \times \left(340 - \frac{170}{2}\right) + 280 \times 226 \times (331 - 40)$$

$$= 132.94\text{kN} \cdot \text{m} > M = 130\text{kN} \cdot \text{m}$$

复核结果说明截面设计符合要求。

4. T 形截面受弯承载能力计算

（1）T 形截面受压翼板的计算宽度

《公路桥规》JTG D62—2004 规定，T 形截面梁（内梁）的受压翼板计算宽度 b'_f 取下列三者中的最小值：

1）简支梁计算跨径的 1/3。对连续梁各中间跨正弯矩区段，取该跨计算跨径的 0.2 倍；边跨正弯矩区段，取该跨计算跨径的 0.27 倍；各中间支点负弯矩区段，则取该支点相邻两跨计算跨径之和的 0.07 倍。

2）相邻两梁的平均间距。

3）$b+2b_\text{h}+12h'_\text{f}$。当 $h_\text{h}/b_\text{h} < 1/3$ 时，取 $(b+6h_\text{h}+12h')$。此处，b、b_h、h_h 和 h'_f 分别见图 17-14，h_h 为承托根部厚度。

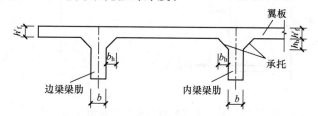

图 17-14 T 形截面受压翼板有效宽度计算示意图

在 b'_f 宽度范围内的翼板可以认为是全部参加工作，并假定其压应力是均匀分布的。

图 17-14 中所示承托，又称梗腋，它是为增强翼板与梁肋之间联系的构造措施，并可增强翼板根部的抗剪能力。

边梁翼板的有效宽度取相邻内梁翼缘有效宽度之半加上边梁肋宽度之半，再加 6 倍的外侧悬臂板平均厚度或外侧悬臂板实际宽度两者中的较小者。

此外，《公路桥规》JTG D62—2004 还规定，计算超静定梁内力时，T 形梁受压翼缘的计算宽度取实际全宽度。

在正截面受弯承载能力计算中，工字形、箱形截面梁以及空心板都可按 T 形截面处理。空心板的圆孔（直径 D）可按面积相等、惯性矩相等和形心位置不

变原则换算成 $b_h \times h_h$ 的矩形孔，$h_k = \dfrac{\sqrt{3}}{2}D$，$b_k = \dfrac{\sqrt{3}}{6}\pi D$，如图 17-15 所示。因此，

上翼板厚度 $h'_f = y_1 - \dfrac{\sqrt{3}}{4}D$，下翼板厚度 $h_f = y_2 - \dfrac{\sqrt{3}}{4}D$，腹板厚度 $b = b_f - \dfrac{\sqrt{3}}{3}\pi D$。

当空心板的孔洞为其他形状时，也可按上述原则换算。

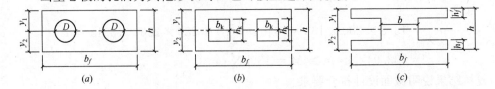

图 17-15 空心截面换算成等效工字形截面

（a）圆孔空心板截面；（b）等效矩形孔空心板截面；（c）等效工字形截面

（2）基本计算公式及适用条件

1）第一类 T 形截面（$x \leqslant h'_f$）

计算简图如图 17-16 所示，故正截面受弯承载力计算按宽度为 b'_f 的矩形截面进行，把基本计算式（17-12）～式（17-14）中的 b 换为 b'_f 即可。基本计算公式的适用条件也相同，这时的配筋率 ρ 仍取肋宽度 b 计算。

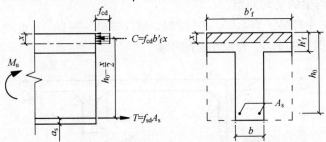

图 17-16 第一类 T 形截面受弯承载力计算图式

2）第二类 T 形截面（$x > h'_f$）

计算简图如图 17-17 所示。这时受压区为 T 形，故受压区混凝土应力的合力分为肋与翼缘两部分，即 $C_1 = f_{cd}bx$，$C_2 = f_{cd}(b'_f - b)h'_f$。

基本公式
$$f_{cd}bx + f_{cd}h'_f(b'_f - b) = f_{sd}A_s \tag{17-31}$$

$$M_u = f_{cd}bx\left(h_0 - \frac{x}{2}\right) + f_{cd}(b'_f - b)h'_f\left(h_0 - \frac{h'_f}{2}\right) \tag{17-32}$$

基本公式适用条件为 $x \leqslant \xi_b h_0$；$\rho \geqslant \rho_{min}$。

第二类 T 形截面的配筋率较高，一般情况下均能满足 $\rho \geqslant \rho_{min}$ 的要求，故可不必进行验算。

（3）截面计算方法

1）截面设计 令 $M = M_u$，当截面的计算弯矩 M 满足下式时属第一类 T 形

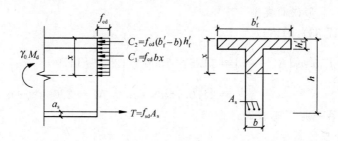

图 17-17 第二类 T 形截面抗弯承载力计算图式

截面，否则属第二类 T 形截面：

$$M \leqslant f_{cd} b'_f h'_f \left(h_0 - \frac{h'_f}{2} \right) \qquad (17\text{-}33)$$

2）截面复核 当满足下式时属第一类 T 形截面，否则属第二类 T 形截面：

$$f_{cd} b'_f h'_f \geqslant f_{sd} A_s \qquad (17\text{-}34)$$

【例 17-5】 预制钢筋混凝土简支 T 形梁截面高度 $h = 1.30$m，翼板计算宽度 $b'_f = 1.60$m（预制宽度 1.58m），C25 混凝土，HRB335 级钢筋。I 类环境条件，安全等级为二级。跨中截面弯矩组合设计值 $M_d = 2200$kN·m。试进行配筋（焊接钢筋骨架）计算及截面复核。

【解】 由附表查得 $f_{cd} = 11.5$MPa，$f_{td} = 1.23$MPa，$f_{sd} = 280$MPa。$\xi_b = 0.56$，$\gamma_0 = 1.0$，弯矩计算值 $M = \gamma_0 M_d = 2200$kN·m。

为了便于进行计算，将图 17-18（a）的实际 T 形截面换成图 17-18（b）所示的计算截面，$h'_f = \dfrac{100 + 140}{2} = 120$mm，其余尺寸不变。

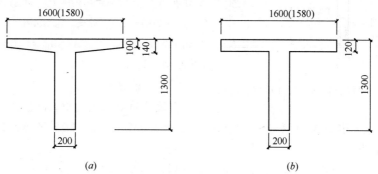

图 17-18 例 17-5 图（尺寸单位：mm）

（a）原截面；（b）计算截面

（1）截面设计

1）因采用的是焊接钢筋骨架，故设 $a_s = 30 + 0.07h = 30 + 0.07 \times 1300 = 121$mm，则截面有效高度 $h_0 = 1300 - 121 = 1179$mm。

2）判定 T 形截面类型

由式（17-33）的右边

$$f_{cd}b'_f h'_f \left(h_0 - \frac{h'_f}{2}\right) = 11.5 \times 1600 \times 120 \times \left(1179 - \frac{120}{2}\right)$$

$$= 2470.75 \text{kN} \cdot \text{m} > M = 2200 \text{kN} \cdot \text{m}$$

故属于第一类 T 形截面。

3）求受压区高度

$$A_0 = \frac{M}{f_{cd}b'_f h_0^2} = \frac{2200 \times 10^6}{11.5 \times 1600 \times 1179^2} = 0.086$$

$$\xi = 1 - \sqrt{1 - 2A_0} = 1 - \sqrt{1 - 2 \times 0.086} = 0.09$$

$$x = \xi h_0 = 0.09 \times 1179 = 106 \text{mm}$$

4）求受拉钢筋面积 A_s

将各已知值及 $x = 106$ mm 代入 $f_{cd}b'_f x = f_{sd}A_s$，得

$$A_s = \frac{f_{cd}b'_f x}{f_{sd}}$$

$$= \frac{11.5 \times 1600 \times 106}{280}$$

$$= 6966 \text{mm}^2$$

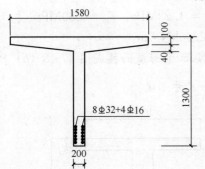

图 17-19　钢筋布置图（尺寸单位：mm）

现选择钢筋为 8 Φ 32＋4 Φ 16，截面面积 $A_s = 7238 \text{mm}^2$。钢筋叠高层数为 6 层，布置如图 17-19 所示。

混凝土保护层厚度取 35mm＞$d = 32$mm 及附表 3-8 中规定的 30mm，钢筋间横向净距 $s_n = 200 - 2 \times 35 - 2 \times 35.8 = 58 \text{mm} > 40$mm 及 $1.25d = 1.25 \times 32 = 40$mm，故满足构造要求。

（2）截面复核

已设计的受拉钢筋中，8 Φ 32 的面积为 6434mm^2，4 Φ 16 的面积为 804mm^2，$f_{sd} = 280$MPa。由图 17-19 钢筋布置图，可求得 a_s 为：

$$a_s = \frac{6434 \times (35 + 2 \times 35.8) + 804 \times (35 + 4 \times 35.8 + 9.2)}{6434 + 804}$$

$$= 116 \text{mm}$$

则实际有效高度

$$h_0 = 1300 - 116 = 1184 \text{mm}$$

1）判定 T 形截面类型

由式 (17-34) 计算

$$f_{cd}b'_f h'_f = 11.5 \times 1600 \times 120$$
$$= 2.21 \times 10^6 \text{N}$$
$$= 2210 \text{kN}$$
$$f_{sd}A_s = (6434 + 804) \times 280$$
$$= 2027 \text{kN}$$

由于 $f_{cd}b'_f h'_f > f_{sd}A_s$，故为第一类 T 形截面。

2) 求受压区高度 x

由式 $f_{cd}b'_f x = f_{sd}A_s$，求得 x 为：

$$x = \frac{f_{sd}A_s}{f_{cd}b'_f} = \frac{2027 \times 10^3}{11.5 \times 1600}$$
$$= 110 \text{mm} < h'_f (= 120 \text{mm})$$

(3) 正截面受弯承载力

由 $\gamma_0 M_d \leqslant M_u = f_{cd}b'_f x\left(h_0 - \frac{x}{2}\right)$，求得正截面抗弯承载力 M_u 为：

$$M_u = f_{cd}b'_f x\left(h_0 - \frac{x}{2}\right) = 11.5 \times 1600 \times 110 \times \left(1184 - \frac{110}{2}\right)$$
$$= 2285 \text{kN} \cdot \text{m} > M(= 2200 \text{kN} \cdot \text{m})$$

又 $\rho = \dfrac{A_s}{bh_0} = \dfrac{7238}{200 \times 1184} = 3.06\% > \rho_{min} = 0.2\%$，故截面复核满足要求。

【例 17-6】 预制的钢筋混凝土简支空心板，计算截面尺寸如图 17-20 (a) 所示。计算宽度 $b'_f = 1\text{m}$，截面高度 $h = 450\text{mm}$。C25 混凝土，HRB400 级钢筋。Ⅰ类环境条件，弯矩计算值 $M = 500 \text{kN} \cdot \text{m}$。试进行配筋计算。

【解】 由附表查得 $f_{cd} = 11.5 \text{MPa}$，$f_{sd} = 330 \text{MPa}$。$\xi_b = 0.53$。

为了计算方便，先将空心板截面换算成等效的工字形截面。因本例截面情况与图 17-15 相同，且 $y_1 = y_2 = \frac{1}{2} \times 450 = 225\text{mm}$，故直接可得到等效工字形截面尺寸（图 17-20$b$）：

上翼板厚度

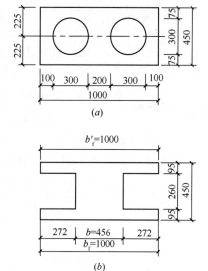

图 17-20 例 17-6 图 (尺寸单位：mm)
(a) 原截面；(b) 计算截面

$$h'_f = y_1 - \frac{\sqrt{3}}{4}D = 225 - \frac{\sqrt{3}}{4} \times 300 \approx 95\text{mm}$$

下翼板厚度

$$h_f = y_2 - \frac{\sqrt{3}}{4}D = 225 - \frac{\sqrt{3}}{4} \times 300 \approx 95mm$$

腹板厚度

$$b = b_f - \frac{\sqrt{3}}{3}\pi D = 1000 - \frac{\sqrt{3}}{3} \times 3.14 \times 300 \approx 456mm$$

（1）空心板采用绑扎钢筋骨架，一层受拉主筋。假设 $a_s = 40mm$，则有效高度 $h_0 = 450 - 40 = 410mm$。

（2）判定 T 形截面类型

由式（17-33）的右边

$$f_{cd}b'_f h'_f \left(h_0 - \frac{h'_f}{2}\right) = 11.5 \times 1000 \times 95 \times \left(410 - \frac{95}{2}\right)$$
$$= 396.03 \times 10^6 N \cdot mm$$
$$= 396.03kN \cdot m < M(= 500kN \cdot m)$$

故属于第二类 T 形截面。

（3）求受压区高度 x

令 $M_u = M = 500kN \cdot m$，由式（17-32）把挑出的受压翼缘的作用理解为"受压钢筋"，仿照双筋截面的式（17-29），则有

$$x = h_0 - \sqrt{h_0^2 - \frac{2\left[M - f_{cd}(b'_f - b)h'_f\left(h_0 - \frac{h'_f}{2}\right)\right]}{f_{cd}b}}$$

$$= 410 - \sqrt{410^2 - \frac{2\left[500 \times 10^6 - 11.5 \times 95 \times (1000 - 456) \times \left(410 - \frac{95}{2}\right)\right]}{11.5 \times 456}}$$

$$= 166mm \begin{cases} > h'_f (= 95mm) \\ < \xi_b h_0 (= 217mm) \end{cases}$$

（4）受拉钢筋面积

由式（17-31）得到所需的钢筋面积为：

$$A_s = \frac{f_{cd}bx + f_{cd}h'_f(b'_f - b)}{f_{sd}}$$

$$= \frac{11.5 \times 456 \times 166 + 11.5 \times 95 \times (1000 - 456)}{330}$$

$$= 4439mm^2$$

现选择 8 ⏀ 25 + 4 ⏀ 14，钢筋面积为 4542mm²。混凝土保护层 $c = 30mm > d = 25mm$ 且满足附表 3-6 要求。钢筋间净距 $s_n = \dfrac{1000 - 2 \times 30 - 8 \times 28.4 - 4 \times 16.2}{11} = 59mm > 30mm$ 及 $d = 25mm$，故满足要求。

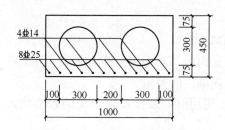

4Φ14
8Φ25

75
300
450
75

100 300 200 300 100
1000

图 17-21 截面设计布置图
(尺寸单位：mm)

截面设计布置如图 17-21 所示。

17.2.3 斜截面受剪承载力的计算

1. 斜截面受剪承载力计算的基本公式及适用条件

斜截面受剪的主要破坏形态有斜压破坏、斜拉破坏和剪压破坏三种，对前两种破坏形态是分别采用截面限制条件与按构造要求配置箍筋来防止的，对剪压破坏则必须通过斜截面受剪承载力计算来防止。

《公路桥规》JTG D62—2004 对有腹筋钢筋混凝土梁规定其斜截面受剪承载力 V_u 由剪压区混凝土抗剪力 V_c、箍筋所承受的剪力 V_{sv} 和弯起钢筋承受的剪力 V_{sb} 三部分所组成，即 $V_u = V_c + V_{sv} + V_{sb}$。考虑到 V_c 与 V_{sv} 是紧密相关的，而两者又无法分别予以确切定量，故用 V_{cs} 来表达混凝土和箍筋的综合抗剪力，并取

$$V_{cs} = \alpha_1 \alpha_2 \alpha_3 (0.45 \times 10^{-3}) b h_0 \sqrt{(2 + 0.6p)\sqrt{f_{cu,k}} \rho_{sv} f_{sv}} \qquad (17\text{-}35)$$

同时取

$$V_{sb} = (0.75 \times 10^{-3}) f_{sd} \sum A_{sb} \sin \theta_s \qquad (17\text{-}36)$$

故斜截面抗剪承载力的计算基本公式为：

$$\gamma_0 V_d \leqslant V_u = \alpha_1 \alpha_2 \alpha_3 (0.45 \times 10^{-3}) b h_0 \sqrt{(2 + 0.6p)\sqrt{f_{cu,k}} \rho_{sv} f_{sv}}$$
$$+ (0.75 \times 10^{-3}) f_{sd} \sum A_{sb} \sin \theta_s \qquad (17\text{-}37)$$

式中　V_d——斜截面受压端正截面上由作用（或荷载）效应所产生的最大剪力组合设计值（kN）；

γ_0——桥梁结构的重要性系数；

α_1——异号弯矩影响系数，计算简支梁和连续梁近边支点梁段的抗剪承载力时，$\alpha_1 = 1.0$；计算连续梁和悬臂梁近中间支点梁段的抗剪承载力时，$\alpha_2 = 0.9$；

α_2——预应力提高系数，对钢筋混凝土受弯构件，$\alpha_2 = 1$；

α_3——受压翼缘的影响系数，对具有受压翼缘的截面，取 $\alpha_3 = 1.1$；

b——斜截面受压区顶端截面处矩形截面宽度（mm），或 T 形和 I 形截面腹板宽度（mm）；

h_0——斜截面受压端正截面上的有效高度，自纵向受拉钢筋合力点到受压边缘的距离（mm）；

p——斜截面内纵向受拉钢筋的配筋百分率，$p = 100\rho$，$\rho = A_s/bh_0$，当 $p > 2.5$ 时，取 $p = 2.5$；

$f_{cu,k}$——混凝土立方体抗压强度标准值（MPa）；

ρ_{sv}——箍筋的配筋率；

f_{sv}——箍筋抗拉强度设计值（MPa）；

f_{sd}——弯起钢筋的抗拉强度设计值（MPa）；

A_{sb}——斜截面内在同一个弯起钢筋平面内的弯起钢筋总截面面积（mm^2）；

θ_s——弯起钢筋的切线与构件水平纵向轴线的夹角。

式（17-37）是一个半经验半理论公式，使用时必须按规定单位的数值代入式中各项，而所得 V_u 的单位是"kN"。

式（17-37）的适用条件是：

(1) 上限值——截面最小尺寸

截面尺寸满足

$$\gamma_0 V_d \leqslant (0.51 \times 10^{-3}) \sqrt{f_{cu,k}} b h_0 \quad (kN) \tag{17-38}$$

(2) 下限值——按构造要求配置箍筋

当符合下式时，则不需要进行斜截面受剪承载力计算，而仅按构造要求配置箍筋：

$$\gamma_0 V_d \leqslant (0.5 \times 10^{-3}) \alpha_2 f_{td} b h_0 \quad (kN) \tag{17-39}$$

箍筋的构造要求：

1) 钢筋混凝土梁应设置直径不小于 8mm 且不小于 1/4 主钢筋直径的箍筋。箍筋的最小配筋率，R235 钢筋时，$(\rho_{sv})_{min} = 0.18\%$；HRB335 钢筋时，$(\rho_{sv})_{min} = 0.12\%$。

2) 箍筋的间距不应大于梁高的 1/2 且不大于 400mm，当按受力需要配置纵向受压钢筋时，应不大于受压钢筋直径的 15 倍，且不应大于 400mm。

3) 支座中心向跨径方向长度不小于一倍梁高范围内，箍筋间距不宜大于 100mm。

对于箍筋，《公路桥规》JTG D62—2004 还规定，近梁端第一根箍筋应设置在距端面一个混凝土保护层的距离处。梁与梁或梁与柱的交接范围内可不设箍筋，靠近交接范围的第一根箍筋，其与交界的距离不大于 50mm。

2. 等高度简支梁腹筋的初步设计

已知条件是：梁的计算跨径 L 及截面尺寸、混凝土强度等级、纵向受拉钢筋及箍筋抗拉强度设计值、跨中截面纵向受拉钢筋布置和梁的计算剪力包络图（计算得到的各截面最大剪力组合设计值 V_d 乘上结构重要性系数 γ_0 后所形成的计算剪力图），见图 17-22。

(1) 根据已知条件及支座中心处的最大剪力计算值 $V_0 = \gamma_0 V_{d,0}$，$V_{d,0}$ 为支座中心处最大剪力组合设计值，γ_0 为结构重要性系数。按照式（17-38），对由梁正截面承载能力计算已决定的截面尺寸作进一步检查。若不满足，必须修改截面尺寸或提高混凝土强度等级，以满足式（17-38）的要求。

(2) 由式（17-39）求得按构造要求配置箍筋的剪力 $V = (0.5 \times 10^{-3}) \alpha_2 f_{td} b h_0$，其中 b 和 h_0 可取跨中截面计算值，由计算剪力包络图可得到按构造配置箍筋的区段长度 l_1。

（3）在支点和按构造配置箍筋区段之间的计算剪力包络图中的计算剪力应该由混凝土、箍筋和弯起钢筋共同承担，但各自承担多大比例，涉及计算剪力包络图的合理分配问题。《公路桥规》JTG D62—2004 规定：最大剪力计算值取用距支座中心 $h/2$（梁高一半）处截面的数值（记做 V'），其中混凝土和箍筋共同承担不少于 60% 即 $0.6V'$ 的剪力计算值；弯起钢筋（按 $45°$弯起）承担不超过 40%，即 $0.4V'$ 的剪力计算值。可见，《公路桥规》JTG D62—2004 规定了混凝土和箍筋应共同承担大部分剪力。这主要是国内外试验研究都表明，混凝土和箍筋共同的抗剪作用效果好于弯起钢筋的抗剪作用。

（4）箍筋设计。

现取混凝土和箍筋共同的抗剪能力 $V_{cs} = 0.6V'$，在式（17-37）中不考虑弯起钢筋的部分，则得

$$0.6V' = \alpha_1\alpha_3(0.45\times10^{-3})bh_0\sqrt{(2+0.6p)\sqrt{f_{cu,k}}\rho_{sv}f_{sv}}$$

解得斜截面内箍筋配筋率

$$\rho_{sv} = \frac{1.78\times10^6}{(2+0.6p)\sqrt{f_{cu,k}}f_{sv}}\left(\frac{V'}{\alpha_1\alpha_3bh_0}\right)^2 > (\rho_{sv})_{min} \qquad (17\text{-}40)$$

当选择了箍筋直径（单肢面积为 a_{sv}）及箍筋肢数 n 后，得到箍筋截面积 $A_{sv} = na_{sv}$，则箍筋计算间距为：

$$S_v = \frac{\alpha_1^2\alpha_3^2(0.56\times10^{-6})(2+0.6p)\sqrt{f_{cu,k}}A_{sv}f_{sv}bh_0^2}{(V')^2} \quad (\text{mm}) \qquad (17\text{-}41)$$

取整并满足规范要求后，即可确定箍筋间距。

（5）弯起钢筋的数量及初步的弯起位置。

弯起钢筋是由纵向受拉钢筋弯起而成，常对称于梁跨中线成对弯起，以承担图 17-22 中计算剪力包络图中分配的计算剪力，图中的 $V_{l/2}$ 是指跨中截面处的计算剪力值。

考虑到梁支座处的支承反力较大以及纵向受拉钢筋的锚固要求，《公路桥规》JTG D62—2004 规定，在钢筋混凝土梁的支点处，应至少有两根并且不少于总数 $1/5$ 的下层受拉主钢筋通过。就是说，这部分纵向受拉钢筋不能在梁间弯起，而其余的纵向受拉钢筋可以在满足规范要求的条件下弯起。

根据梁斜截面抗剪要求，所需的第 i 排弯起钢筋的截面面积，要根据图 17-22 分配的、应由第 i 排弯起钢筋承担的计算剪力值 V_{sbi} 来决定。仅考虑弯起钢筋，由式（17-36），得

$$V_{sbi} = (0.75\times10^{-3})f_{sd}A_{sbi}\sin\theta_s$$

$$A_{sbi} = \frac{1333.33V_{sbi}}{f_{sd}\sin\theta_s} \qquad (17\text{-}42)$$

式中的符号意义及单位见式（17-37）。

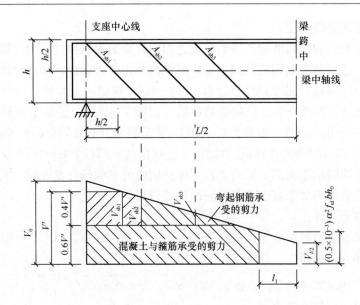

图 17-22　腹筋初步设计计算图

对于式（17-42）中的计算剪力 V_{sbi} 的取值方法，《公路桥规》JTG D62—2004 规定：

1）计算第一排（从支座向跨中计算）弯起钢筋（即图 17-22 中所示 A_{sb1}）时，取用距支座中心 $h/2$ 处由弯起钢筋承担的那部分剪力值 $0.4V'$。

2）计算以后每一排弯起钢筋时，取用前一排弯起钢筋弯起点处由弯起钢筋承担的那部分剪力值。

同时，《公路桥规》JTG D62—2004 对弯起钢筋的弯起角及弯筋之间的位置关系有以下要求：

1）钢筋混凝土梁的弯起钢筋一般与梁纵轴呈 45°角。弯起钢筋以圆弧弯折，圆弧半径（以钢筋轴线为准）不宜小于 20 倍钢筋直径。

2）简支梁第一排（对支座而言）弯起钢筋的末端弯折点应位于支座中心截面处（图 17-22），以后各排弯起钢筋的末端弯折点应落在或超过前一排弯起钢筋弯起点截面。

根据《公路桥规》JTG D62—2004 上述要求及规定，可以初步确定弯起钢筋的位置及要承担的计算剪力值 V_{sbi}，从而由式（17-42）计算得到所需的每排弯起钢筋的数量。

3. 斜截面受弯承载力的保证

与第 5 章中讲的相同，公路桥中梁的斜截面抗弯承载力也是由纵向受拉钢筋的弯起、截断、锚固和接头等构造要求来保证的。

（1）弯起点的位置

为了保证纵向受拉钢筋弯起后，斜截面的抗弯承载力不低于正截面抗弯承载力,《公路桥规》JTG D62—2004 也同样规定, 弯起点应在该钢筋充分利用点以外大于或等于 $0.5h_0$ 处, 即 $S_1 \geqslant 0.5h_0$, h_0 为截面有效高度, 如图 17-23 所示。

简支梁的包络图一般可近似为一条二次抛物线, 若以梁跨中截面处为横坐标原点, 则简支梁包络图可描述为:

$$M_{\mathrm{d,x}} = M_{\mathrm{d},l/2}\left(1 - \frac{4x^2}{L^2}\right) \tag{17-43}$$

式中　$M_{\mathrm{d,x}}$ ——距跨中截面为 x 处截面上的弯矩组合设计值;

　　　$M_{\mathrm{d},l/2}$ ——跨中截面处的弯矩组合设计值;

　　　L ——简支梁的计算跨径。

图 17-23 为一跨径为 L 的简支梁, 按正截面受弯承载力的要求配有 6 根纵向受拉钢筋 ($2N1+2N2+2N3$)。假定 $2N1$ 钢筋的面积 A_{s1} 大于 20% 的全部纵向受拉钢筋面积 A_{s}, 按照《公路桥规》JTG D62—2004 规定, 它们必须伸过支座中心线, 不得在梁跨间弯起。而 $2N2$ 和 $2N3$ 考虑在梁跨间弯起。

为了保证斜截面抗弯强度, $N3$ 钢筋只能在距其充分利用点 i 的距离 $S_1 \geqslant h_0/2$ 处 i' 点起弯。为了保证弯起钢筋的受拉作用, $N3$ 钢筋与梁中轴线的交点必须在其不需要点 j 以外, 这是由于弯起钢筋的内力臂是逐渐减小的, 故受弯承载能力也逐渐减小, 当弯筋 $N3$ 穿过梁中轴线基本上进入受压区后, 它的正截面抗弯作用才认为完全消失。

$N2$ 钢筋的弯起位置的确定原则与 $N3$ 钢筋相同。

这样获得的抵抗弯矩图外包了弯矩包络图, 保证了梁段内任一截面不会发生正截面破坏和斜截面抗弯破坏, 而图 17-23 中 $N3$ 和 $N2$ 钢筋的弯起位置就被确定在 i' 和 j' 两点处。

（2）纵向钢筋在支座处的锚固

在梁近支座处出现斜裂缝时, 斜裂缝处纵向钢筋应力将增大。这时, 梁的承载能力取决于纵向钢筋在支座处的锚固情况, 若锚固长度不足, 钢筋与混凝土的相对滑移将导致斜裂缝宽度显著增大（图 17-24a）, 甚至会发生粘结锚固破坏。

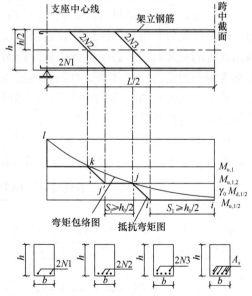

图 17-23　简支梁的弯矩包络图及抵抗弯矩图
（对称半跨）

为了防止钢筋被拔出而破坏,《公路桥规》JTG D62—2004 规定:

1）在钢筋混凝土梁的支点处，应至少有两根且不少于总数 1/5 的下层受拉主钢筋通过；

2）底层两外侧之间不向上弯起的受拉主筋，伸出支点截面以外的长度应不小于 10d（R235 钢筋应带半圆钩）；对环氧树脂涂层钢筋应不小于 12.5d，d 为受拉主筋直径。图 17-24（c）为绑扎骨架普通钢筋（R235 钢筋）在支座锚固的示意图。

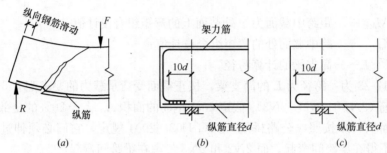

图 17-24　主钢筋在支座处的锚固
（a）支座附近纵向钢筋锚固破坏；（b）焊接骨架在支座处锚固；
（c）绑扎骨架在支座处锚固

（3）纵向钢筋在梁跨间的截断与锚固

当某根纵向受拉钢筋在梁跨间的理论切断点处切断后，该处混凝土所承受的拉应力突增，往往会过早出现斜裂缝，如果截面的钢筋锚固不足，甚至可能降低构件的承载能力，因此，纵向受拉钢筋不宜在受拉区截断。若需截断，为了保证钢筋强度的充分利用，必须将钢筋从理论切断点外伸一定的长度再截断，这段距离称为钢筋的锚固长度（是受力钢筋通过混凝土与钢筋粘结将所受的力传递给混凝土所需的长度）。它不同于纵筋在支座处的锚固作用，是钢筋在弯矩和剪力共同作用区段的粘结锚固。

根据钢筋拔出试验结果和我国的工程实践经验，《公路桥规》JTG D62—2004 规定了不同受力情况下最小钢筋锚固长度，见表 17-6。

普通钢筋最小锚固长度 l_a　　　　　　　　　　　　　　　　表 17-6

项目	钢筋 混凝土	R235				HRB335				HRB400，KL400			
		C20	C25	C30	≥C40	C20	C25	C30	≥C40	C20	C25	C30	≥C40
受压钢筋（直端）		40d	35d	30d	25d	35d	30d	25d	20d	40d	35d	30d	25d
受拉钢筋	直端	—	—	—	—	40d	35d	30d	25d	45d	40d	35d	30d
	弯钩端	35d	30d	25d	20d	35d	25d	25d	20d	35d	30d	30d	25d

在表 17-6 中 d 为钢筋直径；采用环氧树脂涂层钢筋时，受拉钢筋最小锚固长度应增加 25%，若混凝土在逐渐硬化过程中可能受到扰动（如滑模施工），锚固长度应增加 25%。

（4）钢筋的接头

当梁内的钢筋需要接长时，可以采用绑扎搭接接头、焊接接头和钢筋机械接头。

《公路桥规》JTG D62—2004 规定受拉钢筋的绑扎接头的搭接长度 l_d（图 17-25）见表 17-7；受压区钢筋绑扎接头的搭接长度，应取受拉钢筋绑扎搭接长度的 0.7 倍。

受拉钢筋绑扎接头搭接长度 l_d　　　　　　　表 17-7

钢　　筋	混凝土强度等级		
	C20	C25	>C25
R235	35d	30d	25d
HRB335	45d	40d	35d
HRB400、KL400	—	50d	45d

在表 17-7 中，当带肋钢筋直径 d 大于 25mm 时，其受拉钢筋的搭接长度应按表值增加 $5d$ 采用；当带肋钢筋直径小于 25mm 时，搭接长度可按表值减少 $5d$ 采用。

混凝土在逐渐硬化过程中可能受扰动时，受力钢筋搭接长度应增加 $5d$。

在任何情况下，受拉钢筋的搭接长度不应小于 300mm；受压钢筋的搭接长度不应小于 200mm。

环氧树脂涂层钢筋的绑扎接头搭接长度，按表值增加 $10d$ 采用。

受拉区段内，R235（Q235）钢筋绑扎接头末端应做成弯钩（图 17-25a），HRB335、HRB400、KL400 钢筋的末端可不做成弯钩（图 17-25b）。

在任一绑扎接头中心至搭接长度 1.3 倍的长度区段内，同一根钢筋不得有两个接头；在该区段内有绑扎接头的受力钢筋截面面积占受力钢筋总截面面积的百分数，受拉区不宜超过 25%，受压区不宜超过 50%。当绑扎接头的受力钢筋截面面积占受力钢筋总截面面积超过上述规定时，应按表 17-7 的规定值，乘以下列系数：当受拉钢筋绑扎接头截面面积大于 25%，但不大于 50% 时，乘以 1.4，当大于 50% 时，乘以 1.6；当受压钢筋绑扎截面面积大于 50% 时，乘以 1.4（表 17-7 中受压钢筋绑扎接头长度仍为受拉钢筋绑扎接头长度的 0.7 倍）。

当采用焊接接头时，《公路桥规》JTG D62—2004 也有相应的构造要求。例如采用夹杆式电弧焊接时（图 17-26b），夹杆的截面积应不小于被焊钢筋的截面积。夹杆长度，若用双面焊接时应不小于 $5d$；用单面焊接时应不小于 $10d$（d 为钢筋直径）。又例如采用搭叠式电弧焊时（图 17-26c），钢筋端段应预先折向一侧，使两根钢筋轴线一致。搭接时，双面焊缝的长度不小于 $5d$；单面焊缝的长度不

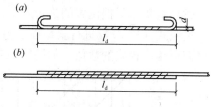

图 17-25　受拉钢筋的绑扎搭接接头

52 第 17 章 公路混凝土桥结构的设计原理

小于 10d（d 为钢筋直径）。

《公路桥规》JTG D62—2004 还规定，在任一焊接接头中心至长度为钢筋直径的 35 倍，且不小于 500mm 的区段内，同一根钢筋不得有两个接头，在该区段内有接头的受力钢筋截面积占受力钢筋总截面积的百分数不宜超过 50%（受拉区钢筋），受压区钢筋的焊接接头无此限制。

钢筋机械接头包括套筒挤压接头和镦粗直螺纹接头，适用于 HRB335 和 HRB400 带肋钢筋，连接接头的构造规定详见《公路桥规》JTG D62—2004。

4. 斜截面受剪承载能力的复核

按前述要求对桥梁中的等高钢筋混凝土简支梁进行设计后，正截面与斜截面抗弯承载力得到满足，不必进行复核。但是，由于只是根据剪力包络图设计了腹筋，并不能肯定所有斜截面抗剪承载力均已满足要求，因此还需要对已经配置了腹筋的梁按式（17-37）～式（17-39）进行斜截面受剪承载力的复核。复核的中心问题是如何选取要复核的斜截面。

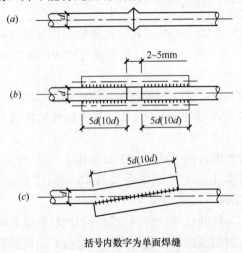

括号内数字为单面焊缝

图 17-26 普通钢筋的焊接接头

（*a*）闪光接触；（*b*）夹杆式电弧焊；（*c*）搭叠式电弧焊

（1）斜截面受剪承载能力复核截面的选择

《公路桥规》JTG D62—2004 规定，在进行钢筋混凝土简支梁斜截面抗剪承载能力复核时，其复核位置应按照下列规定选取：

1）距支座中心 $h/2$（梁高一半）处的截面（图 17-27 中截面 1-1）；

2）受拉区弯起钢筋起弯处的截面（图 17-27 中截面 2-2、3-3），以及锚于受拉区的纵向钢筋开始不受力处的截面（图 17-27 中截面 4-4）；

3）箍筋数量或间距有改变处的截面（图 17-27 中截面 5-5）；

4）梁的肋板宽度改变处的截面。

（2）斜截面顶端位置的确定

按照式（17-37）进行斜截面受剪承载能力复核时，式中的 V_d、b 和 h_0 均指斜截面顶端位置处的数值，但图 17-27 仅指出了斜截面底端的位置，而此时通过

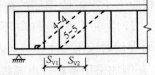

图 17-27 斜截面受剪承载能力的复核截面位置示意图

底端的斜截面的方向角 β（图 17-28 中 b' 点）是未知的，它受到斜截面投影长度 c 的控制。同时，式（17-37）中计入斜截面受剪承载能力计算的箍筋和弯起钢筋（斜筋）的数量，显然也受到斜截面投影长度 c 的控制。

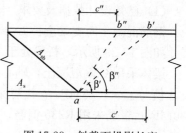

斜截面投影长度 c 是自纵向钢筋与斜裂缝底端相交点至斜裂缝顶端距离的水平投影

图 17-28　斜截面投影长度

长度，其大小与有效高度 h_0 和剪跨比 $\dfrac{M}{Vh_0}$ 有关。根据国内外的试验资料，《公路桥规》JTG D62—2004 建议斜截面投影长度 c 的计算式为：

$$c = 0.6mh_0 = 0.6\frac{M_d}{V_d} \tag{17-44}$$

式中　m——斜截面受压端正截面处的广义剪跨比，$m = \dfrac{M_d}{V_d h_0}$，当 $m > 3$ 时，取 $m = 3$；

V_d——通过斜截面顶端正截面的剪力组合设计值；

M_d——相应于上述最大剪力组合设计值的弯矩组合设计值。

由此可见，只有通过试算方法，当算得的某一水平投影长度 c' 值正好或接近斜截面底端 a 点时（图 17-28），才能进一步确定验算斜截面的顶端位置。

采用试算方法确定斜截面的顶端位置的工作太麻烦，也可采用下述简化计算方法：

1）按照图 17-27 来选择斜截面底端位置。

2）以底端位置向跨中方向取距离为 h_0 的截面，认为验算斜截面顶端就在此正截面上。

3）由验算斜截面顶端的位置坐标，可以从内力包络图推得该截面上的最大剪力组合设计值 $V_{d,x}$ 及相应的弯矩组合设计值 $M_{d,x}$，进而求得剪跨比 $m = \dfrac{M_{d,x}}{V_{d,x}h_0}$ 及斜截面投影长度 $c = 0.6mh_0$。

由斜截面投影长度 c，可确定与斜截面相交的纵向受拉钢筋配筋百分率 p、弯起钢筋数量 A_{sb} 和箍筋配筋率 ρ_{sv}。

取验算斜截面顶端正截面的有效高度 h_0 及宽度 b。

4）将上述各值及与斜裂缝相交的箍筋和弯起钢筋数量代入式（17-37），即可进行斜截面抗剪承载能力复核。

上述简化计算方法，实际上是通过已知的斜截面底端位置（即按《公路桥规》JTG D62—2004 所规定检算斜截面的位置），近似确定斜截面顶端位置，从而减少了斜截面投影长度 c 的试算工作量。

5. 装配式钢筋混凝土简支梁设计例题

（1）已知设计数据及要求

钢筋混凝土简支梁全长 $L_0 = 19.96\text{m}$，计算跨径 $L = 19.50\text{m}$。T 形截面梁的尺寸如图 17-29 所示，桥梁处于 I 类环境条件，安全等级为二级，$\gamma_0 = 1$。

梁体采用 C25 混凝土，轴心抗压强度设计值 $f_{cd} = 11.5\text{MPa}$，轴心抗拉强度设计值 $f_{td} = 1.23\text{MPa}$，主筋采用 HRB335 钢筋，抗拉强度设计值 $f_{sd} = 280\text{MPa}$；箍筋采用 R235 钢筋，直径 8mm，抗拉强度设计值 $f_{sd} = 195\text{MPa}$。

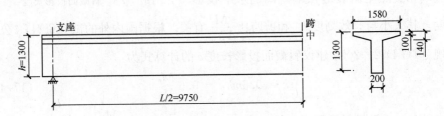

图 17-29　20m 钢筋混凝土简支梁尺寸（尺寸单位：mm）

简支梁控制截面的弯矩组合设计值和剪力组合设计值为：

跨中截面：$M_{d,l/2} = 2200\text{kN} \cdot \text{m}$，$V_{d,l/2} = 84\text{kN}$

1/4 跨截面：$M_{d,l/4} = 1600\text{kN} \cdot \text{m}$

支点截面：$M_{d,0} = 0$，$V_{d,0} = 440\text{kN}$

要求确定纵向受拉钢筋数量和进行腹筋设计。

（2）跨中截面的纵向受拉钢筋计算

1）T 形截面梁受压翼板的有效宽度 b_f'

由图 17-29 所示的 T 形截面受压翼板的厚度尺寸，可得平均厚度

$$h_f' = \frac{140 + 100}{2} = 120\text{mm}$$

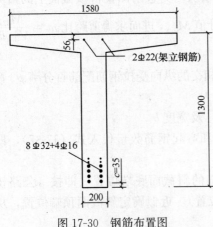

图 17-30　钢筋布置图

（尺寸单位：mm）

$$b_{f1}' = \frac{1}{3}L = \frac{1}{3} \times 19500 = 6500\text{mm}$$

$b_{f2}' = 1600\text{mm}$（本算例为装配式 T 形梁，相邻两主梁的平均间距为 1600mm，图 17-29 所示 1580mm 为预制梁翼板宽度）

$$\begin{aligned} b_{f3}' &= b + 2b_h + 12h_f' \\ &= 200 + 2 \times 0 + 12 \times 120 \\ &= 1640\text{mm} \end{aligned}$$

故取受压翼板的有效宽度 $b_f' = 1600\text{mm}$。

2）钢筋数量计算

钢筋数量（跨中截面）计算及截面

复核参见例 17-5。

跨中截面主筋为 8 Φ 32＋4 Φ 16，焊接骨架的钢筋层数为 6 层，纵向钢筋面积 $A_s = 7238\text{mm}^2$，布置如图 17-30。截面有效高度 $h_0 = 1183\text{mm}$，受弯承载能力 $M_u = 2285\text{kN} \cdot \text{m} > \gamma_0 M_{d,l/2} = 2200\text{kN} \cdot \text{m}$。

（3）腹筋设计

1）截面尺寸检查

根据构造要求，梁最底层钢筋 2 Φ 32 通过支座截面，支点截面有效高度

$$h_0 = h - \left(35 + \frac{35.8}{2}\right) = 1247\text{mm}$$

$$\begin{aligned}(0.51 \times 10^{-3})\sqrt{f_{cu,k}}\, b h_0 \\= (0.51 \times 10^{-3})\sqrt{25} \times 200 \times 1247 \\= 635.97\text{kN} > \gamma_0 V_{d,0}(= 440\text{kN})\end{aligned}$$

截面尺寸符合设计要求。

2）检查是否需要根据计算配置箍筋

跨中段截面　　$(0.5 \times 10^{-3}) f_{td} b h_0 = (0.5 \times 10^{-3}) \times 1.23 \times 200 \times 1183$
$$= 145.51\text{kN}$$

支座截面　　$(0.5 \times 10^{-3}) f_{td} b h_0 = (0.5 \times 10^{-3}) \times 1.23 \times 200 \times 1247$
$$= 153.38\text{kN}$$

因 $\gamma_0 V_{d,l/2}(= 84\text{kN}) < (0.5 \times 10^{-3}) f_{td} b h_0 < \gamma_0 N_{d,0}(= 440\text{kN})$，故可在梁跨中的某长度范围内按构造配置箍筋，其余区段应按计算配置腹筋。

3）计算剪力图分配（图 17-31）

在图 17-31 所示的剪力包络图中，支点处剪力计算值 $V_0 = \gamma_0 V_{d,0}$，跨中处剪力计算值 $V = \gamma_0 V_{d,l/2}$。

$V_x = \gamma_0 V_{d,x} = (0.5 \times 10^{-3}) f_{td} b h_0 = 145.51\text{kN}$ 的截面距跨中截面的距离可由剪力包络图按比例求得

$$\begin{aligned}l_1 &= \frac{L}{2} \times \frac{V_x - V_{l/2}}{V_0 - V_{l/2}} \\&= 9750 \times \frac{145.51 - 84}{440 - 84} \\&= 1685\text{mm}\end{aligned}$$

在 l_1 长度内可按构造要求布置箍筋。

同时，根据《公路桥规》JTG D62—2004 规定，在支座中心线附近 $h/2 = 650\text{mm}$ 范围内，箍筋的间距最大为 100mm。

距支座中心线为 $h/2$ 处的计算剪力值 V'，由剪力包络图按比例求得

$$V' = \frac{LV_0 - h(V_0 - V_{l/2})}{L}$$

$$= \frac{19500 \times 440 - 1300 \times (440 - 84)}{19500}$$

$$= 416.27 \text{kN}$$

其中应由混凝土和箍筋承担的剪力计算值至少为 $0.6V' = 249.76 \text{kN}$；应由弯起钢筋（包括斜筋）承担的剪力计算值最多为 $0.4V' = 166.51 \text{kN}$，设置弯起钢筋区段长度为 4560mm（图 17-31）。

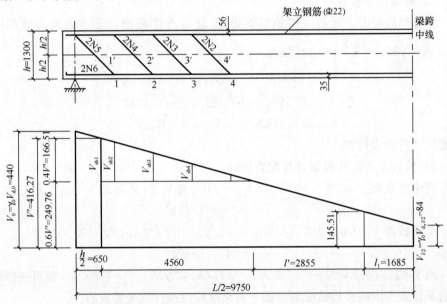

图 17-31　计算剪力分配图（尺寸单位：mm；剪力单位：kN）

4）箍筋设计

采用直径为 8mm 的双肢箍筋，箍筋截面积 $A_{sv} = nA_{sv1} = 2 \times 50.3 = 100.6 \text{mm}^2$。

在等截面钢筋混凝土简支梁中，箍筋尽量做到等距离布置。为计算简便，按式（17-41）设计箍筋时，式中的斜截面内纵筋配筋百分率 p 及截面有效高度 h_0 可近似按支座截面和跨中截面的平均值取用，计算如下：

跨中截面 $p_{l/2} = \dfrac{7238}{200 \times 1183} \times 100 = 3.06 > 2.5$，取 $p_{l/2} = 2.5$，$h_0 = 1183 \text{mm}$；

支点截面 $p_0 = \dfrac{1608}{200 \times 1247} \times 100 = 0.68$，$h_0 = 1247 \text{mm}$；

则平均值分别为 $p = \dfrac{2.5 + 0.65}{2} = 1.575$，$h_0 = \dfrac{1183 + 1247}{2} = 1215 \text{mm}$。

箍筋间距 S_v 计算为：

$$S_v = \frac{\alpha_1^2 \alpha_3^2 (0.56 \times 10^{-6})(2 + 0.6p)\sqrt{f_{cu,k}} A_{sv} f_{sv} b h_0^2}{(V')^2}$$

$$= \frac{1 \times 1.1^2 (0.56 \times 10^{-6})(2 + 0.6 \times 1.575)\sqrt{25} \times 100.6 \times 195 \times 200 \times 1215^2}{416.27^2}$$

$$= 333 \text{mm}$$

确定箍筋间距 S_v 的设计值尚应考虑《公路桥规》JTG D62—2004 的构造要求。

若箍筋间距计算值取 $S_v = 300\text{mm} \leqslant \frac{1}{2}h = 650\text{mm}$ 及 400mm，是满足规范要求的，但采用 $\phi 8$ 双肢箍筋，箍筋配筋率 $\rho_{sv} = \frac{A_{sv}}{bS_v} = \frac{100.6}{200 \times 300} = 0.17\% < 0.18\%$ （R235 钢筋时），故不满足规范规定。现取 $S_v = 250\text{mm}$ 计算的箍筋配筋率 $\rho_{sv} = 0.2\% > 0.18\%$，且小于 $\frac{1}{2}h = 650\text{mm}$ 和 400mm。

综合上述计算，在支座中心向跨径长度方向的 1300mm 范围内，设计箍筋间距 $s_v = 100\text{mm}$；而后至跨中截面统一的箍筋间距取 $s_v = 250\text{mm}$。

5) 弯起钢筋及斜筋设计

设焊接钢筋骨架的架立钢筋（HRB335）为 $\Phi 22$，钢筋重心至梁受压翼板上边缘距离 $a'_s = 56\text{mm}$。

弯起钢筋的弯起角度为 45°，弯起钢筋末端与架立钢筋焊接。为了得到每对弯起钢筋分配的剪力，要由各排弯起钢筋的末端点应落在前一排弯起钢筋弯起点的构造规定来得到各排弯起钢筋的弯起点计算位置，首先要计算弯起钢筋上、下弯点之间垂直距离 Δh_i（图 17-32）。

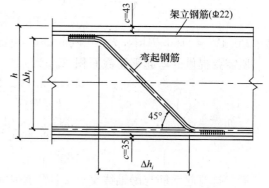

图 17-32 弯起钢筋细节（尺寸单位：mm）

现拟弯起 $N1 \sim N5$ 钢筋，计算的各排弯起钢筋弯起点截面的 Δh_i 以及至支座中心距离 x_i、分配的剪力计算值 V_{sbi}、所需的弯起钢筋面积 A_{sbi} 值列入表 17-8。

弯起钢筋计算表 表 17-8

弯起点	1	2	3	4	5
Δh_i (mm)	1125	1090	1054	1035	1017
距支座中心距离 x_i (mm)	1125	2215	3269	4304	5321
分配的计算剪力值 V_{sbi} (kN)	166.51	149.17	109.36	70.88	
需要的弯筋面积 A_{sbi} (mm²)	1121	1005	737	477	
可提供的弯筋面积 A_{sbi} (mm²)	1609 (2Φ32)	1609 (2Φ32)	1609 (2Φ32)	402 (2Φ16)	
弯筋与梁轴交点到支座中心距离 (mm)	564	1690	2779	3841	

现将表 17-8 中有关计算举例说明如下。

根据《公路桥规》JTG D62—2004 规定，简支梁的第一排弯起钢筋（对支座而言）的末端弯折点应位于支座中心截面处。这时，Δh_1 计算为：

$$\Delta h_1 = 1300 - [(35 + 35.8 \times 1.5) + (43 + 25.1 + 35.8 \times 0.5)]$$
$$= 1125\text{mm}$$

弯筋的弯起角为 45°，则第一排弯筋（2N5）的弯起点 1 距支座中心距离为 1125mm。弯筋与梁纵轴线交点 1′ 距支座中心距离为

$$1125 - [1300/2 - (35 + 35.8 \times 1.5)] = 564\text{mm}$$

对于第二排弯起钢筋。

$$\Delta h_2 = 1300 - [(35 + 35.8 \times 2.5) + (43 + 25.1 + 35.8 \times 0.5)]$$
$$= 1090\text{mm}$$

弯起钢筋（2N4）的弯起点 2 距支点中心距离为 $1125 + \Delta h_2 = 1125 + 1090 = 2215\text{mm}$，

分配给第二排弯起钢筋的计算剪力值 V_{sb2}，由比例关系计算：

$$\frac{4560 + 650 - 1125}{4560} = \frac{V_{sb2}}{166.51}$$

得 $\qquad\qquad V_{sb2} = 149.17\text{kN}$

其中，$0.4V' = 166.51\text{kN}$，$h/2 = 650\text{mm}$，设置弯起钢筋区段长为 4560mm。

所需要提供的弯起钢筋截面积 A_{sb2} 为：

$$A_{sb2} = \frac{1333.33(V_{sb2})}{f_{sd}\sin 45°}$$
$$= \frac{1333.33 \times (149.17)}{280 \times 0.707}$$
$$= 1005\text{mm}^2$$

第二排弯起钢筋与梁轴线交点 2′ 距支座中心距离为：

$$2215 - [1300/2 - (35 + 35.8 \times 2.5)] = 1690\text{mm}$$

其余各排弯起钢筋的计算方法与第二排弯起钢筋计算方法相同。

由表 17-8 可见，原拟定弯起 N1 钢筋的弯起点距支座中心距离为 5321mm，已大于 $4560 + h/2 = 4560 + 650 = 5210\text{mm}$，即在欲设置弯筋区域长度之外，故暂不参加弯起钢筋的计算，图 17-33 中以截断 N1 钢筋表示，但在实际工程中，往往不截断而是弯起，以加强钢筋骨架施工时的刚度。

按照计算剪力初步布置弯起钢筋如图 17-33。

现在按照同时满足梁跨间各正截面和斜截面抗弯要求，确定弯起钢筋的弯起点位置。由已知跨中截面弯矩计算值 $M_{l/2} = \gamma_0 M_{d,l/2} = 2200\text{kN} \cdot \text{m}$，支点中心处 $M_0 = \gamma_0 M_{d,0} = 0$，按式（17-43）作出梁的计算弯矩包络图（图 17-33）。在 $\frac{1}{4}L$ 截面处，因 $x = 4.875\text{m}$，$L = 19.5\text{m}$，$M_{l/2} = 2200\text{kN} \cdot \text{m}$，则弯矩计算值为：

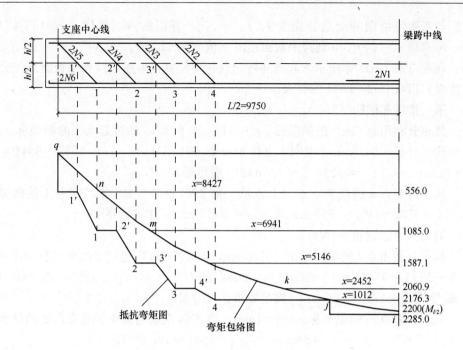

图 17-33 梁的弯矩包络图与抵抗弯矩图

（尺寸单位：mm；弯矩单位：kN·m）

$$M_{l/4} = 2200 \times \left(1 - \frac{4 \times 4.875^2}{19.5^2}\right)$$

$$= 1650 \text{kN} \cdot \text{m}$$

与已知值 $M_{l/4} = 1600 \text{kN} \cdot \text{m}$ 相比，两者相对误差为 3%，故用式（17-43）来描述简支梁弯矩包络图是可行的。

各排弯起钢筋弯起后，相应正截面受弯承载能力 M_{ui} 计算见表 17-9。

钢筋弯起后相应各正截面受弯承载能力　　　　表 17-9

梁区段	截面纵筋	有效高度 h_0（mm）	T 形截面类别	受压区高度 x（mm）	抗弯承载力 M_{ui}（kN·m）
支座中心～1 点	2 Φ 32	1247	第一类	24	556.0
1 点～2 点	4 Φ 32	1229	第一类	49	1085.0
2 点～3 点	6 Φ 32	1211	第一类	73	1587.1
3 点～4 点	8 Φ 32	1193	第一类	98	2060.9
4 点～N1 钢筋截断处	8 Φ 32＋2 Φ 16	1189	第一类	104	2176.3
N1 钢筋截断处～梁跨中	8 Φ 32＋4 Φ 16	1183	第一类	110	2285.0

将表 17-9 的正截面受弯承载能力 M_{ui} 在图 17-33 上用各平行直线表示出来，

它们与弯矩包络图的交点分别为 i、j、$\cdots$、q，并以各 M_{ui} 值代入式（17-43）中，可求得 i、j、$\cdots$、q 到跨中截面距离 x 值（图 17-33）。

现在以图 17-33 中所示弯起钢筋弯起点初步位置，来逐个检查是否满足《公路桥规》JTG D62—2004 的要求。

第一排弯起钢筋（2N5）：

其充分利用点"m"的横坐标 $x=6941$mm，而 2N5 的弯起点 1 的横坐标 $x_1=9750-1125=8625$mm，说明 1 点位于 m 点左边，且 $x_1-x(=8625-6941=1684$mm$)>h_0/2(=1229/2=615$mm$)$，满足要求。

其不需要点 n 的横坐标 $x=8427$mm，而 2N5 钢筋与梁中轴线交点 $1'$ 的横坐标 $x_1'(=9750-564=9186$mm$)>x(=8427$mm$)$，亦满足要求。

第二排弯起钢筋（2N4）：

其充分利用点 l 的横坐标 $x=5146$mm，而 2N4 的弯起点 2 的横坐标 $x_2(=9750-2215=7535$mm$)>x(=5146$mm$)$，且 $x_2-x(=7535-5146=2389$mm$)>h_0/2(=1211/2=606$mm$)$，满足要求。

其不需要点 m 的横坐标 $x=6941$mm，而 2N4 钢筋与梁中轴线交点 $2'$ 的横坐标 $x_0'(=9750-1690=8060$mm$)>x(=6941$mm$)$，故满足要求。

第三排弯起钢筋（2N3）：

其充分利用点 k 的横坐标 $x=2452$mm，2N3 的弯起点 3 的横坐标 $x_3(=9750-3269=6481$mm$)>2452$mm，且 $x_3-x(=6481-2452=4029$mm$)>h_0/2(=1193/2=597$mm$)$，满足要求。

其不需要点 l 的横坐标 $x=5146$mm，2N3 钢筋与中轴线交点 $3'$ 的横坐标 $x_0'(=9750-2779=6971$mm$)>5146$mm，故满足要求。

第四排弯起钢筋（2N2）：

其充分利用点 j 的横坐标 $x=1012$mm，2N2 的弯起点 4 的横坐标 $x(=9750-4304=5446$mm$)>1012$mm，且 $x_4-x(=5446-1012=4434$mm$)>h_0/2(=1189/2=595$mm$)$，满足要求。

其不需要点 k 的横坐标 $x=2452$mm，2N2 钢筋与梁中轴线交点 $4'$ 的横坐标 $x_4'(=9750-3841=5909$mm$)>2452$mm，满足要求。

由上述检查结果可知图 17-33 所示弯起钢筋弯起点初步位置满足要求。

由 2N2、2N3 和 2N4 钢筋弯起点形成的抵抗弯矩图远大于弯矩包络图，故进一步调整上述弯起钢筋的弯起点位置，在满足规范对弯起钢筋弯起点要求前提下，使抵抗弯矩图接近弯矩包络图；在弯起钢筋之间，增设直径为 16mm 的斜筋（图 17-34），即为调整后主梁弯起钢筋、斜筋的布置图。

（4）斜截面抗剪承载能力的复核

图 17-34（b）为梁的弯起钢筋和斜筋设计布置示意图，箍筋设计见前述的结果。

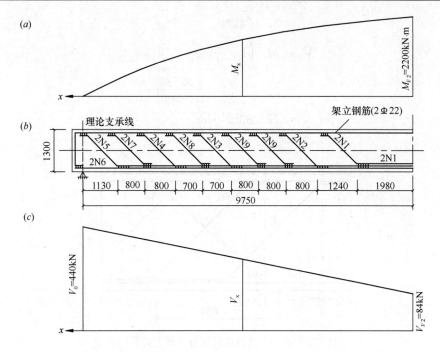

图 17-34 梁弯起钢筋和斜筋设计布置图（尺寸单位：mm）

(a) 相应于剪力计算值 V_x 的弯矩计算值 M_x 的包络图；(b) 弯起钢筋和斜筋布置示意图；

(c) 剪力计算值 V_x 的包络图

图 17-34 (c)、(a) 是按照承载能力极限状态计算时最大剪力计算值 V_x 的包络图及相应的弯矩计算值 M_x 的包络图。对于等高度简支梁，M_x 可用式（17-43）近似描述，而 V_x 可用 $V_x = V_{l/2} + (V_0 - V_{l/2})\dfrac{2x}{L}$ 描述。

对钢筋混凝土简支梁斜截面受剪承载能力的复核，按照《公路桥规》JTG D62—2004 关于复核截面位置和复核方法的要求逐一进行。本例以距支座中心处为 $h/2$ 处斜截面抗剪承载能力复核介绍方法。

1）选定斜截面顶端位置

由图 17-34 (b) 可得到距支座中心为 $h/2$ 处截面的横坐标为 $x = 9750 - 650 = 9100\text{mm}$，正截面有效高度 $h_0 = 1247\text{mm}$。现取斜截面投影长度 $c' \approx h_0 = 1247\text{mm}$，则得到选择的斜截面顶端位置 A（图 17-35），其横坐标为 $x = 9100 - 1247 = 7853\text{mm}$。

2）斜截面受剪承载能力复核

A 处正截面上的剪力 V_x 及相应的弯矩 M_x 计算如下：

$$V_x = V_{l/2} + (V_0 - V_{l/2})\frac{2x}{L}$$

$$= 84 + (440 - 84) \times \frac{2 \times 7853}{19500}$$

$$= 370.74\text{kN}$$

$$M_x = M_{l/2}\left(1 - \frac{4x^2}{L^2}\right)$$

$$= 2200 \times \left(1 - \frac{4 \times 7853^2}{19500^2}\right)$$

$$= 772.80\text{kN} \cdot \text{m}$$

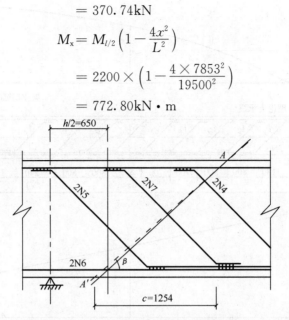

图 17-35　距支座中心 $h/2$ 处斜截面抗剪承载力计算图式

（尺寸单位：mm）

A 处正截面有效高度 $h_0 = 1229\text{mm} = 1.229\text{m}$（主筋为 4 Φ 32），则实际广义剪跨比 m 及斜截面投影长度 c 分别为：

$$m = \frac{M_x}{V_x h_0} = \frac{772.80}{370.74 \times 1.229} = 1.70 < 3$$

$$c = 0.6mh_0 = 0.6 \times 1.70 \times 1.229 = 1.254\text{m} > c'(= 1247\text{mm})$$

将要复核的斜截面是图 17-35 中所示 AA' 斜截面（虚线表示），斜角

$$\beta = \tan^{-1}\left[(h_0 - 43)/c\right] = \tan^{-1}\left[(1229 - 43)/1254\right] \approx 43.4°$$

斜截面内纵向受拉主筋有 2 Φ 32（2N6），相应的主筋配筋率为：

$$p = 100\frac{A_s}{bh_0} = \frac{100 \times 1608}{200 \times 1247} = 0.64 < 2.5$$

箍筋的配筋率（取 $S_v = 250\text{mm}$ 时）ρ_{sv} 为：

$$\rho_{sv} = \frac{A_{sv}}{bS_v} = \frac{100.6}{200 \times 250} = 0.201\% > \rho_{\min}(= 0.108\%)$$

与斜截面相交的弯起钢筋有 2N5（2 Φ 32）、2N4（2 Φ 32）；斜筋有 2N7（2 Φ 16）。

按式（17-37）规定的单位要求，将以上计算值代入式（17-37），则得到 AA' 斜截面抗剪承载力为：

$$V_u = \alpha_1\alpha_2\alpha_3(0.45 \times 10^{-3})bh_0\sqrt{(2 + 0.6p)\sqrt{f_{cu,k}}\rho_{sv}f_{sv}} + (0.75 \times 10^{-3})f_{sd}\sum A_{sd}\sin\theta_s$$

$$= 1 \times 1 \times 1.1 \times (0.45 \times 10^{-3}) \times 200 \times 1229 \times \sqrt{(2 + 0.6 \times 0.64)\sqrt{25} \times 0.00201 \times 195}$$

$$+(0.75 \times 10^{-3}) \times 280 \times (2 \times 1608 + 402) \times 0.707$$

$$= 262.99 + 537.16$$

$$= 801.15 \text{kN} > V_x = 370.74 \text{kN}$$

故距支座中心为 $h/2$ 处的斜截面抗剪承载力满足设计要求。

17.2.4 钢筋混凝土受弯构件的应力、裂缝和变形验算

钢筋混凝土构件除了可能由于材料强度破坏或失稳等原因达到承载能力极限状态以外，还可能由于构件变形或裂缝过大影响了构件的适用性及耐久性，而达不到结构正常使用要求。因此，钢筋混凝土构件除要求进行持久状况承载能力极限状态计算外，还要进行持久状况正常使用极限状态的验算，以及短暂状况的构件承载能力极限状态强度验算。

本节以钢筋混凝土受弯构件为例，介绍《公路桥规》JTG D62—2004 对钢筋混凝土构件进行这类计算的要求与方法。

对于钢筋混凝土受弯构件，《公路桥规》JTG D62—2004 规定必须进行使用阶段的变形和最大裂缝宽度验算，除此之外，还应进行受弯构件在施工阶段的混凝土和钢筋应力验算。

正常使用极限状态验算时作用组合应取作用频遇组合或作用的准永久组合，并且《公路桥规》JTG D62—2004 明确规定这时汽车荷载可不计冲击系数。

在钢筋混凝土受弯构件正常使用阶段的验算中，例如应力验算和变形验算，要用到"换算截面"的概念，因此，本节将先介绍受弯构件换算截面的概念及其计算方法，然后介绍正常使用阶段和施工阶段各项验算的方法。

1. 换算截面

钢筋混凝土受弯构件受力进入第Ⅱ工作阶段的特征是弯曲竖向裂缝已形成并开展，中和轴以下大部分混凝土已退出工作，由钢筋承受拉力，应力为 σ_s，但还远小于其屈服强度，受压区混凝土的压应力图形大致是抛物线形。而受弯构件的荷载-挠度（跨中）关系曲线是一条接近于直线的曲线。因而，钢筋混凝土受弯构件的第Ⅱ工作阶段又可称为开裂后弹性阶段。

对于第Ⅱ工作阶段的验算，一般有下面的三项基本假定。

（1）平截面假定，即认为梁的正截面在梁受力并发生弯曲变形以后，仍保持为平面。

根据平截面假定，平行于梁中和轴的各纵向纤维的应变与其到中和轴的距离成正比。同时，由于钢筋与混凝土之间的粘结力，钢筋与其同一水平线的混凝土应变相等，因此，由图 17-36 可得到

$$\varepsilon'_c / x = \varepsilon_c / (h_0 - x) \tag{17-45}$$

$$\varepsilon_s = \varepsilon_c \tag{17-46}$$

式中　ε_c、ε'_c——分别为混凝土的受拉和受压平均应变；

ε_s ——与混凝土的受拉平均应变为 ε_c 的同一水平位置处的钢筋平均

拉应变；

x ——受压区高度；

h_0 ——截面有效高度。

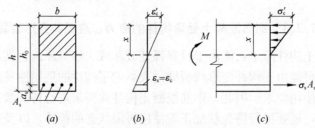

图 17-36   受弯构件的开裂截面

(a) 开裂截面；(b) 应力分布；(c) 开裂截面的计算图式

（2）弹性体假定。钢筋混凝土受弯构件在第Ⅱ工作阶段时，混凝土受压区的应力分布图形是曲线形，但此时曲线并不丰满，与直线相差不大，可以近似地看作直线分布，即受压区混凝土的应力与平均应变成正比，即

$$\sigma_c' = \varepsilon_c' E_c \tag{17-47}$$

同时，假定在受拉钢筋水平位置处混凝土的平均拉应变与应力成正比，即

$$\sigma_c = \varepsilon_c E_c \tag{17-48}$$

（3）受拉区混凝土不承受拉应力，拉应力完全由钢筋承受。

由上述三个基本假定得到的钢筋混凝土受弯构件在第Ⅱ工作阶段的计算图式见图 17-36。由式（17-45）和式（17-48）可得到

$$\sigma_c = \varepsilon_c E_c = \varepsilon_s E_c$$

因为

$$\varepsilon_s = \sigma_s / E_s$$

故

$$\sigma_c = \frac{\sigma_s}{E_s} E_c = \sigma_s / \alpha_{Es} \tag{17-49}$$

式中的 **α_{Es} 称为钢筋混凝土构件截面的换算系数**，等于钢筋弹性模量与混凝土弹性模量的比值，$\alpha_{Es} = E_s / E_c$。

式（17-49）表明**在钢筋同一水平位置处混凝土拉应力 σ_c 为钢筋应力 σ_s 的 $1/\alpha_{Es}$ 倍**，换言之，钢筋的拉应力 σ_s 是同一水平位置处混凝土拉应力 σ_c 的 α_{Es} 倍。

由钢筋混凝土受弯构件第Ⅱ工作阶段计算假定而得到的计算图式与材料力学中匀质梁计算图式非常接近，主要区别是钢筋混凝土梁的受拉区混凝土不参与工作。因此，如果能将钢筋和受压区混凝土两种材料组成的实际截面换算成一种拉压性能相同的假想材料组成的匀质截面（称换算截面），这样一来，换算截面可以看作是由匀质弹性材料组成的截面，从而能采用材料力学公式进行截面计算。

　　通常，将钢筋截面积 A_s 换算成假想的受拉混凝土截面积 A_{sc}，位于钢筋的重心处（图 17-37）。

　　假想的混凝土所承受的总拉力应该与钢筋承受的总拉力相等，故

$$A_s \sigma_s = A_{sc} \sigma_c$$

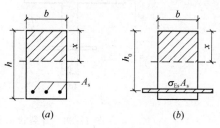

图 17-37　换算截面图
(a) 原截面；(b) 换算截面

　　又由式（17-49）知 $\sigma_c = \sigma_s / \alpha_{Es}$，则可得到

$$A_{sc} = A_s \sigma_s / \sigma_c = \alpha_E A_s \quad (17\text{-}50)$$

　　将 $A_{sc} = \alpha_{Es} A_s$ 称为钢筋的换算面积，而将受压区的混凝土面积和受拉区的钢筋换算面积所组成的截面称为钢筋混凝土构件开裂截面的换算截面（图 17-37）。这样就可以按材料力学的方法来计算换算截面的几何特性。

　　对于图 17-37 所示的单筋矩形截面，换算截面的几何特性计算表达式为：

换算截面面积 A_0 　　　　　　$A_0 = bx + \alpha_{Es} A_s$ 　　　　　　　　(17-51)

换算截面对中和轴的静矩 S_0：

受压区　　　　　　　　　　$S_{oc} = \dfrac{1}{2} bx^2$ 　　　　　　　　(17-52)

受拉区　　　　　　　　$S_{ot} = \alpha_{Es} A_s (h_0 - x)$ 　　　　　　(17-53)

换算截面惯性矩 I_{cr} 　　$I_{cr} = \dfrac{1}{3} bx^3 + \alpha_{Es} A_s (h_0 - x)^2$ 　(17-54)

　　对于受弯构件，开裂截面的中和轴通过其换算截面的形心轴，即 $S_{oc} = S_{ot}$，可得到

$$\frac{1}{2} bx^2 = \alpha_{Es} A_s (h_0 - x)$$

　　化简后解得换算截面的受压区高度为：

$$x = \frac{\alpha_{Es} A_s}{b} \left[\sqrt{1 + \frac{2bh_0}{\alpha_{Es} A_s}} - 1 \right] \quad (17\text{-}55)$$

　　图 17-38 是受压翼缘有效宽度为 b'_f 时，T 形截面的换算截面计算图式。

　　当受压区高度 x 小于等于受压翼板高度 h'_f 时，为第一类 T 形截面，可按宽度为 b'_f 的矩形截面，应用式（17-51）～式（17-55）来计算开裂截面的换算截面几何特性。

　　当受压区高度 $x > h'_f$，表明中和轴位于 T 形截面的肋部，为第二类 T 形截面。这时，换算截面的受压区高度 x 计算式为：

$$x = \sqrt{A^2 + B} - A \quad (17\text{-}56)$$

$$A = \frac{\alpha_{Es} A_s + (b'_f - b) h'_f}{b}, \quad B = \frac{2\alpha_{Es} A_s h_0 + (b'_f - b)(h'_f)^2}{b}$$

　　开裂截面的换算截面对其中和轴的惯性矩 I_{cr} 为：

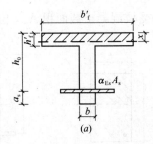 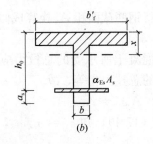

图 17-38 开裂状态下 T 形截面换算计算图式

(a) 第一类 T 形截面；(b) 第二类 T 形截面

$$I_{cr} = \frac{b'_f x^3}{3} - \frac{(b'_f - b)(x - h'_f)^3}{3} + \alpha_{Es} A_s (h_0 - x)^2 \qquad (17\text{-}57)$$

在钢筋混凝土受弯构件的使用阶段和施工阶段的验算中，有时会遇到全截面换算截面的概念。

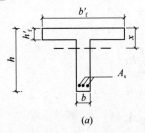 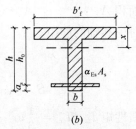

图 17-39 全截面换算截面示意图

(a) 原截面；(b) 换算截面

全截面的换算截面是混凝土全截面面积和钢筋的换算面积所组成的截面。对于图 17-39 所示的 T 形截面，全截面的换算截面几何特性计算式为：

换算截面面积

$$A_0 = bh + (b'_f - b)h'_f + (\alpha_{Es} - 1)A_s \qquad (17\text{-}58)$$

受压区高度

$$x = \frac{\frac{1}{2}bh^2 + \frac{1}{2}(b'_f - b)(h'_f)^2 + (\alpha_{Es} - 1)A_s h_0}{A_0} \qquad (17\text{-}59)$$

换算截面对中和轴的惯性矩

$$I_o = \frac{1}{12}bh^3 + bh\left(\frac{1}{2}h - x\right)^2 + \frac{1}{12}(b'_f - b)(h'_f)^3 + (b'_f - b)h'_f\left(\frac{h'_f}{2} - x\right)^2$$

$$+ (\alpha_{Es} - 1)A_s (h_0 - x)^2 \qquad (17\text{-}60)$$

2. 应力计算

对于钢筋混凝土受弯构件，《公路桥规》JTG D62—2004 要求进行施工阶段的应力验算，即短暂状况的承载能力极限状态计算，以截面强度（应力验算）形式表达。

钢筋混凝土梁在施工阶段，特别是梁的运输、安装过程中，梁的支承条件、受力图式会发生变化。例如，图 17-40 (b) 所示简支梁的吊装，吊点的位置并不在梁设计的支座截面，当吊点位置 a 较大时，将会在吊点截面处引起较大负弯矩。又如图 17-40 (c) 所示，采用"钓鱼法"架设简支梁，在安装施工中，其受力简图不再是简支体系。因此，应该根据受弯构件在施工中的实际受力体系进行正截面和斜截面的应力验算。

《公路桥规》JTG D62—2004 规定进行施工阶段验算，施工荷载除有特别规定外均采用标准值，当有组合时不考虑荷载组合系数。构件在吊装时，构件重力应乘以动力系数 1.2 或 0.85，并可视构件具体情况适当增减。当用吊机（吊车）行驶于桥梁进行安装时，应对已安装的构件进行验算，吊机（车）应乘以 1.15 的荷载系数，但当由吊机（车）产生的效应设计值小于按持久状况承载能力极限状态计算的荷载效应设计值时，则可不必验算。

对于钢筋混凝土受弯构件施工阶段的应力验算，可按第 Ⅱ 工作阶段进行。《公路桥规》JTG D62—2004 规定受弯构件正截面应力应符合下列条件：

(1) 受压区混凝土边缘纤维应力 　　$\sigma_{cc}^t \leqslant 0.80 f_{ck}'$

(2) 受拉钢筋应力 　　　　　　　$\sigma_{si}^t \leqslant 0.75 f_{sk}$

式中的 f_{ck}' 和 f_{sk} 分别为施工阶段相应的混凝土轴心抗压强度标准值和普通钢筋的抗拉强度标准值，σ_{si}^t 为按短暂状况计算时受拉区第 i 层钢筋的应力。

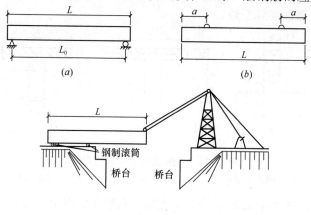

图 17-40　施工阶段受力图

(a) 简支梁图；(b) 梁吊点位置图；(c) 梁"钓鱼法"安装图

对于钢筋的应力计算，一般仅需验算最外排受拉钢筋的应力，当内排钢筋强度小于外排钢筋强度时，则应分排验算。

受弯构件截面应力计算，应已知梁的截面尺寸、材料强度、钢筋数量及布置，以及梁在施工阶段控制截面上的弯矩 M_k^t。下面按照换算截面法分别介绍矩形截面和 T 形截面正应力验算方法。

（1）矩形截面（图 17-37）

按照式（17-55）计算受压区高度 x，再按式（17-54）求得开裂截面换算截面惯性矩 I_{cr}。

截面应力验算按式（17-61）和式（17-62）进行：

1）受压区混凝土边缘　　　$\sigma_{cc}^t = \dfrac{M_k^t x}{I_{cr}} \leqslant 0.80 f'_{ck}$　　　　（17-61）

2）受拉钢筋的面积重心处　　$\sigma_{si}^t = \alpha_{Es} \dfrac{M_k^t (h_{0i} - x)}{I_{cr}} \leqslant 0.75 f_{sk}$　　（17-62）

式中　　I_{cr}——开裂截面换算截面的惯性矩；

　　　　M_k^t——由临时施工荷载标准值产生的弯矩值。

（2）T 形截面

在施工阶段，T 形截面在弯矩作用下，其翼板可能位于受拉区（图 17-41a），也可能位于受压区（图 17-41b、c）。

当翼板位于受拉区时，按照宽度为 b、高度为 h 的矩形截面进行应力验算。

当翼板位于受压区时，则先应按下式进行计算判断：

$$\frac{1}{2} b'_f x^2 = \alpha_{Es} A_s (h_0 - x)　　　　（17-63）$$

式中　　b'_f——受压翼缘有效宽度；

　　　　α_{Es}——截面换算系数。

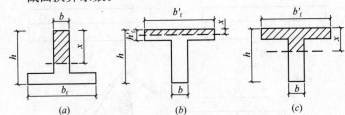

图 17-41　T 形截面梁受力状态图

（a）倒 T 形截面；（b）第一类 T 形截面；（c）第二类 T 形截面

若按式（17-63）计算的 $x \leqslant h'_f$，表明中和轴在翼板中，为第一类 T 形截面，则可按宽度为 b'_f 的矩形梁计算。

若按式（17-63）计算的 $x > h'_f$，为第二类 T 形截面，这时应按式（17-56）重新计算受压区高度 x，再按式（17-57）计算换算截面惯性矩 I_0。

截面应力验算表达式及应满足的要求，仍按式（17-61）和式（17-62）进行。

当钢筋混凝土受弯构件施工阶段应力验算不满足时，应该调整施工方法，或者补充、调整某些钢筋。

对于钢筋混凝土受弯构件在施工阶段的主应力验算详见《公路桥规》JTG D62—2004 规定，这里不再复述。

3. 受弯构件弯曲裂缝宽度验算

《公路桥规》JTG D62—2004 是以最大裂缝宽度统计公式为基础加以修订来计算裂缝宽度的。

在研究分析中，选用了国内外 6 个裂缝宽度计算公式，对 40 根公路钢筋混凝土 T 形简支梁进行计算，并以 CEB—FIP《国际标准规范》公式为准绳进行比较。在此基础上，《公路桥规》JTG D62—2004 规定矩形、T 形和工字形截面的钢筋混凝土构件的最大弯曲裂缝宽度 W_{fk} 计算式为：

$$W_{fk} = c_1 c_2 c_3 \frac{\sigma_{ss}}{E_s}\left(\frac{30+d}{0.28+10\rho}\right) \tag{17-64}$$

式中　c_1 ——钢筋表面形状系数，对于光面钢筋，$c_1=1.4$；对于带肋钢筋，$c_1=1.0$；

　　　c_2 ——作用（或荷载）长期效应影响系数，$c_2=1+0.5\frac{N_l}{N_s}$，其中 N_l 和 N_s 分别为按作用准永久组合和作用频遇组合计算的内力值（弯矩或轴力）；

　　　c_3 ——与构件受力性质有关的系数，当为钢筋混凝土板式受弯构件时，$c_3=1.15$；其他受弯构件时，$c_3=1.0$；偏心受拉构件时，$c_3=1.1$；偏心受压构件时，$c_3=0.9$；轴心受拉构件时，$c_3=1.2$；

　　　d ——纵向受拉钢筋的直径（mm），当用不同直径的钢筋时，改用换算直径 d_e，$d_e=\frac{\sum n_i d_i^2}{\sum n_i d_i}$，式中对钢筋混凝土构件，$n_i$ 为受拉区第 i 种普通钢筋的根数，d_i 为受拉区第 i 种普通钢筋的公称直径；对于焊接钢筋骨架，式（17-64）中的 d 或 d_e 应乘以 1.3 的系数；

　　　ρ ——纵向受拉钢筋配筋率，$\rho=\frac{A_s}{bh_0+(b_f-b)h_f}$，对钢筋混凝土构件，当 $\rho>0.02$ 时，取 $\rho=0.02$；当 $\rho<0.006$ 时，取 $\rho=0.006$；对于轴心受拉构件，ρ 按全部受拉钢筋截面面积 A_s 的一半计算；

　b_f、h_f ——受拉翼缘的宽度与厚度；

　　　h_0 ——有效高度；

　　　σ_{ss} ——由作用频遇组合引起的开裂截面纵向受拉钢筋在使用荷载作用下的应力（MPa），对于钢筋混凝土受弯构件，$\sigma_{ss}=\frac{M_s}{0.87A_s h_0}$；其他受力性质构件的 σ_{ss} 计算式参见《公路桥规》JTG D62—2004；

　　　E_s ——钢筋弹性模量（MPa）。

《公路桥规》JTG D62—2004 规定，在正常使用极限状态下钢筋混凝土构件的裂缝宽度，应按作用（或荷载）短期效应组合并考虑长期效应组合影响进行验算，且不得超过规范规定的裂缝宽度限值。在Ⅰ类和Ⅱ类环境条件下的钢筋混凝土构件，算得的裂缝宽度不应超过 0.2mm；处于Ⅲ类和Ⅳ类环境下的钢筋混凝土受弯构件，裂缝宽度不应超过 0.15mm。应该强调的是，《公路桥规》JTG D62—2004 规定的裂缝宽度限值，是指在作用（或荷载）短期效应组合并考虑长期效应组合影响下构件的垂直裂缝，不包括施工中混凝土收缩、养护不当等引起的其他非受力裂缝。

4. 受弯构件挠度验算

钢筋混凝土受弯构件在使用阶段，因作用（或荷载）将产生挠曲变形，而过大的挠曲变形将影响结构的正常使用。因此，为了确保桥梁的正常使用，受弯构件的变形计算列为持久状况正常使用极限状态计算的一项主要内容，要求受弯构件具有足够刚度，使得构件在使用荷载作用下的最大变形（挠度）计算值不得超过容许的限值。

受弯构件在使用阶段的挠度应考虑作用（或荷载）长期效应的影响，即按作用（或荷载）短期效应组合和给定的刚度计算的挠度值，再乘以挠度长期增长系数 η_θ。挠度长期增长系数取用规定是：当采用 C40 以下混凝土时，$\eta_\theta = 1.60$；当采用 C40～C80 混凝土时，$\eta_\theta = 1.45 \sim 1.35$，中间强度等级可按直线内插取用。

《公路桥规》JTG D62—2004 规定，钢筋混凝土受弯构件按上述计算的长期挠度值，在消除结构自重产生的长期挠度后不应超过以下规定的限值：

梁式桥主梁的最大挠度处 $l/600$

梁式桥主梁的悬臂端 $l_1/300$

此处，l 为受弯构件的计算跨径，l_1 为悬臂长度。

《公路桥规》JTG D62—2004 规定钢筋混凝土受弯构件计算变形时的弯曲刚度为：

$$B = \frac{B_0}{\left(\dfrac{M_{cr}}{M_s}\right)^2 + \left[1 - \left(\dfrac{M_{cr}}{M_s}\right)^2\right]\dfrac{B_0}{B_{cr}}} \tag{17-65}$$

式中 B——开裂构件等效截面的抗弯刚度；

B_0——全截面的抗弯刚度，$B_0 = 0.95 E_c I_0$；

B_{cr}——开裂截面的抗弯刚度，$B_{cr} = E_c I_{cr}$；

E_c——混凝土的弹性模量；

I_0——全截面换算截面惯性矩；

I_{cr}——开裂截面的换算截面惯性矩；

M_s——按作用频遇组合计算的弯矩值；

M_{cr}——开裂弯矩，$M_{cr} = \gamma f_{tk} W_0$；

f_{tk}——混凝土轴心抗拉强度标准值；

γ——构件受拉区混凝土塑性影响系数，$\gamma = 2S_0/W_0$；

S_0——全截面换算截面重心轴以上（或以下）部分面积对重心轴的面积矩；

W_0——全截面换算截面抗裂验算边缘的弹性抵抗矩。

前面讲过，《公路桥规》JTG D62—2004 对受弯构件应计算作用频遇组合及长期效应影响的长期挠度值（扣除结构重力产生的影响值）并满足限值。对结构重力引起的变形，一般采用设置预拱度来加以消除。

《公路桥规》JTG D62—2004 规定，当由作用频遇组合并考虑长期效应影响产生的长期挠度不超过 $l/1600$（l 为计算跨径）时，可不设预拱度；当不符合上述规定时则应设预拱度。钢筋混凝土受弯构件预拱度值按结构自重和 $\frac{1}{2}$ 可变荷载频遇值计算的长期挠度值之和采用，即

$$\Delta = w_G + \frac{1}{2}w_Q \tag{17-66}$$

式中　Δ——预拱度值；

w_G——结构重力产生的长期竖向挠度；

w_Q——可变荷载频遇值产生的长期竖向挠度。

需要注意的是，预拱的设置宜按最大的预拱值沿顺桥向做成平顺的曲线。

【例 17-7】　钢筋混凝土简支 T 形梁梁长 $L_0 = 19.96m$，计算跨径 $L = 19.50m$。C25 混凝土，$f_{ck} = 16.7MPa$，$f_{tk} = 1.78MPa$，$E_c = 2.80 \times 10^4 MPa$。I 类环境条件，安全等级为二级。

主梁截面尺寸如图 17-42（a）所示。跨中截面主筋为 HRB335 级，钢筋截面积 $A_s = 6836mm^2$（$8 \Phi 32 + 2 \Phi 16$），$a_s = 111mm$，$E_s = 2 \times 10^5 MPa$，$f_{sk} = 335MPa$。

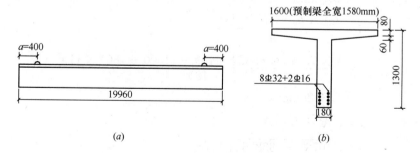

图 17-42　例 17-7 图（尺寸单位：mm）

（a）梁立面图；（b）梁跨中截面图

简支梁吊装时，其吊点设在距梁端 $a = 400mm$ 处（图 17-42a），梁自重在跨中截面引起的弯矩 $M_{G1} = 505.69kN \cdot m$。

T 形梁跨中截面使用阶段汽车荷载标准值产生的弯矩为 $M_{Q1} = 596.04\text{kN} \cdot \text{m}$（未计入汽车冲击系数），人群荷载标准值产生的弯矩 $M_{Q2} = 55.30\text{kN} \cdot \text{m}$，永久作用（恒载）标准值产生的弯矩 $M_G = 751\text{kN} \cdot \text{m}$。

试进行钢筋混凝土简支 T 形梁的验算。

【解】 （1）施工吊装时的正应力验算

根据图 17-42 (a) 所示梁的吊点位置及主梁自重（看作均布荷载），可以看到在吊点截面处有最大负弯矩，在梁跨中截面有最大正弯矩，均为正应力验算截面。本例以梁跨中截面正应力验算为例介绍验算方法。

1）梁跨中截面的换算截面惯性矩 I_{cr} 计算

根据《公路桥规》JTG D62—2004 规定计算得到梁受压翼板的有效宽度为 $b'_f = 1500\text{mm}$，而受压翼板平均厚度为 110mm。有效高度 $h_0 = h - a_s = 1300 - 111 = 1189\text{mm}$。

$$\alpha_{Es} = \frac{E_s}{E_c} = \frac{2 \times 10^5}{2.8 \times 10^4} = 7.143$$

由式（17-63）计算截面混凝土受压区高度为：

$$\frac{1}{2} \times 1500 \times x^2 = 7.143 \times 6836 \times (1189 - x)$$

得到 $\qquad x = 252.07\text{mm} > h'_f (= 110\text{mm})$

故为第二类 T 形截面。

这时，换算截面受压区高度 x 应由式（17-56）确定：

$$A = \frac{\alpha_{Es}A_s + h'_f(b'_f - b)}{b}$$

$$= \frac{7.143 \times 6836 + 110 \times (1500 - 180)}{180}$$

$$= 1078\text{mm}$$

$$B = \frac{2\alpha_{Es}A_s h_0 + (b'_f - b)h'^2_f}{b}$$

$$= \frac{2 \times 7.143 \times 6836 \times 1189 + (1500 - 180) \times 110^2}{180}$$

$$= 733826\text{mm}^2$$

故 $\qquad x = \sqrt{A^2 + B} - A$

$$= \sqrt{1078^2 + 733826} - 1078$$

$$= 299\text{mm} > h'_f (= 110\text{mm})$$

按式（17-57）计算开裂截面的换算截面惯性矩 I_{cr} 为：

$$I_{cr} = \frac{b'_f x^3}{3} - \frac{(b'_f - b)(x - h'_f)^3}{3} + \alpha_{Es}A_s(h_0 - x)^2$$

$$= \frac{1500 \times 299^3}{3} - \frac{(1500 - 180) \times (299 - 110)^3}{3} + 7.143 \times 6836 \times (1189 - 299)^2$$

$$= 49072.78 \times 10^6 \, mm^4$$

2) 正应力验算

吊装时动力系数为 1.2（起吊时主梁超重），则跨中截面计算弯矩为 $M_k^t = 1.2 M_{G1} = 1.2 \times 505.69 \times 10^6 = 606.828 \times 10^6 \, N \cdot mm$。

由式（17-61）算得受压区混凝土边缘正应力为：

$$\sigma_{cc}^t = \frac{M_k^t x}{I_{cr}} = \frac{606.828 \times 10^6 \times 299}{49072.78 \times 10^6}$$

$$= 3.70 MPa < 0.8 f_{ck}' (= 0.8 \times 16.7 = 13.36 MPa)$$

由式（17-62）算得受拉钢筋的面积重心处的应力为：

$$\sigma_s^t = \alpha_{Es} \frac{M_k^t (h_0 - x)}{I_{cr}} = 7.143 \times \frac{606.828 \times 10^6 \times (1189 - 299)}{49072.78 \times 10^6}$$

$$= 78.61 MPa < 0.75 f_{sk} (= 0.75 \times 335 = 251 MPa)$$

最下面一层钢筋（2 Φ 32）重心距受压边缘高度为 $h_{01} = 1300 - \left(\frac{35.8}{2} + 35\right) = 1247 mm$，则钢筋应力为：

$$\sigma_s = \alpha_{Es} \frac{M_k^t}{I_{cr}} (h_{01} - x)$$

$$= 7.143 \times \frac{606.828 \times 10^6}{49072.78 \times 10^6} \times (1247 - 299)$$

$$= 83.7 MPa < 0.75 f_{sk} (= 251 MPa)$$

验算结果表明，主梁吊装时混凝土正应力和钢筋拉应力均小于规范限值，故可取图 17-42（a）的吊点位置。

(2) 裂缝宽度 W_{fk} 的验算

1) 系数

带肋钢筋 $c_1 = 1.0$

作用频遇组合弯矩计算值为：

$$M_s = M_G + \psi_{11} \times M_{Q1} + \psi_{12} \times M_{Q2}$$

$$= 751 + 0.7 \times 596.04 + 0.4 \times 55.30$$

$$= 1190.35 kN \cdot m$$

作用准永久组合弯矩计算值为：

$$M_l = M_G + \psi_{21} \times M_{Q1} + \psi_{22} \times M_{Q2}$$

$$= 751 + 0.4 \times 596.04 + 0.4 \times 55.30$$

$$= 1011.54 kN \cdot m$$

系数 $c_2 = 1 + 0.5 \frac{M_l}{M_s} = 1 + 0.5 \times \frac{1011.54}{1190.35} = 1.42$

对于非板式受弯构件系数 $c_3 = 1.0$

2）钢筋应力 σ_{ss} 的计算

$$\sigma_{ss} = \frac{M_s}{0.87h_0 A_s}$$

$$= \frac{1223.53 \times 10^6}{0.87 \times 1189 \times 6836}$$

$$= 173\text{MPa}$$

3）换算直径 d

因为受拉区采用不同的钢筋直径，按式（17-64）要求，d 应取用换算直径 d_e，则可得到

$$d = d_e = \frac{8 \times 32^2 + 2 \times 16^2}{8 \times 32 + 2 \times 16} = 30.2\text{mm}$$

对于焊接钢筋骨架 $d = d_e = 1.3 \times 30.2 = 39.26\text{mm}$

4）纵向受拉钢筋配筋率 ρ

$$\rho = \frac{A_s}{bh_0} = \frac{6836}{180 \times 1189}$$

$$= 0.0319 > 0.02$$

取 $\rho = 0.02$。

5）最大裂缝宽度 W_{fk}

由式（17-64）计算可得到

$$W_{fk} = c_1 c_2 c_3 \frac{\sigma_{ss}}{E_s} \left(\frac{30 + d}{0.28 + 10\rho} \right)$$

$$= 1 \times 1.42 \times 1 \times \frac{173}{2 \times 10^5} \left(\frac{30 + 39.26}{0.28 + 10 \times 0.02} \right)$$

$$= 0.18\text{mm} \leqslant [W_f] = 0.2\text{mm}，满足要求。$$

（3）梁跨中挠度的验算

在进行梁变形计算时，应取梁与相邻梁横向连接后截面的全宽度受压翼板计算，即为 $b'_{fl} = 1600\text{mm}$，而 h'_f 仍为 110mm。

1）T形梁换算截面的惯性矩 I_{cr} 和 I_0 计算

对 T 形梁的开裂截面，由式（9-19）可得到

$$\frac{1}{2} \times 1600 \times x^2 = 7.143 \times 6836 \times (1189 - x)$$

$$x = 241\text{mm} > h'_f (= 110\text{mm})$$

梁跨中截面为第二类 T 形截面。这时，受压区 x 高度由式（17-56）确定，即

$$A = \frac{\alpha_{Es} A_s + h'_f (b'_{fl} - b)}{b}$$

$$= \frac{7.143 \times 6836 + 110 \times (1600 - 180)}{180}$$

$$= 1139\text{mm}$$

$$B = \frac{2\alpha_{Es}A_s h_0 + (b'_{fl} - b)h'^2_f}{b}$$

$$= \frac{2 \times 7.143 \times 6836 \times 1189 + (1600 - 180) \times 110^2}{180}$$

$$= 740548.1\text{mm}^2$$

则
$$x = \sqrt{A^2 + B} - A$$

$$= \sqrt{1139^2 + 740548.1} - 1139$$

$$= 289\text{mm} > h'_f (= 110\text{mm})$$

开裂截面的换算截面惯性矩 I_{cr} 为:

$$I_{cr} = \frac{1600 \times 289^3}{3} - \frac{(1600 - 180) \times (289 - 110)^3}{3} + 7.143 \times 6836 \times (1189 - 289)^2$$

$$= 49710.6 \times 10^6 \text{mm}^4$$

T 梁的全截面换算截面面积 A_0 为:

$$A_0 = 180 \times 1300 + (1600 - 180) \times 110 + (7.143 - 1) \times 6836 = 432194\text{mm}^2$$

受压区高度 x 为:

$$x = \frac{\frac{1}{2} \times 180 \times 1300^2 + \frac{1}{2} \times (1600 - 180) \times 110^2 + (7.143 - 1) \times 6836 \times 1189}{432194}$$

$$= 487\text{mm}$$

全截面换算惯性矩 I_0 的计算为:

$$I_0 = \frac{1}{12}bh^3 + bh\left(\frac{h}{2} - x\right)^2 + \frac{1}{12}(b'_{fl} - b)(h'_f)^3$$

$$+ (b'_{fl} - b)h'_f \cdot \left(x - \frac{h'_f}{2}\right)^2 + (\alpha_{Es} - 1)A_s(h_0 - x)^2$$

$$= \frac{1}{12} \times 180 \times 1300^3 + 180 \times 1300 \times \left(\frac{1300}{2} - 487\right)^2$$

$$+ \frac{1}{12} \times (1600 - 180) \times (110)^3 + (1600 - 180) \times 110$$

$$\times \left(487 - \frac{110}{2}\right)^2 + (7.143 - 1) \times 6836 \times (1189 - 487)^2$$

$$= 8.92 \times 10^{10} \text{mm}^4$$

2) 计算开裂构件的抗弯刚度

全截面抗弯刚度

$$B_0 = 0.95 E_c I_0 = 0.95 \times 2.8 \times 10^4 \times 8.92 \times 10^{10} = 2.37 \times 10^{15}$$

开裂截面抗弯刚度

$$B_{cr} = E_c I_{cr} = 2.8 \times 10^4 \times 49710.6 \times 10^6 = 1.39 \times 10^{15} \text{N} \cdot \text{mm}^2$$

全截面换算截面受拉区边缘的弹性抵抗矩为：

$$W_0 = \frac{I_0}{h - x} = \frac{8.92 \times 10^{10}}{1300 - 487} = 1.1 \times 10^8$$

全截面换算截面的面积矩为：

$$\begin{aligned}
S_0 &= \frac{1}{2} b'_{fl} x^2 - \frac{1}{2} (b'_{fl} - b)(x - h'_f)^2 \\
&= \frac{1}{2} \times 1600 \times 487^2 - \frac{1}{2} \times (1600 - 180)(487 - 110)^2 \\
&= 8.88 \times 10^7 \text{mm}^3
\end{aligned}$$

塑性影响系数为：

$$\gamma = \frac{2 S_0}{W_0} = \frac{2 \times 8.88 \times 10^7}{1.1 \times 10^8} = 1.61$$

开裂弯矩

$$\begin{aligned}
M_{cr} &= \gamma f_{tk} W_0 = 1.61 \times 1.78 \times 1.1 \times 10^8 = 3.1524 \times 10^8 \text{N} \cdot \text{mm} \\
&= 315.24 \text{kN} \cdot \text{m}
\end{aligned}$$

开裂构件的抗弯刚度为：

$$\begin{aligned}
B &= \frac{B_0}{\left(\dfrac{M_{cr}}{M_s}\right)^2 + \left[1 - \left(\dfrac{M_{cr}}{M_s}\right)^2\right]\dfrac{B_0}{B_{cr}}} \\
&= \frac{2.37 \times 10^{15}}{\left(\dfrac{315.24}{1223.53}\right)^2 + \left[1 - \left(\dfrac{315.24}{1223.53}\right)^2\right]\dfrac{2.37 \times 10^{15}}{1.39 \times 10^{15}}} \\
&= 1.43 \times 10^{15} \text{N} \cdot \text{mm}^2
\end{aligned}$$

3）受弯构件跨中截面处的长期挠度值

作用频遇组合下梁跨中截面弯矩计算值 $M_s = 1190.35 \text{kN} \cdot \text{m}$，结构自重作用下跨中截面弯矩计算值 $M_G = 751 \text{kN} \cdot \text{m}$。对 C25 混凝土，挠度长期增长系数 $\eta_\theta = 1.60$。

受弯构件在使用阶段的跨中截面的长期挠度值为：

$$\begin{aligned}
w_l &= \frac{5}{48} \times \frac{M_s L^2}{B} \times \eta_\theta \\
&= \frac{5}{48} \times \frac{1190.35 \times 10^6 \times (19.5 \times 10^3)^2}{1.43 \times 10^{15}} \times 1.60 \\
&= 53 \text{mm}
\end{aligned}$$

在结构自重作用下跨中截面的长期挠度值为：

$$w_G = \frac{5}{48} \times \frac{M_G L^2}{B} \times \eta_\theta$$

$$= \frac{5}{48} \times \frac{751 \times 10^6 \times (19.5 \times 10^3)^2}{1.43 \times 10^{15}} \times 1.60$$

$$= 33\text{mm}$$

长期挠度计算值 w_{ll} 为

$$w_{ll} = w_l - w_G = 53 - 33 = 20\text{mm} < \frac{L}{600} \left(= \frac{19.5 \times 10^3}{600} = 33\text{mm} \right)$$

符合《公路桥规》JTG D62—2004 的要求。

4）预拱度设置

计算作用频遇组合并考虑长期效应影响下梁跨中处产生的长期挠度为：

$$w_l = 54\text{mm} > \frac{L}{1600} = \frac{19.5 \times 10^3}{1600} = 12\text{mm}，故跨中截面需设置预拱度。$$

根据《公路桥规》JTG D62—2004 对预拱度设置的规定，由式（17-66）得到梁跨中截面处的预拱度为：

$$\Delta = w_G + \frac{1}{2} w_Q = 33 + \frac{1}{2} \times 21 = 44\text{mm}$$

§17.3 钢筋混凝土受扭构件承载力计算

17.3.1 矩形截面纯扭构件的计算

1. 开裂扭矩 T_{cr}

《公路桥规》JTG D62—2004 规定，钢筋混凝土矩形截面纯扭构件的开裂扭矩为

$$T_{cr} = 0.7 W_t f_{td} \tag{17-67}$$

式中　T_{cr}——矩形截面纯扭构件的开裂扭矩；

　　　f_{td}——混凝土抗拉强度设计值；

　　　W_t——矩形截面的抗扭塑性抵抗矩。

2. 承载力计算

《公路桥规》JTG D62—2004 中对受扭构件的承载力计算是建立在变角度空间桁架理论基础上的。

基于变角度空间桁架的计算模型，通过受扭构件的室内试验数据分析并使总的抗扭能力取试验数据的偏下值，得到《公路桥规》JTG D62—2004 中采用的矩形截面构件抗扭承载能力计算公式并应满足

$$\gamma_0 T_d \leqslant T_u = 0.35 f_{td} W_t + 1.2 \sqrt{\zeta} \frac{f_{sv} A_{sv1} A_{cor}}{S_v} \tag{17-68}$$

式中 T_d——扭矩组合设计值（N·mm）；

   T_u——抗扭承载力；

   W_t——矩形截面受扭塑性抵抗矩（mm³），$W_t = \dfrac{b^2}{6}(3h - b)$；

A_{sv1}——箍筋单肢面积（mm²）；

A_{cor}——箍筋内表面所围成的混凝土核心面积，$A_{cor} = b_{cor}h_{cor}$，此处 b_{cor} 和 h_{cor} 分别为核心面积的短边和长边尺寸；

S_v——抗扭箍筋间距（mm）；

f_{td}——混凝土抗拉强度设计值（MPa）；

f_{sv}——抗扭箍筋抗拉强度设计值（MPa）；

 ζ——纯扭构件纵向钢筋与箍筋的配筋强度比：

$$\zeta = \frac{A_{st}f_{sd}A_{cor}}{A_{sv}f_{sv}V_{cor}} \tag{17-69}$$

《公路桥规》JTG D 62—2004 规定 ζ 值应符合 $0.6 \leqslant \zeta \leqslant 1.7$。当 $\zeta > 1.7$ 时，取 $\zeta = 1.7$。应用式（17-68）计算构件的抗扭承载能力时，必须满足《公路桥规》JTG D 62—2004 要求的限制条件。

（1）抗扭配筋的上限值

当抗扭钢筋配置过多时，受扭构件可能在抗扭钢筋屈服以前便由于混凝土被压碎而破坏。这时，即使进一步增加钢筋，构件所能承担的破坏扭矩几乎不再增长，也就是说，其破坏扭矩取决于混凝土的强度和截面尺寸。因此，《公路桥规》JTG D 62—2004 规定钢筋混凝土矩形截面纯扭构件的截面尺寸应符合式（17-70）的要求：

$$\frac{\gamma_0 T_d}{W_t} \leqslant 0.51 \times 10^{-3}\sqrt{f_{cu,k}} \quad (\text{kN/mm}^2) \tag{17-70}$$

式中 T_d——扭矩组合设计值（kN·mm）；

   W_t——矩形截面受扭塑性抵抗矩（mm³）；

$f_{cu,k}$——混凝土强度等级（MPa）。

（2）抗扭配筋的下限值

当抗扭钢筋配置过少或过稀时，配筋将无助于开裂后构件的抗扭能力，因此，为防止纯扭构件在低配筋时混凝土发生脆断，应使配筋纯扭构件所承担的扭矩不小于其抗裂扭矩：

$$\frac{\gamma_0 T_d}{W_t} \leqslant 0.50 \times 10^{-3} f_{sd} \quad (\text{kN/mm}^2) \tag{17-71}$$

式中 f_{sd} 为混凝土抗拉强度设计值，其余符号意义与式（17-70）相同。

《公路桥规》JTG D 62—2004 规定钢筋混凝土纯扭构件满足式（17-71）要求时，可不进行抗扭承载力计算，但必须按构造要求（最小配筋率）配置抗扭钢筋。

《公路桥规》JTG D 62—2004 规定，纯扭构件的箍筋配筋率应满足 $\rho_{sv} = \dfrac{A_{sv}}{S_v b}$

$\geqslant 0.055 \dfrac{f_{cd}}{f_{sv}}$；纵向受力钢筋配筋率应满足 $\rho_{st} = \dfrac{A_{st}}{bh} \geqslant 0.08 \dfrac{f_{cd}}{f_{sd}}$。

17.3.2　弯、剪、扭构件的配筋计算方法

《公路桥规》JTG D 62—2004 也采取叠加计算的截面设计简化方法。

1. 受剪扭的构件承载能力计算

目前钢筋混凝土剪扭构件的承载能力一般按受扭和受剪构件分别计算承载能力，然后叠加起来。但是剪扭共同作用的构件，剪力和扭矩对混凝土和箍筋的承载能力均有一定影响。如果采取简单地叠加，对箍筋和混凝土尤其是混凝土是偏于不安全的。试验表明，构件在剪扭共同作用下，其截面的某一受压区内承受剪切和扭转应力的双重作用，这必将降低构件内混凝土的抗剪和抗扭能力且分别小于单独受剪和受扭时相应的承载能力。由于受扭构件的受力情况比较复杂，故对箍筋所承担的承载能力采取简单叠加，混凝土的抗扭和抗剪承载能力考虑其相互影响，因而在混凝土的抗扭承载能力计算式中引入剪扭构件混凝土承载能力的降低系数 β_t。

根据试验资料的分析，《公路桥规》JTG D 62—2004 对在剪扭共同作用下矩形截面钢筋混凝土构件的抗剪和抗扭承载能力的计算分别采用了以下公式：

（1）抗剪承载能力

$$\gamma_0 V_d \leqslant V_u = \alpha_1 \alpha_3 \frac{(10 - 2\beta_t)}{20} bh_0 \sqrt{(2 + 0.6p)\sqrt{f_{cu,k}} \rho_{sv} f_{sv}} (\text{N}) \quad (17\text{-}72)$$

$$\beta_t = \frac{1.5}{1 + 0.5 \dfrac{V_d W_t}{T_d bh_0}} \quad (17\text{-}73)$$

式中　　V_d——剪扭构件的剪力组合设计值（N）；

β_t——剪扭构件混凝土受扭承载力降低系数，当 $\beta_t < 0.5$ 时，取 $\beta_t = 0.5$；当 $\beta_t > 1.0$ 时，取 $\beta_t = 1.0$；

W_t——矩形截面受扭塑性抵抗矩（mm³）。

其他符号参见斜截面抗剪承载能力计算公式（17-37）。

（2）抗扭承载能力

$$\gamma_0 T_d \leqslant T_u = 0.35\beta_t f_{td} W_t + 1.2\sqrt{\zeta} \frac{f_{sv} A_{sv1} A_{cor}}{S_v} \quad (17\text{-}74)$$

式中 T_d 为剪扭构件的扭矩组合设计值（N·mm），β_t 按式（17-73）计算，其他符号意义参见式（17-68）。

2. 抗剪扭配筋的限值

（1）抗剪扭配筋的上限值

《公路桥规》JTG D 62—2004 规定，在弯、剪和扭共同作用下矩形截面构件的截面尺寸必须符合条件：

$$\frac{\gamma_0 V_d}{bh_0} + \frac{\gamma_0 T_d}{W_t} \leqslant 0.51 \times 10^{-3} \sqrt{f_{cu,k}} \tag{17-75}$$

式中　V_d ——剪力组合设计值（kN）；

$\quad\quad T_d$ ——扭矩组合设计值（kN·mm）；

$\quad\quad b$ ——垂直于弯矩作用平面的矩形或箱形截面腹板总宽度（mm）；

$\quad\quad h_0$ ——平行于弯矩作用平面的矩形或箱形截面的有效高度（mm）；

$\quad\quad W_t$ ——截面受扭塑性抵抗矩（mm³）；

$\quad\quad f_{cu,k}$ ——混凝土强度等级（MPa）。

（2）抗剪扭配筋的下限值

$$\frac{\gamma_0 V_d}{bh_0} + \frac{\gamma_0 T_d}{W_t} \leqslant 0.50 \times 10^{-3} f_{td} \tag{17-76}$$

式中　f_{td} 为混凝土抗拉强度设计值（MPa），其余符号意义详见式（17-75）。

《公路桥规》JTG D 62—2004 规定，当符合式（17-75）要求时矩形截面承受弯、剪、扭的构件可不进行构件的抗扭承载能力计算，仅需按构造要求配置钢筋。

《公路桥规》JTG D 62—2004 规定剪扭构件箍筋配筋率应满足：

$$\rho_{sv} \geqslant \rho_{sv,min} = \left[(2\beta_t - 1)\left(0.055\frac{f_{cd}}{f_{sv}} - C \right) + C \right] \tag{17-77}$$

式中，β_t 按公式（17-73）计算。对于式中的 C 值，当箍筋采用 R235（Q235）钢筋时取 0.0018；当箍筋采用 HRB335 钢筋时取 0.0012。

纵向受力钢筋配筋率应满足：

$$\rho_{st} \geqslant \rho_{st,min} = \frac{A_{st,min}}{bh} = 0.08(2\beta_t - 1)\frac{f_{cd}}{f_{sd}} \tag{17-78}$$

式中　$A_{st,min}$ ——为纯扭构件全部纵向钢筋最小截面面积；

$\quad\quad \rho_{st}$ ——纵向抗扭钢筋配筋率，$\rho_{st} = \frac{A_{st}}{bh}$；

$\quad\quad h$ ——矩形截面的长边长度；

$\quad\quad b$ ——矩形截面的短边长度；

$\quad\quad A_{st}$ ——全部纵向抗扭钢筋截面积。

3. 在弯矩、剪力和扭矩共同作用下的配筋计算

对于在弯矩、剪力和扭矩共同作用下的构件，其纵向钢筋和箍筋应按下列规定计算并分别进行配置：

（1）抗弯纵向钢筋应按受弯构件正截面承载能力计算所需的钢筋截面面积，配置在受拉区边缘；

（2）按剪扭构件计算纵向钢筋和箍筋。

由抗扭承载能力计算公式计算所需的纵向抗扭钢筋面积并均匀、对称布置在矩形截面的周边，其间距不应大于 300mm。在矩形截面的四角必须配置纵向钢筋；箍筋为按抗剪和抗扭承载能力计算所需的截面面积之和进行布置。

《公路桥规》JTG D 62—2004 规定，纵向受力钢筋的配筋率不应小于受弯构件纵向受力钢筋最小配筋率与受剪扭构件纵向受力钢筋最小配筋率之和，如配置在截面弯曲受拉边的纵向受力钢筋，其截面面积不应小于按受弯构件受拉钢筋最小配筋率计算出的面积与按受扭纵向钢筋最小配筋率计算并分配到弯曲受拉边的面积之和；同时，其箍筋最小配筋率不应小于剪扭构件的箍筋最小配筋率。

17.3.3 T形、I形、箱形截面受扭构件

T形、I形截面可以看作是由简单矩形截面所组成的复杂截面（图 17-43），在计算其抗裂扭矩、抗扭极限承载能力时，可将截面划分为几个矩形截面，并将扭矩 T_d 按各个矩形分块的抗扭塑性抵抗矩按比例分配给各个矩形分块，以求得各个矩形分块所承担的扭矩。

对于肋板部分矩形分块

$$T_{wd} = \frac{W_{tw}}{W_t} T_d \qquad (17-79)$$

对于上翼缘矩形分块

$$T'_{fd} = \frac{W'_{tf}}{W_t} T_d \qquad (17-80)$$

对于下翼缘矩形分块

$$T_{fd} = \frac{W_{tf}}{W_t} T_d \qquad (17-81)$$

式中　T_d——构件截面所承受的扭矩组合设计值；

　　　　T_{wd}——肋板所承受的扭矩组合设计值；

T'_{fd}、T_{fd}——上翼缘、下翼缘所承受的扭矩组合设计值。

各个矩形面积划分的原则一般是按截面总高度确定肋板截面，然后再划分受压翼缘和受拉翼缘（图 17-43）。

肋板、受压翼缘及受拉翼缘部分的矩形截面受扭塑性抵抗矩计算如下：

肋板

$$W_{tw} = \frac{b^2}{6} (3h - b) \quad (17\text{-}82)$$

受压翼缘

$$W'_{tf} = \frac{h'^2_f}{2} (b'_f - b) \quad (17\text{-}83)$$

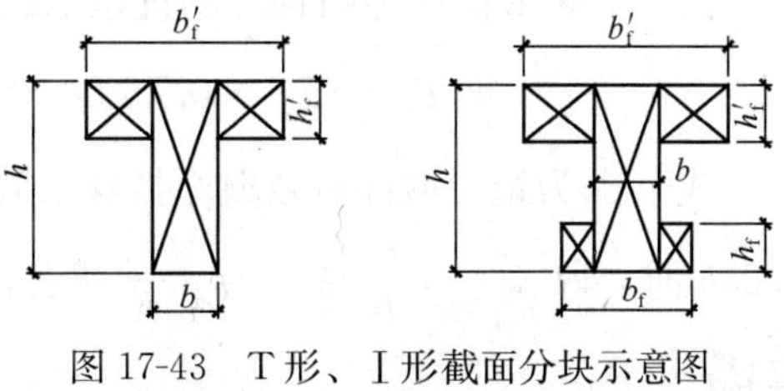

受拉翼缘

图 17-43　T形、I形截面分块示意图

$$W_{tf} = \frac{h_f^2}{2}(b_f - b) \tag{17-84}$$

式中　b、h——分别为矩形截面的短边尺寸和长边尺寸；

　　　b_f'、h_f'——T 形、I 形截面受压翼缘的宽度和高度；

　　　b_f、h_f——I 形截面受拉翼缘的宽度和高度。

计算时取用的翼缘宽度应符合 $b_f' \leqslant b + 6h_f'$ 及 $b_f \leqslant b + 6h_f$ 的规定。因此，T 形截面总的受扭塑性抵抗矩为：

$$W_t = W_{tw} + W_{tf}' \tag{17-85}$$

I 形截面总的受扭塑性抵抗矩为：

$$W_t = W_{tw} + W_{tf}' + W_{tf} \tag{17-86}$$

对于 T 形截面在弯矩、剪力和扭矩共同作用下构件截面的承载能力计算可按下列方法进行：

(1) 按受弯构件的正截面受弯承载能力计算所需的纵向钢筋截面面积。

(2) 按剪、扭共同作用下的承载能力计算承受剪力所需的箍筋截面面积和承受扭矩所需的纵向钢筋截面面积和箍筋截面面积。

对于肋板，考虑其同时承受剪力（全部剪力）和相应的分配扭矩，按上节所述剪、扭共同作用下的情况，即式（17-68）～式（17-71）计算，但应将公式中的 T_d 和 W_t 改为 T_{dw} 和 W_{tw}。对于受压翼缘和受拉翼缘，不考虑其承受剪力，按承受相应的分配扭矩的纯扭构件进行计算，但应将 T_d 和 W_t 改为 T_{fd}'、W_{tf}' 和 T_{fd}、W_{tf}，同时箍筋和纵向抗扭钢筋的配筋率应满足纯扭构件的相应规范值。

(3) 叠加上述二者求得的纵向钢筋和箍筋截面面积，即得最后所需的纵向钢筋截面面积，并配置在相应的位置。

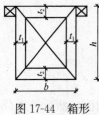

图 17-44　箱形
截面构件

当箱形截面壁厚与相应计量方向的宽度之比 $t_2/b \geqslant 1/4$ 或 $t_1/h \geqslant 1/4$ 时，其抗扭承载能力可按具有相同外形尺寸的带翼缘的矩形截面进行计算（即将箱形空洞部分视为实体），如图 17-44 所示。

当 $1/10 \leqslant t_2/b < 1/4$ 或 $1/10 \leqslant t_1/h \leqslant 1/4$ 时，由于箱壁相应尺寸的减薄，其抗扭承载能力较同尺寸的带翼缘的实心矩形梁有所降低。因此，在进行承载能力计算时，可近似地将构件截面的抗力乘以一个折减系数 β_a。

由此，箱形截面剪扭构件的抗扭承载能力计算公式如下：

$$\gamma_0 T_d \leqslant T_u = 0.35\beta_a\beta_t f_{td} W_t + 1.2\sqrt{\zeta}\frac{f_{sv}A_{sv1}A_{cor}}{S_v} \tag{17-87}$$

式中 β_a 为箱形截面有效壁厚折减系数，当 $0.1b \leqslant t_2 \leqslant 0.25b$ 或 $0.1h \leqslant t_1 \leqslant 0.25h$ 时，取 $\beta_a = 4\frac{t_2}{b}$ 或 $\beta_a = 4\frac{t_1}{h}$ 两者较小值；当 $t_2 > 0.25b$ 或 $t_1 > 0.25h$ 时，取 $\beta_a = 1.0$。

【例 17-8】　钢筋混凝土构件的矩形截面（图 17-45）短边尺寸 $b = 250$mm，长边尺寸 $h = 600$mm。截面上弯矩组合设计值 $M_d = 105$kN·m，剪力组合设计值 $V_d = 109$kN，扭矩组合设计值 $T_d = 9.23$kN·m。Ⅰ类环境条件，安全等级为二级。假定 $a_s = 40$mm，箍筋内表皮至构件表面距离为 30mm。采用 C25 混凝土和 R235 级钢筋。试进行截面的配筋设计。

【解】　（1）有关参数计算

截面有效高度 $h_0 = h - a_s = 600 - 40 = 560$mm，核心混凝土尺寸 $b_{cor} = 250 - 2 \times 30 = 190$mm，$h_{cor} = 600 - 2 \times 30 = 540$mm。

由附表 15-1 查得 C25 混凝土 $f_{cd} = 11.5$MPa，$f_{td} = 1.23$MPa，$f_{cu,k} = 25$MPa；由附表 3-3 查得 R235 钢筋 $f_{sd} = 195$MPa，$f_{sv} = 195$MPa。由表 17-4 查得 $\xi_b = 0.62$。取 $\gamma_0 = 1.0$。

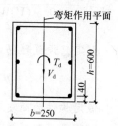
图 17-45　例 17-8 图
（尺寸单位：mm）

$$u_{cor} = 2(h_{cor} + b_{cor}) = 2 \times (190 + 540) = 1460 \text{mm}$$

$$A_{cor} = h_{cor} b_{cor} = 190 \times 540 = 102600 \text{mm}^2$$

$$W_t = \frac{1}{6} b^2 (3h - b) = \frac{1}{6} \times 250^2 \times (3 \times 600 - 250) = 1.615 \times 10^7 \text{mm}^3$$

（2）截面适用条件检查

$$0.51 \times 10^{-3} \sqrt{f_{cu,k}} = 0.51 \times 10^{-3} \times \sqrt{25} = 2.55 \times 10^{-3} \text{kN/mm}^2$$

$$0.50 \times 10^{-3} f_{td} = 0.50 \times 10^{-3} \times 1.23 = 0.615 \times 10^{-3} \text{kN/mm}^2$$

$$\frac{\gamma_0 V_d}{bh_0} + \frac{\gamma_0 T_d}{W_t} = \frac{1.0 \times 109}{250 \times 560} + \frac{1.0 \times 9.23 \times 10^3}{1.615 \times 10^7} = 1.35 \times 10^{-3} \text{kN/mm}^2$$

故满足 $0.5 \times 10^{-3} f_{td} < \dfrac{\gamma_0 V_d}{bh_0} + \dfrac{\gamma_0 T_d}{W_t} < 0.51 \times 10^{-3} \sqrt{f_{cu,k}}$。

截面尺寸符合要求，但需通过计算配置抗剪扭钢筋。

（3）抗弯纵筋计算

对矩形截面采用 17.2.2 节中由 ξ、ξ_0 直接进行配筋计算，由式（17-19）得

$$A_0 = \frac{\gamma_0 M_d}{f_{cd} bh_0^2} = \frac{1.0 \times 105 \times 10^6}{11.5 \times 250 \times 560^2} = 0.1165$$

由式（17-20）求得 $\xi = 0.1242 < \xi_b = 0.62$，且由式（17-21）求得 $\xi_0 = 0.9379$，因而，由式（17-22）求得所需的纵向钢筋面积为 $A_s = \dfrac{\gamma_0 M_d}{f_{sd} \xi_0 h_0} = \dfrac{1.0 \times 105 \times 10^6}{195 \times 0.9379 \times 560} = 1025 \text{mm}^2$。

受弯构件的一侧纵筋最小配筋率（%）应为 $45 f_{td}/f_{sd} = 45 \times 1.23/195 =$

0.28 且不小于 0.2，故最小配筋面积为 $A_{s,min}=0.0028bh_0=0.0028\times250\times560=$ 392mm^2。$A_s=1025$mm$^2>A_{s,min}$，满足最小配筋率要求。

（4）抗剪钢筋计算

受扭承载能力降低系数为：

$$\beta_t=\frac{1.5}{1+0.5\,(V_dW_t/\,T_dbh_0)}=\frac{1.5}{1+0.5\times\dfrac{109\times1.615\times10^7}{9.23\times10^3\times250\times560}}=0.89$$

假定只设置箍筋，在斜截面范围内纵筋的配筋率为

$$p=100\,\frac{A_s}{bh_0}=100\times\frac{1152}{250\times560}=0.823$$

假定构件为简支梁，即可取 $\alpha_1=1.0$，同时取 $\alpha_2=1.0$，$\alpha_3=1.0$。

抗剪箍筋配箍率为：

$$\rho_{sv}=\left(\frac{\gamma_0V_d}{\alpha_1\alpha_3\dfrac{10-2\beta_t}{20}bh_0}\right)^2\bigg/\left[(2+0.6p)\sqrt{f_{cu,k}}f_{sv}\right]$$

$$=\left(\frac{1.0\times109\times10^3}{1.0\times1.0\times\dfrac{10-2\times0.89}{20}\times250\times560}\right)^2\bigg/$$

$$\left[(2+0.6\times0.823)\sqrt{25}\times195\right]$$

$$\approx0.00147$$

选用双肢闭口箍筋，$n=2$，则

$$\frac{A_{sv1}}{S_v}=\frac{b\rho_{sv}}{2}=\frac{250\times0.00147}{2}=0.184\text{mm}^2/\text{mm}$$

（5）截面抗扭钢筋的设计计算

取 $\zeta=1.2$，由式（17-68）可得

$$\frac{A_{sv1}}{S_v}=\frac{\gamma_0T_d-0.35\beta_tf_{td}W_t}{1.2\sqrt{\zeta}f_{sv}A_{cor}}$$

$$=\frac{1.0\times9.23\times10^6-0.35\times0.89\times1.23\times1.615\times10^7}{1.2\times\sqrt{1.2}\times195\times102600}$$

$$=0.116\text{mm}^2/\text{mm}$$

（6）钢筋配置

总的箍筋配置为 $\dfrac{A_{sv1}}{S_v}=0.184+0.116=0.3$mm^2/mm，取 $S_v=120$mm，则

$A_{sv1}=0.3\times120=36$mm^2。

选用双肢 $\phi8$ 封闭式箍筋，$A_{sv1}=50.300$mm$^2>36$mm^2，$\rho_{sv}=0.3\%>\rho_{sv,min}$ $=0.29\%$

抗扭纵筋截面面积为：

$$A_{st} = \frac{\zeta \cdot f_{sv} A_{sv1} u_{cor}}{f_{sd} S_v} = \frac{1.2 \times 195 \times 50.30 \times 1476}{195 \times 120} = 742.43mm^2 \approx 743mm^2$$

其配筋率 $\rho_{st} = 0.49\% > \rho_{st,min} = 0.37\%$。

下面进行纵筋配置：

1）受拉区配置纵筋面积 $A_{s,sum} = 1025 + \frac{1}{4}A_{st} = 1025 + \frac{743}{4} = 1211mm^2$，选用 $4\phi20(A_{s,sum} = 1256mm^2)$，满足要求。

2）受压区配置纵筋面积为 $A_{s,sum} = \frac{1}{4}A_{st} = \frac{743}{4} = 186mm^2$，受压区配筋 $2\phi12(A'_s = 226mm^2)$。

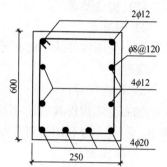

图 17-46　例 17-8 截面配筋
（尺寸单位：mm）

3）沿梁高度方向配纵筋面积为 $A_{sw} = \frac{1}{2}A_{st} = 372mm^2$，根据《公路桥规》JTG D 62—2004 的要求，沿梁高度方向最小配筋面积为 $0.001bh = 0.001 \times 250 \times 600 = 150 mm^2$，沿梁高度方向钢筋配置取 $4\phi12(452mm^2)$。

截面配筋图绘制如图 17-46 所示。

§17.4　钢筋混凝土受压构件承载力计算

17.4.1　轴心受压构件承载力计算

1. 配有纵向受力钢筋和普通箍筋的轴心受压构件正截面承载力计算

（1）基本公式

$$N_u = 0.9\varphi(f_{cd}A + f'_{sd}A'_s) \tag{17-88}$$

式中　φ——轴心受压构件稳定系数，按附表 15-12 取用；

　　　A——构件毛截面面积；

　　　A'_s——全部纵向钢筋截面面积；

　　　f_{cd}——混凝土轴心抗压强度设计值；

　　　f'_{sd}——纵向普通钢筋抗压强度设计值。

当纵向钢筋配筋率 $\rho' = \frac{A'_s}{A} > 3\%$ 时，式（17-88）中 A 应改用混凝土截面净面积 $A_n = A - A'_s$。在查附表 15-12 取用 φ 值时，需要进行构件长细比计算，而构件纵向弯曲计算长度 l_0 可由表17-10中查得，表17-10中 l 为构件支点间长度。

构件纵向弯曲计算长度 l_0 值　　　　　　　　　表 17-10

杆　件	构件及其两端固定情况	计算长度 l_0
直　杆	两端固定	0.5l
	一端固定，一端为不移动铰	0.7l
	两端均为不移动铰	1.0l
	一端固定，一端自由	2.0l

（2）构造要求

1）混凝土

轴心受压构件的正截面承载能力主要由混凝土来提供，故一般多采用C25～C40级混凝土。

2）截面尺寸

轴心受压构件截面尺寸不宜过小，因长细比越大，φ 值越小，承载能力降低很多，不能充分利用材料强度。构件截面尺寸不宜小于250mm。

3）纵向钢筋

纵向受力钢筋一般采用 HRB335 级和 HRB400 级等热轧钢筋。纵向受力钢筋的直径应不小于12mm。在构件截面上，纵向受力钢筋至少应有 4 根并且在截面每一角隅处必须布置一根。

纵向受力钢筋的净距不应小于 50mm，也不应大于 350mm；对水平浇筑混凝土预制构件，其纵向钢筋的最小净距采用受弯构件的规定要求。纵向钢筋最小混凝土保护层厚度详见附表3-8。

普通箍筋柱中的箍筋必须做成封闭式，箍筋直径应不小于纵向钢筋直径的 1/4，且不小于8mm。

箍筋的间距应不大于纵向受力钢筋直径的 15 倍，且不大于构件截面的较小尺寸（圆形截面采用 0.8 倍直径）并不大于400mm。

在纵向钢筋搭接范围内，箍筋的间距应不大于纵向钢筋直径的 10 倍且不大于200mm。

当纵向钢筋截面积超过混凝土截面面积3%时，箍筋间距应不大于纵向钢筋直径的 10 倍，且不大于200mm。

《公路桥规》JTG D 62—2004 将位于箍筋折角处的纵向钢筋定义为角筋。沿箍筋设置的纵向钢筋离角筋间距 S 不大于150mm 或 15 倍箍筋直径（取较大者）范围内，若超过此范围设置纵向受力钢筋，应设复合箍筋，如图 17-47 所示。图 17-47 中，箍筋 A、B 与 C、D 两组设置方式可根据实际情况选用图 17-47（a）、（b）或（c）的方式。

【例 17-9】　预制的钢筋混凝土轴心受压构件截面尺寸为 $b \times h = 300mm \times$

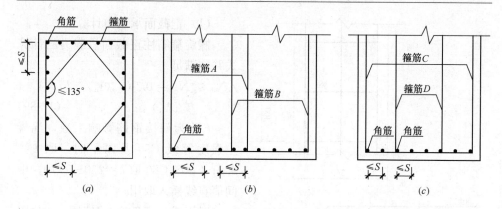

图 17-47　柱内复合箍筋布置

(a)、(b) 在 S 范围内设 3 根纵向受力钢筋；(c) 在 S 范围内设 2 根纵向受力钢筋

$350mm$，计算长度 $l_0 = 4.5m$。采用 C25 级混凝土，HRB335 级钢筋（纵向钢筋）和 R235 级钢筋（箍筋）。作用的轴向压力组合设计值 $N_d = 1600kN$，Ⅰ 类环境条件，安全等级二级。试进行构件的截面设计。

【解】　轴心受压构件截面短边尺寸 $b = 300mm$，则计算长细比 $\lambda = \dfrac{l_0}{b} = \dfrac{4.5 \times 10^3}{300} = 15$，查附表 15-12 可得到稳定系数 $\varphi = 0.895$。混凝土抗压强度设计值 $f_{cd} = 11.5MPa$，纵向钢筋的抗压强度设计值 $f'_{sd} = 280MPa$，现取正截面受压承载力 $N_u = \gamma_0 N_d = 1600kN$，由式（17-88）可得所需要的纵向钢筋数量 A'_s 为：

$$A'_s = \frac{1}{f'_{sd}}\left(\frac{N_u}{0.9\varphi} - f_{cd}A\right) = \frac{1}{280} \times \left[\frac{1600 \times 10^3}{0.9 \times 0.895} - 11.5 \times (300 \times 350)\right]$$
$$= 2782mm^2$$

现选用纵向钢筋为 8 Φ 22，$A'_s = 3041mm^2$，截面配筋率 $\rho' = \dfrac{A'_s}{A} = \dfrac{3041}{300 \times 350} = 2.89\% > \rho'_{min}(= 0.5\%)$，且小于 $\rho'_{max} = 5\%$。截面一侧的纵筋配筋率 $\rho' = \dfrac{1140}{300 \times 350} = 1.09\% > 0.2\%$（附表 15-9）。

纵向钢筋在截面上布置如图 17-48 所示。纵向钢筋距截面边缘净距 $c = 45 - 25.1/2 = 32.5mm > 30mm$ 及 $d = 22mm$，则布置在截面短边 b 方向上的纵向钢筋间距 $S_n = (300 - 2 \times 32.5 - 3 \times 25.1)/2 \approx 80mm > 50mm$，且小于 $350mm$，满足规范要求。

封闭式箍筋选用 $\phi8$，满足直径大于 $\dfrac{1}{4}d = \dfrac{1}{4} \times 22 = 5.5mm$，且不小于 $8mm$ 的要求。根据构造要求，箍筋间距 S 应满足：$S \leqslant 15d = 15 \times 22 = 330mm$；$S \leqslant b = 300mm$；$S \leqslant 400mm$，故选用箍筋间距 $S = 300mm$（图 17-48）。

2. 配有纵向钢筋和螺旋箍筋的轴心受压构件承载力计算

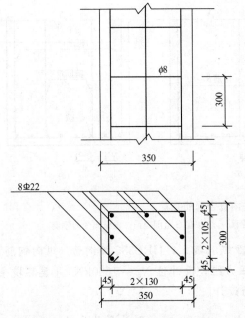

图 17-48　例 17-9 纵向钢筋截面布置
（尺寸单位：mm）

（1）正截面承载力计算

螺旋箍筋柱正截面承载力的计算式并应满足

$$\gamma_0 N_d \leqslant N_u = 0.9(f_{cd}A_{cor} + kf_{sd}A_{s0} + f'_{sd}A'_s) \qquad (17\text{-}89)$$

k 称为间接钢筋影响系数，混凝土强度等级 C50 及以下时，取 $k=2.0$；C50～C80 取 $k=2.0$～1.70，中间值直线插入取用。

对于式（17-89）的使用，《公路桥规》JTG D62—2004 有如下规定条件：

1）为了保证在使用荷载作用下，螺旋箍筋混凝土保护层不致过早剥落，螺旋箍筋柱的承载能力计算值（按式 17-89 计算），不应比按式（17-87）计算的普通箍筋柱承载能力大50%，即满足

$$0.9(f_{cd}A_{cor} + kf_{sd}A_{s0} + f'_{sd}A'_s) \leqslant 1.5 \times 0.9\varphi(f_{cd}A + f'_{cd}A'_s) \qquad (17\text{-}90)$$

2）当遇到下列任意一种情况时，不考虑螺旋箍筋的作用，而按式（17-88）计算构件的承载力：

①当构件长细比 $\lambda = \dfrac{l_0}{r} \geqslant 48$（$r$ 为截面最小回转半径）时，对圆形截面柱，长细比 $\lambda = \dfrac{l_0}{d} \geqslant 12$（$d$ 为圆形截面直径），这是由于长细比较大的影响，螺旋箍筋不能发挥其作用；

②当按式（17-89）计算承载能力小于按式（17-88）计算的承载能力时，因为式（17-89）中只考虑了混凝土核心面积，当柱截面外围混凝土较厚时，核心面积相对较小，会出现这种情况，这时就应按式（17-88）进行柱的承载能力计算；

③当 $A_{s0} < 0.25A'_s$ 时，螺旋钢筋配置得太少，不能起显著作用。

螺旋箍筋柱的截面设计和复核均依照式（17-89）及其公式要求来进行，详见例题。

（2）构造要求

1）螺旋箍筋柱的纵向钢筋应沿圆周均匀分布，其截面积应不小于箍筋圈内核心截面积的 0.5%。常用的配筋率 $\rho' = \dfrac{A'_s}{A_{cor}}$ 在 0.8%～1.2% 之间。

2) 构件核心截面积 A_{cor} 应不小于构件整个截面面积 A 的 2/3。

3) 螺旋箍筋的直径不应小于纵向钢筋直径的 1/4，且不小于 8mm，一般采用 8~12mm。为了保证螺旋箍筋的作用，螺旋箍筋的间距 S 应满足：

①S 应不大于核心直径 d_{cor} 的 1/5，即 $S \leqslant \frac{1}{5}d_{cor}$；

②S 应不大于 80mm，但不应小于 40mm，以便施工。

【例 17-10】 圆形截面轴心受压构件直径 $d = 400$mm，计算长度 $l_0 = 2.75$m。混凝土强度等级为 C25，纵向钢筋采用 HRB335 级钢筋，箍筋采用 R235 级钢筋，轴心压力组合设计值 $N_d = 1640$kN。Ⅰ类环境条件，安全等级为二级。试按照螺旋箍筋柱进行设计和截面复核。

【解】 混凝土抗压强度设计值 $f_{cd} = 11.5$MPa，HRB335 级钢筋抗压强度设计值 $f'_{sd} = 280$MPa，R235 级钢筋抗拉强度设计值 $f_{sd} = 195$MPa。轴心压力计算值 $N_u = \gamma_0 N_d = 1640$kN。

(1) 截面设计

由于长细比 $\lambda = \dfrac{l_0}{d} = \dfrac{2750}{400} = 6.88 < 12$，故可以按螺旋箍筋柱设计。

1) 计算所需的纵向钢筋截面积

由附表 15-8，取纵向钢筋的混凝土保护层厚度为 $c = 30$mm，则

核心面积直径 $d_{cor} = d - 2c = 400 - 2 \times 30 = 340$mm

柱截面面积 $A = \dfrac{\pi d^2}{4} = \dfrac{3.14 \times (400)^2}{4} = 125600$mm²

核心面积 $A_{cor} = \dfrac{\pi d_{cor}^2}{4} = \dfrac{3.14(340)^2}{4} = 90746$mm² $> \dfrac{2}{3}A(= 83733$mm²$)$

假定纵向钢筋配筋率 $\rho' = 0.012$，则

$$A'_s = \rho' A_{cor} = 0.012 \times 90746 = 1089\text{mm}^2$$

现选用 6Φ16，$A'_s = 1206$mm²。

2) 确定箍筋的直径和间距 S

由式（17-89）且取 $N_u = N = 1640$kN，可得到螺旋箍筋换算截面面积 A_{s0} 为：

$$A_{s0} = \frac{\dfrac{N}{0.9} - f_{cd}A_{cor} - f'_{sd}A'_s}{kf_{sd}}$$

$$= \frac{\dfrac{1640000}{0.9} - 11.5 \times 90746 - 280 \times 1206}{2 \times 195}$$

$$= 1131\text{mm}^2 > 0.25A'_s(= 0.25 \times 1206 = 302\text{mm}^2)$$

现选 $\phi10$，单肢箍筋的截面积 $A_{s01} = 78.5$mm²。这时，螺旋箍筋所需的间距为：

$$S = \frac{\pi d_{\mathrm{cor}} A_{s01}}{A_{s0}} = \frac{3.14 \times 340 \times 78.5}{1131} = 74\mathrm{mm}$$

由构造要求，间距 S 应满足 $S \leqslant d_{\mathrm{cor}}/5$（$=68\mathrm{mm}$）和 $S \leqslant 80\mathrm{mm}$，故取 $S = 60\mathrm{mm}$ $>40\mathrm{mm}$。

截面设计布置如图 17-49。

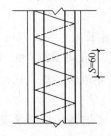

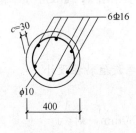

图 17-49 例 17-10 图
（尺寸单位：mm）

（2）截面复核

经检查，图 17-49 所示截面构造布置符合构造要求。

实际设计截面的 $A_{\mathrm{cor}} = 90746\mathrm{mm}^2$，$A'_s = 1206\mathrm{mm}^2$，$\rho' = \frac{1206}{90746} = 1.32\% > 0.5\%$，$A_{s0} = \frac{\pi d_{\mathrm{cor}} A_{s01}}{S}$

$= \frac{3.14 \times 340 \times 78.5}{60} = 1397\mathrm{mm}^2$，则由式（17-89）可得到

$$N_{\mathrm{u}} = 0.9(f_{\mathrm{cd}} A_{\mathrm{cor}} + k f_{\mathrm{sd}} A_{s0} + f'_{\mathrm{sd}} A'_s)$$

$$= 0.9 \times (11.5 \times 90746 + 2 \times 195 \times 1397 + 280 \times 1206)$$

$$= 1733.48 \times 10^3 \mathrm{N} = 1733.48\mathrm{kN} > N(= 1640\mathrm{kN})$$

检查混凝土保护层是否会剥落，由式(17-88)可得

$$N'_{\mathrm{u}} = 0.9\varphi(f_{\mathrm{cd}} A + f'_{\mathrm{sd}} A'_s)$$

$$= 0.9 \times 1(11.5 \times 125600 + 280 \times 1206)$$

$$= 1603.87 \times 10^3 \mathrm{N} = 1603.87\mathrm{kN}$$

$1.5 N'_{\mathrm{u}} = 1.5 \times 1603.87 = 2405.81\mathrm{kN} > N_{\mathrm{u}}(= 1733.48\mathrm{kN})$，故混凝土保护层不会剥落。

17.4.2 矩形截面偏心受压构件正截面承载力计算

1. 偏心受压构件的偏心距增大系数

实际工程中最常遇到的是长柱，由于最终破坏是材料破坏，因此，在设计计算中需考虑由于构件侧向变形（变位）而引起的二阶弯矩的影响。对偏心受压构件，计算中采用轴向力作用偏心距增大系数 η 来考虑这种构件纵向挠曲的影响。

《公路桥规》JTG D 62—2004规定，计算偏心受压构件正截面承载力时，对长细比 l_0/r 大于 17.5（r 为构件截面回转半径）的构件或长细比 l_0/h（矩形截面）大于 5、长细比 l_0/d（圆形截面）大于 4.4 的构件，应考虑构件在弯矩作用平面内的变形（变位）对轴向力偏心距的影响。此时，应将轴向力对截面重心轴的偏心距乘以偏心距增大系数。根据偏心压杆的极限曲率理论分析，规定偏心距

增大系数 η 计算表达式为：

$$\eta = 1 + \frac{1}{1400(e_0/h_0)}\left(\frac{l_0}{h}\right)^2 \zeta_1 \zeta_2 \tag{17-91}$$

$$\zeta_1 = 0.2 + 2.7\frac{e_0}{h_0} \leqslant 1.0 \tag{17-92}$$

$$\zeta_2 = 1.15 - 0.01\frac{l_0}{h} \leqslant 1.0 \tag{17-93}$$

式中　l_0 ——构件的计算长度，可参照表 17-9 或按工程经验确定；

e_0 ——轴向力对截面重心轴的偏心距；

h_0 ——截面的有效高度；

h ——截面的高度；

ζ_1 ——荷载偏心距对截面曲率的影响系数；

ζ_2 ——构件长细比对截面曲率的影响系数。

2. 基本计算公式

（1）基本假定与正截面承载力计算图式

1）截面应变分布符合平截面假定；

2）不考虑混凝土的抗拉强度；

3）受压混凝土的极限压应变 $\varepsilon_{cu} = 0.003 \sim 0.0033$；

4）混凝土的压应力图形为矩形，应力集度为 f_{cd}，矩形应力图的高度 x 取等于按平截面确定的受压区高度 x_c 乘以系数 β，即 $x = \beta x_c$。

矩形截面偏心受压构件正截面承载能力计算图式如图 17-50 所示。

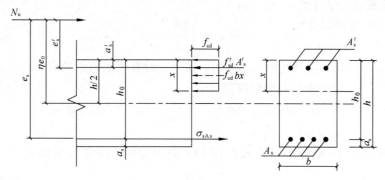

图 17-50　矩形截面偏心受压构件正截面承载能力计算图式

对于矩形截面偏心受压构件，用 ηe_0 表示纵向弯曲的影响，只要是材料破坏类型，无论是大偏心受压破坏，还是小偏心受压破坏，受压区边缘混凝土都达到极限压应变，同一侧的受压钢筋 A_s'，一般都能达到抗压强度设计值 f_{sd}'，而对面一侧的钢筋 A_s 的应力，可能受拉（达到或未达到抗拉强度设计值 f_{sd}），也可能受压，故在图 17-50 中以 σ_s 表示 A_s 钢筋中的应力，从而建立一种包括大、小偏心受压情况的统一正截面承载力计算图式。

（2）基本公式

$$N_u = f_{cd}bx + f'_{sd}A'_s - \sigma_s A_s \tag{17-94}$$

$$N_u e_s = f_{cd}bx\left(h_0 - \frac{x}{2}\right) + f'_{sd}A'_s(h_0 - a'_s) \tag{17-95}$$

$$N_u e'_s = -f_{cd}bx\left(\frac{x}{2} - a'_s\right) + a_s A_s(h_0 - a'_s) \tag{17-96}$$

$$f_{cd}bx\left(e_s - h_0 + \frac{x}{2}\right) = \sigma_s A_s e_s - f'_{sd}A'_s e'_s \tag{17-97}$$

式中　x ——混凝土受压区高度；

e_s、e'_s ——分别为偏心压力 N_u 作用点至钢筋 A_s 合力作用点和钢筋 A'_s 合力作用点的距离；

$$e_s = \eta e_0 + \frac{h}{2} - a_s \tag{17-98}$$

$$e'_s = \eta e_0 - \frac{h}{2} + a'_s \tag{17-99}$$

e_0 ——轴向力对截面重心轴的偏心距，$e_0 = M_u / N_u$；

η ——偏心距增大系数，按式（17-91）计算。

关于式（17-94）～式（17-97）的使用要求及有关说明如下：

①钢筋 A_s 的应力 σ_s 取值。

当 $\xi = \dfrac{x}{h_0} \leqslant \xi_b$ 时，构件属于大偏心受压构件，这时，取 $\sigma_s = f_{sd}$；

当 $\xi = \dfrac{x}{h_0} > \xi_b$ 时，构件属于小偏心受压构件，这时，σ_s 应按式（17-100）计算，但应满足 $-f'_{sd} \leqslant \sigma_{si} \leqslant f_{sd}$：

$$\sigma_{si} = \varepsilon_{cu} E_s\left(\frac{\beta h_{0i}}{x} - 1\right) \tag{17-100}$$

式中　σ_{si} ——第 i 层普通钢筋的应力，按公式计算正值表示拉应力；

E_s ——受拉钢筋的弹性模量；

h_{0i} ——第 i 层普通钢筋截面重心至受压较大边边缘的距离；

x ——截面受压区高度。

ε_{cu} 可按表 17-5 取用，β 值见表 17-11，界限受压区高度 ξ_b 值见表 17-4。

β 值						表 17-11
混凝土强度等级	C50 以下	C55	C60	C65	C70	C75	C80
β	0.8	0.79	0.78	0.77	0.76	0.75	0.74

②为了保证构件破坏时大偏心受压构件截面上的受压钢筋能达到抗压强度设计值 f'_{sd}，必须满足：

$$x \geqslant 2a'_s \tag{17-101}$$

当 $x < 2a'_s$ 时，受压钢筋 A'_s 的应力可能达不到 f'_{sd}。与双筋截面受弯构件类

似，这时近似取 $x = 2a'_s$，截面应力分布如图 17-51 所示。受压区混凝土所承担的压力作用位置与受压钢筋承担的压力 $f'_{sd}A'_s$ 作用位置重合。由截面受力平衡条件（对受压钢筋 A'_s 合力点的力矩之和为零）可写出：

$$N_u e'_s = f_{sd} A_s (h_0 - a'_s) \qquad (17\text{-}102)$$

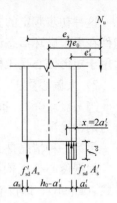

图 17-51　当 $x < 2a'_s$ 时，大偏心受压截面计算图式

③当偏心压力作用的偏心距很小，即小偏心受压情况下且全截面受压，若靠近偏心压力一侧的纵向钢筋 A'_s 配置较多，而远离偏心压力一侧的纵向钢筋 A_s 配置较少时，钢筋 A_s 的应力可能达到受压屈服强度，离偏心受力较远一侧的混凝土也有可能压坏，这时的截面应力分布如图 17-52 所示。为使钢筋 A_s 数量不致过少，防止出现这样破坏，《公路桥规》JTG D62—2004 规定，对于小偏心受压构件，若偏心压力作用于钢筋 A_s 合力点和 A'_s 合力点之间时，尚应符合下列条件：

$$N_u e' = f_{cd} b h \left(h'_0 - \frac{h}{2} \right) + f'_{sd} A_s (h'_0 - a_s) \qquad (17\text{-}103)$$

式中 h'_0 为纵向钢筋 A'_s 合力点离偏心压力较远一侧边缘的距离，即 $h'_0 = h - a'_s$（图 17-52）；而 $e' = \dfrac{h}{2} - e_0 - a'_s$。

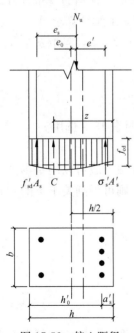

图 17-52　偏心距很小时截面计算图式

3. 不对称配筋矩形截面偏心受压构件计算

(1) 截面设计

在进行偏心受压构件的截面设计时，通常已知轴向力组合设计值 N_d 和相应的弯矩组合设计值 M_d，或偏心距 e_0，材料强度等级，截面尺寸 $b \times h$，以及弯矩作用平面内构件的计算长度，要求确定纵向钢筋数量。

1) 大、小偏心受压的初步判别

如前所述，当 $\xi = \dfrac{x}{h_0} \leqslant \xi_b$ 时为大偏心受压，当 $\xi = \dfrac{x}{h_0} > \xi_b$ 时为小偏心受压。但是，现在纵向钢筋数量未知，ξ 值尚无法计算，故还不能利用上述条件进行判定。

在偏心受压构件截面设计时，可采用下述方法来初步判定大、小偏心受压：

当 $\eta e_0 \leqslant 0.3 h_0$ 时，可先按小偏心受压构件进行设计计算；当 $\eta e_0 > 0.3 h_0$ 时，则可按大偏心受压构件进行设计计算。

这种初步判定的方法，是对常用混凝土强度、常用热轧钢筋级别的偏心受压构件在界限破坏形态计算图式基础上，进行计算分析及简化得到的近似方法，仅适用于矩形偏心受压构件截面设计时初步判断。

2）大偏心受压

当 $\eta e_0 > 0.3 h_0$ 时，可以先按照大偏心受压构件来进行设计。在工程上，可分为两种情况。

①第一种情况是 A_s 和 A'_s 均未知时

根据偏心受压构件计算的基本公式，独立公式为式（17-94）、式（17-95）或式（17-96），即仅有两个独立公式。但未知数却有三个，即 A'_s、A_s 和 x（或 ξ），不能求得唯一的解，必须补充设计条件。

与双筋矩形截面受弯构件截面设计相仿，从充分利用混凝土的抗压强度、使受拉和受压钢筋的总用量最少的原则出发，近似取 $\xi = \xi_b$，即 $x = \xi_b h_0$ 为补充条件。

由式（17-95），令 $N_u = \gamma_0 N_d$、$M_u = N_u e_s$，可得到受压钢筋的截面积 A'_s 为

$$A'_s = \frac{N_u e_s - f_{cd} b h_0^2 \xi_b (1 - 0.5 \xi_b)}{f'_{sd}(h_0 - a'_s)} \geqslant \rho'_{min} b h \tag{17-104}$$

式中　ρ'_{min}——截面一侧（受压）钢筋的最小配筋率，由附表15-9取 $\rho'_{min} = 0.2\% = 0.002$。

当计算的 $A'_s < \rho'_{min} b h$ 或负值时，应按照 $A'_s \geqslant \rho'_{min} b h$ 选择钢筋并布置 A'_s，然后按 A'_s 为已知的情况（后面将介绍的第二种设计情况）继续计算求 A_s。

当计算 $A'_s \geqslant \rho'_{min} b h$ 时，则将已求得的 A'_s 值代入式（17-94），且取 $\sigma_s = f_{sd}$，则所需要的钢筋面积 A_s 为：

$$A_s = \frac{f_{cd} b h_0 \xi_b + f'_{sd} A'_s - N_u}{f_{sd}} \geqslant \rho_{min} b h \tag{17-105}$$

式中　ρ_{min}——截面一侧（受拉）钢筋的最小配筋率，按附表15-9选用。

②第二种情况是 A'_s 已知，A_s 未知时

当钢筋面积 A'_s 为已知时，只有钢筋 A_s 和 x 两个未知数，故可以用基本公式来直接求解。由式（17-95），令 $N_u = \gamma_0 N_d$、$M_u = N_u e_s$，则可得到关于 x 的一元二次方程

$$N_u e_s = f_{cd} b x \left(h_0 - \frac{x}{2} \right) + f'_{sd} A'_s (h_0 - a'_s)$$

解此方程，可得到受压区高度为

$$x = h_0 - \sqrt{h_0^2 - \frac{2[N_u e_s - f'_{sd} A'_s (h_0 - a'_s)]}{f_{cd} b}} \tag{17-106}$$

当计算的 x 满足 $2a'_s < x \leqslant \xi_b h_0$，则可由式（17-94）并取 $\sigma_s = f_{sd}$，可得到受拉区所需钢筋 A_s 为：

$$A_s = \frac{f_{cd}bx + f'_{sd}A'_s - N_u}{f_{sd}} \qquad (17\text{-}107)$$

当计算的 x 满足 $x \leqslant \xi_b h_0$，但 $x \leqslant 2a'_s$，则按式（17-102）来得到所需的受拉钢筋数量 A_s，这时令 $M_u = N_u e'_s$，求得

$$A_s = \frac{N_u e'_s}{f_{sd}(h_0 - a'_s)} \qquad (17\text{-}108)$$

式中　　$N_u = \gamma_0 N_d$。

3）小偏心受压

当 $\eta e_0 \leqslant 0.3h_0$ 时可按照小偏心受压进行设计计算。

①第一种情况是 A'_s 与 A_s 均未知时

要利用基本公式进行设计，仍面临独立的基本公式只有两个，而存在 A_s、A'_s 和 x 三个未知数的情况，不能得到唯一的解。这时，与解决大偏压构件截面设计方法一样，必须补充条件以便求解。

试验表明，对于小偏心受压的一般情况，远离偏心压力一侧的纵向钢筋无论受拉还是受压，其应力一般均未达到屈服强度，显然，A_s 可取等于受压构件截面一侧钢筋的最小配筋量。由附表 15-9 可得 $A_s = \rho'_{min}bh = 0.002bh$。

按照 $A_s = 0.002bh$ 补充条件后，剩下两个未知数 x 与 A'_s，则可利用基本公式来进行设计计算。

首先，应该计算受压区高度 x 的值。令 $N_u = \gamma_0 N_d$。由式（17-96）和式（17-100）可得到以 x 为未知数的方程

$$N_u e'_s = -f_{cd}bx\left(\frac{x}{2} - a'_s\right) + \sigma_s A_s(h_0 - a'_s) \qquad (17\text{-}109)$$

以及　　　　　　　　$\sigma_s = \varepsilon_{cu}E_s\left(\frac{\beta h_0}{x} - 1\right)$

即得到关于 x 的一元三次方程

$$Ax^3 + Bx^2 + Cx + D = 0 \qquad (17\text{-}110)$$

$$A = -0.5f_{cd}b \qquad (17\text{-}111a)$$

$$B = f_{cd}ba'_s \qquad (17\text{-}111b)$$

$$C = \varepsilon_{cu}E_s A_s(a'_s - h_0) - N_u e'_s \qquad (17\text{-}111c)$$

$$D = \beta\varepsilon_{cu}E_s A_s(h_0 - a'_s)h_0 \qquad (17\text{-}111d)$$

这里的 $e'_s = \eta e_0 - \dfrac{h}{2} + a'_s$。由方程式（17-110）求得 x 值后，即可得到相应的相对受压区高度 $\xi = \dfrac{x}{h_0}$。

当 $\dfrac{h}{h_0} > \xi > \xi_b$ 时，截面为部分受压、部分受拉。这时以 $\xi = \dfrac{x}{h_0}$ 代入式（17-100），求得钢筋 A_s 中的应力 σ_s 值。再将钢筋面积 A_s、钢筋应力计算值 σ_s 以

及 x 值代入式（17-94）中，即可得所需钢筋面积 A'_s 值且应满足 $A'_s \geqslant \rho'_{\min} b h$。

当 $\xi \geqslant \dfrac{h}{h_0}$ 时，截面为全截面受压。受压混凝土应力图形渐趋丰满，但实际受压区最多也只能为截面高度 h。所以，在这种情况下，可近似取 $x=h$，则钢筋 A'_s 可直接由下式计算：

$$A'_s = \frac{N_u e_s - f_{cd} b h \left(h_0 - \dfrac{h}{2}\right)}{f'_{sd}(h_0 - a'_s)} \geqslant \rho'_{\min} b h$$

在上述按照小偏心受压构件进行截面设计计算中，必须先求解 x 的一元三次方程式（17-110），计算工作麻烦。这主要是钢筋 A_s 中应力 σ_s 的计算式为 ξ 的双曲线函数造成的。

下面介绍用经验公式来计算钢筋应力 σ_s 及求解截面混凝土受压区高度 x 的方法。

根据我国关于小偏心受压构件大量试验资料分析并且考虑边界条件：$\xi = \xi_b$ 时，$\sigma_s = f_{sd}$；$\xi = \beta$ 时，$\sigma_s = 0$，可以将式（17-100）转化为近似的线性关系式

$$\sigma_s = \frac{f_{sd}}{\xi_b - \beta}(\xi - \beta) - f'_{sd} \leqslant \sigma_s \leqslant f_{sd} \tag{17-112}$$

以式（17-112）代入式（17-96）可得到关于 x 的一元二次方程

$$Ax^2 + Bx + C = 0 \tag{17-113}$$

方程中的各系数计算表达式为：

$$A = -0.5 f_{cd} b h_0 \tag{17-114a}$$

$$B = \frac{h_0 - a'_s}{\xi_b - \beta} f_{sd} A_s + f_{cd} b h_0 a'_s \tag{17-114b}$$

$$C = -\beta \frac{h_0 - a'_s}{\xi_b - \beta} f_{sd} A_s h_0 - N e'_s h_0 \tag{17-114c}$$

式中　$N_u = \gamma_0 N_d$。

由于式（17-112）中钢筋应力 σ_s 与 ξ 的关系近似为线性关系，因而，利用式（17-113）来求近似解 x，就避免了按式（17-110）来解 x 的一元三次方程的麻烦，这种近似方法适用于构件混凝土强度等级在 C50 以下的普通强度混凝土情况。

②第二种情况是 A'_s 已知，A_s 未知时

这时，欲求解的未知数（x 和 A_s）个数与独立基本公式数目相同，故可以直接求解。

首先，应由式（17-105）求截面受压区高度 x，并得到截面相对受压区高度 $\xi = \dfrac{x}{h_0}$。当 $\dfrac{h}{h_0} > \xi > \xi_b$ 时，截面部分受压、部分受拉。以计算得到的 ξ 值代入式

（17-100），求得钢筋 A_s 的应力 σ_s。由式（17-94）计算得到所需钢筋 A_s 的数量。

当 $\xi \geqslant \dfrac{h}{h_0}$ 时，则全截面受压。以 $\xi = \dfrac{h}{h_0}$ 代入式（17-100），求得钢筋 A_s 的应力 σ_s，再由式（17-94）可求得钢筋面积 A_{s1}。

全截面受压时，为防止设计的小偏心受压构件可能出现靠近纵向力 N 一侧的钢筋 A'_s 的应力可能达不到屈服强度的破坏，钢筋数量 A_s 应当满足式（17-103）的要求，变换式（17-103），得到

$$A_s \geqslant \frac{N_u e' - f_{cd} b h \left(h'_0 - \dfrac{h}{2}\right)}{f'_{sd}\,(h'_0 - a_s)} \tag{17-115}$$

式中各符号意义见式（17-103），而 $N_u = \gamma_0 N_d$。

由式（17-115）可求得截面所需一侧钢筋数量 A_{s2}。而设计所采用的钢筋面积 A_s 应取上述计算值 A_{s1} 和 A_{s2} 中的较大值，以防止出现远离偏心压力作用点的一侧混凝土边缘先破坏的情况。

（2）截面复核

偏心受压构件需要进行截面在两个方向上的承载力复核，即弯矩作用平面内的截面复核和垂直于弯矩作用平面的截面复核。

1）弯矩作用平面内的截面复核

①大、小偏心受压的判别

在偏心受压构件截面设计时，采用 ηe_0 与 $0.3h_0$ 之间关系来选择按何种偏心受压情况进行配筋设计，这是一种近似和初步的判定方法，并不一定能确认为大偏心受压还是小偏心受压。判定偏心受压构件是大偏心受压还是小偏心受压的充要条件是 ξ 与 ξ_b 之间的关系，即当 $\xi \leqslant \xi_b$ 时，为大偏心受压；当 $\xi > \xi_b$ 时，为小偏心受压。在截面承载能力复核中，因截面的钢筋布置已定，故必须采用这个充要条件来判定偏心受压的性质。

在截面承载能力复核时，可先假设为大偏心受压。这时，钢筋 A_s 中的应力 $\sigma_s = f_{sd}$，代入式（17-97）即得

$$f_{cd} b x \left(e_s - h_0 + \frac{x}{2}\right) = f_{sd} A_s e_s - f'_{sd} A'_s e'_s \tag{17-116}$$

解得受压区高度 x，再由 x 求得 $\xi = \dfrac{x}{h_0}$。当 $\xi \leqslant \xi_b$ 时，为大偏心受压；当 $\xi > \xi_b$ 时，为小偏心受压。

②当 $\xi \leqslant \xi_b$ 时

若 $2a' \leqslant x \leqslant \xi_b h_0$，由式（17-116）计算的 x 即为大偏心受压构件截面受压区高度，然后按式（17-94）进行截面承载能力复核。

若 $2a' > x$ 时，由式（17-102）求截面承载能力 $N_u = M_u / e'_s$。

③当 $\xi > \xi_b$ 时

为小偏心受压构件。这时，截面受压区高度 x 不能由式（17-116）来确定，因为在小偏心受压情况下，离偏心压力较远一侧钢筋 A_s 中的应力往往达不到屈服强度。

这时，要联合使用式（17-97）和式（17-100）来确定小偏心受压构件截面受压区高度 x，即

$$f_{cd}bx\left(e_s - h_0 + \frac{x}{2}\right) = \sigma_s A_s e_s - f'_{sd}A'_s e'_s$$

及

$$\sigma_s = \varepsilon_{cu}E_s\left(\frac{\beta h_0}{x} - 1\right)$$

可得到 x 的一元三次方程

$$Ax^3 + Bx^2 + Cx + D = 0 \tag{17-117}$$

式（17-117）中各系数计算表达式为：

$$A = 0.5 f_{cd}b \tag{17-118a}$$

$$B = f_{cd}b(e_s - h_0) \tag{17-118b}$$

$$C = \varepsilon_{cu}E_s A_s e_s + f'_{sd}A'_s e'_s \tag{17-118c}$$

$$D = -\beta \varepsilon_{cu}E_s A_s e_s h_0 \tag{17-118d}$$

式中 e'_s 仍按 $e'_s = \eta e_0 - \dfrac{h}{2} + a'_s$ 计算。

若钢筋 A_s 中的应力 σ_s 采用 ξ 的线性表达，即式（17-112），则可得到关于 x 的一元二次方程为：

$$Ax^2 + Bx + C = 0 \tag{17-119}$$

式（17-119）中各系数计算表达式为：

$$A = 0.5 f_{cd}b h_0 \tag{17-120a}$$

$$B = f_{cd}b h_0(e_s - h_0) - \frac{f_{sd}A_s e_s}{\xi_b - \beta} \tag{17-120b}$$

$$C = \left(\frac{\beta f_{sd}A_s e_s}{\xi_b - \beta} + f'_{sd}A'_s e'_s\right)h_0 \tag{17-120c}$$

由式（17-117）或者式（17-119），可得到小偏心受压构件截面受压区高度 x 及相应的 ξ 值。

当 $\dfrac{h}{h_0} > \xi > \xi_b$ 时，截面部分受压、部分受拉。将计算的 ξ 值代入式（17-100）或者式（17-112），可求得钢筋 A_s 的应力 σ_s 值。然后，按照基本公式（17-94），求截面承载能力 N_u。

当 $\xi > \dfrac{h}{h_0}$ 时，截面全部受压。这种情况下，偏心距较小。首先考虑近纵向压力作用点侧的截面边缘混凝土破坏，以计算的 ξ 值代入式（17-100）或式（17-112）中求得钢筋 A_s 中的应力 σ_s，然后由式（17-94）求得截面承载力 N_{u1}。

若偏心轴向力作用于钢筋 A_s 合力点和 A'_s 合力点之间时，应由式（17-103）求得截面承载力 N_{u2}。

构件承载力 N_u 应取 N_{u1} 和 N_{u2} 中较小值，其意义为既然截面破坏有这种可能性，则截面承载力也可能由其决定。

2）垂直于弯矩作用平面的截面承载能力复核

偏心受压构件，除了在弯矩作用平面内可能发生破坏外，还可能在垂直于弯矩作用平面内发生破坏，例如设计轴向压力 N_d 较大而在弯矩作用平面内偏心距较小时。垂直于弯矩作用平面的构件长细比 $\lambda = \dfrac{l_0}{b}$ 较大时，有可能是垂直于弯矩作用平面的承载能力起控制作用。因此，当偏心受压构件在两个方向的截面尺寸 b、h 及长细比 λ 值不同时，应对垂直于弯矩作用平面进行承载能力复核。

《公路桥规》JTG D 62—2004 规定，对于偏心受压构件除应计算弯矩作用平面内的承载能力外，还应按轴心受压构件复核垂直于弯矩作用平面的承载能力。这时，不考虑弯矩作用，而按轴心受压构件考虑稳定系数 φ，并取垂直于弯矩作用平面方向来计算相应的长细比。

17.4.3   矩形截面偏心受压构件的构造要求

矩形截面偏心受压构件的构造要求及其基本原则与配有纵向钢筋及普通箍筋的轴心受压构件相仿。配有纵向钢筋及普通箍筋的轴心受压构件对箍筋直径、间距的构造要求，也适用于偏心受压构件。

1. 截面尺寸

矩形截面的最小尺寸不宜小于 300mm，同时截面的长边 h 与短边 b 的比值常选用 $h/b = 1.5 \sim 3$。为了模板尺寸的模数化，边长宜采用 50mm 的倍数。

矩形截面的长边应设在弯矩作用方向。

2. 纵向钢筋的配筋率

矩形截面偏心受压构件的纵向受力钢筋沿截面短边 b 配置。截面全部纵向钢筋和一侧钢筋的最小配筋率 ρ_{min} 见附表 15-8。

纵向受力钢筋的常用配筋率（全部钢筋截面积与构件截面积之比），对大偏心受压构件宜为 $\rho = 1\% \sim 3\%$；对小偏心受压宜为 $\rho = 0.5\% \sim 2\%$。

当截面长边 $h \geqslant 600mm$ 时，应在长边 h 方向设置直径为 $10 \sim 16mm$ 的纵向构造钢筋，必要时相应地设置附加箍筋或复合箍筋，用以保持钢筋骨架刚度（图 17-53）。复合箍筋设置的构造要求详见图 17-47。

【例 17-11】   钢筋混凝土偏心受压构件，截面尺寸为 $b \times h = 300mm \times 400mm$，两个方向（弯矩作用方向和垂直于弯矩作用方向）的计算长度均为 $l_0 = 4m$。轴向力组合设计值 $N_d = 212kN$，相应弯矩组合设计值 $M_d = 135kN \cdot m$。预制构件拟采用水平浇筑 C30 混凝土，纵向钢筋为 HRB335 级钢筋，I 类环境条

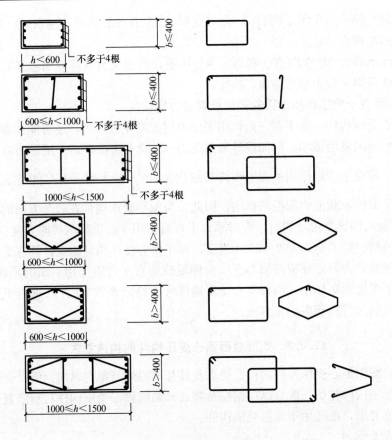

图 17-53　矩形偏心受压构件的箍筋布置形式（尺寸单位：mm）

件，安全等级为二级。试选择钢筋，并进行截面复核。

【解】$f_{cd} = 13.8\text{MPa}$，$f_{sd} = f'_{sd} = 280\text{MPa}$，$\xi_b = 0.56$，$\gamma_0 = 1.0$。

（1）截面设计

设 $N_u = \gamma_0 N_d = 212\text{kN}$，$M_u = \gamma_0 M_d = 135\text{kN} \cdot \text{m}$，可得到偏心距

$$e_0 = \frac{M_u}{N_u} = \frac{120 \times 10^6}{188 \times 10^3} = 638\text{mm}$$

弯矩作用平面内的长细比为 $\dfrac{l_0}{h} = \dfrac{4000}{400} = 10 > 5$，故应考虑偏心距增大系数 η。η 值按式（17-91）计算。设 $a_s = a'_s = 40\text{mm}$，则 $h_0 = h - a_s = 400 - 40 = 360\text{mm}$。

$$\zeta_1 = 0.2 + 2.7 \frac{e_0}{h_0} = 0.2 + 2.7 \times \frac{637}{360} = 4.98 > 1，取 \zeta_1 = 1.0；$$

$$\zeta_2 = 1.15 - 0.01 \frac{l_0}{h} = 1.15 - 0.010 \times 10 = 1.05 > 1，取 \zeta_2 = 1.0。$$

则
$$\eta = 1 + \frac{1}{1400\,\dfrac{e_0}{h_0}}\left(\frac{l_0}{h}\right)^2 \zeta_1 \zeta_2 = 1 + \frac{1}{1400 \times \dfrac{637}{360}} \times 10^2 = 1.04$$

1）大、小偏心受压的初步判定

$\eta e_0 = 1.04 \times 637 = 662\text{mm} > 0.3h_0\,(= 0.3 \times 360 = 108\text{mm})$，故可先按大偏心受压情况进行设计。$e_s = \eta e_0 + h/2 - a_s = 662 + 400/2 - 40 = 822\text{mm}$。

2）计算所需的纵向钢筋面积

属于大偏心受压求钢筋 A_s 和 A'_s 的情况。取 $\xi = \xi_b = 0.56$，由式（17-104）得

$$A'_s = \frac{N_u e_s - \xi_b (1 - 0.5\xi_b) f_{cd} b h_0^2}{f'_{sd}(h_0 - a'_s)}$$

$$= \frac{212 \times 10^3 \times 822 - 0.56 \times (1 - 0.5 \times 0.56) \times 13.8 \times 300 \times 360^2}{280(360 - 40)}$$

$$= -470\text{mm}^2 < 0.002 \times (300 \times 400) = 240\text{ mm}^2$$

取 $A'_s = 240\text{ mm}^2$。

现选择受压钢筋为 3Φ12，则实际受压钢筋面积 $A'_s = 339\text{mm}^2$，$a'_s = 45\text{mm}$，$\rho' = 0.28\% > 0.2\%$。

由式（17-106）可得到截面受压区高度 x 值为：

$$x = h_0 - \sqrt{h_0^2 - \frac{2\left[N e_s - f'_{sd} A'_s (h_0 - a'_s)\right]}{f_{cd} b}}$$

$$= 360 - \sqrt{360^2 - \frac{2 \times \left[212 \times 10^3 \times 822 - 280 \times 339 \times (360 - 45)\right]}{13.8 \times 300}}$$

$$= 115\text{mm} < \xi_b h_0\,(= 0.56 \times 360 = 202\text{mm})$$

$$> 2a'_s\,(= 2 \times 45 = 90\text{mm})$$

确实是大偏心受压。取 $\sigma_s = f_{sd}$ 并代入式（17-107）可得

$$A_s = \frac{f_{cd} bx + f'_{sd} A'_s - N}{f_{sd}}$$

$$= \frac{13.8 \times 300 \times 115 + 280 \times 339 - 212 \times 10^3}{280}$$

$$= 1282\text{mm}^2 > \rho_{\min} bh\,(= 0.002 \times 300 \times 400 = 240\text{mm}^2)$$

现选受拉钢筋为 4Φ22，$A_s = 1520\text{mm}^2$，$\rho = 1.27\% > 0.2\%$。$\rho + \rho' = 1.55\% > 0.5\%$。

设计的纵向钢筋沿截面短边 b 方向布置一排（图 17-54），因偏心压杆采用水平浇筑混凝土预制构件，故纵筋最小净距采用 30mm。设计截面中取 $a_s = a'_s = 45\text{mm}$，钢筋 A_s 的混凝土保护层的厚度为 $(45 - 25.1/2) = 32\text{mm}$，满足规范要求。所需截面最小宽度 $b_{\min} = 2 \times 32 + 3 \times 30 + 4 \times 25.1 = 254\text{mm} < b = 300\text{mm}$。

（2）截面复核

1）垂直于弯矩作用平面的截面复核

因为长细比 $\dfrac{l_0}{b} = \dfrac{4000}{300} = 13 > 8$，故由附表 15-12 中可查得 $\varphi = 0.935$，则

$$N_u = 0.9\varphi\left[f_{cd}bh + f'_{sd}(A_s + A'_s)\right]$$
$$= 0.9 \times 0.935 \times \left[13.8 \times 300 \times 400 + 280 \times (1520 + 339)\right]$$
$$= 1831.54 \times 10^3 N = 1831.54 kN > N = 212 kN$$

满足设计要求。

2）弯矩作用平面的截面复核

截面实际有效高度 $h_0 = 400 - 45 = 355 mm$，计算得 $\eta = 1.04$。而 $\eta e_0 = 662 mm$，则

$$e_s = \eta e_0 + \frac{h}{2} - a_s = 662 + \frac{400}{2} - 45 = 817 mm$$

$$e'_s = \eta e_0 - \frac{h}{2} + a_s = 662 - \frac{400}{2} + 45 = 507 mm$$

假定为大偏心受压，即取 $\sigma_s = f_{sd}$，由式（17-97）可解得混凝土受压区高度

$$x = (h_0 - e_s) + \sqrt{(h_0 - e_s)^2 + 2 \times \frac{f_{sd}A_s e_s - f'_{sd}A'_s e'_s}{f_{cd}b}}$$

$$= (355 - 817) + \sqrt{(355 - 817)^2 + 2 \times \frac{280 \times 1520 \times 817 - 280 \times 339 \times 507}{13.8 \times 300}}$$

$$= 136 mm \begin{array}{l} < \xi_b h_0 (= 0.56 \times 355 = 199 mm) \\ > 2a'_s (= 2 \times 45 = 90 mm) \end{array}$$

计算表明为大偏心受压。

由式（17-94）可得截面承载力

$$N_u = f_{cd}bx + f'_{sd}A'_s - \sigma_s A_s$$
$$= 13.8 \times 300 \times 136 + 280 \times 339 - 280 \times 1520$$
$$= 232.36 \times 10^3 N = 232.36 kN > \gamma_0 N_d (= 212 kN)$$

满足正截面承载力要求。

经截面复核，确认图 17-54 的截面设计。箍筋采用 $\phi 8$，间距按照普通箍筋柱构造要求选用。

【例 17-12】 钢筋混凝土偏心受压构件截面尺寸 $b \times h = 400 mm \times 500 mm$，轴向压力计算值为 $N = 200 kN$，弯矩计算值为 $M = 120 kN \cdot m$。弯矩作用方向的计算长度 $l_{0y} = 4m$，垂直于弯矩作用方向的计算长度 $l_{0x} = 5.71m$。I 类环境条件。截面受压区已配置 4 Φ 22（图 17-55），$A'_s = 1520 mm^2$。采用 C25 混凝土现浇构件，纵向钢筋为 HRB335 级，试进行配筋计算，并复核偏心受压构件截面承载能力。

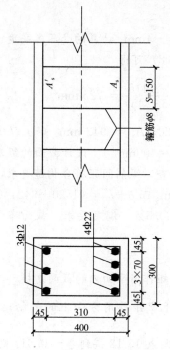

图 17-54 例 17-11 截面配筋图

（尺寸单位：mm）

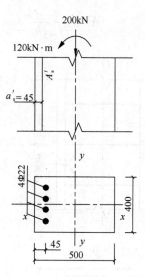

图 17-55 例 17-12 图

（尺寸单位：mm）

【解】 $f_{cd} = 11.5\text{MPa}$，$f_{sd} = f'_{sd} = 280\text{MPa}$，$\xi_b = 0.56$，$\gamma_0 = 1.0$。

（1）截面设计

由已知 $N = 200\text{kN}$，$M = 120\text{kN} \cdot \text{m}$，可得到偏心距 e_0 为：

$$e_0 = \frac{M}{N} = \frac{120 \times 10^6}{200 \times 10^3} = 600\text{mm}$$

偏心压杆在弯矩作用方向的长细比为：

$$\frac{l_0}{h} = \frac{4000}{500} = 8 > 5$$

由图 17-55 可知，$a'_s = 45\text{mm}$。现取 $a_s = 45\text{mm}$，则 $h_0 = h - a_s = 500 - 45 = 455\text{mm}$。由式（17-91）计算得 $\eta = 1.035$。

1）大、小偏心受压的初步判定

$\eta e_0 = 1.035 \times 600 = 621\text{mm} > 0.3h_0 (= 0.3 \times 455 = 137\text{mm})$，故可先按大偏心受压构件进行设计计算。

$$e_s = \eta e_0 + \frac{h}{2} - a_s = 621 + \frac{500}{2} - 45 = 826\text{mm}$$

$$e'_s = \eta e_0 - \frac{h}{2} + a_s = 621 - \frac{500}{2} + 45 = 416\text{mm}$$

2）计算所需纵向钢筋 A_s 的面积

由式（17-106），计算得到受压区高度 $x=-4$ mm。计算的受压区高度 x 为负值，可以认为是 $x<2a'$ 的情况。由式（17-108）可得

$$A_s = \frac{Ne'_s}{f_{sd}(h_0-a'_s)} = \frac{200\times10^3\times416}{280\times(455-45)} = 725 \text{ mm}^2$$

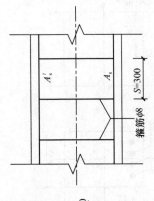

现选择 3 Φ 20，$A_s = 942$ mm$^2 > \rho_{min}bh$（$=0.002\times400\times500=400$mm^2）。设计截面的纵筋布置见图 17-56。经检查，纵筋间距符合构造要求，$a'_s = 45$mm，$a_s = 45$mm。而 $\rho+\rho' = (1520+942)/(400\times500) = 1.23\% > 0.5\%$，满足要求。截面布置见图 17-56。

（2）截面复核

1）垂直于弯矩作用平面内的截面复核

构件在垂直于弯矩作用方向上的长细比 $\dfrac{l_0}{b} = \dfrac{5710}{400} = 14.3$，查附表 15-12 得到 $\varphi = 0.91$，则

$$N_u = 0.9\varphi\left[f_{cd}bh + f'_{sd}(A_s+A'_s)\right]$$
$$= 0.9\times0.91[11.5\times400\times500+280\times(942+1520)]$$
$$= 2448.29\times10^3\text{N} = 2448.29\text{kN}$$
$$> N(=200\text{kN})$$

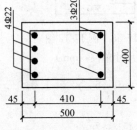

图 17-56　例 17-12
截面配筋图
（尺寸单位：mm）

满足要求。

2）弯矩作用平面内的截面复核

由图 17-56 可知，$a_s = 45$mm，$a'_s = 45$mm，$A_s = 942$ mm^3，$A'_s = 1520$ mm^2，$h_0 = 455$mm，计算得到 $\eta = 1.035$，$\eta e_0 = 621$mm，$e_s = 826$mm，$e'_s = 416$mm。

假定为大偏心受压，即取 $\sigma_s = f_{sd}$，由式（17-116）可解得混凝土受压区高度 $x = 23$mm $< 2a'_s$（$=90$mm），计算表明确为大偏心受压，但受压区高度 $x<2a'$，则由式（17-102）计算

$$N_u = \frac{f_{sd}A_s(h_0-a'_s)}{e'_s} = \frac{280\times942(455-45)}{416}$$

$$= 259.96\times10^3\text{N} = 259.96\text{kN} > N(=200\text{kN})$$

偏心受压构件在弯矩作用平面内的承载力 N_u 满足设计规范要求。

§17.5 预应力混凝土受弯构件的计算

17.5.1 材料与要求

1. 混凝土

（1）强度要求

用于公路桥梁预应力结构的混凝土，必须抗压强度高。根据我国公路桥梁预应力混凝土的实际应用与预应力钢筋种类，《公路桥规》JTG D 62—2004 规定预应力混凝土构件的混凝土强度等级不应低于 C40，只有这样才能充分发挥高强度钢材的抗拉强度，有效地减小构件截面尺寸，因而也可减轻结构自重。

用于公路桥梁预应力混凝土结构的混凝土不仅要求高强度，而且还要求能快硬和早强，以便能及早施加预应力，加快施工进度，提高设备、模板等的利用率。

混凝土的强度设计值和强度标准值见附表 15-1；混凝土的弹性模量见附表 15-2。

（2）混凝土收缩、徐变的影响及其计算

预应力混凝土构件除了混凝土在结硬过程中会产生收缩变形外，由于混凝土长期承受着构件自重和预加力作用，还要产生徐变变形。混凝土的收缩和徐变对预应力混凝土构件受力的影响之一是引起预应力钢筋中的预拉应力的下降，通常称此为预应力损失。显然，预应力钢筋的预应力损失，也相应地使混凝土中的预压应力减小，因此，在预应力混凝土结构的设计、施工中，应采取可行的技术措施来减少混凝土的收缩和徐变。

1）混凝土徐变变形

影响混凝土徐变值大小的主要因素是作用初应力、持荷时间、混凝土的品质与加载龄期以及构件尺寸和工作的环境等。混凝土徐变试验的结果表明，当混凝土所承受的持续应力 $\sigma_c \leqslant 0.5 f_{ck}$ 时，其徐变应变值 ε_c 与混凝土应力 σ_c 之间存在着线性关系，在此范围内的徐变变形则称为线性徐变，即 $\varepsilon_c = \phi\varepsilon_e$，或写成

$$\phi = \varepsilon_c/\varepsilon_e \tag{17-121}$$

式中　ε_c——徐变应变值；

　　　ε_e——加载（σ_c 作用）时的弹性应变（即急变）值；

　　　ϕ——徐变应变与弹性应变的比例系数，一般称为徐变系数（亦称徐变特征值）。

徐变是随时间延续而增加的，但又随加载龄期 t_0 的增大而减小，故一般将徐变系数表示为 $\phi(t, t_0)$，其中 t_0 为加载时的混凝土龄期，t 为计算所考虑时刻的混凝土龄期。

由式（17-121）可知，只要知道徐变系数 $\phi(t,t_0)$，就可以算出在混凝土应力 σ_c 作用下的徐变应变值 ε_c。《公路桥规》JTG D62—2004 建议的徐变系数计算式为：

$$\phi(t,t_0) = \phi_0 \cdot \beta_c(t-t_0) \tag{17-122}$$

ϕ_0 为混凝土名义徐变系数，按式（17-123）计算，即

$$\phi_0 = \phi_{RH} \cdot \beta(f_{cm}) \cdot \beta(t_0) \tag{17-123}$$

其中

$$\phi_{RH} = 1 + \frac{1 - RH/RH_0}{0.46(h/h_0)^{\frac{1}{3}}} \tag{17-124}$$

$$\beta(f_{cm}) = \frac{5.3}{(f_{cm}/f_{cm0})^{0.5}} \tag{17-125}$$

$$\beta(t_0) = \frac{1}{0.1 + (t_0/t_1)^{0.2}} \tag{17-126}$$

式中　RH——环境年平均相对湿度（%）；

　　　h——构件理论厚度（mm），$h = 2A/u$，A 为构件截面面积，u 为构件与大气接触的周边长度；

　　　f_{cm}——强度等级 C20～C50 混凝土在 28d 龄期时的平均立方体抗压强度（MPa）：

$$f_{cm} = 0.8f_{cu,k} + 8MPa;$$

　　　$f_{cu,k}$——混凝土立方体抗压强度标准值（MPa），即混凝土强度等级；

　　　t_0——加载时的混凝土龄期（d）；

　　　t——计算考虑时刻的混凝土龄期（d）。

根据《公路桥规》JTG D 62—2004 规定，计算徐变系数时，式（17-124）中的 $RH_0 = 100\%$，$h_0 = 100mm$，式（17-126）的 $t_1 = 1d$，式（17-125）中的 $f_{cm0} = 10MPa$。

$\beta_c(t-t_0)$ 为加载后徐变随时间发展的系数，按式（17-127）计算，即

$$\beta_c(t-t_0) = \left[\frac{(t-t_0)/t_1}{\beta_H + (t-t_0)/t_1}\right]^{0.3} \tag{17-127}$$

$$\beta_H = 150\left[1 + \left(1.2\frac{RH}{RH_0}\right)^{18}\right]\frac{h}{h_0} + 250 \leqslant 1500 \tag{17-128}$$

式（17-127）和式（17-128）的符号意义同式（17-124）～式（17-126）。

在实际桥梁设计中需考虑构件混凝土徐变影响或计算相应阶段预应力损失时，强度等级 C20～C50 的混凝土的名义徐变系数 ϕ_0 可按表 17-12 值采用。这时，混凝土的徐变系数值可按下列步骤计算：

①按式（17-128）计算 β_H。计算时公式中的年平均相对湿度 RH 的取值为：

当在 $40\% \leqslant RH < 70\%$ 时，取 $RH = 55\%$；当在 $70\% \leqslant RH < 90\%$ 时，取 $RH = 80\%$；

②根据计算混凝土徐变所考虑的龄期 t、加载龄期 t_0 及已算得的 β_H，按式（17-127）计算徐变发展系数 $\beta_c(t - t_0)$；

③根据 $\beta_c(t - t_0)$ 和表 17-12 所列名义徐变系数（必要时用直线内插求得），按式（17-122）计算徐变系数 $\phi(t, t_0)$。

当实际的加载龄期超过表 17-12 给出的 90d 时，其混凝土名义徐变系数可按 $\phi_0' = \phi_0 \cdot \beta(t_0')/\beta(t_0)$ 求得，其中 ϕ_0 为表 17-12 所列名义徐变系数，$\beta(t_0')$ 和 $\beta(t_0)$ 按式（17-126）计算，其中 t_0 为表列加载龄期，t_0' 为 90d 以外计算所需的加载龄期。

混凝土名义徐变系数 ϕ_0 表 17-12

加载龄期 (d)	$40\% \leqslant RH < 70\%$				$70\% \leqslant RH < 90\%$			
	理论厚度 h （mm）				理论厚度 h （mm）			
	100	200	300	≥600	100	200	300	≥600
3	3.90	3.50	3.31	3.03	2.83	2.65	2.56	2.44
7	3.33	3.00	2.82	2.59	2.41	2.26	2.19	2.08
14	2.92	2.62	2.48	2.27	2.12	1.99	1.92	1.83
28	2.56	2.30	2.17	1.99	1.86	1.74	1.69	1.60
60	2.21	1.99	1.88	1.72	1.61	1.51	1.46	1.39
90	2.05	1.84	1.74	1.59	1.49	1.39	1.35	1.28

表 17-12 适用于一般硅酸盐类水泥或快硬水泥配制而成的混凝土和桥梁所处地的大气季节性变化的平均温度为 $-20\text{℃} \sim +40\text{℃}$ 环境。

表 17-12 中的数值系按 C40 混凝土计算所得，对强度等级 C50 及以上混凝土，表列数值应乘以 $\sqrt{\dfrac{32.4}{f_{ck}}}$，式中 f_{ck} 为混凝土轴心抗压强度标准值（MPa）。计算时，表 17-12 中年平均相对湿度 $40\% \leqslant RH < 70\%$，取 $RH = 55\%$；$70\% \leqslant RH < 90\%$，取 $RH = 80\%$；构件的实际理论厚度和加载龄期为表 17-11 中间值时，混凝土名义徐变系数可按直线内插法求得。

一般当混凝土应力 $\sigma_c > 0.6 f_{ck}$ 时，则徐变应变不再与 σ_c 成正比例关系，此时称为非线性徐变。在非线性徐变范围内，如果 σ_c 过大，则徐变应变急剧增加并不再收敛，将导致混凝土破坏。铁道科学研究院曾做过这样一个试验，将混凝土试件加压至应力为 $0.8 f_{ck}$，持续 6h 后，试件突然爆裂破坏。这说明混凝土构件长期处于高压状态是很危险的，故一般取 $(0.75 \sim 0.80) f_{ck}$ 作为混凝土的长期极限强度（也称为徐变极限强度）。因此，预应力混凝土构件的预压应力不是越高越好，压应力过高对结构安全不利。

在桥梁结构中，混凝土的持续应力一般都小于 $0.5 f_{ck}$，不会因徐变造成破坏，且可按线性关系计算徐变应变。考虑到在露天环境下工作的桥梁结构，影响混凝土徐变的各项因素不易确定，因此，对于用硅酸盐水泥配制的中等稠度的普通混凝土，在要求不十分精确时，其徐变系数终极值 $\varphi(t_u, t_0)$ 可按表 17-14 取用。

2) 混凝土的收缩变形

混凝土的硬化收缩变形是非受力变形。它的变形规律和徐变相似，也是随时间延续而增加，初期硬化时收缩变形明显，以后逐渐变缓。一般第一年的应变可达到 $(0.15\sim0.4)\times10^{-3}$，收缩变形可延续数年，其终值可达 $(0.2\sim0.6)\times10^{-3}$。

混凝土收缩应变计算式为：

$$\varepsilon_{cs}(t, t_s) = \varepsilon_{cs0} \cdot \beta_s(t - t_s) \tag{17-129}$$

式中　$\varepsilon_{cs}(t, t_s)$ ——收缩开始时的混凝土龄期为 t_s，计算考虑的龄期为 t 时的收缩应变；

　　　t ——计算考虑时刻的混凝土龄期（d）；

　　　t_s ——收缩开始时的混凝土龄期（d），可假定为 $3\sim7$d；

　　　ε_{cs0} ——名义收缩系数：

$$\varepsilon_{cs0} = \varepsilon_s(f_{cm}) \cdot \beta_{RH} \tag{17-130}$$

$$\varepsilon_s(f_{cm}) = [160 + 10\beta_{sc}(9 - f_{cm}/f_{cm0})] \cdot 10^{-6} \tag{17-131}$$

　　　β_{sc} ——依水泥种类而定的系数，对一般的硅酸盐类水泥或快硬水泥，$\beta_{sc} = 5.0$；

　　　β_{RH} ——与年平均相对湿度相关的系数；当 $40\% \leqslant RH < 99\%$ 时：

$$\beta_{RH} = 1.55[1 - (RH/RH_0)^3] \tag{17-132}$$

　　　β_s ——收缩随时间发展的系数：

$$\beta_s(t - t_s) = \left[\frac{(t - t_s)/t_1}{350(h/h_0)^2 + (t - t_s)/t_1}\right]^{0.5} \tag{17-133}$$

其余符号同徐变计算公式。

在桥梁设计中，当需要考虑收缩影响或计算阶段预应力损失时，混凝土收缩应变值可按下列步骤计算：

①按式（17-133）分别计算从 t_s 到 t、t_s 到 t_0 的收缩应变发展系数 $\beta_s(t - t_s)$ 和 $\beta_s(t_0 - t_s)$。

②当计算 $\beta_s(t_0 - t_s)$ 时，式（17-133）中的 t 均改用 t_0。这里，t 为计算收缩应变考虑时刻的混凝土龄期（d），t_0 为桥梁结构开始受收缩影响时刻或预应力钢筋传力锚固时刻的混凝土龄期（d），t_s 为收缩开始时（养护期结束时）的混凝土龄期，计算时可取 $3\sim7$d，$t > t_0 \geqslant t_s$。

③按式（17-134）计算自 $t_0 \sim t$ 时的收缩应变值 $\varepsilon_{cs}(t, t_0)$，即

$$\varepsilon_{cs}(t, t_0) = \varepsilon_{cs0}[\beta_s(t - t_s) - \beta_s(t_0 - t_s)] \tag{17-134}$$

式中的 ε_{cs0} 称为名义收缩系数，对于强度等级 C20～C50 的混凝土，可按表 17-13 所列数值采用。

混凝土名义收缩系数 ε_{cs0} 表 17-13

40%≤RH<70%	70%≤RH<90%
$0.529×10^3$	$0.310×10^3$

表 17-13 的适用条件以及计算取值注意事项与表 17-12 相同。

同样的，对于用硅酸盐水泥配制的中等稠度的普通混凝土，在要求不十分精确时，其收缩应变终极值 $\varepsilon_{cs}(t_u,t_0)$ 可按表 17-14 取用。

混凝土徐变系数终极值 $\phi(t_u,t_0)$ 和收缩应变终极值 $\varepsilon_{cs}(t_u,t_0)$ 表 17-14

项 目	构件受荷时混凝土龄期 $(t_0)(d)$	大气条件 40%≤RH<70% $h=2A/u$				70%≤RH<99% $h=2A/u$			
		100	200	300	≥600	100	200	300	≥600
徐变系数终极值 $\phi(t_u,t_0)$	3	3.78	3.36	3.14	2.79	2.73	2.52	2.39	2.20
	7	3.23	2.88	2.68	2.39	2.32	2.15	2.05	1.88
	14	2.83	2.51	2.35	2.09	2.04	1.89	1.79	1.65
	28	2.48	2.20	2.06	1.83	1.79	1.65	1.58	1.44
	60	2.14	1.91	1.78	1.58	1.55	1.43	1.36	1.25
	90	1.99	1.76	1.65	1.46	1.44	1.32	1.26	1.15
收缩应变终极值 $\varepsilon_{cs}(t_u,t_0)×10^{-3}$	3～7	0.50	0.45	0.38	0.25	0.30	0.26	0.23	0.15
	14	0.43	0.41	0.36	0.24	0.25	0.24	0.21	0.14
	28	0.38	0.38	0.34	0.23	0.22	0.22	0.20	0.13
	60	0.31	0.34	0.32	0.22	0.18	0.20	0.19	0.12
	90	0.27	0.32	0.30	0.22	0.16	0.18	0.18	0.12

表 17-14 中的 RH 代表桥梁所处环境的年平均相对湿度（%），表 17-14 中的 RH 数值按 40%≤RH<70% 取 55%，70%≤RH<99% 取 80% 计算求得。

表 17-14 中的构件理论厚度 $h=2A/u$。其中 A 为构件截面面积，u 为构件与大气接触的周边长度。当构件为变截面时，A 和 u 均可取其平均值。

与表 17-12 和表 17-13 相同，表 17-14 也适用于由一般的硅酸盐类水泥或快硬水泥配制而成的混凝土。表中数值系按强度等级 C40 混凝土计算求得，对 C50 及以上混凝土，表列数值应乘以 $\sqrt{\dfrac{32.4}{f_{ck}}}$，式中 f_{ck} 为混凝土轴心抗压强度标准值（MPa）；同时，表 17-14 适用于季节性变化的平均温度为 $-20℃～+40℃$ 场合。

当构件的实际传力锚固龄期、加载龄期或理论厚度为表 17-14 列数值中间值时，收缩应变和徐变系数终极值可按直线内插法取值。

2. 预应力钢材

《公路桥规》JTG D 62—2004 推荐使用的预应力筋有钢绞线、消除应力钢丝和精轧螺纹钢筋。钢绞线和消除应力钢丝的单向拉伸应力－应变关系曲线无明显的流幅，精轧螺纹钢筋则有明显的流幅。

（1）钢绞线

钢绞线是由 2、3 或 7 根高强度钢丝扭结而成并经消除内应力后的盘卷状钢丝束（图17-57）。最常用的是由 6 根钢丝围绕一根芯丝顺一个方向扭结而成的 7 股钢绞线。芯丝直径常比外围钢丝直径大 5%～7%，以使各根钢丝紧密接触，钢丝扭矩一般为钢绞线公称直径的 12～16 倍。

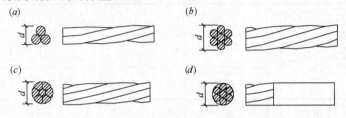

图 17-57　几种常见的预应力钢绞线

(a) 三股钢绞线；(b) 七股钢绞线；(c) 七股拔模钢绞线；(d) 无粘结钢绞线

《公路桥规》JTG D 62—2004 根据国家标准《预应力用混凝土钢绞线》GB/T 5224—2003 选用的钢绞线有两股钢绞线、三股钢绞线和七股钢绞线三种规格，其抗拉强度标准值为 1470～1860MPa，并依松弛性能不同分成普通钢绞线和低松弛钢绞线两种。普通钢绞线工艺较简单，钢绞线绞捻而成后，仅需在 400℃ 左右的熔铅中进行回火处理；而低松弛钢绞线则需进行稳定化处理，即在 350～400℃ 的温度下进行热处理的同时，还给钢绞线施加一定的拉力，使其达到兼有热处理与预拉处理的效果，不仅可以消除内应力，而且可以提高其强度，使结构紧密，切断后断头不松散，可使应力松弛损失率大大降低，伸直性好。

钢绞线具有截面集中、比较柔软、盘弯运输方便、与混凝土粘结性能良好等特点，可大大简化现场成束的工序，是一种较理想的预应力钢筋。普通钢绞线的强度与弹性模量均较单根钢丝略小，但低松弛钢绞线已有改变。据国外统计，钢绞线在预应力筋中的用量约占 75%，而钢丝与粗钢筋共约占 25%。国内桥梁使用高强度、低松弛钢绞线也已经成为主流。

英国和日本还生产了一种"模拔成型钢绞线"，它是在捻制成型时通过模孔拉拔而成。它可使钢丝互相挤紧呈近于六边形，使钢绞线的内部空隙和外径大大减小，在相同预留孔道的条件下，可增加预拉力约 20%，且周边与锚具接触的面积增加，有利于锚固。

（2）高强度钢丝

预应力混凝土结构常用的高强度钢丝（图 17-58）是用优质碳素钢（含碳量为 0.7%～1.4%）轧制成盘圆经温铅浴淬火处理后，再冷拉加工而成的钢丝。对于采用冷拔工艺生产的高强度钢丝，冷拔后还需经过回火矫直处理，以消除钢丝在冷拔中所存在的内部应力，提高钢丝的比例极限、屈服强度和弹性模量。《公路桥规》JTG D 62—2004 规定中采用的高强度钢丝有消除应力高强度钢丝、光面钢丝、螺旋肋钢丝和刻痕钢丝。

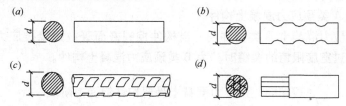

图 17-58　几种常见的预应力高强度钢丝

(a) 光面钢丝；(b) 两面刻痕钢丝；(c) 三面刻痕钢丝；(d) 无粘结钢丝束

(3) 精轧螺纹钢筋

精轧螺纹粗钢筋在轧制时沿钢筋纵向全部轧有规律性的螺纹肋条，可用螺丝套筒连接和螺帽锚固，因此不需要再加工螺丝，也不需要焊接。目前，这种高强度钢筋多用于中、小型先张法预应力混凝土构件或作为箱梁的竖向、横向预应力钢筋。

《公路桥规》JTG D 62—2004 对预应力筋强度设计值和强度标准值的规定见附表 15-5 和附表 15-6；预应力钢筋的弹性模量见附表 15-7。

17.5.2　预应力混凝土的分类

根据国内工程习惯，我国对配筋混凝土结构系列，采用按其预应力度分成全预应力混凝土、部分预应力混凝土和钢筋混凝土等三种结构的分类方法。

1. 预应力度的定义

《公路桥规》JTG D 62—2004 将受弯构件的预应力度 λ 定义为由预加应力大小确定的消压弯矩 M_0 与外荷载产生的弯矩 M_s 的比值，即

$$\lambda = M_0 / M_s \tag{17-135}$$

式中　M_0——消压弯矩，也就是构件抗裂边缘预压应力抵消到零时的弯矩；

　　　M_s——按作用（或荷载）短期效应组合计算的弯矩值；

　　　λ——预应力混凝土构件的预应力度。

2. 配筋混凝土构件的分类

全预应力混凝土构件——在作用（荷载）短期效应组合下控制的正截面受拉边缘不允许出现拉应力（不得消压），即 $\lambda \geqslant 1$；

部分预应力混凝土构件——在作用（荷载）短期效应组合下控制的正截面受拉边缘出现拉应力或出现不超过规定宽度的裂缝，即 $1 > \lambda > 0$；

钢筋混凝土构件——不预加应力的混凝土构件，即 $\lambda=0$。

3. 部分预应力混凝土构件的分类

为了设计的方便，《公路桥规》JTG D 62—2004 又将在作用（荷载）短期效应组合下控制的正截面受拉边缘允许出现拉应力的部分预应力混凝土构件分为以下两类：

部分预应力混凝土 A 类构件——**当对构件控制截面受拉边缘的拉应力加以限制时，为 A 类预应力混凝土构件；**

部分预应力混凝土 B 类构件——**当构件控制截面受拉边缘拉应力超过限值或出现不超过宽度限值的裂缝时，为 B 类预应力混凝土构件。**

17.5.3   预应力混凝土受弯构件的受力阶段

预应力混凝土结构由于事先被施加了一个预加力 N_p，使其受力过程具有与普通钢筋混凝土结构不同的特点，因此在具体设计计算之前，须对各受力阶段进行分析，以便了解其相应的计算目的、内容与方法。

在公路桥梁上，一般将预应力混凝土受弯构件从预加应力到承受外荷载，直至最后破坏分为三个主要阶段，即施工阶段、使用阶段和破坏阶段。这三个阶段又各包括若干不同的受力过程，现分别叙述如下。

1. 施工阶段

预应力混凝土构件在制作、运输和安装施工中，将承受不同的荷载作用。在这一过程中，构件在预应力作用下，全截面参与工作并处于弹性工作阶段，可采用材料力学的方法并根据《公路桥规》JTG D 62—2004 的要求进行设计计算。计算中应注意采用构件混凝土的实际强度和相应的截面特性。如后张法构件，在孔道灌浆前应按混凝土净截面计算，孔道灌浆并结硬后则可按换算截面计算。施工阶段依构件受力条件不同，又可分为预加应力阶段和运输、安装阶段等两个阶段。

（1）预加应力阶段

预加应力阶段系指从预加应力开始，至预加应力结束（即传力锚固）为止的受力阶段。构件所承受的作用主要是偏心预压力（即预加应力的合力）N_p；对于简支梁，由于 N_p 的偏心作用，构件将产生向上的反拱，形成以梁两端为支点的简支梁，因此梁的一期恒荷载（自重荷载）G_1 也在施加预加力 N_p 的同时一起参加作用（图 17-59）。

本阶段的设计计算要求是：①受弯构件控制截面上、下缘混凝土的最大拉应力和压应力都不应超出《公路桥规》JTG D 62—2004 的规定值；②控制预应力筋的最大张拉应力；③保证锚固区混凝土局部承压承载力大于实际承受的压力并有足够的安全度，且保证梁体不出现水平纵向裂缝。

由于各种因素的影响，预应力钢筋中的预拉应力将产生部分损失，通常把扣

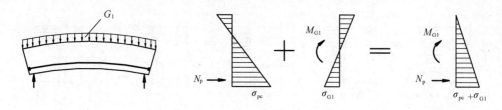

图 17-59　预加应力阶段截面应力分布

除应力损失后的预应力筋中实际剩余的预应力称为本阶段的有效预应力 σ_{pe}。

（2）运输、安装阶段

在运输、安装阶段，混凝土梁所承受的荷载仍是预加力 N_p 和梁的一期恒荷载。但由于引起预应力损失的因素相继增加，使 N_p 要比预加应力阶段小；同时梁的一期恒荷载作用应根据《公路桥规》JTG D 62—2004 的规定计入 1.20 或 0.85 的动力系数。构件在运输中的支点或安装时的吊点位置常与正常支承点不同，故应按梁起吊时一期恒荷载作用下的计算图式进行验算，特别需注意验算构件支点或吊点截面上缘混凝土的拉应力。

2. 使用阶段

使用阶段是指桥梁建成营运通车的整个工作阶段。构件除承受偏心预加力 N_p 和梁的一期恒荷载 G_1 外，还要承受桥面铺装、人行道、栏杆等后加的二期恒荷载 G_2 和车辆、人群等活荷载 Q。试验研究表明，在使用阶段预应力混凝土梁基本处于弹性工作阶段，因此，梁截面的正应力为偏心预加力 N_p 与以上各项荷载所产生的应力之和（图 17-60）。

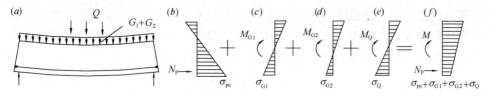

图 17-60　使用阶段各种作用下的截面应力分布

（a）荷载作用下的梁；（b）预加力 N_p 作用下的应力；（c）一期恒荷载 G_1 作用下的应力；
（d）二期恒荷载 G_2 作用下的应力；（e）活荷载作用下的应力；（f）各种作用所产生的应力之和

本阶段各项预应力损失将相继发生并全部完成，最后在预应力钢筋中建立相对不变的预拉应力（即扣除全部预应力损失后所存余的预应力）σ_{pe}，这即为永存预应力。显然，永存预应力要小于施工阶段的有效预应力值。根据构件受力后的特征，本阶段又可分为如下几个受力过程：

（1）加载至受拉边缘混凝土预压应力为零

构件仅在永存预加力 N_p（即永存预应力 σ_{pe} 的合力）作用下，其下边缘混凝土的有效预压应力为 σ_{pc}。当构件加载至某一特定荷载，其下边缘混凝土的预压应力 σ_{pc} 恰被抵消为零，此时在控制截面上所产生的弯矩 M_0 称为消压弯矩（图

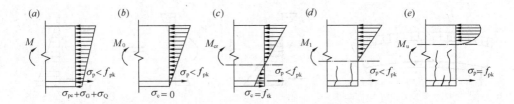

图 17-61 梁使用及破坏阶段的截面应力图

(a) 使用荷载作用于梁上；(b) 消压状态的应力；(c) 裂缝即将出现时的截面应力；

(d) 带裂缝工作时截面应力；(e) 截面破坏时的应力

17-61b)，则有

$$\sigma_{pc} - M_0 / W_0 = 0$$

或写成

$$M_0 = \sigma_{pc} \cdot W_0 \tag{17-136}$$

式中　σ_{pc}——由永存预加力 N_p 引起的梁下边缘混凝土的有效预压应力；

　　W_0——换算截面对受拉边的弹性抵抗矩。

一般把在 **M_0** 作用下控制截面上的应力状态，称为消压状态。应当注意，受弯构件在消压弯矩 **M_0** 和预加力 **N_p** 的共同作用下，只有控制截面下边缘纤维的混凝土应力为零（消压），而截面上其他点的应力都不为零（并非全截面消压）。

（2）加载至受拉区裂缝即将出现

当构件在消压后继续加载，并使受拉区混凝土应力达到抗拉极限强度 f_{tk} 时的应力状态，即称为裂缝即将出现状态（图 17-61c）。构件出现裂缝时的理论临界弯矩称为开裂弯矩 M_{cr}。如果把受拉区边缘混凝土应力从零增加到应力为 f_{tk} 所需的弯矩用 $M_{cr,c}$ 表示，则 M_{cr} 为 M_0 与 $M_{cr,c}$ 之和，即

$$M_{cr} = M_0 + M_{cr,c} \tag{17-137}$$

式中　$M_{cr,c}$——相当于同截面钢筋混凝土梁的开裂弯矩。

（3）带裂缝工作

继续增大荷载，则主梁截面下缘开始开裂，裂缝向截面上缘发展，梁进入带裂缝工作阶段（图 17-61d）。

可以看出，在消压状态出现后，预应力混凝土梁的受力情况，就如同普通钢筋混凝土梁一样了。但是由于预应力混凝土梁的开裂弯矩 M_{cr} 要比同截面、同材料的普通钢筋混凝土梁的开裂弯矩 $M_{cr,c}$ 大一个消压弯矩 M_0，故预应力混凝土梁在外荷载作用下裂缝的出现被大大推迟。

3. 破坏阶段

对于只在受拉区配置预应力钢筋且配筋率适当的受弯构件（适筋梁），在荷载作用下，受拉区全部钢筋（包括预应力钢筋和非预应力钢筋）将先达到屈服强

度，裂缝迅速向上延伸，而后受压区混凝土被压碎，构件即告破坏（图 17-61e）。破坏时，截面的应力状态与钢筋混凝土受弯构件相似，其计算方法也基本相同。

试验表明，在正常配筋的范围内，预应力混凝土梁的破坏弯矩主要与构件的组成材料受力性能有关，其破坏弯矩值与同条件普通钢筋混凝土梁的破坏弯矩值几乎相同，而是否在受拉区钢筋中施加预拉应力对梁的破坏弯矩的影响很小。这说明预应力混凝土结构并不能创造出超越其本身材料强度能力之外的奇迹，而只是大大改善了结构在正常使用阶段的工作性能。

17.5.4　预应力混凝土受弯构件承载力计算

预应力混凝土受弯构件持久状况承载力极限状态计算包括正截面承载力计算和斜截面承载力计算，作用效应组合采用基本组合。

1. 正截面承载力计算

当预应力钢筋的含筋量适当时，预应力混凝土受弯构件正截面破坏形态一般为适筋梁破坏，正截面承载力计算图式中的受拉区预应力钢筋和非预应力钢筋的应力将分别取其抗拉强度设计值 f_{pd} 和 f_{sd}；受压区的混凝土应力用等效的矩形应力分布图代替实际的曲线分布图并取轴心抗压强度设计值 f_{cd}；受压区非预应力钢筋亦取其抗压强度设计值 f'_{sd}。

（1）矩形截面受弯构件

受压区配置预应力钢筋的矩形截面（包括翼缘位于受拉边的 T 形截面）构件，抗弯承载力的计算与普通钢筋混凝土双筋矩形截面构件的抗弯承载力计算相似。

预应力混凝土梁破坏时，受压区预应力钢筋 A'_p 的应力可能是拉应力，也可能是压应力，因而将其应力称为计算应力 σ'_{pa}。当 σ'_{pa} 为压应力时，其值也较小，一般达不到钢筋 A'_p 的抗压设计强度 $f'_{pd} = \varepsilon_c \cdot E'_p = 0.002E'_p$。$\sigma'_{pa}$ 值主要决定于 A'_p 中预应力的大小。

构件在承受荷载前，钢筋 A'_p 中已存在有效预拉应力 σ'_p（扣除全部预应力损失），钢筋 A'_p 重心水平处的混凝土有效预压应力为 σ'_c，相应的混凝土压应变为 σ'_c/E_c；在构件破坏时，受压区混凝土应力为 f_{cd}，相应的压应变增加至 ε_c。因此，构件从开始受荷载作用到破坏的过程中，A'_p 重心水平处的混凝土压应变增量也即钢筋 A'_p 的压应变增量为 $(\varepsilon_c - \sigma'_c/E_c)$，也相当于在钢筋 A'_p 中增加了一个压应力 $E'_p(\varepsilon_c - \sigma'_c/E_c)$，将此与 A'_p 中的预拉应力 σ'_p 相叠加可求得 σ'_{pa}。设压应力为正号，拉应力为负号，则有

$$\sigma'_{pa} = E'_p(\varepsilon_c - \sigma'_c/E_c) - \sigma'_p = f'_{pd} - \alpha'_{Ep}\sigma'_c - \sigma'_p \tag{17-138}$$

或写成

$$\sigma'_{pa} = f'_{pd} - (\alpha'_{Ep}\sigma'_c + \sigma'_p) = f'_{pd} - \sigma'_{p0} \tag{17-139}$$

式中　σ'_{p0}——钢筋 A'_p 当其重心水平处混凝土应力为零时的有效预应力（扣除不包括混凝土弹性压缩在内的全部预应力损失）；对先张法构件，$\sigma'_{p0} = \sigma'_{con} - \sigma'_l + \sigma'_{l4}$；对后张法构件，$\sigma'_{p0} = \sigma'_{con} - \sigma'_l + \alpha'_{Ep}\sigma'_{pc}$，此处，$\sigma'_{con}$ 为受压区预应力钢筋的控制应力；σ'_l 为受压区预应力钢筋的全部预应力损失；σ'_{l6} 为先张法构件受压区弹性压缩损失；σ'_{pc} 为受压区预应力钢筋重心处由预应力产生的混凝土法向压应力；

　　　　α'_{Ep}——受压区预应力钢筋与混凝土的弹性模量之比。

由上可知，建立式（17-138）的前提条件是构件破坏时，A'_p 重心处混凝土应变达到 $\varepsilon_c = 0.002$。

在明确了破坏阶段各项应力值后，则可得到矩形截面预应力构件正截面抗弯承载力计算简图（图17-62），仿照普通钢筋混凝土双筋截面受弯构件方法，可计算预应力混凝土受弯构件正截面抗弯承载力。

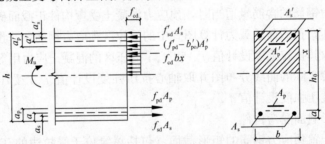

图17-62　受压区配置预应力钢筋的矩形截面
受弯构件正截面承载力计算图

1）求受压区高度 x

由下式来求解：

$$f_{sd}A_s + f_{pd}A_p = f_{cd}bx + f'_{sd}A'_s + (f'_{pd} - \sigma'_{p0})A'_p \qquad (17\text{-}140)$$

式中的 A'_p 和 f'_{pd} 分别为受压区预应力钢筋的截面面积和抗压强度设计值，其余符号意义同前。

计算所得的受压区高度 x，也应满足《公路桥规》JTG D62—2004 的规定

$$x \leqslant \xi_b h_0 \qquad (17\text{-}141)$$

当受压区预应力钢筋受压，即 $(f'_{pd} - \sigma'_{p0}) > 0$ 时，应满足

$$x \geqslant 2a' \qquad (17\text{-}142a)$$

当受压区预应力钢筋受拉，即 $(f'_{pd} - \sigma'_{p0}) < 0$ 时，应满足

$$x \geqslant 2a'_s \qquad (17\text{-}142b)$$

式中　a'——受压区钢筋 A'_s 和 A'_p 的合力作用点至截面最近边缘的距离；当预应力钢筋 A'_p 中的应力为拉应力时，则以 a'_s 代替 a'；

　　　　a'_s——钢筋 A'_s 的合力作用点至截面最近边缘的距离；

ξ_b——预应力混凝土受弯构件截面相对界限受压区高度，见表 17-15。

预应力混凝土梁相对界限受压区高度 ξ_b 表 17-15

相对界限受压区高度 混凝土强度等级 钢筋种类	ξ_b			
	C50	C55、C60	C65、C70	C75、C80
钢绞线、钢丝	0.40	0.38	0.36	0.35
精轧螺纹钢筋	0.40	0.38	0.36	—

注：1. 截面受拉区内配置不同种类钢筋的受弯构件，其 ξ_b 值应选用相应于各种钢筋的较小者；

2. $\xi_b = x_b / h_0$，x_b 为纵向受拉钢筋和受压区混凝土同时达到其强度设计值时的受压区高度。

为防止构件的脆性破坏，必须满足条件式（17-141），而条件式（17-142）则是为了保证在构件破坏时，钢筋 A'_s 的应力达到 f'_{sd}；同时也是保证式（17-140）成立的必要条件。

2）正截面抗弯承载力计算

由式（17-140）求得截面受压区高度 x 后，可得到正截面抗弯承载力并应满足

$$\gamma_0 M_d \leqslant f_{cd}bx\left(h_0 - \frac{x}{2}\right) + f'_{sd}A'_s(h_0 - a'_s) + (f'_{pd} - \sigma'_{p0})A'_p(h_0 - a'_p)$$

$$(17\text{-}143)$$

由承载力计算式可以看出，构件的承载力与受拉区钢筋是否施加预应力无关，但对受压区钢筋 A'_p 施加预应力后，式（17-143）等号右边末项的钢筋应力 f'_{pd} 下降为 σ'_{pa}（或为拉应力），将比 A'_p 筋不加预应力时的构件承载力有所降低，同时，使用阶段的抗裂性也有所降低。因此，只有在受压区确有需要设置预应力钢筋 A'_p 时，才予以设置。

（2）T 形截面受弯构件

同普通钢筋混凝土梁一样，先按下列条件判断属于哪一类 T 形截面（图 17-63）：

截面复核时

$$f_{sd}A_s + f_{pd}A_p \leqslant f_{cd}b'_f h'_f + f'_{sd}A'_s + (f'_{pd} - \sigma'_{p0})A'_p \quad (17\text{-}144)$$

截面设计时

$$\gamma_0 M_d \leqslant f_{cd}b'_f h'_f(h_0 - h'_f/2) + f'_{sd}A'_s(h_0 - a'_s) + (f'_{pd} - \sigma'_{p0})A'_p(h_0 - a'_p)$$

$$(17\text{-}145)$$

当符合上述条件时为第一类 T 形截面（中和轴在翼缘内），可按宽度为 b'_f 的矩形截面计算（图 17-63a）。

当不符合上述条件时，表明中和轴通过梁肋，为第二类 T 形截面，计算时需考虑梁肋受压区混凝土的工作（图 17-63b），计算公式为：

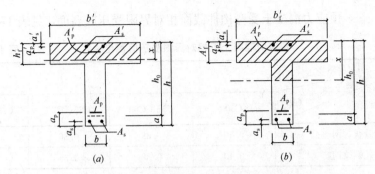

图 17-63 T 形截面预应力梁受弯构件中和轴位置图

(a) 中和轴位于翼缘内；(b) 中和轴位于梁肋

1）求受压区高度 x

$$f_{sd}A_s + f_{pd}A_p = f_{cd}[bx + (b'_f - b)h'_f] + f'_{sd}A'_s + (f'_{pd} - \sigma'_{po})A'_p$$

$$(17\text{-}146)$$

2）承载力计算

$$M_u = f_{cd}[bx(h_0 - x/2) + (b'_f - b)h'_f(h_0 - h'_f/2)]$$
$$+ f'_{sd}A'_s(h_0 - a'_s) + (f'_{pd} - \sigma'_{po})A'_p(h_0 - a'_p) \quad (17\text{-}147)$$

适用条件与矩形截面一样。计算步骤与非预应力混凝土梁类似。

2. 斜截面承载力计算

(1) 斜截面抗剪承载力计算

对配置箍筋和弯起预应力钢筋的矩形、T 形和 I 形截面的预应力混凝土受弯构件，斜截面抗剪承载力计算应满足的基本表达式：

$$\gamma_0 V_d \leqslant V_{cs} + V_{pd} \quad (17\text{-}148)$$

式中 V_d——斜截面受压端正截面上由作用（或荷载）产生的最大剪力组合设计值（kN）；

V_{cs}——斜截面内混凝土和箍筋共同的抗剪承载力设计值（kN）；

V_{pd}——与斜截面相交的预应力弯起钢筋抗剪承载力设计值（kN）。

对预应力混凝土连续梁等超静定结构，作用（或荷载）效应取 $V_d = \gamma_0 S + \gamma_p S_p$ 并考虑由预应力引起的次剪力 V_{p2}；其中 S 为作用（或荷载）效应（汽车荷载计入冲击系数）的组合设计值，S_p 为预应力（扣除全部预应力损失）引起的次效应；γ_p 为预应力的荷载分项系数，当预应力效应对结构有利时，取 $\gamma_p = 1.0$；对结构不利时，取 $\gamma_p = 1.2$。

对于箱形截面受弯构件的斜截面抗剪承载力的验算，也可参照式（17-148）进行。

式（17-148）右边为受弯构件斜截面上各项抗剪承载力设计值之和，以下逐一介绍各项抗剪承载力的计算方法。

1）斜截面内混凝土和箍筋共同的抗剪承载力设计值（V_{cs}）

　　构件的预应力能够阻滞斜裂缝的发生和发展，使混凝土的剪压区高度增大，从而提高了混凝土所承担的抗剪能力；预应力混凝土梁的斜裂缝长度比钢筋混凝土梁有所增长进而增加了斜裂缝内箍筋的抗剪作用；对于带翼缘的预应力混凝土梁（如 T 形梁），由于受压翼缘的存在，也提高了梁的抗剪承载力。连续梁斜截面抗剪的试验表明，连续梁靠近边支点梁段，其混凝土和箍筋共同抗剪的性质与简支梁相同，斜截面抗剪承载力可按简支梁的规定计算，连续梁靠近中间支点梁段，则有异号弯矩的影响，抗剪承载力有所降低。综合以上因素，《公路桥规》JTG D62—2004 采用的斜截面内混凝土和箍筋共同的抗剪承载力（V_{cs}）的计算公式为：

$$V_{cs} = \alpha_1 \alpha_2 \alpha_3 0.45 \times 10^{-3} b h_0 \sqrt{(2 + 0.6p)} \sqrt{f_{cu,k} \rho_{sv} f_{sv}} \qquad (17\text{-}149)$$

式中　α_2——预应力提高系数，对预应力混凝土受弯构件，$\alpha_2 = 1.25$，但当由钢筋合力引起的截面弯矩与外弯矩的方向相同时，或允许出现裂缝的预应力混凝土受弯构件，取 $\alpha_2 = 1.0$；

　　　　p——斜截面内纵向受拉钢筋的计算配筋率，$p = 100\rho$，$\rho = (A_p + A_{pb} + A_s) / b h_0$；当 $p > 2.5$ 时，取 $p = 2.5$。

　　式中其他符号的意义详见式（17-37）。

　　式（17-149）中的 ρ_{sv} 为斜截面内箍筋配筋率，$\rho_{sv} = A_{sv} / s_v b$。在实际工程中，预应力混凝土箱梁也有采用腹板内设置竖向预应力钢筋（箍筋）的情况，这时 ρ_{sv} 应换为竖向预应力钢筋（箍筋）的配筋率 ρ_{sv}，其中 s_v 为斜截面内竖向预应力钢筋（箍筋）的间距（mm）；f_{sv} 为竖向预应力钢筋（箍筋）抗拉强度设计值；A_{sv} 为斜截面内配置在同一截面的竖向预应力钢筋（箍筋）截面面积。

　　2）预应力弯起钢筋的抗剪承载力设计值（V_{sb}）

　　预应力弯起钢筋的斜截面抗剪承载力计算按以下公式进行：

$$V_{pb} = 0.75 \times 10^{-3} f_{pd} \sum A_{pb} \sin\theta_p \qquad (17\text{-}150)$$

式中　θ_p——预应力弯起钢筋（在斜截面受压端正截面处）的切线与水平线的夹角；

　　　　A_{pb}——斜截面内在同一弯起平面的预应力弯起钢筋的截面面积（mm^2）；

　　　　f_{pd}——预应力钢筋抗拉强度设计值。

　　预应力混凝土受弯构件抗剪承载力计算，所需满足的公式上下限值与普通钢筋混凝土受弯构件相同，详见第 17.2.3 节。

　　（2）斜截面抗弯承载力计算

　　根据斜截面的受弯破坏形态，仍取斜截面以左部分为脱离体（图 17-64），并以受压区混凝土合力作用点 O（转动铰）为中心取矩，由 $\sum M_O = 0$，得到矩形、T 形和 I 形截面的受弯构件斜截面抗弯承载力计算公式为：

$$\gamma_0 M_d \leqslant f_{sd} A_s Z_s + f_{pd} A_p Z_p + \sum f_{pd} A_{pb} Z_{pb} + \sum f_{sv} A_{sv} Z_{sv} \qquad (17\text{-}151)$$

式中 M_d ——斜截面受压端正截面的最大弯矩组合设计值；

Z_s、Z_p ——纵向普通受拉钢筋合力点、纵向预应力受拉钢筋合力点至受压区中心点 O 的距离；

Z_{pb} ——与斜截面相交的同一弯起平面内预应力弯起钢筋合力点至受压区中心点 O 的距离；

Z_{sv} ——与斜截面相交的同一平面内箍筋合力点至斜截面受压端的水平距离。

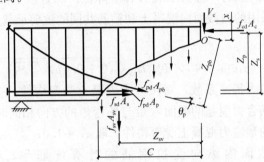

图 17-64   斜截面抗弯承载力计算图

计算斜截面抗弯承载力时，其最不利斜截面的位置，需选在预应力钢筋数量变少、箍筋截面与间距的变化处，以及构件混凝土截面腹板厚度的变化处等进行。但其斜截面的水平投影长度 C，仍需自下而上，按不同倾斜角度试算确定。最不利的斜截面水平投影长度按下列公式试算确定：

$$\gamma_0 V_d = \sum f_{pd} A_{pb} \sin \theta_p + \sum f_{sv} A_{sv} \tag{17-152}$$

假设最不利斜截面与水平方向的夹角为 α，水平投影长度为 C，则该斜截面上箍筋截面积为 $\sum A_{sv} = A_{sv} \cdot C / s_v$，代入上式可得到最不利水平投影长度 C 的表达式为：

$$C = \frac{\gamma_0 V_d - \sum f_{pd} A_{pb} \sin \theta_p}{f_{sv} \cdot A_{sv} / s_v} \tag{17-153}$$

式中 V_d ——斜截面受压端正截面相应于最大弯矩组合设计值的剪力组合设计值；

s_v ——箍筋间距（mm）。

水平投影长度 C 确定后，尚应确定受压区合力作用点的位置 O，以便确定各力臂的长度。由斜截面的受力平衡条件 $\sum H = 0$，可得到

$$\sum f_{pd} A_{pb} \cos \theta_p + f_{sd} A_s + f_{pd} A_p = f_{cd} A_c \tag{17-154}$$

由此可求出混凝土截面受压区的面积 A_c。因 A_c 是受压区高度 x 的函数，故截面形式确定后，斜截面受压区高度 x 也就不难求得，受压区合力作用点的位置也随之可以确定。

预应力混凝土梁斜截面抗弯承载力的计算比较麻烦，因此也可以同普通钢筋

混凝土受弯构件一样，用构造措施来加以保证，具体要求可参照第 17.2.3 节的有关内容。

17.5.5 预加力的计算与预应力损失的估算

设计预应力混凝土受弯构件时，需要事先根据荷载作用效应组合的情况，估定其预加应力的大小。由于施工因素、材料性能和环境条件等的影响，钢筋中的预拉应力会逐渐减少。这种预应力钢筋的预应力随着张拉、锚固过程和时间推移而降低的现象称为预应力损失。设计中所需的钢筋预应力值，应是扣除相应阶段的应力损失后，钢筋中实际剩余的预应力（有效预应力 σ_{pe}）值。如果钢筋初始张拉的预应力（一般称为张拉控制应力）为 σ_{con}，相应的应力损失值为 σ_l，则它们与有效预应力 σ_{pe} 间的关系为：

$$\sigma_{pe} = \sigma_{con} - \sigma_l \qquad (17\text{-}155)$$

1. 钢筋的张拉控制应力

张拉控制应力 σ_{con} 是指预应力钢筋锚固前张拉钢筋的千斤顶所显示的总拉力除以预应力钢筋截面积所求得的钢筋应力值。对于有锚圈口摩阻损失的锚具，σ_{con} 应为扣除锚圈口摩擦损失后的锚下拉应力值，故《公路桥规》JTG D62—2004 特别指出 σ_{con} 为张拉钢筋的锚下控制应力。

从提高预应力钢筋的利用率来说，张拉控制应力 σ_{con} 应尽量定高些，使构件混凝土获得较大的预压应力值以提高构件的抗裂性，同时可以减少钢筋用量。但 σ_{con} 又不能定得过高，以免个别钢筋在张拉或施工过程中被拉断，而且 σ_{con} 值增高，钢筋的应力松弛损失也将增大。另外，高应力状态使构件可能出现纵向裂缝；并且过高的应力也降低了构件的延性。因此 σ_{con} 不宜定得过高，一般宜定在钢筋的比例极限以下。不同性质的预应力筋应分别确定其 σ_{con} 值，对于钢丝与钢绞线，因拉伸应力-应变曲线无明显的屈服台阶，其 σ_{con} 与抗拉强度标准值 f_{pk} 的比值应相应地定得低些；而精轧螺纹钢筋，一般具有较明显的屈服台阶，塑性性能较好，故其比值可相应地定得高些。《公路桥规》JTG D62—2004 规定，构件施加预应力时预应力钢筋在构件端部（锚下）的控制应力 σ_{con} 应符合下列规定：

对于钢丝、钢绞线

$$\sigma_{con} \leqslant 0.75 f_{pk} \qquad (17\text{-}156)$$

对于精轧螺纹钢筋

$$\sigma_{con} \leqslant 0.90 f_{pk} \qquad (17\text{-}157)$$

式中 f_{pk}——预应力钢筋的抗拉强度标准值。

在实际工程中，对于仅需在短时间内保持高应力的钢筋，例如为了减少一些因素引起的应力损失，而需要进行超张拉的钢筋，可以适当提高张拉应力，但在任何情况下，钢筋的最大张拉控制应力，对于钢丝、钢绞线不应超过 $0.8 f_{pk}$；

对于精轧螺纹钢筋不应超过 $0.95 f_{pk}$。

2. 钢筋预应力损失的估算

预应力损失与施工工艺、材料性能及环境影响等有关，影响因素复杂，一般应根据桥梁预应力混凝土构件的试验测试数据确定，如无可靠试验资料，则可按《公路桥规》JTG D62—2004 的规定估算。

一般情况下，公路桥梁预应力混凝土构件主要考虑以下六项应力损失值。但对于不同锚具、不同施工方法，可能还存在其他预应力损失，如锚圈口摩阻损失等，应根据具体情况逐项考虑其影响。

(1) 锚具变形、钢筋回缩和接缝压缩引起的应力损失（σ_{l1}）

后张法构件，当张拉结束并进行锚固时，锚具将受到巨大的压力并使锚具自身及锚下垫板压密而变形，同时有些锚具的预应力钢筋还要向内回缩；此外，拼装式构件的接缝，在锚固后也将继续被压密变形，所有这些变形都将使锚固后的预应力钢筋放松，因而引起应力损失，用 σ_{l1} 表示，可按下式计算：

$$\sigma_{l1} = \frac{\sum \Delta l}{l} E_P \qquad (17\text{-}158)$$

式中　$\sum \Delta l$ ——张拉端锚具变形、钢筋回缩和接缝压缩值之和（mm），可根据试验确定，当无可靠资料时，按表 17-16 采用；

　　　　l ——张拉端至锚固端之间的距离（mm）；

　　　　E_P——预应力钢筋的弹性模量。

锚具变形、钢筋回缩和接缝压缩值（mm）　　　　　　　表 17-16

锚具、接缝类型		Δl
钢丝束的钢制锥形锚具		6
夹片式锚具	有顶压时	4
	无顶压时	6
带螺帽锚具的螺帽缝隙		1
镦头锚具		1
每块后加垫板的缝隙		1
水泥砂浆接缝		1
环氧树脂砂浆接缝		1

实际上，由于锚具变形所引起的钢筋回缩同样也会受到管道摩阻力的影响，这种摩阻力与钢筋张拉时的摩阻力方向相反，称之为反摩阻。式（17-158）未考虑钢筋回缩时的摩阻影响，所以 σ_{l1} 沿钢筋全长不变，这种计算方法只能近似适用于直线管道的情况，而对于曲线管道则与实际情况不符，应考虑摩阻影响。《公路桥规》JTG D62—2004 规定：后张法预应力混凝土构件应计算由锚具变形、钢筋回缩等引起反摩阻后的预应力损失。反向摩阻的管道摩阻系数可假定与

正向摩阻的相同。

《公路桥规》JTG D62—2004 中考虑反摩阻后的预应力损失简化计算方法是假定张拉端至锚固端范围内由管道摩阻引起的预应力损失沿梁长方向均匀分配，则扣除管道摩阻损失后钢筋应力沿梁长方向的分布曲线简化为如图 17-65 中 caa' 所示的直线。直线 caa' 的斜率为：

$$\Delta\sigma_d = \frac{\sigma_0 - \sigma_l}{l} \tag{17-159}$$

式中 $\Delta\sigma_d$ ——单位长度由管道摩阻引起的预应力损失（MPa/mm）；

σ_0 ——张拉端锚下控制应力（MPa）；

σ_l ——预应力钢筋扣除沿途管道摩阻损失后锚固端的预应力（MPa）；

l ——张拉端至锚固端之间的距离（mm）。

图 17-65 中 caa' 表示预应力钢筋扣除管道正摩阻损失后锚固前瞬间的应力分布线，其斜率为 $\Delta\sigma_d$ 。锚固时张拉端预应力钢筋将发生回缩，由此引起预应力钢筋张拉端预应力损失为 $\Delta\sigma$ 。考虑反摩阻的作用，此项预应力损失将随着离开张拉端距离 x 的增加而逐渐减小，并假定按直线规律变化。由于钢筋回缩发生的反向摩阻力和张拉时发生的摩阻力的摩阻系数相等，因此，代表锚固前和锚固后瞬间

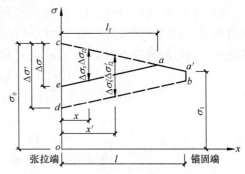

图 17-65 考虑反摩阻后预应力钢筋
应力损失计算简图

的预应力钢筋应力变化的两根直线 caa' 和 ea 的斜率相等，但方向相反。两根直线的交点 a 至张拉端的水平距离即为反摩阻影响长度 l_f 。当 $l_f < l$ 时，锚固后整根预应力钢筋的预应力变化线可用折线 eaa' 表示。确定这根折线，需要求出两个未知量，一个是张拉端预应力损失 $\Delta\sigma$ ，另一个是预应力钢筋回缩影响长度 l_f 。

由于直线 caa' 和直线 ea 斜率相同，则 $\triangle cae$ 为等腰三角形，可将底边 $\Delta\sigma$ 通过高 l_f 和直线 ca 的斜率 $\Delta\sigma_d$ 来表示，钢筋回缩引起的张拉端预应力损失为：

$$\Delta\sigma = 2\Delta\sigma_d l_f \tag{17-160}$$

钢筋总回缩量等于回缩影响长度 l_f 范围内各微分段应变的累计，并应与锚具变形值 $\sum \Delta l$ 相协调，即

$$\sum \Delta l = \int_0^{l_f} \Delta\varepsilon dx = \int_0^{l_f} \frac{\Delta\sigma_x}{E_p} dx = \int_0^{l_f} \frac{2\Delta\sigma_d x}{E_p} dx = \frac{\Delta\sigma_d}{E_p} l_f^2 \tag{17-161}$$

上式移项可得到回缩影响长度 l_f 的计算公式为：

$$l_f = \sqrt{\frac{\sum \Delta l \cdot E_p}{\Delta\sigma_d}} \tag{17-162}$$

求得回缩影响长度后，即可按不同情况计算考虑反摩阻后预应力钢筋的应力损失。

1）当 $l_f \leqslant l$ 时，预应力钢筋离张拉端 x 处考虑反摩阻后的预拉力损失 $\Delta\sigma_x$ (σ_{l1}) 可按下列公式计算：

$$\Delta\sigma_x(\sigma_{l1}) = \Delta\sigma \frac{l_f - x}{l_f} \tag{17-163}$$

式中 $\Delta\sigma_x(\sigma_{l1})$——离张拉端 x 处由锚具变形产生的考虑反摩阻后的预拉力损失；

$\Delta\sigma$——张拉端由锚具变形引起的考虑反摩阻后的预应力损失，按式（13-47）计算。

若 $x \geqslant l_f$，则表示该截面不受锚具变形的影响，即 $\sigma_{l2} = 0$。

2）当 $l_f > l$ 时，预应力钢筋的全长均处于反摩阻影响长度以内，扣除管道摩阻和钢筋回缩等损失后的预应力线以直线 db 表示（图 17-65），距张拉端 x' 处考虑反摩阻后的预拉力损失 $\Delta\sigma'_x(\sigma'_{l1})$ 可按下列公式计算：

$$\Delta\sigma'_x(\sigma'_{l1}) = \Delta\sigma' - 2x'\Delta\sigma_d \tag{17-164}$$

式中 $\Delta\sigma'_x(\sigma'_{l1})$——距张拉端 x' 处由锚具变形引起的考虑反摩阻后的预应力损失；

$\Delta\sigma'$——当 $l_f > l$ 时，预应力钢筋考虑反摩阻后张拉端锚下的预应力损失值；其数值可按以下方法求得：令图 17-65 中的 $ca'bd$ 等腰梯形面积 $A = \Sigma\Delta l \cdot E_p$，试算得到 cd，则 $\Delta\sigma' = cd$。

两端张拉（分次张拉或同时张拉）且反摩阻损失影响长度有重叠时，在重叠范围内同一截面扣除正摩阻和回缩反摩阻损失后预应力钢筋的应力，可按两端分别张拉、锚固的情况，分别计算正摩阻和回缩反摩阻损失，分别将张拉端锚下控制应力减去上述应力所得的计算结果较大值。

（2）预应力筋与管道壁间摩擦引起的应力损失（σ_{l2}）

因预应力筋与管道壁间摩擦所引起的预应力损失值 σ_{l2} 计算式为：

$$\sigma_{l2} = \sigma_{con}\left[1 - e^{-(\mu\theta + \kappa x)}\right] \tag{17-165}$$

式中 σ_{con}——锚下张拉控制应力，$\sigma_{con} = N_{con}/A_p$，$N_{con}$ 为钢筋锚下张拉控制力；

A_p——预应力钢筋的截面面积；

θ——从张拉端至计算截面间管道平面曲线的夹角之和，即曲线包角，按绝对值相加，单位以弧度计，如管道为竖平面内和水平面内同时弯曲的三维空间曲线管道，则 θ 可按式（17-166）计算：

$$\theta = \sqrt{\theta_H^2 + \theta_V^2} \tag{17-166}$$

θ_H、θ_V——分别为在同段管道水平面内的弯曲角与竖向平面内的弯曲角；

x —— 从张拉端至计算截面的管道长度在构件纵轴上的投影长度,或为三维空间曲线管道的长度,以 "m" 计;

κ —— 管道每米长度的局部偏差对摩擦的影响系数,可按表 17-17 采用;

μ —— 钢筋与管道壁间的摩擦系数,可按表 17-17 采用。

系数 κ 和 μ 值   表 17-17

管道成型方式	κ	μ	
		钢绞线、钢丝束	精轧螺纹钢筋
预埋金属波纹管	0.0015	0.20~0.25	0.50
预埋塑料波纹管	0.0015	0.14~0.17	—
预埋铁皮管	0.0030	0.35	0.40
预埋钢管	0.0010	0.25	—
抽心成型	0.0015	0.55	0.60

(3) 钢筋与台座间的温差引起的应力损失 (σ_{l3})

此项应力损失,仅在先张法构件采用蒸汽或其他加热方法养护混凝土时才予以考虑。

假设张拉时钢筋与台座的温度均为 t_1,混凝土加热养护时的最高温度为 t_2,此时钢筋尚未与混凝土粘结,温度由 t_1 升为 t_2 后,钢筋可在混凝土中自由变形,产生了一温差变形 Δl_t,即

$$\Delta l_t = \alpha \cdot (t_2 - t_1) \cdot l \qquad (17\text{-}167)$$

式中 α —— 钢筋的线膨胀系数,一般可取 $\alpha = 1 \times 10^{-5}$;

      l —— 钢筋的有效长度;

      t_1 —— 张拉钢筋时,制造场地的温度(℃);

      t_2 —— 混凝土加热养护时,已张拉钢筋的最高温度(℃)。

如果在对构件加热养护时,台座长度也能因升温而相应地伸长一个 Δl_t,则锚固于台座上的预应力钢筋的拉应力将保持不变,仍与升温之前的拉应力相同。但是,张拉台座一般埋置于土中,其长度并不会因对构件加热而伸长,而是保持原长不变,并约束预应力钢筋的伸长,这就相当于将预应力钢筋压缩了一个 Δl_t 长度,使其应力下降。当停止升温养护时,混凝土已与钢筋粘结在一起,钢筋和混凝土将同时随温度变化而共同伸缩,因养护升温所降低的应力已不可恢复,于是形成温差应力损失 σ_{l3},即

$$\sigma_{l3} = \frac{\Delta l_t}{l} \cdot E_p = \alpha(t_2 - t_1) \cdot E_p \qquad (17\text{-}168)$$

取预应力钢筋的弹性模量 $E_p = 2 \times 10^5 \, \text{MPa}$,则有

$$\sigma_{l3} = 2(t_2 - t_1) \qquad\qquad (17\text{-}169)$$

为了减小温差应力损失，一般可采用二次升温的养护方法，即第一次由常温 t_1 升温至 t'_2 进行养护。初次升温的温度一般控制在 20℃ 以内，待混凝土达到一定强度（例如 7.5~10MPa）能够阻止钢筋在混凝土中自由滑移后，再将温度升至 t_2 进行养护。此时，钢筋将和混凝土一起变形，不会因第二次升温而引起应力损失，故计算 σ_{l3} 的温差只是（$t'_2 - t_1$），比（$t_2 - t_1$）小很多（因为 $t_2 > t'_2$），所以 σ_{l3} 也可小多了。

如果张拉台座与被养护构件是共同受热、共同变形时，则不应计入此项应力损失。

（4）钢筋松弛引起的应力损失（σ_{l4}）

由钢筋松弛引起的应力损失终值，按下列规定计算：

1）对于精轧螺纹钢筋

$$\text{一次张拉} \qquad \sigma_{l4} = 0.05\sigma_{\text{con}} \qquad\qquad (17\text{-}170)$$

$$\text{超张拉} \qquad \sigma_{l4} = 0.035\sigma_{\text{con}} \qquad\qquad (17\text{-}171)$$

2）对于预应力钢丝、钢绞线

$$\sigma_{l4} = \psi \cdot \xi \cdot \left(0.52 \frac{\sigma_{\text{pe}}}{f_{\text{pk}}} - 0.26\right) \cdot \sigma_{\text{pe}} \qquad\qquad (17\text{-}172)$$

式中　ψ——张拉系数，一次张拉时，$\psi = 1.0$；超张拉时，$\psi = 0.9$；

　　　ξ——钢筋松弛系数，Ⅰ级松弛（普通松弛），$\xi = 1.0$；Ⅱ级松弛（低松弛），$\xi = 0.3$；

　　　σ_{pe}——传力锚固时的钢筋应力，对后张法构件 $\sigma_{\text{pe}} = \sigma_{\text{con}} - \sigma_{l1} - \sigma_{l2} - \sigma_{l4}$；对先张法构件 $\sigma_{\text{pe}} = \sigma_{\text{con}} - \sigma_{l1}$。

《公路桥规》JTG D62—2004 还规定，对碳素钢丝、钢绞线，当 $\sigma_{\text{pe}}/f_{\text{pk}} \leqslant 0.5$ 时，应力松弛损失值为零。

钢筋松弛应力损失的计算，应根据构件不同受力阶段的持荷时间进行。对于先张法构件，在预加应力（即从钢筋张拉到与混凝土粘结）阶段，一般按松弛损失值的一半计算，其余一半认为在随后的使用阶段中完成；对于后张法构件，其松弛损失值则认为全部在使用阶段中完成。若按时间计算，对于预应力钢筋为钢丝或钢绞线的情况，可自建立预应力时开始，按照 2d 完成松弛损失终值的 50%，10d 完成 61%，20d 完成 74%，30d 完成 87%，40d 完成 100% 来确定。

（5）混凝土收缩和徐变引起的应力损失（σ_{l5}）

混凝土收缩、徐变会使预应力混凝土构件缩短，因而引起应力损失。收缩与徐变的变形性能相似，影响因素也大都相同，故将混凝土收缩与徐变引起的应力损失值综合在一起进行计算。

由混凝土收缩、徐变引起的钢筋的预应力损失值可按下面介绍的方法计算。

1）受拉区预应力钢筋的预应力损失为

$$\sigma_{l5}(t) = \frac{0.9[E_p\varepsilon_{cs}(t,t_0) + \alpha_{EP}\sigma_{pc}\phi(t,t_0)]}{1 + 15\rho\rho_{ps}} \tag{17-173}$$

式中　$\sigma_{l5}(t)$——构件受拉区全部纵向钢筋截面重心处由混凝土收缩、徐变引起的预应力损失;

　　　σ_{pc}——构件受拉区全部纵向钢筋截面重心处由预应力（扣除相应阶段的预应力损失）和结构自重产生的混凝土法向应力（MPa），对于简支梁，一般可取跨中截面和 $l/4$ 截面的平均值作为全梁各截面的计算值;σ_{pc} 不得大于 $0.5f'_{cu}$ ，f'_{cu} 为预应力钢筋传力锚固时混凝土立方体抗压强度;

　　　E_p——预应力钢筋的弹性模量;

　　　α_{EP}——预应力钢筋弹性模量与混凝土弹性模量的比值;

　　　ρ——构件受拉区全部纵向钢筋配筋率;对先张法构件，$\rho = (A_p + A_s)/A_0$;对于后张法构件，$\rho = (A_p + A_s)/A_n$;其中 A_p、A_s 分别为受拉区的预应力钢筋和非预应力筋的截面面积;A_0 和 A_n 分别为换算截面面积和净截面面积;

　　　ρ_{ps}——$\rho_{ps} = 1 + \dfrac{e_{ps}^2}{i^2}$;

　　　i——截面回转半径，$i^2 = I/A$。先张法构件取 $I = I_0$ ，$A = A_0$;后张法构件取 $I = I_n$ ，$A = A_n$;其中，I_0 和 I_n 分别为换算截面惯性矩和净截面惯性矩;

　　　e_{ps}——构件受拉区预应力钢筋和非预应力钢筋截面重心至构件截面重心轴的距离，$e_{ps} = (A_p e_p + A_s e_s)/(A_p + A_s)$;

　　　e_p——构件受拉区预应力钢筋截面重心至构件截面重心的距离;

　　　e_s——构件受拉区纵向非预应力钢筋截面重心至构件截面重心的距离;

　　$\varepsilon_{cs}(t,t_0)$——预应力钢筋传力锚固龄期为 t_0 ，计算考虑的龄期为 t 时的混凝土收缩应变，其终极值 $\varepsilon_{cs}(t_u,t_0)$ 可按表 17-13 取用;

　　　$\phi(t,t_0)$——加载龄期为 t_0 ，计算考虑的龄期为 t 时的徐变系数，其终极值 $\phi(t_u,t_0)$ 可按表 17-13 取用。

对于受压区配置预应力钢筋 A'_p 和非预应力钢筋 A'_s 的构件，其受拉区预应力钢筋的预应力损失也可取 $A'_p = A'_s = 0$ ，近似地按公式（17-173）计算。

2) 受压区配置预应力钢筋 A'_p 和非预应力钢筋 A'_s 的构件，由混凝土收缩、徐变引起构件受压区预应力钢筋的预应力损失为

$$\sigma'_{l5}(t) = \frac{0.9[E_p\varepsilon_{cs}(t,t_0) + \alpha_{EP}\sigma'_{pc}\phi(t,t_0)]}{1 + 15\rho'\rho'_{ps}} \tag{17-174}$$

式中　$\sigma'_{l5}(t)$——构件受压区全部纵向钢筋截面重心处由混凝土收缩、徐变引起的预应力损失;

σ'_{pc}——构件受压区全部纵向钢筋截面重心处由预应力（扣除相应阶段的预应力损失）和结构自重产生的混凝土法向应力（MPa）；σ'_{pc} 不得大于 $0.5f'_{cu}$；当 σ'_{pc} 为拉应力时，应取其为零；

ρ'——构件受压区全部纵向钢筋配筋率；对先张法构件，$\rho = (A'_p + A'_s)/A_0$；对于后张法构件，$\rho = (A'_p + A'_s)/A_n$；其中 A'_p、A'_s 分别为受压区的预应力钢筋和非预应力筋的截面面积；

ρ'_{ps}——$\rho'_{ps} = 1 + \dfrac{e'^2_{ps}}{i^2}$；

e'_{ps}——构件受压区预应力钢筋和非预应力钢筋截面重心至构件截面重心轴的距离，$e'_{ps} = (A'_p e'_p + A'_s e'_s)/(A'_p + A'_s)$；

e'_p——构件受压区预应力钢筋截面重心至构件截面重心的距离；

e'_s——构件受压区纵向非预应力钢筋截面重心至构件截面重心的距离。

应当指出，混凝土收缩、徐变应力损失，与钢筋的松弛应力损失等是相互影响的，目前采用分开单独计算的方法不够完善。国际预应力混凝土协会（FIP）和国内的学者已注意到这一问题。

（6）混凝土弹性压缩引起的应力损失（σ_{l6}）

当预应力混凝土构件受到预压应力而产生压缩变形时，对于已张拉并锚固于该构件上的预应力钢筋来说，将产生一个与该预应力钢筋重心水平处混凝土同样大小的压缩应变 $\varepsilon_p = \varepsilon_c$，因而也将产生预拉应力损失，这就是混凝土弹性压缩损失 σ_{l6}，它与构件预加应力的方式有关。

1）先张法构件

先张法构件的预应力钢筋张拉与对混凝土施加预压应力是先后完全分开的两个工序，当预应力钢筋被放松（称为放张）对混凝土预加压力时，混凝土所产生的全部弹性压缩应变将引起预应力钢筋的应力损失，其值为

$$\sigma_{l6} = \varepsilon_p \cdot E_p = \varepsilon_c \cdot E_p = \frac{\sigma_{pc}}{E_c} \cdot E_p = \alpha_{EP} \cdot \sigma_{pc} \qquad (17\text{-}175)$$

式中　α_{EP}——预应力钢筋弹性模量 E_p 与混凝土弹性模量 E_c 的比值；

σ_{pc}——在先张法构件计算截面钢筋重心处，由预加力 N_{p0} 产生的混凝土预压应力，可按 $\sigma_{pc} = \dfrac{N_{p0}}{A_0} + \dfrac{N_{p0} e_p^2}{I_0}$ 计算；

N_{p0}——全部钢筋的预加力（扣除相应阶段的预应力损失）；

A_0、I_0——构件全截面的换算截面面积和换算截面惯性矩；

e_p——预应力钢筋重心至换算截面重心轴间的距离。

2）后张法构件

后张法构件预应力钢筋张拉时混凝土所产生的弹性压缩是在张拉过程中完成

的，故对于一次张拉完成的后张法构件，混凝土弹性压缩不会引起应力损失。但是，由于后张法构件预应力钢筋的根数往往较多，一般是采用分批张拉锚固并且多数情况是采用逐束进行张拉锚固的。这样，当张拉后批钢筋时所产生的混凝土弹性压缩变形将使先批已张拉并锚固的预应力钢筋产生应力损失，通常称此为分批张拉应力损失，也以 σ_{l6} 表示。《公路桥规》JTG D62—2004 规定 σ_{l6} 可按下式计算：

$$\sigma_{l6} = \alpha_{Ep} \sum \Delta\sigma_{pc} \tag{17-176}$$

式中　α_{Ep}——预应力钢筋弹性模量与混凝土的弹性模量的比值；

　　$\sum \Delta\sigma_{pc}$——在计算截面上先张拉的钢筋重心处，由后张拉各批钢筋所产生的混凝土法向应力之和。

后张法构件多为曲线配筋，钢筋在各截面的相对位置不断变化，使各截面的"$\sum \Delta\sigma_{pc}$"也不相同，要详细计算，非常麻烦。为使计算简便，对简支梁，可采用如下近似简化方法进行：

①取按应力计算需要控制的截面作为全梁的平均截面进行计算，其余截面不另计算，简支梁可以取 $l/4$ 截面。

②假定同一截面（如 $l/4$ 截面）内的所有预应力钢筋，都集中布于其合力作用点（一般可近似为所有预应力钢筋的重心点）处，并假定各批预应力钢筋的张拉力都相等，其值等于各批钢筋张拉力的平均值。这样可以较方便地求得各批钢筋张拉时，在先批张拉钢筋重心（即假定的全部预应力钢筋重心）点处所产生的混凝土正应力为 $\Delta\sigma_{pc}$，即

$$\Delta\sigma_{pc} = \frac{N_p}{m}\left(\frac{1}{A_n} + \frac{e_{pn} \cdot y_i}{I_n}\right) \tag{17-177}$$

式中　N_p——所有预应力钢筋预加应力（扣除相应阶段的应力损失 σ_{l1} 与 σ_{l2} 后）的合力；

　　m——张拉预应力钢筋的总批数；

　　e_{pn}——预应力钢筋预加应力的合力 N_p 至净截面重心轴间的距离；

　　y_i——先批张拉钢筋重心（即假定的全部预应力钢筋重心）处至混凝土净截面重心轴间的距离，故 $y_i \approx e_{pn}$；

　　A_n、I_n——混凝土梁的净截面面积和净截面惯性矩。

由上可知，张拉各批钢筋所产生的混凝土正应力 $\Delta\sigma_{pc}$ 之和，就等于由全部（m 批）钢筋的合力 N_p 在其作用点（或全部筋束的重心点）处所产生的混凝土正应力 σ_{pc}，即

$$\sum \Delta\sigma_{pc} = m\Delta\sigma_{pc} = \sigma_{pc}$$

或写成　　　　　　　　　　$$\Delta\sigma_{pc} = \sigma_{pc}/m \tag{17-178}$$

③为便于计算，还可进一步假定，以同一截面上（$l/4$ 截面）全部预应力筋

重心处混凝土弹性压缩应力损失的总平均值，作为各批钢筋由混凝土弹性压缩引起的应力损失值。

因为在张拉第 i 批钢筋之后，还将张拉（$m-i$）批钢筋，故第 i 批钢筋的应力损失 $\Delta\sigma_{l6(i)}$ 应为

$$\sigma_{l6(i)} = (m-i) \cdot \alpha_{Ep}\Delta\sigma_{pc} \tag{17-179}$$

据此可知，第一批张拉的钢筋，其弹性压缩损失值最大，为 $\sigma_{l6(l)} = (m-1)\alpha_{Ep} \cdot \Delta\sigma_{pc}$；而第 m 批（最后一批）张拉的钢筋无弹性压缩应力损失，其值为 $\sigma_{l6(m)} = (m-m)\alpha_{Ep}\Delta\sigma_{pc} = 0$。因此计算截面上各批钢筋弹性压缩损失平均值可按下式求得：

$$\sigma_{l6} = \frac{\sigma_{l6(i)} + \sigma_{l6(m)}}{2} = \frac{m-1}{2} \cdot \alpha_{Ep}\Delta\sigma_{pc} \tag{17-180}$$

对于各批张拉预应力钢筋根数相同的情况，将式（17-178）代入式（17-180）可得到分批张拉引起的各批预应力钢筋平均应力损失为：

$$\sigma_{l6} = \frac{m-1}{2m} \cdot \alpha_{Ep}\sigma_{pc} \tag{17-181}$$

式中的 σ_{pc} 为计算截面全部钢筋重心处由张拉所有预应力钢筋产生的混凝土法向应力。

3. 钢筋的有效预应力计算

预应力钢筋的有效预应力 σ_{pe} 的定义为预应力钢筋锚下控制应力 σ_{con} 扣除相应阶段的应力损失 σ_l 后实际存余的预拉应力值。但应力损失在各个阶段出现的项目是不同的，故应按受力阶段进行组合，然后才能确定不同受力阶段的有效预应力。

（1）预应力损失值组合

现根据应力损失出现的先后次序以及完成终值所需的时间，分先张法、后张法按两个阶段进行组合，具体如表 17-18 所示。

各阶段预应力损失值的组合　　　　　　　　表 17-18

预应力损失值的组合	先张法构件	后张法构件
传力锚固时的损失（第一批）$\sigma_{l\,I}$	$\sigma_{l1} + \sigma_{l3} + 0.5\sigma_{l4} + \sigma_{l6}$	$\sigma_{l1} + \sigma_{l2} + \sigma_{l4}$
传力锚固后的损失（第二批）$\sigma_{l\,II}$	$0.5\sigma_{l4} + \sigma_{l5}$	$\sigma_{l4} + \sigma_{l5}$

（2）预应力钢筋的有效预应力 σ_{pe}

在预加应力阶段，预应力筋中的有效预应力为：

$$\sigma_{pe} = \sigma_{p\,I} = \sigma_{con} - \sigma_{l\,I} \tag{17-182}$$

在使用阶段，预应力筋中的有效预应力，即永存预应力为：

$$\sigma_{pe} = \sigma_{p\,II} = \sigma_{con} - (\sigma_{l\,I} + \sigma_{l\,II}) \tag{17-183}$$

17.5.6 预应力混凝土受弯构件的应力计算

预应力混凝土构件由于施加预应力以后截面应力状态较为复杂,各个受力阶段均有其不同受力特点,除了计算构件承载力外,还要计算弹性阶段的构件截面的应力。这些应力包括正截面混凝土的法向压应力、钢筋的拉应力和斜截面混凝土的主压应力。

构件的应力计算实质上是构件的强度计算,是对构件承载力计算的补充。对预应力混凝土简支结构,只计算预应力引起的主效应;对预应力混凝土连续梁等超静定结构,尚应计算预应力引起的次效应。

应力计算又可分为持久状况的应力计算和短暂状况的应力计算。

1. 短暂状况的应力计算

预应力混凝土受弯构件按短暂状况计算时,应计算其在制作、运输及安装等施工阶段,由预应力作用、构件自重和施工荷载等引起的正截面和斜截面的应力,并不应超过规定的应力限值。 施工荷载除有特别规定外均采用标准值,当有组合时不考虑荷载组合系数。当采用吊机(车)行驶于桥梁进行构件安装时,应对已安装就位的构件进行验算,吊(机)车作用应乘以 1.15 的荷载系数,但当由吊(机)车产生的效应设计值小于按持久状态承载能力极限状态计算的荷载效应组合设计值时,则可不必验算。

构件短暂状况的应力计算,实属构件弹性阶段的强度计算。除非有特殊要求,短暂状况一般不进行正常使用极限状态计算,可以通过施工措施或构造布置来弥补,防止构件过大变形或出现不必要的裂缝。以下介绍各过程的应力计算方法。

(1)预加应力阶段的正应力计算

这一阶段的受力状态如图 17-66 所示,截面承受偏心的预加力 N_p 和梁一期恒荷载(自重荷载)G_1 作用效应 M_{G1},可采用材料力学中偏心受压的公式进行计算。本阶段的受力特点是预加力 N_p 值最大(因预应力损失值最小),而外荷载最小(仅有梁的自重作用)。对于简支梁来说,其受力最不利截面往往在支点

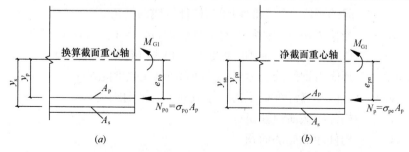

图 17-66 预加应力阶段预应力钢筋和非预应力钢筋合力及其偏心距
(a)先张法构件;(b)后张法构件

附近，特别是直线配筋的预应力混凝土等截面简支梁，其支点上缘拉应力，常常成为计算的控制力。

1）由预加力 N_p 产生的混凝土法向压应力 σ_{pc} 和法向拉应力 σ_{pt}

对于先张法构件

$$\left.\begin{aligned}\sigma_{pc} &= \frac{N_{p0}}{A_0} + \frac{N_{p0}e_{p0}}{I_0}y_0 \\ \sigma_{pt} &= \frac{N_{p0}}{A_0} - \frac{N_{p0}e_{p0}}{I_0}y_0\end{aligned}\right\} \tag{17-184}$$

式中　N_{p0}——先张法构件的预应力钢筋的合力（图 17-66a），按下式计算：

$$N_{p0} = \sigma_{p0}A_p \tag{17-185}$$

σ_{p0}——受拉区预应力钢筋合力点处混凝土法向应力等于零时的预应力钢筋应力；$\sigma_{p0} = \sigma_{con} - \sigma_{l\,I} + \sigma_{l6}$，其中 σ_{l6} 为受拉区预应力钢筋由混凝土弹性压缩引起的预应力损失；$\sigma_{l\,I}$ 为受拉区预应力钢筋传力锚固时的预应力损失；

A_p——受拉区预应力钢筋的截面面积；

e_{p0}——预应力钢筋的合力对构件全截面换算截面重心的偏心距；

y_0——截面计算纤维处至构件全截面换算截面重心轴的距离；

I_0——构件全截面换算截面惯性矩；

A_0——构件全截面换算截面的面积。

对于后张法构件

$$\left.\begin{aligned}\sigma_{pc} &= \frac{N_p}{A_n} + \frac{N_p e_{pn}}{I_n}y_n \\ \sigma_{pt} &= \frac{N_p}{A_n} - \frac{N_p e_{pn}}{I_n}y_n\end{aligned}\right\} \tag{17-186}$$

式中　N_p——后张法构件的预应力钢筋的合力（图 17-66b），按下式计算：

$$N_p = \sigma_{pe}A_p \tag{17-187}$$

对于配置曲线预应力钢筋的构件上式中的 A_p 取为（$A_p + A_{pb}\cos\theta_p$），其中 A_{pb} 为弯起预应力钢筋的截面积，θ_p 为计算截面上弯起的预应力钢筋的切线与构件轴线的夹角；

σ_{pe}——受拉区预应力钢筋的有效预应力，$\sigma_{pe} = \sigma_{con} - \sigma_{l\,I}$，$\sigma_{l\,I}$ 为受拉区预应力钢筋传力锚固时的预应力损失（包括 σ_{l6} 在内）；

e_{pn}——预应力钢筋的合力对构件净截面重心的偏心距；

y_n——截面计算纤维处至构件净截面重心轴的距离；

I_n——构件净截面惯性矩；

A_n——构件净截面的面积。

2）由构件一期恒载 G_1 产生的混凝土正应力 σ_{G1}

先张法构件　　$\sigma_{G1} = \pm M_{G1} \cdot y_0/I_0$ $\qquad$ (17-188)

$$后张法构件 \quad \sigma_{G1} = \pm M_{G1} \cdot y_n / I_n \tag{17-189}$$

式中的 M_{G1} 为受弯构件的一期恒荷载产生的弯矩标准值。

3）预加应力阶段的总应力

将式（17-184）、式（17-186）与式（17-188）、式（17-189）分别相加，则可得预加应力阶段截面上、下缘混凝土的正应力 σ'_{ct}、σ'_{cc} 为：

$$先张法构件 \quad \left.\begin{aligned} \sigma'_{ct} &= \frac{N_{p0}}{A_0} - \frac{N_{p0}e_{p0}}{W_{0u}} + \frac{M_{G1}}{W_{0u}} \\ \sigma'_{cc} &= \frac{N_{p0}}{A_0} + \frac{N_{p0}e_{p0}}{W_{0b}} - \frac{M_{G1}}{W_{0b}} \end{aligned}\right\} \tag{17-190}$$

$$后张法构件 \quad \left.\begin{aligned} \sigma'_{ct} &= \frac{N_p}{A_n} - \frac{N_p e_{pn}}{W_{nu}} + \frac{M_{G1}}{W_{nu}} \\ \sigma'_{cc} &= \frac{N_p}{A_n} + \frac{N_p e_{pn}}{W_{nb}} - \frac{M_{G1}}{W_{nb}} \end{aligned}\right\} \tag{17-191}$$

式中 W_{0u}、W_{0b}——构件全截面换算截面对上、下缘的截面抵抗矩；

W_{nu}、W_{nb}——构件净截面对上、下缘的截面抵抗矩。

（2）运输、吊装阶段的正应力计算

此阶段构件应力计算方法与预加应力阶段相同。唯应注意的是预加力 N_p 已变小；计算一期恒荷载作用时产生的弯矩应考虑计算图式的变化，并考虑动力系数。

（3）施工阶段混凝土的限制应力

《公路桥规》JTG D62—2004 要求，按式（17-190）、式（17-191）算得的混凝土正应力或由运输、吊装阶段算得的混凝土正应力应符合下列规定：

1）混凝土压应力 σ'_{cc}

《公路桥规》JTG D62—2004 规定，在预应力和构件自重等施工荷载作用下预应力混凝土受弯构件截面边缘混凝土的法向压应力应满足：

$$\sigma'_{cc} \leqslant 0.70 f'_{ck} \tag{17-192}$$

式中 f'_{ck} 为制作、运输、安装各施工阶段的混凝土轴心抗压强度标准值，可按强度标准值表直线内插得到。

2）混凝土拉应力 σ'_{ct}

《公路桥规》JTG D62—2004 根据预拉区边缘混凝土的拉应力大小，通过规定的预拉区配筋率来防止出现裂缝，具体规定为：

当 $\sigma'_{ct} \leqslant 0.70 f'_{tk}$ 时，预拉区应配置配筋率不小于 0.2% 的纵向非预应力钢筋；

当 $\sigma'_{ct} = 1.15 f'_{tk}$ 时，预拉区应配置配筋率不小于 0.4% 的纵向非预应力钢筋；

当 $0.70 f'_{tk} < \sigma'_{ct} < 1.15 f'_{tk}$ 时，预拉区应配置的纵向非预应力钢筋配筋率按以上两者直线内插取用，拉应力 σ'_{ct} 不应超过 $1.15 f'_{tk}$。

对于预拉区没有配置预应力钢筋的构件，预拉区的非预应力钢筋的配筋率为 A'_s/A，A 为构件全截面面积。f'_{tk} 是制作、运输、安装各施工阶段混凝土轴心抗拉强度标准值，可按强度标准值表直线内插得到。预拉区的纵向非预应力钢筋宜采用带肋钢筋，其直径不宜大于 14mm，沿预拉区的外边缘均匀布置。

对于预拉区也配置预应力钢筋的构件，应力计算也可采用以上公式进行，但公式中的预应力钢筋合力 N_{p0} 或 N_p 还应计入受压区预应力钢筋的作用力；预拉区的配筋率计算式则为 $(A'_s + A'_p)/A$。

2. 持久状况的应力计算

预应力混凝土受弯构件按持久状况计算时，应计算使用阶段截面混凝土的法向压应力、混凝土的主应力和受拉区钢筋的拉应力，并不得超过规定的限值。 全预应力混凝土和 A 类部分预应力混凝土受弯构件在使用荷载作用下的应力状态，如图 17-67 所示。

本阶段的计算特点是：预应力损失已全部完成，有效预应力 σ_{pe} 最小，其相应的永存预加力为 $N_p = A_{pe}(\sigma_{con} - \sigma_{lI} - \sigma_{lII})$，计算时作用（或荷载）取其标准值，汽车荷载应计入冲击系数，预加应力效应应考虑在内，所有荷载分项系数均取为 1.0。

计算时，应取最不利截面进行控制验算，对于直线配筋等截面简支梁，一般以跨中为最不利控制截面；但对于曲线配筋的等截面或变截面简支梁，则应根据预应力筋的弯起和混凝土截面变化的情况，确定其计算控制截面，一般可取跨中、$l/4$、$l/8$、支点截面和截面变化处的截面进行计算。

（1）正应力计算

在配有非预应力钢筋的预应力混凝土构件中（图 17-67），混凝土的收缩和徐变使非预应力钢筋产生与预压力相反的内力，从而减少了受拉区混凝土的法向预压应力。为简化计算，非预应力钢筋的应力值均取混凝土收缩和徐变引起的预应力损失值来计算，这有一定的近似性。

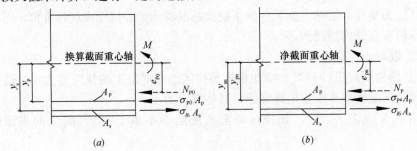

图 17-67   使用阶段预应力钢筋和非预应力钢筋合力及其偏心距
(a) 先张法构件；(b) 后张法构件

1）先张法构件

对于先张法构件，使用荷载作用效应仍由钢筋与混凝土共同承受，其截面几何特征也采用换算截面计算。此时，由作用（或荷载）标准值和预加力在构件截面上缘产生的混凝土法向压应力为：

$$\sigma_{cu} = \sigma_{pt} + \sigma_{kc} = \left(\frac{N_{p0}}{A_0} - \frac{N_{p0} \cdot e_{p0}}{W_{0u}}\right) + \frac{M_{G1}}{W_{0u}} + \frac{M_{G2}}{W_{0u}} + \frac{M_Q}{W_{0u}} \tag{17-193}$$

预应力钢筋中的最大拉应力为：

$$\sigma_{pmax} = \sigma_{pe} + \alpha_{EP}\left(\frac{M_{G1}}{I_0} + \frac{M_{G2}}{I_0} + \frac{M_Q}{I_0}\right) \cdot y_{p0} \tag{17-194}$$

式中　σ_{kc}——作用（或荷载）标准值产生的混凝土法向压应力；

$\quad\ \sigma_{pe}$——预应力钢筋的永存预应力，即 $\sigma_{pe} = \sigma_{con} - \sigma_{lⅠ} - \sigma_{lⅡ} = \sigma_{con} - \sigma_l$；

$\quad\ N_{p0}$——使用阶段预应力钢筋和非预应力钢筋的合力（图 17-67a），按下式计算：

$$N_{p0} = \sigma_{p0}A_p - \sigma_{l5}A_s \tag{17-195}$$

$\quad\ \sigma_{p0}$——受拉区预应力钢筋合力点处混凝土法向应力等于零时的预应力钢筋应力；$\sigma_{p0} = \sigma_{con} - \sigma_l + \sigma_{l6}$，其中 σ_{l6} 为使用阶段受拉区预应力钢筋由混凝土弹性压缩引起的预应力损失；σ_l 为受拉区预应力钢筋总的预应力损失；

$\quad\ \sigma_{l5}$——受拉区预应力钢筋由混凝土收缩和徐变引起的预应力损失；

$\quad\ e_{p0}$——预应力钢筋与非预应力钢筋合力作用点至构件换算截面重心轴的距离，可按下式计算：

$$e_{p0} = \frac{\sigma_{p0}A_p y_p - \sigma_{l5}A_s y_s}{\sigma_{p0}A_p - \sigma_{l5}A_s} \tag{17-196}$$

$\quad\ A_s$——受拉区非预应力钢筋的截面面积；

$\quad\ y_s$——受拉区非预应力钢筋重心至换算截面重心的距离；

$\quad\ W_{0u}$——构件混凝土换算截面对截面上缘的抵抗矩；

$\quad\ \alpha_{EP}$——预应力钢筋与混凝土的弹性模量比；

$\quad\ M_{G2}$——由桥面铺装、人行道和栏杆等二期恒荷载产生的弯矩标准值；

$\quad\ M_Q$——由可变荷载标准值组合计算的截面最不利弯矩，汽车荷载考虑冲击系数。

2）后张法构件

后张法受弯构件，在其承受二期恒荷载及可变荷载作用时，一般情况下构件预留孔道均已压浆凝固，认为钢筋与混凝土已成为整体并能有效地共同工作，故二期恒荷载与活荷载作用时均按换算截面计算。预加应力作用时，因孔道尚未压浆，所以由预加力 N_p 和梁的一期恒荷载 G_1 作用产生的混凝土应力，仍按混凝土净截面特性计算。由作用（或荷载）标准值和预应力在构件截面上缘混凝土压应力 σ_{cu} 为：

$$\sigma_{cu} = \sigma_{pt} + \sigma_{kc} = \left(\frac{N_p}{A_n} - \frac{N_p \cdot e_{pn}}{W_{nu}}\right) + \frac{M_{G1}}{W_{nu}} + \frac{M_{G2}}{W_{0u}} + \frac{M_Q}{W_{0u}} \tag{17-197}$$

预应力钢筋中的最大拉应力为：

$$\sigma_{pmax} = \sigma_{pe} + \alpha_{EP} \frac{M_{G2} + M_{Q}}{I_0} \cdot y_{0p}$$ (17-198)

式中 N_p——预应力钢筋和非预应力钢筋的合力，按下式计算：

$$N_p = \sigma_{pe} A_p - \sigma_{l5} A_s$$ (17-199)

σ_{pe}——受拉区预应力钢筋的有效预应力，$\sigma_{pe} = \sigma_{con} - \sigma_l$；

W_{nu}——构件混凝土净截面对截面上缘的抵抗矩；

e_{pn}——预应力钢筋和非预应力钢筋合力作用点至构件净截面重心轴的距离，按下式计算：

$$e_{pn} = \frac{\sigma_{pe} A_p y_{pn} - \sigma_{l5} A_s y_{sn}}{\sigma_{pe} A_p - \sigma_{l5} A_s}$$ (17-200)

y_{sn}——受拉区非预应力钢筋重心至净截面重心的距离；

y_{0p}——计算的预应力钢筋重心到换算截面重心轴的距离。

当截面受压区也配置预应力钢筋 A'_p 时，则以上计算式还需考虑 A'_p 的作用。由于混凝土的收缩和徐变，使受压区非预应力钢筋产生与预压力相反的内力，从而减少了截面混凝土的法向预压应力，受压区非预应力钢筋的应力值取混凝土收缩和徐变作用引起的 A'_p 预应力损失 σ'_{l5} 来计算。

(2) 混凝土主应力计算

预应力混凝土受弯构件在斜截面开裂前，基本上处于弹性工作状态，所以，主应力可按材料力学方法计算。预应力混凝土受弯构件由作用（或荷载）标准值和预加力作用产生的混凝土主压应力 σ_{cp} 和主拉应力 σ_{tp} 可按下列公式计算：

$$\frac{\sigma_{tp}}{\sigma_{cp}} = \frac{\sigma_{cx} + \sigma_{cy}}{2} \mp \sqrt{\left(\frac{\sigma_{cx} - \sigma_{cy}}{2}\right)^2 + \tau^2}$$ (17-201)

式中 σ_{cx}——在计算主应力点，由作用（或荷载）标准值和预加力产生的混凝土法向应力；先张法构件可按式 (17-202) 计算，后张法构件可按式 (17-203) 计算：

$$\sigma_{cx} = \frac{N_{p0}}{A_0} - \frac{N_{p0} e_{p0}}{I_0} y_0 + \frac{(M_{G1} + M_{G2} + M_{Q})}{I_0} y_0$$ (17-202)

$$\sigma_{cx} = \frac{N_p}{A_n} - \frac{N_p e_{pn}}{I_n} y_n + \frac{M_{G1}}{I_n} y_n + \frac{(M_{G2} + M_{Q})}{I_0} y_0$$ (17-203)

y_0、y_n——分别为计算主应力点至换算截面、净截面重心轴的距离，利用式 (17-202)、式 (17-203) 计算时，当主应力点位于重心轴之上时，取为正；反之，取为负；

I_0、I_n——分别为换算截面惯性矩、净截面惯性矩；

σ_{cy}——由竖向预应力钢筋的预加力产生的混凝土竖向压应力，可按式 (17-204) 计算：

$$\sigma_{cy} = 0.6\,\frac{n\sigma'_{pe}A_{pv}}{b \cdot s_v} \tag{17-204}$$

n——同一截面上竖向钢筋的肢数；

σ'_{pe}——竖向预应力钢筋扣除全部预应力损失后的有效预应力；

A_{pv}——单肢竖向预应力钢筋的截面面积；

s_v——竖向预应力钢筋的间距；

τ——在计算主应力点，按作用（或荷载）标准值组合计算的剪力产生的混凝土剪应力；当计算截面作用有扭矩时，尚应考虑由扭矩引起的剪力，对于等高度梁截面上任一点在作用（或荷载）标准值组合下的剪应力 τ 可按下列公式计算：

先张法构件

$$\tau = \frac{V_{G1}S_0}{bI_0} + \frac{(V_{G2} + V_Q)S_0}{bI_0} \tag{17-205}$$

后张法构件

$$\tau = \frac{V_{G1}S_n}{bI_n} + \frac{(V_{G2} + V_Q)S_0}{bI_0} - \frac{\sum \sigma''_{pe}A_{pb}\sin\theta_p S_n}{bI_n} \tag{17-206}$$

V_{G1}、V_{G2}——分别为一期恒荷载和二期恒荷载作用引起的剪力标准值；

V_Q——可变作用（或荷载）引起的剪力标准值组合；对于简支梁，V_Q 计算式为：

$$V_Q = V_{Q1} + V_{Q2} \tag{17-207}$$

V_{Q1}、V_{Q2}——分别为汽车荷载效应（计入冲击系数）和人群荷载效应引起的剪力标准值；

S_0、S_n——计算主应力点以上（或以下）部分换算截面面积对截面重心轴、净截面面积对截面重心轴的面积矩；

θ_p——计算截面上预应力弯起钢筋的切线与构件纵轴线的夹角（图 17-68）；

b——计算主应力点处构件腹板的宽度；

σ''_{pe}——预应力弯起钢筋扣除全部预应力损失后的有效预应力；

A_{pb}——计算截面上同一弯起平面内预应力弯起钢筋的截面面积。

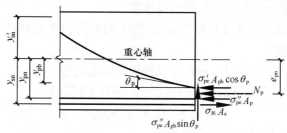

图 17-68 剪力计算图

以上公式中均取压应力为正，拉应力为负。对连续梁等超静定结构，应计及预加力、温度作用等引起的次效应。对变高度预应力混凝土连续梁，计算由作用

（或荷载）引起的剪应力时，应计算截面上由弯矩和轴向力产生的附加剪应力。

（3）持久状况的钢筋和混凝土应力限值

对于按全预应力混凝土和 A 类部分预应力混凝土设计的受弯构件，《公路桥规》JTG D62—2004 中对持久状况应力计算的限值规定如下。

1）使用阶段预应力混凝土受弯构件正截面混凝土的最大压应力，应满足：

$$\sigma_{kc} + \sigma_{pt} \leqslant 0.5 f_{ck} \qquad (17\text{-}208)$$

式中　σ_{kc}——作用（或荷载）标准值产生的混凝土法向压应力；

　　　σ_{pt}——预加力产生的混凝土法向拉应力；

　　　f_{ck}——混凝土轴心抗压强度标准值。

2）使用阶段受拉区预应力钢筋的最大拉应力限值

在使用荷载作用下，预应力混凝土受弯构件中的钢筋与混凝土经常承受着反复应力，而材料在较高的反复应力作用下，将使其强度下降，甚至造成疲劳破坏。为了避免这种不利影响，铁路桥梁对使用荷载下的材料允许应力规定较低，但对于公路桥梁来说，钢筋最小应力与最大应力之比 ρ 值均为 0.85 以上，一般不计疲劳影响，故《公路桥规》JTG D62—2004 将上述应力限值相应地规定得比铁路桥梁高些，具体规定为：

对钢绞线、钢丝　　　　　$\sigma_{pe} + \sigma_p \leqslant 0.65 f_{pk}$ 　　　　　(17-209)

对精轧螺纹钢筋　　　　　$\sigma_{pe} + \sigma_p \leqslant 0.80 f_{pk}$ 　　　　　(17-210)

式中　σ_{pe}——受拉区预应力钢筋扣除全部预应力损失后的有效预应力；

　　　σ_p——作用（或荷载）产生的预应力钢筋应力增量；

　　　f_{pk}——预应力钢筋抗拉强度标准值。

预应力混凝土受弯构件受拉区的非预应力钢筋，其使用阶段的应力很小，可不必验算。

3）使用阶段预应力混凝土受弯构件混凝土主应力限值

混凝土的主压应力应满足：

$$\sigma_{cp} \leqslant 0.6 f_{ck} \qquad (17\text{-}211)$$

式中　f_{ck}——混凝土轴心抗压强度标准值。

对计算所得的混凝土主拉应力 σ_{tp}，作为对构件斜截面抗剪计算的补充，按下列规定设置箍筋：

在 $\sigma_{tp} \leqslant 0.5 f_{tk}$ 的区段，箍筋可仅按构造要求配置；

在 $\sigma_{tp} > 0.5 f_{tk}$ 的区段，箍筋的间距 s_v 可按下式计算：

$$s_v = f_{sk} A_{sv} / (\sigma_{tp} b) \qquad (17\text{-}212)$$

式中　f_{sk}——箍筋的抗拉强度标准值；

　　　f_{tk}——混凝土轴心抗拉强度标准值；

　　　A_{sv}——同一截面内箍筋的总截面面积；

　　　b——矩形截面宽度、T 形或 I 形截面的腹板宽度。

当按上式计算的箍筋用量少于按斜截面抗剪承载力计算的箍筋用量时，构件箍筋按抗剪承载力计算要求配置。

17.5.7 预应力混凝土构件的抗裂验算

预应力混凝土构件的抗裂性验算都是以构件混凝土拉应力是否超过规定的限值来表示的，属于结构正常使用极限状态计算的范畴。《公路桥规》JTG D62—2004 规定，对于全预应力混凝土和 A 类部分预应力混凝土构件，必须进行正截面抗裂性验算和斜截面抗裂性验算；对于 B 类部分预应力混凝土构件必须进行斜截面抗裂性验算。

1. 正截面抗裂性验算

预应力混凝土受弯构件正截面抗裂性验算按作用频遇组合和作用准永久组合两种情况进行。

(1) 作用频遇组合下构件边缘混凝土的正应力计算

作用频遇组合是永久作用标准值与可变作用频遇值效应的组合。

1) 预加力作用下受弯构件抗裂验算边缘混凝土的预压应力 σ_{pc}，对于先张法和后张法构件，其计算式分别为：

先张法构件
$$\sigma_{pc} = \frac{N_{p0}}{A_0} + \frac{N_{p0}e_{p0}}{W_0} \tag{17-213}$$

后张法构件
$$\sigma_{pc} = \frac{N_p}{A_n} + \frac{N_p e_{pn}}{W_n} \tag{17-214}$$

式 (17-213) 和式 (17-214) 中各符号的意义分别参见式 (17-193) 和式 (17-197)。

对于连续梁等超静定预应力结构，还需考虑预加应力扣除相应阶段预应力损失后在结构中产生的次弯矩 M_{p2}。当 M_{p2} 与 $\sigma_{pe}A_p y_{pn}$ 的弯矩方向相同时取正号，相反时取负号。y_{pn} 为受拉区预应力钢筋合力点至净截面重心的距离。

2) 由作用频遇组合产生的构件抗裂验算边缘混凝土的法向拉应力 σ_{st}，对于先张法和后张法构件，其计算式分别为：

先张法构件
$$\sigma_{st} = \frac{M_s}{W} = \frac{M_{G1} + M_{G2} + M_{Qs}}{W_0} \tag{17-215}$$

后张法构件
$$\sigma_{st} = \frac{M_s}{W} = \frac{M_{G1}}{W_n} + \frac{M_{G2} + M_{Qs}}{W_0} \tag{17-216}$$

式中　σ_{st} ——按作用频遇组合计算的构件抗裂验算边缘混凝土法向拉应力；

　　　M_s ——按作用频遇组合计算的弯矩值；

　　　M_{Qs} ——按作用频遇组合计算的可变荷载弯矩值，对于简支梁：
$$M_{Qs} = \psi_{11}M_{Q1} + \psi_{12}M_{Q2} = 0.7M_{Q1} + 0.4M_{Q2} \tag{17-217}$$

ψ_{11}、ψ_{12}——分别为汽车荷载效应和人群荷载效应的频遇值系数；

M_{Q1}、M_{Q2}——分别为汽车荷载效应（不计冲击系数）和人群荷载效应产生的弯矩标准值；

W_0、W_n——分别为构件换算截面和净截面对抗裂验算边缘的弹性抵抗矩。

对于桥梁预应力混凝土连续梁和连续刚构，除了考虑直接作用于梁上的荷载如恒载、汽车荷载外，还应考虑间接作用如日照温差、混凝土收缩和徐变的影响。

（2）作用准永久组合下边缘混凝土的正应力计算

作用准永久组合是考虑的可变作用仅为直接施加于桥上的活荷载产生的效应组合，不考虑间接施加于桥上的其他作用效应。作用准永久组合是永久作用标准值和可变作用准永久值效应相组合。作用准永久组合下预应力混凝土构件边缘混凝土的正应力 σ_{lt} 计算与作用频遇组合下的计算基本一致。

1）预加力作用下受弯构件抗裂验算边缘混凝土的预压应力 σ_{pc}，对于先张法和后张法构件分别按式（17-213）和式（17-214）计算。

2）由作用准永久组合产生的构件抗裂验算边缘混凝土的法向拉应力 σ_{lt}，对于先张法和后张法构件，其计算式分别为：

先张法构件

$$\sigma_{lt} = \frac{M_l}{W} = \frac{M_{G1} + M_{G2} + M_{Ql}}{W_0} \tag{17-218}$$

后张法构件

$$\sigma_{lt} = \frac{M_l}{W} = \frac{M_{G1}}{W_n} + \frac{M_{G2} + M_{Ql}}{W_0} \tag{17-219}$$

式中 σ_{lt}——按作用准永久组合计算构件抗裂验算边缘混凝土的法向拉应力；

M_l——按作用准永久组合计算的弯矩值；

M_{Ql}——按作用准永久组合计算的可变作用弯矩值，对简支梁，仅考虑汽车、人群等直接作用于构件的荷载产生的弯矩值，可按下式计算：

$$M_{Ql} = \psi_{21} M_{Q1} + \psi_{22} M_{Q2} = 0.4 M_{Q1} + 0.4 M_{Q2} \tag{17-220}$$

M_{Q1}、M_{Q2}——分别为汽车荷载（不计冲击系数）和人群荷载产生的弯矩标准值；

ψ_{21}、ψ_{22}——分别为作用准永久组合中的汽车荷载效应和人群荷载效应的准永久值系数。

（3）混凝土正应力的限值

正截面抗裂应对构件正截面混凝土拉应力进行验算，并应符合下列要求：

1）全预应力混凝土构件，在作用频遇组合下：

$$\sigma_{st} - 0.85\sigma_{pc} \leqslant 0 \tag{17-221}$$

2）A 类部分预应力混凝土构件，在作用频遇组合下：

$$\sigma_{st} - \sigma_{pc} \leqslant 0.7 f_{tk} \tag{17-222}$$

但在作用准永久组合下

$$\sigma_{lt} - \sigma_{pc} \leqslant 0 \tag{17-223}$$

式中 f_{tk} —— 混凝土轴心抗拉强度标准值。

2. 斜截面抗裂性验算

预应力混凝土梁的腹部出现斜裂缝是不能自动闭合的，它不像梁的弯曲裂缝在使用阶段的大多数情况下可能是闭合的。因此，对梁的斜裂缝控制应更严格些，不论是全预应力混凝土还是部分预应力混凝土受弯构件都要进行斜截面抗裂验算。

预应力混凝土梁斜截面的抗裂性验算是通过梁体混凝土主拉应力验算来控制的。主拉应力验算在跨径方向应选择剪力与弯矩均较大的最不利区段截面进行，且应选择计算截面重心处和宽度剧烈变化处作为计算点进行验算。斜截面抗裂性验算只需验算在作用（或荷载）短期效应组合下的混凝土主拉应力。

（1）作用频遇组合下的混凝土主拉应力的计算

预应力混凝土受弯构件由作用频遇组合和预加力产生的混凝土主拉应力 σ_{tp} 计算式为：

$$\sigma_{tp} = \frac{\sigma_{cx} + \sigma_{cy}}{2} - \sqrt{\left(\frac{\sigma_{cx} - \sigma_{cy}}{2}\right)^2 + \tau^2} \tag{17-224}$$

混凝土正应力 σ_{cx}、σ_{cy} 和剪应力 τ 的计算方法见式（17-201）。

在计算剪应力 τ 时，式（17-205）或式（17-206）中剪力 V_Q 取按作用（或荷载）短期效应组合计算的可变作用引起的剪力值 V_{Qs}；对于简支梁 $V_{Qs} = \psi_{11} V_{Q1} + \psi_{12} V_{Q2} = 0.7 V_{Q1} + 1.0 V_{Q2}$，其中 V_{Q1} 和 V_{Q2} 分别为汽车荷载效应（不计冲击系数）和人群荷载效应产生的剪力标准值，ψ_{11} 和 ψ_{12} 分别为作用频遇组合中的汽车荷载效应和人群荷载效应的频遇值系数。

（2）混凝土主拉应力限值

验算混凝土主拉应力的目的是防止产生自受弯构件腹部中间开始的斜裂缝并要求至少应具有与正截面同样的抗裂安全度。当算出的混凝土主拉应力不符合下列规定时，则应修改构件截面尺寸。

1）全预应力混凝土构件，在作用频遇组合下：

预制构件 $\sigma_{tp} \leqslant 0.6 f_{tk}$ (17-225)

现场现浇（包括预制拼装）构件 $\sigma_{tp} \leqslant 0.4 f_{tk}$ (17-226)

2）A 类和 B 类预应力混凝土构件，在作用频遇组合下：

预制构件 $\sigma_{tp} \leqslant 0.7 f_{tk}$ (17-227)

现场现浇（包括预制拼装）构件 $\sigma_{tp} \leqslant 0.5 f_{tk}$ (17-228)

式中　f_{tk} ——混凝土轴心抗拉强度标准值。

　　对比应力验算和抗裂验算可以发现，全预应力混凝土及 A 类部分预应力混凝土构件的抗裂验算与持久状况应力验算的计算方法相同，只是所用的荷载效应组合系数不同，截面应力限值不同。应力验算是计算荷载效应标准值（汽车荷载考虑冲击系数）作用下的截面应力，对混凝土法向压应力、受拉区钢筋拉应力及混凝土主压应力规定限值；抗裂验算是计算频遇组合（汽车荷载不计冲击系数）作用下的截面应力，对混凝土法向拉应力、主拉应力规定限值。

17.5.8　变　形　计　算

　　与跨长比较，预应力混凝土受弯构件截面尺寸较普通钢筋混凝土构件小，而且预应力混凝土结构所使用的跨径范围一般也较大。因此，设计中应注意预应力混凝土梁的变形验算，以避免因变形过大而影响使用功能。

　　预应力混凝土受弯构件的挠度是由偏心预加力 N_p 引起的上挠（又称反拱）和荷载（恒荷载与活荷载）所产生的下挠度两部分所组成。对于跨径不大的预应力混凝土简支梁，其总挠度一般是比较小的。预应力混凝土梁变形的精确计算，应同时考虑混凝土收缩、徐变、弹性模量等随时间而变化的影响因素，计算时常需借助于计算机。但对于简支梁等，采用以下实用计算方法所得到的变形计算结果已能满足要求。

　　1. 预加力引起的上拱值

　　预应力混凝土受弯构件的上拱变形，又称反拱，是由预加力 N_p 作用引起的，它与竖向荷载作用引起的挠度方向相反。在预加力作用下，预应力混凝土受弯构件的上拱可根据给定的构件刚度用结构力学的方法计算。例如，后张法简支梁跨中的上拱，其值为：

$$\delta_{pe} = \int_0^l \frac{M_{pe} \cdot \overline{M_x}}{B_0} dx \qquad (17\text{-}229)$$

式中　M_{pe} ——由永存预加力（永存预应力的合力）在任意截面 x 处所引起的弯矩值；

　　　　$\overline{M_x}$ ——跨中作用单位力时在任意截面 x 处所产生的弯矩值；

　　　　B_0 ——构件抗弯刚度，计算时按实际受力阶段取值。

　　2. 使用荷载作用下的挠度

　　在使用荷载作用下，预应力混凝土（包括全预应力混凝土与部分预应力混凝土）受弯构件的挠度，可近似地按结构力学的公式进行计算。主要在于如何合理地确定能够反映构件实际情况的抗弯刚度。

　　《公路桥规》JTG D62—2004 规定，对于全预应力混凝土构件以及 A 类部分预应力混凝土构件取抗弯刚度为 $B_0 = 0.95 E_c I_0$。等高度简支梁、悬臂梁的挠度计算表达式为：

$$w_{Ms} = \frac{\alpha M_s l^2}{0.95 E_c I_0} \tag{17-230}$$

式中　l —— 梁的计算跨径；

　　　α —— 挠度系数，与弯矩图形状和支承的约束条件有关；

　　M_s —— 按作用频遇组合计算的弯矩；

　　I_0 —— 构件全截面的换算截面惯性矩。

3. 预应力混凝土受弯构件的总挠度

（1）荷载短期效应组合下的总挠度 w_s

$$w_s = -\delta_{pe} + w_{Ms} \tag{17-231}$$

式中　δ_{pe} —— 永存预加力 N_{pe} 所产生的上拱值，按式（17-229）计算；

　　w_{Ms} —— 由作用频遇组合计算的弯矩值引起的挠度值，即

$$w_{Ms} = w_{G1} + w_{G2} + w_{Qs} \tag{17-232}$$

w_{G1}、w_{G2} —— 分别为梁受一期恒荷载 G_1 和二期恒荷载 G_2 作用而产生的挠度值；计算时可不考虑后张法孔道削弱对 M_{G1} 引起的挠度的影响，近似采用 I_0；

　　w_{Qs} —— 按作用频遇组合计算的可变作用弯矩值所产生的挠度值，对简支梁：

$$w_{Qs} = \psi_{11} w_{Q1} + \psi_{12} w_{Q2} = 0.7 w_{Q1} + 0.4 w_{Q2} \tag{17-233}$$

ψ_{11}、ψ_{12} —— 分别为作用频遇组合计算中的汽车荷载效应和人群荷载效应的频遇值系数；

w_{Q1}、w_{Q2} —— 分别为汽车荷载效应（不计冲击系数）和人群荷载效应的弯矩标准值作用所产生的挠度值。

（2）作用频遇组合并考虑长期效应影响的挠度值 w_l

预应力混凝土受弯构件随时间的增长，由于受压区混凝土徐变、钢筋平均应变增大、受压区与受拉区混凝土收缩不一致导致构件曲率增大以及混凝土弹性模量降低等原因，使得构件挠度增加。因此，计算受弯构件挠度时必须考虑荷载长期作用的影响。《公路桥规》JTG D62—2004 中通过挠度长期增长系数 η_θ 来实现，即对作用频遇组合计算的挠度值乘以系数 $\eta_{\theta,Ms}$ 得到考虑荷载长期效应的挠度值，同时对预加力引起的反拱值也乘以长期系数 $\eta_{\theta,pe}$ 得到考虑长期效应的反拱值。具体计算式为：

$$\begin{aligned} w_l &= -\eta_{\theta,pe} \cdot \delta_{pe} + \eta_{\theta,Ms} \cdot w_{Ms} \\ &= -\eta_{\theta,pe} \cdot \delta_{pe} + \eta_{\theta,Ms} \cdot (w_{G1} + w_{G2} + w_{Qs}) \end{aligned} \tag{17-234}$$

式中　w_l —— 考虑长期荷载效应的挠度值；

　　$\eta_{\theta,pe}$ —— 预加力上拱值考虑长期效应增长系数；计算使用阶段预加力上拱值时，预应力钢筋的预加力应扣除全部预应力损失，并取 $\eta_{\theta,pe} = 2$；

　　$\eta_{\theta,Ms}$ —— 短期荷载效应组合考虑长期效应的挠度增长系数，按表 17-19 取值。

短期荷载效应组合考虑长期效应的挠度增长系数值表 　　　　表 17-19

混凝土强度等级	C40 以下	C40	C45	C50	C55	C60	C65	C70	C75	C80
$\eta_{\theta,Ms}$	1.60	1.45	1.44	1.43	1.41	1.40	1.39	1.38	1.36	1.35

预应力混凝土受弯构件，在作用频遇组合考虑长期效应影响下最大竖向挠度的计算值为 $w_l = \eta_{\theta,Ms} w_{Qs}$ 且应小于规定容许值，该容许值与钢筋混凝土梁相同。

4. 预拱度的设置

由于存在上拱度 δ_{pe}，预应力混凝土简支梁一般可不设置预拱度。但当梁的跨径较大，或对于下缘混凝土预压应力不是很大的构件（例如部分预应力混凝土构件），有时会因恒载的长期作用产生过大挠度。故《公路桥规》JTG D62—2004 规定预应力混凝土受弯构件由预加应力产生的长期反拱值大于按作用频遇效应组合计算的长期挠度时，可不设预拱度；当预加应力的长期反拱值小于按频遇组合计算的长期挠度时应设预拱度，预拱度值 Δ 按该项荷载的挠度值与预加应力长期反拱值之差采用，即

$$\Delta = \eta_{\theta,Ms} w_{Ms} - \eta_{\theta,pe} \delta_{pe} \tag{17-235}$$

对自重相对于活载较小的预应力混凝土受弯构件，应考虑预加力作用使梁的上拱值过大可能造成的不利影响，必要时在施工中采取设置倒拱方法或设计和施工上的措施，避免桥面隆起甚至开裂破坏。设置预拱度时，应按最大的预拱值沿顺桥向做成平顺的曲线。

17.5.9 预应力混凝土简支梁设计

前面已介绍了预应力混凝土受弯构件有关承载力、应力、抗裂性和变形等方面的计算方法。本节将以预应力混凝土简支梁为例，介绍整个预应力混凝土受弯构件的设计计算方法，其中包括设计计算步骤、截面设计、钢筋数量的估算与布置以及构造要求等内容。

1. 设计计算步骤

预应力混凝土梁的设计计算步骤和钢筋混凝土梁相类似。现以后张法简支梁为例，其设计计算步骤如下：

(1) 根据设计要求，参照已有的设计图纸与资料，选定构件的截面形式与相应尺寸；或者直接对弯矩最大截面，根据截面抗弯要求初步估算构件混凝土截面尺寸；

(2) 根据结构可能出现的荷载效应组合，计算控制截面最大的设计弯矩和剪力；

(3) 根据正截面抗裂性和抗弯要求和已初定的混凝土截面尺寸，估算预应力钢筋和非预应力主筋的数量，并进行合理地布置；

(4) 计算主梁截面几何特性；

(5) 进行正截面与斜截面承载力计算；

(6) 确定预应力钢筋的张拉控制应力，估算各项预应力损失并计算各阶段相应的有效预应力；

(7) 按短暂状况和持久状况进行构件的应力验算；

(8) 进行正截面与斜截面的抗裂验算；

(9) 主梁的变形计算；

(10) 锚固局部承压计算与锚固区设计。

2. 预应力混凝土简支梁的截面设计

(1) 预应力混凝土梁抗弯效率指标

预应力混凝土梁抵抗外弯矩的机理与钢筋混凝土梁不同。钢筋混凝土梁的抵抗弯矩主要是由变化的钢筋应力的合力（或变化的混凝土压应力的合力）与固定的内力偶臂 Z 的乘积所形成；而预应力混凝土梁是由基本不变的预加力 N_{pe}（或混凝土预压应力的合力）与随外弯矩变化而变化的内力偶臂 Z 的乘积所组成。因此，对于预应力混凝土梁来说，其内力偶臂 Z 所能变化的范围越大，则在预加力 N_{pe} 相同的条件下，其所能抵抗外弯矩的能力也就越大，也即抗弯效率越高。在保证上、下缘混凝土不产生拉应力的条件下，内力偶臂 Z 可能变化的最大范围只能是上核心距 K_u 和下核心距 K_b 之间。因此，截面抗弯效率可用参数 $\rho = \dfrac{K_u + K_b}{h}$（$h$ 为梁的全截面高度）来表示，并将 ρ 称为抗弯效率指标，ρ 值越高，表示所设计的预应力混凝土梁截面经济效率越高，ρ 值实际上也是反映截面混凝土材料沿梁高分布的合理性，它与截面形式有关，例如，矩形截面的 ρ 值为 1/3，而空心板梁则随挖空率而变化，一般为 0.4～0.55，T 形截面梁亦可达到 0.50 左右。故在预应力混凝土梁截面设计时，应在设计与施工要求的前提下考虑选取合理的截面形式。

(2) 预应力混凝土梁的常用截面形式

现将工程实践中，预应力混凝土梁常用的一些截面形式（图 17-69）的特点及其适用场合简述如下，以供设计时选择、参考。

1) 预应力混凝土空心板（图 17-69a）。其芯模可采用圆形、圆端形等形式，跨径较大的后张法空心板则向薄壁箱形截面靠拢，仅顶板做成拱形。施工方法一般采用场制直线配筋的先张法（多用长线法生产）。通常用于跨径 8～20m 的桥梁。近年，空心板跨径有加大的趋势，方法也由先张法扩展至后张法；预应力钢筋的使用从有粘结扩展到无粘结；板宽由过去的 1m 扩展到 1.4m 等。

2) 预应力混凝土 T 形梁（图 17-69b）。这是我国最常用的预应力混凝土简支梁截面形式。标准设计跨径为 25～50m，一般采用后张法施工。过去常用高强钢丝 24ϕ^w5 或 18ϕ^w5 与弗氏锚具配套使用；现在多用 6ϕ15.2 或 7ϕ15.2 钢绞线束并与夹片锚具配套使用。在梁肋下部，为了布置筋束和承受强大预压力的需

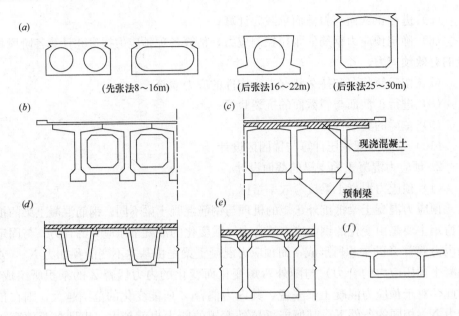

图 17-69　预应力混凝土梁常用的截面形式

(a) 预应力混凝土空心板；(b) 预应力混凝土 T 形梁；(c) 带现浇翼板的预制预应力混凝土 T 形梁；

(d) 预应力混凝土组合箱形梁；(e) 预应力混凝土组合 T 形梁；(f) 预应力混凝土箱形梁

要，常加厚成"马蹄"形。T 形梁的肋板主要是承受剪应力和主应力，一般做得较薄；但构造上要求应能满足布置预留孔道的需要，一般最小为 140～160mm，而梁端锚固区段（即约等于梁高的范围）内，应满足布置锚具和局部承压的需要，故常将其做成与"马蹄"同宽。其上翼缘宽度，一般为 1.6～2.5m，随跨径增大而增加。预应力混凝土简支 T 形梁的高跨比一般为 1/25～1/15。

3）带现浇翼板的预制预应力混凝土 T 形梁（图 17-69c）。它是在预制短翼 T 形梁安装定位后，再现浇部分翼板、横梁和桥面混凝土使截面整体化。其受力性能如同 T 形截面梁，但横向联系较 T 形梁好。其部分翼缘为现浇，故其起吊重量相对较轻。特别是它能较好地适用于各种斜度的斜梁桥或曲率半径较大的弯梁桥，在平面布置时较易处理。

4）预应力混凝土组合箱形梁（图 17-69d）一般采用标准设计，工厂预制，用先张法施工。适用于跨径为 16～25m 的中小跨径桥梁。高跨比 h/l 约为 1/20～1/16。

5）预应力混凝土组合 T 形梁（图 17-69e）。为了减轻吊装重量，而采用预应力混凝土 I 形梁加预制微弯板（或钢筋混凝土板）形成的组合式梁。现有标准设计图纸的跨径为 16～20m，高跨比 h/l 为 1/18～1/16。此种截面形式因梁肋受力条件不利，故不如整体式 T 形梁用料经济。施工中应注意加强结合面处的连接，以保证肋与板能共同工作。

6）预应力混凝土箱形梁（图 17-69f）。箱形梁的截面为闭口截面，其抗扭刚度和横向刚度比一般开口截面（如 T 形截面梁）大得多，可使梁的荷载分布比较均匀，箱壁一般做得较薄，材料利用合理，自重较轻，跨越能力大。箱形截面梁更多的是用于连续梁，T 形刚构等大跨度桥梁中。

3. 截面尺寸和预应力钢筋数量的选定

（1）截面尺寸

截面尺寸的选择，一般是参考已有设计资料、经验方法及桥梁设计中的具体要求事先拟定的，然后根据有关规范的要求进行配筋验算，如计算结果表明预估的截面尺寸不符合要求时，则须再作必要的修改。

（2）预应力钢筋截面积的估算

预应力混凝土梁应进行承载能力极限状态计算和正常使用极限状态计算，并满足《公路桥规》JTG D62—2004 中对不同受力状态下规定的设计要求（如承载力、应力、抗裂性和变形等），预应力钢筋截面积估计就是根据这些限值条件进行的。预应力混凝土梁一般以抗裂性（全预应力混凝土或 A 类部分预应力混凝土）控制设计。在截面尺寸确定以后，结构的抗裂性主要与预加力的大小有关。因此，预应力混凝土梁钢筋数量估算的一般方法是，首先根据结构正截面抗裂性确定预应力钢筋的数量（A 类部分预应力混凝土），然后再由构件承载能力极限状态要求确定非预应力钢筋数量。预应力钢筋数量估算时截面特性可取全截面特性。

1）按构件正截面抗裂性要求估算预应力钢筋数量

全预应力混凝土梁按作用（或荷载）短期效应组合进行正截面抗裂性验算，计算所得的正截面混凝土法向拉应力应满足式（17-221）的要求，由式（17-221）可得到：

$$\frac{M_{\mathrm{s}}}{W} - 0.85 N_{\mathrm{pe}}\left(\frac{1}{A} + \frac{e_{\mathrm{p}}}{W}\right) \leqslant 0 \qquad (17\text{-}236)$$

上式稍作变化，即可得到全预应力混凝土梁满足作用（或荷载）短期效应组合抗裂验算所需的有效预加力为：

$$N_{\mathrm{pe}} \geqslant \frac{M_{\mathrm{s}}/W}{0.85\left(\frac{1}{A} + \frac{e_{\mathrm{p}}}{W}\right)} \qquad (17\text{-}237)$$

式中 M_{s} ——按作用（或荷载）短期效应组合计算的弯矩值；

N_{pe} ——使用阶段预应力钢筋永存应力的合力；

A ——构件混凝土全截面面积；

W ——构件全截面对抗裂验算边缘弹性抵抗矩；

e_{p} ——预应力钢筋的合力作用点至截面重心轴的距离。

对于 A 类部分预应力混凝土构件，根据式（17-222）可以得到类似的计算式，即

$$N_{pe} \geqslant \frac{M_s / W - 0.7 f_{tk}}{\left(\dfrac{1}{A} + \dfrac{e_p}{W}\right)} \tag{17-238}$$

求得 N_{pe} 值后，再确定适当的张拉控制应力 σ_{con} 并扣除相应的应力损失 σ_l（对于配高强度钢丝或钢绞线的后张法构件 σ_l 约为 $0.2\sigma_{con}$），就可以估算出所需要的预应力钢筋的总面积 $A_p = N_{pe} / (1 - 0.2)\sigma_{con}$。

A_p 确定之后，则可按一束预应力钢筋的面积 A_{p1} 算出所需的预应力钢筋束数 n_1 为

$$n_1 = A_p / A_{p1} \tag{17-239}$$

式中 A_{p1}——一束预应力钢筋的截面面积。

2）按构件承载能力极限状态要求估算非预应力钢筋数量

在确定预应力钢筋的数量后，非预应力钢筋根据正截面承载能力极限状态的要求来确定。对仅在受拉区配置预应力钢筋和非预应力钢筋的预应力混凝土梁（以 T 形截面梁为例），由第 17.5.4 节可知，两类 T 形截面的正截面承载能力极限状态计算式分别为：

第一类 T 形截面

$$f_{sd} A_s + f_{pd} A_p = f_{cd} b'_f x \tag{17-240}$$

$$\gamma_0 M_d \leqslant f_{cd} b'_f x (h_0 - x/2) \tag{17-241}$$

第二类 T 形截面

$$f_{sd} A_s + f_{pd} A_p = f_{cd} [bx + (b'_f - b) h'_f] \tag{17-242}$$

$$\gamma_0 M_d \leqslant f_{cd} [bx(h_0 - x/2) + (b'_f - b) h'_f (h_0 - h'_f / 2)] \tag{17-243}$$

估算时，先假定为第一类 T 形截面按式（17-241）计算受压区高度 x，若计算所得 x 满足 $x \leqslant h'_f$，则由式（17-242）可得受拉区非预应力钢筋截面积为：

$$A_s = \frac{f_{cd} b'_f x - f_{pd} A_p}{f_{sd}} \tag{17-244}$$

若按式（17-241）计算所得的受压区高度为 $x > h'_f$，则为第二类 T 形截面，须按式（17-243）重新计算受压区高度 x，若所得 $x > h'_f$ 且满足 $x \leqslant \xi_b h_0$ 的限值条件，则由式（17-242）可得受拉区非预应力钢筋截面积为：

$$A_s = \frac{f_{cd} [bx + (b'_f - b) h'_f] - f_{pd} A_p}{f_{sd}} \tag{17-245}$$

若按式（17-243）计算所得的受压区高度为 $x > h'_f$ 且满足 $x > \xi_b h_0$，则须修改截面尺寸，增大梁高。

矩形截面梁按正截面承载能力极限状态估算非预应力钢筋的方法与第一类 T 形截面梁方法相同，只需将式（17-240）和式（17-241）中的 b'_f 改为 b。

3）最小配筋率的要求

按上述方法估算所得的钢筋数量，还必须满足最小配筋率的要求。《公路桥规》JTG D62—2004 规定，预应力混凝土受弯构件的最小配筋率应满足条件：

$$\frac{M_u}{M_{cr}} \geqslant 1.0 \qquad (17\text{-}246)$$

式中 M_u——受弯构件正截面抗弯承载力设计值；按式（17-241）或式（17-243）中不等号右边的式子计算；

M_{cr}——受弯构件正截面开裂弯矩值；M_{cr} 的计算式为：

$$M_{cr} = (\sigma_{pc} + \gamma f_{tk})W_0$$

式中的 σ_{pc} 为扣除全部预应力损失预应力钢筋和普通钢筋合力 N_{p0} 在构件抗裂边缘产生的混凝土预压应力；W_0 为换算截面抗裂边缘的弹性抵抗矩；γ 为计算参数，按式 $\gamma = 2S_0/W_0$ 计算，其中 S_0 为全截面换算截面重心轴以上（或以下）部分面积对重心轴的面积矩。

4. 预应力钢筋的布置

（1）束界

合理确定预加力作用点（一般近似地取为预应力钢筋截面重心）的位置对预应力混凝土梁是很重要的。以全预应力混凝土简支梁为例，在弯矩最大的跨中截面处，应尽可能使预应力钢筋的重心降低（即尽量增大偏心距 e_p 值），使其产生较大的预应力负弯矩 $M_p = -N_p e_p$ 来平衡荷载引起的正弯矩。如令 N_p 沿梁近似不变，则对于弯矩较小的其他截面，应相应地减小偏心距 e_p 值，以免由于过大的预应力负弯矩 M_p 而引起构件上缘的混凝土出现拉应力。

根据全预应力混凝土构件截面上、下缘混凝土不出现拉应力的原则，可以按照在最小荷载（即构件一期恒荷载 G_1）作用下和最不利荷载（即一期恒荷载 G_1、二期恒荷载 G_2 和可变荷载）作用下的两种情况，分别确定 N_p 在各个截面上偏心距的极限。由此可以绘出如图 17-70 所示的两条 e_p 的限值线 E_1 和 E_2。只要 N_p 作用点（也即近似为预应力钢筋的截面重心）的位置，落在由 E_1 及 E_2 所围成的区域内，就能保证构件在最小荷载和最不利荷载作用下，其上、下缘混凝土均不会出现拉应力。因此，把由 E_1 和 E_2 两条曲线所围成的布置预应力钢筋时的钢筋重心界限，称为束界（或索界）。

根据上述原则，可以容易地按下列方法绘制全预应力混凝土等截面简支梁的束界。为使计算方便，近似地略去孔道削弱和灌浆后粘结力的影响，一律按混凝土全截面特性计算，并设压应力为正，拉应力为负。

在预加应力阶段，保证梁的上缘混凝土不出现拉应力的条件为：

$$\sigma_{ct} = \frac{N_{pⅠ}}{A} - \frac{N_{pⅠ} e_{pⅠ}}{W_u} + \frac{M_{G1}}{W_u} \geqslant 0 \qquad (17\text{-}247)$$

由此得到

$$e_{pⅠ} \leqslant E_1 = K_b + M_{G1}/N_{pⅠ} \qquad (17\text{-}248)$$

式中 $e_{pⅠ}$——预加力合力的偏心距；合力点位于截面重心轴以下时 $e_{pⅠ}$ 取正值，反之取负值；

K_b ——混凝土截面下核心距：$K_b = W_u/A$；

W_u ——构件全截面对截面上缘的弹性抵抗矩；

N_{pI} ——传力锚固时预加力的合力。

同理，在作用（或荷载）短期效应组合计算的弯矩值作用下，根据构件下缘不出现拉应力的条件，同样可以求得预加力合力偏心距 e_{p2} 为：

$$e_{p2} \geqslant E_2 = \frac{M_s}{\alpha N_{pI}} - K_u \qquad (17\text{-}249)$$

式中 M_s ——按作用（或荷载）短期效应组合计算的弯矩值；

　　α ——使用阶段的永存预加力 N_{pe} 与传力锚固时的有效预加力 N_{pI} 之比值，可近似地取 $\alpha = 0.8$；

　　K_u ——混凝土截面上核心距：$K_u = W_b/A$；

　　W_b ——构件全截面对截面下缘的弹性抵抗矩。

由式（17-248）、式（17-249）可以看出：e_{p1}、e_{p2} 分别具有与弯矩 M_{G1} 和弯矩 M_s 相似的变化规律，都可视为沿跨径而变化的抛物线，其上下限值 E_2、E_1 之间的区域就是束筋配置范围。由此可知，预应力钢筋重心位置（即 e_p）所应遵循的条件为：

$$\frac{M_s}{\alpha N_{pI}} - K_u \leqslant e_p \leqslant K_b + \frac{M_{G1}}{N_{pI}} \qquad (17\text{-}250)$$

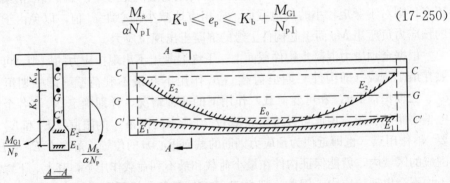

图 17-70   全预应力混凝土简支梁的束界图

只要预应力钢筋重心线的偏心距 e_p，满足式（17-250）的要求，就可以保证构件在预加力阶段和使用荷载阶段，其上、下缘混凝土都不会出现拉应力。这对于检验预应力钢筋配置是否得当，无疑是一个简便而直观的方法。

显然，对于允许出现拉应力或允许出现裂缝的部分预应力混凝土构件，只要根据构件上、下缘混凝土拉应力（包括名义拉应力）的不同限制值作相应的验算，则其束界也同样不难确定。

（2）预应力钢筋的布置原则

1）应使预应力钢筋的重心线不超出束界范围。因此，大部分预应力钢筋在靠近支点时，均须逐步弯起。只有这样，才能保证构件无论是在施工阶段，还是在使用阶段，其任意截面上、下缘混凝土的法向应力都不致超过规定的限制值。

同时，构件端部逐步弯起的预应力钢筋将产生预剪力，这对抵消支点附近较大的外荷载剪力也是非常有利的；而且从构造上来说，预应力钢筋的弯起，可使锚固点分散，有利于锚具的布置。锚具的分散，使梁端部承受的集中力也相应地分散，这对改善锚固区的局部承压也是有利的。

2）预应力钢筋的弯起，应与所承受的剪力变化规律相配合。根据受力要求，预应力钢筋弯起后所产生的预剪力 V_p 应能抵消作用（或荷载）产生的剪力组合设计值 V_d 的一部分。抵消后所剩余的剪力，通常称为减余剪力，将其绘制成图，则称为减余剪力图，它是配置抗剪钢筋的依据。

3）预应力钢筋的布置应符合构造要求。许多构造规定，一般虽未经详细计算，但却是根据长期设计、施工和使用的实践经验而确定的。这对保证构件的耐久性和满足设计、施工的具体要求，都是必不可少的。

（3）预应力钢筋弯起点的确定

预应力钢筋的弯起点，应从兼顾剪力与弯矩两方面的受力要求来考虑。

1）从受剪考虑，理论上应从 $\gamma_0 V_d \geqslant V_{cs}$ 的截面开始起弯，以提供一部分预剪力 V_p 来抵抗作用产生的剪力。但实际上，受弯构件跨中部分的梁腹混凝土已足够承受荷载作用的剪力，因此一般是根据经验，在跨径的三分点到四分点之间开始弯起。

2）从受弯考虑，由于预应力钢筋弯起后，其重心线将往上移，使偏心距 e_p 变小，即预加力弯矩 M_p 将变小。因此，应注意预应力钢筋弯起后的正截面抗弯承载力的要求。

3）预应力钢筋的起弯点尚应考虑满足斜截面抗弯承载力的要求，即保证预应力钢筋弯起后斜截面上的抗弯承载力不低于斜截面顶端所在的正截面的抗弯承载力。

（4）预应力钢筋弯起角度

从减小曲线预应力钢筋预拉时摩阻应力损失出发，弯起角度 θ_p 不宜大于 20°，一般在梁端锚固时都不会达到此值，而对于弯出梁顶锚固的钢筋，则往往超过 20°，θ_p 常在 25°～30°之间。θ_p 角较大的预应力钢筋，应注意采取减小摩擦系数值的措施，以减小由此而引起的摩擦应力损失。

从理论上讲，预应力钢筋弯起的最佳设计是考虑预剪力作用后，只有恒荷载作用和恒、活荷载共同作用的合成剪力绝对值相等，即 $|V_{G1} + V_{G2} - N_{pd}\sin\theta_p|$ $= |V_{G1} + V_{G2} + V_Q - N_{pd} \cdot \sin\theta_p|$，也即通过 $N_{pd}\sin\theta_p = (V_{G1} + V_{G2} + V_Q/2)$ 的条件来控制预应力钢筋的弯起角度 θ_p，但对于恒载较大（跨径较大）的梁，按此确定的 θ_p 值显然过大。为此，只能在条件允许的情况下选择较大的 θ_p 值，对于邻近支点的梁段，则可在满足抗弯承载力要求的条件下，预应力钢筋弯起的数量应尽可能多些。

（5）预应力钢筋弯起的曲线形状

预应力钢筋弯起的曲线可采用圆弧线、抛物线或悬链线三种形式。公路桥梁中多采用圆弧线。《公路桥规》JTG D62—2004 规定，后张法构件预应力构件的曲线形预应力钢筋，其曲率半径应符合下列规定：

1）钢丝束、钢绞线束的钢丝直径 $d \leqslant 5mm$ 时，不宜小于 4m；钢丝直径 $d > 5mm$ 时，不宜小于 6m；

2）精轧螺纹钢筋直径 $d \leqslant 25mm$ 时，不宜小于 12m；直径 $d > 25mm$ 时，不宜小于 15m；

对于具有特殊用途的预应力钢筋（如斜拉桥桥塔中围箍用的半圆形预应力钢筋，其半径在 1.5m 左右），因采取特殊的措施，可以不受此限。

（6）预应力钢筋布置的具体要求

1）后张法构件

对于后张法构件，预应力钢筋预留孔道之间的水平净距，应保证混凝土中最大集料在浇筑混凝土时能顺利通过，同时也要保证预留孔道间不致串孔（金属预埋波纹管除外）和锚具布置的要求等。后张法构件预应力钢筋管道的设置应符合下列规定：

①直线管道之间的水平净距不应小于 40mm，且不宜小于管道直径的 0.6 倍；对于预埋的金属或塑料波纹管和铁皮管，在竖直方向可将两管道叠置。

②曲线形预应力钢筋管道在曲线平面内相邻管道间的最小距离（图 17-71）计算式为：

$$c_{\text{in}} \geqslant \frac{P_{\text{d}}}{0.266r\sqrt{f'_{\text{cu}}}} - \frac{d_{\text{s}}}{2} \qquad (17\text{-}251)$$

式中　c_{in} ——相邻两曲线管道外缘在曲线平面内净距（mm）；

d_{s} ——管道外缘直径（mm）；

P_{d} ——相邻两管道曲线半径较大的一根预应力钢筋的张拉力设计值（N）；张拉力可取扣除锚圈口摩擦、钢筋回缩及计算截面处管道摩擦损失后的张拉力乘以 1.2；

r ——相邻两管道曲线半径较大的一根预应力钢筋的曲线半径（mm）；r 的计算式为：

$$r = \frac{l}{2}\left(\frac{1}{4\beta} + \beta\right) \qquad (17\text{-}252)$$

l ——曲线弦长（mm）；

β ——曲线矢高 f 与弦长 l 之比；

f'_{cu} ——预应力钢筋张拉时，边长为 150mm 的立方体混凝土抗压强度（MPa）。

当按上述计算的净距小于相应直线管道净距时，应取用直线管道最小净距。

③曲线形预应力钢筋管道在曲线平面外相邻管道间的最小距离 c_{out} 计算

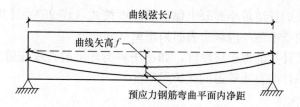

图 17-71 曲线形预应力钢筋弯曲平面内净距

式为：

$$c_{out} \geqslant \frac{P_d}{0.266\pi r\sqrt{f'_{cu}}} - \frac{d_s}{2} \tag{17-253}$$

式中的 c_{out} 为相邻两曲线管道外缘在曲线平面外净距（mm）；p_d、r、f'_{cu} 意义同上。

④管道内径的截面面积不应小于预应力钢筋截面面积的两倍。

⑤按计算需要设置预拱度时，预留管道也应同时起拱。

⑥后张法预应力混凝土构件，其预应力管道的混凝土保护层厚度，应符合《公路桥规》JTG D62—2004 的下列要求：

普通钢筋和预应力直线形钢筋的最小混凝土保护层厚度（钢筋外缘或管道外缘至混凝土表面的距离）不应小于钢筋公称直径，后张法构件预应力直线形钢筋不应小于管道直径的 1/2 且应符合附表 15-8 的规定。

对外形呈曲线形且布置有曲线预应力钢筋的构件（图 17-72），其曲线平面内管道的最小混凝土保护层厚度，应根据施加预应力时曲线预应力钢筋的张拉力，按式（17-241）计算，其中 c_{in} 为管道外边缘至曲线平面内混凝土表层的距离（mm）；当按式（17-241）计算的保护层厚度过多的超过上述规定的直线管道保护层厚度时，也可按直线管道设置最小保护层厚度，但应在管道曲线段弯曲平面内设置箍筋（图 17-72），箍筋单肢的截面面积计算式为：

$$A_{sv1} \geqslant \frac{P_d s_v}{2r f_{sv}} \tag{17-254}$$

式中 A_{sv1} ——箍筋单肢截面面积（mm^2）；

s_v ——箍筋间距（mm）；

f_{sv} ——箍筋抗拉强度设计值（MPa）。

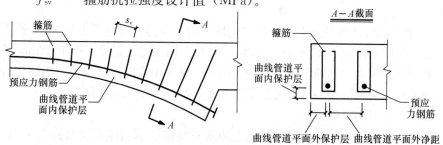

图 17-72 预应力钢筋曲线管道保护层示意图

曲线平面外的管道最小混凝土保护层厚度按式（17-253）计算，其中 c_{out} 为管道外边缘至曲线平面外混凝土表面的距离（mm）。

按上述公式计算的保护层厚度，如小于各类环境的直线管道的保护层厚度，应取相应环境条件的直线管道的保护层厚度。

2）先张法构件

先张法预应力混凝土构件宜采用钢绞线、螺旋肋钢丝或刻痕钢丝用作预应力钢筋，当采用光面钢丝作预应力筋时，应采取适当措施（如钢丝刻痕、提高混凝土强度等级及施工中采用缓慢放张的工艺等），保证钢丝在混凝土中可靠地锚固，防止因钢丝与混凝土间粘结力不足而使钢丝滑动，丧失预应力。

在先张法预应力混凝土构件中，预应力钢绞线之间的净距不应小于其直径的1.5 倍，且对二股、三股钢绞线不应小于 20mm，对七股钢绞线不应小于 25mm。预应力钢丝间净距不应小于 15mm。

在先张法预应力混凝土构件中，对于单根预应力钢筋，其端部应设置长度不小于 150mm 的螺旋筋；对于多根预应力钢筋，在构件端部 10 倍预应力钢筋直径范围内，应设置 3～5 片钢筋网。

普通钢筋和预应力直线形钢筋的最小混凝土保护层厚度（钢筋外缘至混凝土表面的距离）不应小于钢筋公称直径，且应符合附表 15-8 的规定。

5. 非预应力钢筋的布置

在预应力混凝土受弯构件中，除了预应力钢筋外，还需要配置各种形式的非预应力钢筋。

（1）箍筋

箍筋与弯起预应力钢筋同为预应力混凝土梁的腹筋，与混凝土一起共同承担剪力，故应按抗剪要求来确定箍筋数量（包括直径和间距的大小）。在剪力较小的梁段，按计算要求的箍筋数量很少，但为了防止混凝土受剪时的意外脆性破坏，《公路桥规》JTG D62—2004 仍要求按下列规定配置构造箍筋：

1）预应力混凝土 T 形、I 形截面梁和箱形截面梁腹板内应分别设置直径不小于 10mm 和 12mm 的箍筋，且应采用带肋钢筋，间距不应大于 250mm；自支座中心起长度不小于一倍梁高范围内，应采用闭合式箍筋，间距不应大于 100mm。

2）在 T 形、I 形截面梁下部的"马蹄"内，应另设直径不小于 8mm 的闭合式箍筋，间距不应大于 200mm。另外，"马蹄"内还应设直径不小于 12mm 的定位钢筋。这是因为"马蹄"在预加应力阶段承受着很大的预压应力，为防止混凝土横向变形过大和沿梁轴方向发生纵向水平裂缝，而予以局部加强。

（2）水平纵向辅助钢筋

T 形截面预应力混凝土梁，截面上边缘有翼缘、下边缘有"马蹄"，它们在梁横向的尺寸，都比腹板厚度大，在混凝土硬化或温度骤降时，腹板将受到翼缘与"马蹄"的钳制作用（因翼缘和"马蹄"部分尺寸较大，温度下降引起的混凝土收缩较慢），而不能自由地收缩变形，因而有可能产生裂缝。经验指出，对于未设水平纵向辅助钢筋的薄腹板梁，其下缘因有密布的纵向钢筋，出现的裂缝细而密，而过下缘（即"马蹄"）与腹板的交界处进入腹板后，其裂缝就常显得粗而稀。梁的截面越高，这种现象越明显。例如采用蒸汽养护的预应力混凝土 T形梁，由于施工未注意到梁体温度较高、大气温度较低的情况，结束蒸汽养护就使梁体暴露在空气中而导致在梁体的三分点处出现这种裂缝，且裂缝宽度较大。为了缩小裂缝间距，防止腹板裂缝较宽，一般需要在腹板两侧设置水平纵向辅助钢筋，通常称为防裂钢筋。对于预应力混凝土梁，这种钢筋宜采用小直径的钢筋网，紧贴箍筋布置于腹板两侧，以增加与混凝土的粘结力，使裂缝的间距和宽度均减小。从这个意义上讲，将这种构造钢筋称为裂缝分散钢筋似更为合适。

（3）局部加强钢筋

对于局部受力较大的部位，应设置加强钢筋，如"马蹄"中的闭合式箍筋和梁端锚固区的加强钢筋等，除此之外，梁底支座处亦设置钢筋网加强。

（4）架立钢筋与定位钢筋

架立钢筋是用于支撑箍筋的，一般采用直径为 12～20mm 的圆钢筋；定位钢筋系指用于固定预留孔道制孔器位置的钢筋，常做成网格式。

6. 锚具的防护

对于埋入梁体的锚具，在预加应力完成后，其周围应设置构造钢筋与梁体连接，然后浇筑封锚混凝土。封锚混凝土强度等级不应低于构件本身混凝土强度等级的 80%，且不低于 C30。

思　考　题

17.1　《公路桥规》JTG D62—2004 根据桥梁在施工和使用过程中面临的不同情况，规定结构设计有哪几种状况？公路桥梁结构设计基准期是多少年？

17.2　钢筋混凝土梁内的钢筋骨架分哪两种形式？它们之间有何不同之处？

17.3　T 形截面梁（内梁）的受压翼板有效宽度 b'_f 如何确定？

17.4　试根据式（17-37）说明钢筋混凝土梁的斜截面抗剪承载力与哪些因素有关？

17.5　《公路桥规》JTG D62—2004 对纵向钢筋在支座处的锚固有何规定？为什么要作出这样的规定？

17.6　在钢筋混凝土轴心受压构件中，纵筋和箍筋各起什么作用？

17.7　试说明钢筋混凝土偏心受压构件计算中的符号 η 是什么系数？它与轴心受压构件计算中的 φ 系数有何不同？

17.8　如何进行钢筋混凝土偏心受压构件的截面复核？

17.9   由式（17-64），说明钢筋混凝土受弯构件的最大裂缝宽度与哪些因素
        有关？

17.10   有两根轴心受拉构件，其配筋数量、材料强度和截面尺寸等均相同，只
        是其中一根施加了预应力，另一根没有施加预应力。试问这两根构件的
        正截面承载力是否相等？抗裂能力是否相同？为什么？

17.11   对预应力混凝土 T 形梁进行斜截面抗剪承载力计算和主应力验算时，一
        般情况下需对梁体哪些部位进行计算？

17.12   预应力混凝土梁为何要进行施工阶段和使用阶段的应力计算？这时为什
        么可以把混凝土假定为弹性材料？

17.13   预应力混凝土的锚下张拉控制应力 σ_{con} 为何不能规定得太高？

17.14   与钢筋混凝土梁相比，预应力混凝土梁的变形（挠度）计算有何特点？

习　　题

17.1   钢筋混凝土矩形截面梁，I 类环境条件，安全等级为二级。截面尺寸 $b \times h$
        $=250 \times 500mm$，计算弯矩 $M = \gamma_o M_d = 136kN \cdot m$，拟采用 C25 混凝土、
        HRB335 级钢筋。试求所需的钢筋截面面积。

17.2   有一钢筋混凝土行车道板，板厚 14mm。I 类环境条件，安全等级为二级。
        每米板宽承受计算弯矩 $M = 18kN \cdot m/m$。拟采用 C20 混凝土和 R235 级
        钢筋。求所需的钢筋截面积并进行截面复核。

17.3   截面尺寸为 $250mm \times 600mm$ 的钢筋混凝土矩形梁，I 类环境条件，安全
        等级为二级。截面作用的计算弯矩 $M = 300kN \cdot m$，拟采用 C25 混凝土、
        R235 级钢筋。试按双筋截面来选择钢筋面积并进行截面复核。

17.4   计算跨径为 15.5m 的钢筋混凝土简支 T 形梁，截面高度 $h = 1.10m$，腹板
        宽度 $b = 180mm$，翼板宽度为 160mm，平均厚度 $h'_i = 110mm$。跨中截面
        计算弯矩 $M = 1470kN \cdot m$。拟采用 C25 混凝土、HRB335 级钢筋。I 类环
        境条件，安全等级为一级。试进行截面配筋和截面复核。

17.5   已知钢筋混凝土简支梁截面尺寸为 $b \times h = 200mm \times 600mm$，梁计算跨径
        为 5m。纵筋和箍筋均采用 R235 级钢筋，纵筋面积为 763mm² （3ϕ18），
        $a_s = 40mm$。C30 混凝土。已知支点处计算剪力 $V_0 = 106kN$；跨中截面计
        算剪力 $V_{1/2} = 42kN$。I 类环境条件，安全等级为二级。现全梁仅配置箍
        筋，试进行箍筋设计。

17.6   矩形截面钢筋混凝土偏心受压构件，截面尺寸 $b \times h = 400mm \times 600mm$。I
        类环境条件，安全等级为二级。截面配筋见图 17-73，HRB335 级钢筋。
        C25 混凝土。构件计算长度 $l_0 = 4.5m$。偏心为 $N = 820kN$，$e_0 = 450mm$，
        试进行截面复核。

17.7　钢筋混凝土简支梁，截面尺寸 $b \times h = 200\text{mm} \times 450\text{mm}$。主筋为 3Φ16，布置如图 17-74 所示。C25 混凝土。短期静荷载作用产生的最大弯矩 $M = 50.7\text{kN} \cdot \text{m}$。试进行梁弯曲裂缝最大宽度验算（允许裂缝宽度为 0.2mm）和相应的跨中挠度计算。

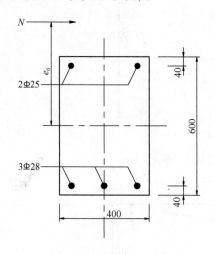

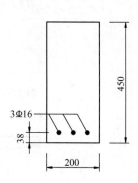

图 17-73　习题 17.6 图　　　　图 17-74　习题 17.7 图

17.8　后张法构件中某根预应力钢筋在 A 点一端张拉（图 17-75）。已知 $\sigma_{\text{con}} = 1300\text{MPa}$，$\kappa = 0.003$，$\mu = 0.35$，$\theta = 0.4$（弧度）。试求图中 C 点、B' 点和 A' 点的摩擦阻力引起的预应力损失值。若预应力钢筋在 A 点和 A' 点两端张拉，C 点、B' 点和 A' 点由于摩擦阻力引起的预应力损失值是多少？

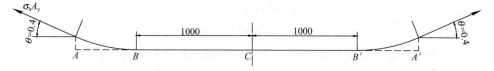

图 17-75　习题 17.8 图（单位：mm）

17.9　预应力混凝土简支梁跨中截面如图 17-76 所示。预应力钢筋采用 22 束，每束 24 根 ϕ^s5 高强度钢丝，钢筋重心位置距梁底面 $\alpha_y = 268\text{mm}$；C50 混凝土。受压翼板的计算宽度 $b'_i = 2030\text{mm}$。承受计算弯矩 $M = 18777.4\text{kN} \cdot \text{m}$，试进行正截面承载能力复核。

17.10　后张法预应力混凝土简支 T 形梁的跨中截面尺寸如图 17-77 所示。预应力钢筋为 3 束 42ϕ^s5 的高强度钢丝，预应力钢束孔道直径 50mm。C40 混凝土。当混凝土强度达到设计强度时张拉预应力钢筋，这时的有效预加力 $N_p = 2653.7\text{kN}$，梁自重产生的弯矩 $M_{G1} = 1030\text{kN} \cdot \text{m}$，试进行截面混凝土正应力的验算。

若二期恒荷载在截面上产生的作用弯矩 $M_{G2} = 188\text{kN} \cdot \text{m}$，汽车荷载在截

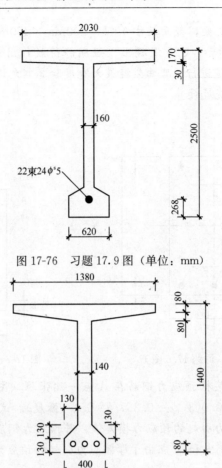

图 17-76　习题 17.9 图（单位：mm）

图 17-77　习题 17.10 图（单位：mm）

面上产生的作用弯矩 $M_Q = 1160\text{kN} \cdot \text{m}$，永存预加力 $N_P = 2006.33\text{kN}$。试进行使用阶段的混凝土正应力的验算。

第18章 混凝土梁式桥

教学要求：

1. 了解混凝土梁式桥的主要类型及适用范围，理解装配式梁（板）的横向连接，知道简支梁（板）桥构造；

2. 理解混凝土简支梁（板）桥上部结构的计算内容，深刻理解桥梁上部结构在活载作用下荷载横向分布计算概念，掌握荷载横向分布计算方法、活载内力计算方法；

3. 掌握桥面板计算方法；

4. 了解桥梁常用支座类型与构造，掌握板式橡胶支座的计算方法。

以钢筋混凝土或预应力混凝土板、梁等受弯构件作为桥跨结构中主要承重构件的桥统称为混凝土梁式桥，简称混凝土梁桥。

混凝土梁桥是在公路和城市道路中广泛应用的一种桥梁，其设计理论和施工技术都发展得比较成熟。本章主要介绍混凝土梁桥的构造、设计计算方法及支座设计方法。

§18.1 梁式桥的主要类型及适用范围

混凝土梁桥具有多种不同的构造类型，下面从几个主要方面简述其上部结构的分类。

1. 按承重结构的受力图式分类

（1）简支梁桥（图 18-1a） **简支梁属静定结构**且相邻桥孔各自单独受力，故结构内力不受墩台基础不均匀沉降影响，从而能适用于地基土较差的桥位。

简支梁主要受其跨中正弯矩的控制，当跨径增大时，梁的跨中截面恒荷载弯矩和车辆荷载等可变作用产生的弯矩急剧增加。当恒荷载弯矩所占比例较大时（混凝土梁跨径增大），梁能承受的活荷载能力就减小。因此钢筋混凝土简支梁（板）的常用跨径在20m以下。当采用预应力混凝土简支板时，常用跨径在13～16m；采用预应力混凝土简支梁时，常用跨径在 25～50m。

（2）连续梁桥（图 18-1b） 采用连续梁作为桥跨结构承重构件的梁式桥。连续梁在竖向力作用下支点截面产生负弯矩，从而显著减小了梁跨中截面的正弯矩，这样不但可减小梁跨中的建筑高度，而且能节省混凝土数量，跨径愈大，这

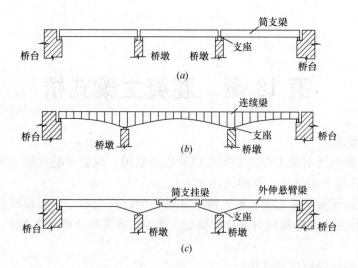

图 18-1   混凝土梁桥立面布置示意图（一）
(a) 简支梁桥；(b) 连续梁桥；(c) 悬臂梁桥

种节省就愈显著。**连续梁是超静定结构，**当一个支点有沉降时，就会使各跨的梁体截面上产生附加内力，所以对桥梁墩台的地基要求严格。钢筋混凝土连续梁的主孔常用跨径范围在 30m 以下，预应力混凝土连续梁的主孔常用范围在40～160m。

（3）悬臂梁桥（图 18-1c）   将简支梁梁体加长，并越过支点就成为悬臂梁。仅梁的一端悬出者称为单悬臂梁，两端均悬出者称为双悬臂梁。对于较长的桥，可以借助简支挂梁与悬臂梁一起组成多孔桥。在受力方面，悬臂部分使支点上产生负弯矩，减少跨中的正弯矩，所以，对相同的跨径，悬臂梁跨中高度可比简支梁小。**悬臂梁属静定结构，**墩台的不均匀沉降不会在梁内引起附加内力。带挂梁的悬臂梁，挂梁与悬臂连接处的构造比较复杂，挠度曲线在这个连接处有折点，会加大汽车荷载的冲击作用，因而易于损坏。

以上三种受力图式的混凝土梁桥，在墩台上必须设置专门的传力和支承部件，即支座。在工程中，混凝土梁式桥还有 T 形刚构桥和连续-刚构桥。T 形刚构桥是一种具有悬臂受力特点的梁式桥，是梁与桥墩固结且伸出悬臂段，形同"T"字，在桥跨中部与简支挂梁组成的受力结构，见图 18-2（a）。带挂梁的 T 形刚构桥是静定结构。预应力混凝土 T 形刚构的主孔常用跨径在 60～200m。连续-刚构桥综合了连续梁和 T 形刚构的特点，将主梁做成连续梁与薄壁桥墩固结，如图 18-2（b）所示。由于薄壁桥墩是一种柔性桥墩，在竖向荷载作用下，连续-刚构桥基本上是无推力的受力体系，而梁具有连续梁的受力特点。预应力混凝土连续-刚构桥的主孔跨径已达到270m。

T 形刚构和连续-刚构桥的主梁与桥墩均为固结，是不在墩上设支座的梁式桥。

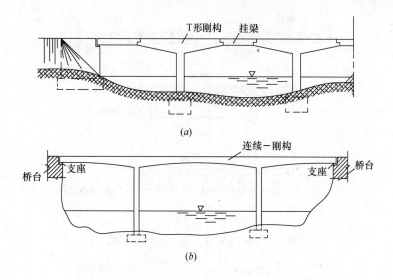

图 18-2 混凝土梁桥立面布置示意图（二）

(*a*) T 形刚构桥；(*b*) 连续—刚构桥

2. 按承重结构横截面形式分类

（1）板桥 板桥的承重结构一般是矩形截面的钢筋混凝土板或预应力混凝土板。当桥跨宽度方向仅用一块混凝土板的称为整体式板桥，见图 18-3（*a*）；若用数块预制混凝土板横向连接形成整体的称为装配式板桥，见图 18-3（*b*）。

简支板桥可采用整体式结构或装配式结构，前者跨径一般为 4～8m，后者跨径一般为 6～13m。装配式预应力混凝土简支空心板跨径可达 16～20m。连续板桥多采用整体式结构，钢筋混凝土连续板桥的最大跨径已达 25m，预应力混凝土连续板桥的最大跨径已达 33.5m。

（2）肋梁桥 桥跨横截面形成明显肋形开口截面的梁桥。梁肋（或称腹板）与顶部的钢筋混凝土桥面板结合在一起作为承重结构。

肋梁桥最适宜采用简支受力体系，这是因为在正弯矩作用下，肋与肋之间处于受拉区的混凝土得到很大程度挖空，显著减轻了结构自重，同时又充分利用了扩展的混凝土桥面板的抗压能力，故中小跨径的梁桥通常用简支肋梁桥（又称简支 T 形梁桥）。图 18-3（*c*）、（*d*）分别示出了整体式和装配式肋梁桥横截面形式。

（3）箱梁桥 承重结构是封闭形的薄壁箱形梁，见图 18-3（*e*）。箱形梁因底板能承受较大的压力，因此，它不仅能承受正弯矩，而且也能承受负弯矩，同时箱形梁整体受力性能好，箱壁可做得很薄，能有效地减轻重力。一般大跨径的悬臂梁桥或连续梁桥往往采用箱形梁。

3. 按施工安装方法分类

（1）整体浇筑式梁桥 在桥孔中搭设支架、模板，整体浇筑承重结构混凝土建成的梁桥。中小跨径的整体式梁桥多采用整体浇筑施工法，具有整体性好，并

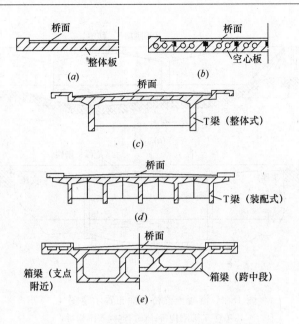

图 18-3   混凝土梁（板）的基本截面形式

(a) 整体矩形板；(b) 装配式矩形空心板；(c) 整体式 T 形截面；

(d) 装配式 T 形截面；(e) 箱形截面

易于做成几何形状不规则、复杂的梁桥，例如曲线梁（板）、斜梁（板）桥。但其施工速度慢，要耗费大量支架模板及中断航运。

（2）预制装配式梁桥   将在预制厂或桥梁施工现场预制的梁运至桥跨，使用起重设备安装和完成各梁横向连接而组成承重结构的梁桥。中小跨径装配式梁桥主要采用预制装配施工法修建。预制装配施工法生产速度快，质量易于保证，而且还能与下部结构同时施工，因此是简支混凝土梁（板）桥的主要施工方法。

（3）预制—现浇式梁桥   承重结构的梁（板）截面一部分采用预制，安装至桥跨上后，截面其余部分采用现浇并与预制部分形成整体的梁桥，又称为组合式梁桥，横截面形式见图 18-4。组合式梁桥与装配式梁桥相比，预制构件的重力可以显著减少，且便于运输安装，整体性又好；与整体式梁桥相比，可节省支架和模板材料，施工进度也较快。但是，组合式梁桥施工工序较多，桥上现浇混凝土的工作量较大，而且预制部分的结构在施工过程中要单独承受桥面现浇混凝土的重力，所以总的材料用量要比整体式桥和装配式桥多一些。

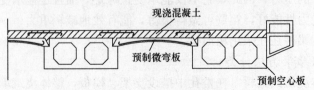

图 18-4   混凝土桥的组合截面梁示意图

随着对预应力技术认识的深入，桥梁上不仅应用预应力混凝土材料，而且预应力技术还发展成为结构最有效的接合和拼装手段，形成了预应力箱梁节段施工方法。这种方法是将桥跨承重结构沿跨径方向进行合适的分段，运用悬臂浇筑混凝土节段、悬臂拼装混凝土节段、顶推、逐孔现浇混凝土等方法，采用预应力钢束将各节段装配成整体，用这种现代化手段建成的梁桥被称为是预应力混凝土节段式梁桥，广泛用于大跨径和特大跨径梁桥中。

§18.2 简支梁（板）桥构造

18.2.1 桥 面 构 造

梁式桥的桥面部分通常包括桥面铺装、防水和排水设施、伸缩缝、人行道（或安全带）、路缘石、栏杆和灯柱等，见图18-5。

1. 桥面铺装

桥面铺装的作用是防止车轮轮胎直接磨耗行车道板、保护主梁免受雨水侵蚀、分散车轮集中荷载。因此，桥面铺装要有一定强度，防止开裂，并保证耐磨。桥面铺装的种类有：

（1）水泥混凝土或沥青混凝土铺装

梁式桥采用水泥混凝土铺装，其最小

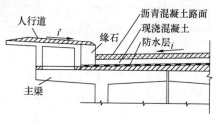

图 18-5 梁式桥的桥面示意图

厚度为100mm，混凝土强度等级不低于梁（板）混凝土强度等级。水泥混凝土桥面铺装中应设置钢筋网，所用钢筋直径宜为8～12mm，网格尺寸为150mm×150mm。当采用沥青混凝土铺装时，一般厚度为90mm，并且在铺装层下必须设防水层。

（2）防水混凝土铺装

在需要防水的梁桥上，可在桥面板上铺设80～100mm的防水混凝土，并且铺设钢筋网，然后在防水混凝土铺装上再铺筑40mm厚的沥青混凝土作为可修补的磨耗层。为了迅速排除桥面雨水，桥面铺装层的表面做成横向有1.5%～2%的横坡，通常是在桥面板顶面铺设混凝土三角垫层来构成。对于板桥或就地浇筑的肋梁桥，为了节省铺装材料并减轻重力，也可将横坡直接设在墩台顶部而做成倾斜的桥面板，此时可不需设置混凝土三角垫层。桥面铺装的表面曲线通常采用抛物线形。人行道设1%的向内横坡，表面用直线型。

2. 桥面排水和防水设施

（1）桥面排水

钢筋混凝土结构不宜经受时而湿润、时而干晒的交替作用。湿润后的水分如接着因严寒而结冰，则更有害。因为渗入混凝土微细裂纹和孔隙内的水分，在结冰时会使混凝土发生破坏，而且，水分的侵蚀也会使钢筋锈蚀。因此，为了防止雨水积滞于桥面并渗入梁体而影响桥梁的耐久性，除在桥面铺装层内设置防水层外，应使桥上的雨水迅速排出桥外。

桥面排水是借助于桥面纵坡和横坡的作用，把雨水迅速汇向集水口，并从泄水管排出。当桥面纵坡大于2‰而桥长小于50m时，一般能保证雨水从桥头引道上排出，桥上可以不设泄水管，此时可在引道两侧设置流水槽，以免雨水冲刷引道路基；而当桥长大于50m时，为防止雨水积滞桥面，就需要设置泄水管，顺桥长每隔12～15m设置一个。当桥面纵坡小于2‰时，泄水管就需设置更密一些，一般顺桥长每隔6～8m设置一个。排水用的泄水管设置在行车道两侧，可对称排列，也可交错排列。泄水管离路缘石的距离为0.3～0.5m，见图18-6。泄水管的过水面积通常按每平方米桥面至少应设100mm^{2}的泄水管的截面面积。目前，公路桥常用的泄水管有钢筋混凝土管和铸铁管两种，其构造如图18-7所示。

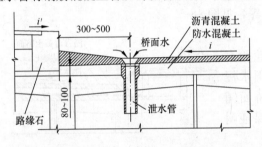

图18-6　泄水管布置（尺寸单位：mm）

（2）防水层

桥面防水层设置在桥面铺装层下面，它把透过铺装层渗下来的雨水接住并汇集到泄水管排出。防水层一般由两层无纺布和三层改性沥青组合而成，厚约2mm。防水层顺桥面纵向应铺过桥台背；桥面两侧伸过路缘石底面从人行道与路缘石的砌缝里向上叠100mm。防水层需用厚30mm以上的水泥混凝土作保护层，然后再在上面铺沥青混凝土或浇筑水泥混凝土。由于上述防水层的造价高，施工又麻烦，它虽有防水作用，但却把行车道板与铺装层隔开，处理不好，将使铺装层起壳开裂。因此，除在严寒的地区，为防止渗水冰冻引起桥面破坏或在行车道板内钢筋因裂缝而锈蚀，才予以设置。在气候温暖地区，可在三角垫层上涂一层沥青玛琋脂，或在铺装层上加铺一层沥青混凝土，或用防水混凝土作铺装层，以增强防水能力。

3. 伸缩缝

当气温变化时，梁的长度也随之变化，因此在梁与桥台间，梁与梁之间应设置伸缩缝。在伸缩缝处的栏杆和铺装层都要断开。伸缩缝的构造既要保证梁能自由地变形，又要使车辆在伸缩缝处能平顺地、无噪声地通过，还要不漏水，安装和养护简单方便。桥梁伸缩缝种类较多，例如U形镀锌薄钢板式伸缩缝，跨搭钢板式伸缩缝、橡胶伸缩缝、组合伸缩缝等，下面介绍U形镀锌薄钢板式伸缩缝和组合伸缩缝的构造。

（1）U形镀锌薄钢板式伸缩缝

对于中小跨径的梁式桥，当其纵向总变形量在20～40mm以内时，常采用以

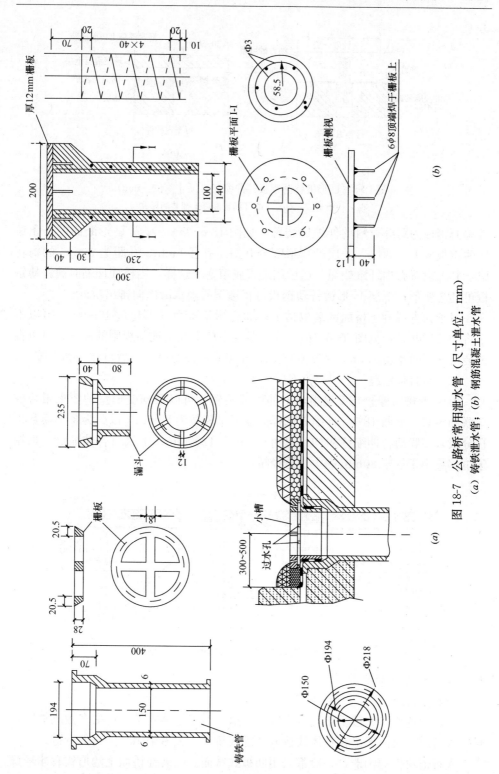

图 18-7 公路桥常用泄水管（尺寸单位：mm）

(a) 铸铁泄水管；(b) 钢筋混凝土泄水管

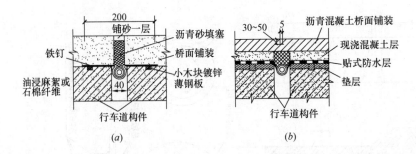

图 18-8　U 形镀锌薄钢板式伸缩缝（尺寸单位：mm）

(a) 一般形式；*(b)* 不断开沥青混凝土铺装的形式

镀锌薄钢板为跨缝材料的伸缩缝装置，见图 18-8（*a*）。弯成 U 形断面的长条镀锌薄钢板分上下两层，上层的弯形部分开凿了孔径 6mm、孔距为 30mm 的梅花眼，其上设置石棉纤维垫绳，然后用沥青胶填塞。这样，当桥面伸缩时镀锌薄钢板可随之变形；下层 U 形镀锌薄钢板可将渗下的雨水沿横向排出桥外。

对于沥青混凝土桥面铺装的情形，如变形量不大（不超过 10mm），可以不必将铺装层断开，见图 18-8（*b*）。为了避免在桥上面出现不规则的缝迹，可以在铺装层施工时预留约 5mm 宽、30～50mm 深的整齐切口，以后再注入沥青胶砂。

（2）组合伸缩缝

由 V 形密封橡胶与型钢组成的伸缩缝装置，可以根据变形量的要求组合成单联和多联，见图 18-9。伸缩缝选择的变形量模数为 80mm，以此为基本模数进行分级，多联组合伸缩缝的伸移量可由 160～1200mm。单联组合伸缩缝，适用于位移量小于等于 80mm 的中小跨径桥。

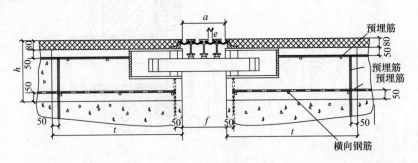

图 18-9　组合伸缩缝（尺寸单位：mm）

4. 人行道和安全带

（1）人行道

大、中桥梁和城镇桥梁均应设置人行道。对于整体式桥，过去多做成整体式悬臂人行道，目前无论在整体式桥或装配式桥上，大多采用装配式人行道。

人行道块件的构造，一般都采用肋板式截面。安装在桥面上的形式有非悬臂式和悬臂式两种，见图 18-10，其中悬臂式是借助锚栓获得稳定。人行道的最小宽度为 0.75m，顶面铺 20mm 厚的水泥砂浆铺装层，并向里做成 1％的横坡，以利排水。

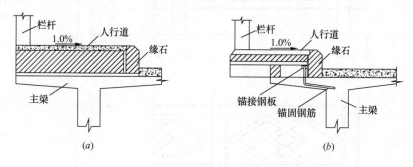

图 18-10　人行道块件布置示意图
（a）非悬臂式；（b）悬臂式

（2）安全带

在交通量不大或行人稀少地区，一般可不设人行道，而只设安全带。安全带宽度 250mm，其块件构造有矩形截面和肋板式截面两种，见图 18-11。安装在桥面上的形式也有非悬臂式和悬臂式两种，其中悬臂式也要借助锚栓获得稳定。

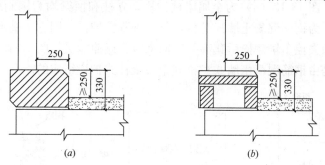

图 18-11　安全带块件布置示意图（尺寸单位：mm）
（a）现浇矩形块件式；（b）预制现浇块件式

5. 栏杆

栏杆是一种安全防护设备，应简单适用，朴素大方。栏杆高度通常为 800～1200mm，有时对于跨径较小且宽度不大的桥可将栏杆做得矮些（600mm）。

对公路桥梁，可采用结构简单的扶手栏杆，见图 18-12（a）。这种栏杆是在人行道上每隔 1.6～2.7m 设置栏杆柱，柱与柱之间用扶手连接。栏杆柱的截面可内配钢筋；扶手也内配钢筋。扶手用水泥砂浆固定在柱的预留孔内。但在桥面伸缩缝处，扶手和柱之间应能自由变形。对于城郊桥梁，可采用造型美观的栏杆，如图 18-12（b）。

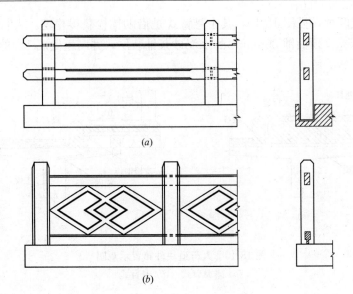

图 18-12　混凝土栏杆外观图

(a) 简易栏杆；(b) 双菱形花板栏杆

在高速公路桥梁上，为了防止高速行车的事故及设施的损坏，采用专门的桥梁护栏设施。图 18-13（a）为金属梁柱护栏，立柱和横梁均为钢制或铝合金制；图 18-13（b）为钢筋混凝土墙式护栏，是一种刚性护栏，即它是基本不变形的护栏结构，利用失控车辆碰撞后爬高并转向来吸收碰撞能量；图 18-13（c）是组合式护栏，它是由钢筋混凝土墙式护栏和金属梁柱式护栏组成的。

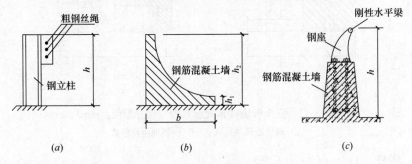

图 18-13　高速公路的防撞护栏

(a) 金属梁柱护栏；(b) 墙式护栏；(c) 组合式护栏

18.2.2　板 的 构 造

公路混凝土简支板桥的跨径为 8m 以下时，实心板的材料用量与空心板相比增加不多，而且构造简单，施工方便，因此，跨径 8m 以下的板桥采用实心板比较合适。当跨径大于 8m 时，实心板的材料用量与空心板相比增加很多，因此，这时采用空心板比较合适。

简支板作为板桥的行车道板，主要尺寸是板的高度，它应满足承载能力和刚度的要求。设计时要参照表 18-1 所示的板高与跨径比值来初步拟定板的厚度，表 18-1 中，l 为板的标准跨径；h 为板的高度。但为了保证混凝土的浇筑质量，对实心的行车道板厚度应不小于 100mm；对空心板，中间挖空后截面内最小厚度和最小宽度不宜小于 70mm。

板高度与跨径之比值表 　　　　　　　　　　　表 18-1

截面形式	整体式实心板	装配式实心板	装配式空心板
高跨比（h/l）	1/16～1/12	1/22～1/16	1/20～1/14

1. 整体式正交板桥

整体浇筑的简支板桥一般均采用等厚度钢筋混凝土板，它具有整体性好、横向刚度大，而且易于浇筑所需要的形状等优点，在小跨径的桥梁上得到广泛的应用。

整体式板桥的板宽较大，在荷载作用下，板的横向发生弯曲。由图 18-14，从跨中部分垂直于桥轴的桥中线的横向弯矩影响线可知，当荷载位于桥中线时，板内将产生正的横向弯矩；当荷载位于板的两边时，板内将产生负的横向弯矩。由此可知，板中除了布置纵向主筋之外，尚需布置与主筋方向相垂直的横向钢筋，称为分布钢筋，它通常布置在主筋的上面，见图 18-15。主筋与分布钢筋构成的纵横钢筋网还可防止由于混凝土收缩、温度变化所引起的裂缝。当板宽度较大时，板的横向将产生负弯矩，为此，还必须在板的顶部配置适当的横向钢筋。

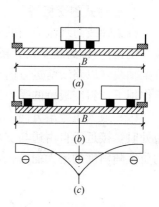

图 18-14　板桥的横向弯矩
（a）横桥向产生正弯矩的汽车荷载；
（b）横桥向产生负弯矩的汽车荷载；
（c）板跨中横向分布弯矩影响线

钢筋混凝土行车道板内主筋直径应不小于 10mm，间距不大于 200mm。板内主筋可以不弯起，也可以弯起。有弯起时，通过支点的不弯起钢筋，每米板宽内不少于 3 根，截面积不少于主筋截面的 1/4。弯起的角度为 30°或 45°，弯起的位置为沿板高中线计算的 1/6～1/4 跨径处。对于分布钢筋，应采用直径不小于 6mm，间距不大于 250mm，同时在单位长度板宽内的截面积应不少于主筋截面积的 15%。板的主钢筋与板边缘间的净距应不小于 15mm。

图 18-15 为标准跨径 6m，行车道宽度 7m，两边设 25mm 的安全带的整体式简支板的构造。计算跨径为 5.69m（净跨径为 5.40m），板厚为 360mm。纵向主钢筋用直径 18mm 的 HRB335 钢筋，分布钢筋用直径 10mm 的 R235 钢筋。由于

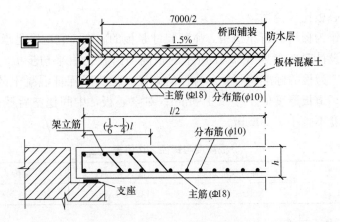

图 18-15　整体式板桥的钢筋布置（尺寸单位：mm）

板内的主拉应力一般不大，按计算可不设斜筋，但是从构造上考虑有时仍将多余的一部分主钢筋弯起。

2. 整体式斜交板桥

桥梁轴线与水流方向的交角不是按 90°布置的桥梁，称为斜交桥。**相交的角度（锐角），称为斜交角；桥梁轴线与支承线垂线的夹角，称为斜度。**斜度位于桥梁轴线（以路线前进方向）左边时，为左斜交；位于右边时，为右斜交，在荷载作用下，斜交板桥的受力比正交板桥复杂，它具有如下的受力特点：

（1）最大主弯矩方向，在板的中央部分时，接近于垂直支承边；在板的自由边处时，接近于自由边与支承边垂线之间的中间方向，见图 18-16。最大主弯矩的位置随斜度的增大而变化，从跨中向钝角部位移动。

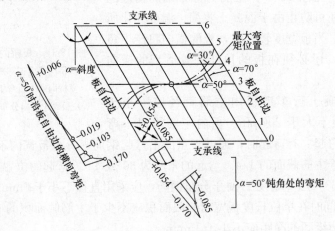

图 18-16　斜板的受力特性

（2）在钝角处有垂直于钝角平分线的负弯矩，它随斜度的增大而增加，但其分布范围不宽，并且迅速消减。

（3）支承反力从钝角处向锐角处逐渐减少，因此，锐角有可能向上翘起的倾向。同时存在着相当大的扭矩。

为了形象地解释上述现象，可以把斜板化成以 A、B、C 和 D 为支承的三跨连续梁，见图 18-17。斜板在均布荷载和中央集中荷载作用下，支点 A 和 D 产生负反力。为阻止锐角处上翘，就在 AB 和 CD 间产生负弯矩，且 B 点和 C 点处负弯矩最大，说明了钝角部位产生较大负弯矩的原因。此外，当从 AB 和 CD 部分向 BC 部分传递弯矩时，会对 BC 部分引起扭矩。斜板内的 E 点弯矩大致在 BC 方向为最大，随着 l/b（图 18-19）的比值减小，E 点的弯矩方向逐渐接近于垂直支承边，这里的 l 为板的斜跨径，b 为垂直于桥轴线的板宽（图 18-17）。

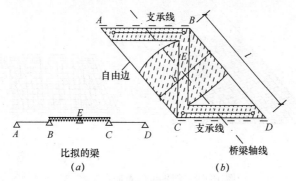

图 18-17　描述斜板受力概念的比拟梁

（a）斜板；（b）比拟梁

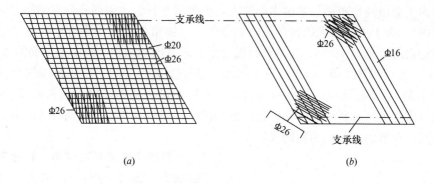

图 18-18　斜板桥的布筋方法之一

（a）底层钢筋；（b）顶层钢筋

熟悉了斜板的工作性能后，就不难进行斜板的钢筋配置设计。**当斜度小于 15°时，可按正交板布置钢筋；当斜度大于 15°时，按斜交板布置钢筋。**

斜交板主钢筋的布置有两种方法。一种按主弯矩方向变化布置钢筋，见图 18-18（a），这种布筋方法因主钢筋长度不一致而使钢筋种类增多。另一种按斜板的受力特性布置钢筋，主钢筋的方向：当 $l/b \geqslant 1.3$ 时，主钢筋平行于自由边布置，见图 18-19（a）；当 $l/b<1.3$ 时，从钝角开始主钢筋垂直于支承边布置，靠近自由边的局部范围内沿跨径方向布置，见图 18-19（b），一直到与中间部分的主钢筋相衔接时为止。

分布钢筋的方向。对第一种情况，分布钢筋方向平行于支承边，见图 18-18（b）。对第二种情况，当 $l/b \geqslant 1.3$ 时，从两钝角起到板跨中央的一段，分布钢筋方向与主钢筋垂直，在支承边附近范围内的分布钢筋平行于支承边，一直到与中间部分的分布钢筋相衔接时为止，见图 18-19（a）；当 $l/b<1.3$ 时，分布钢筋方向平行于支承边，见图 18-19（b）。

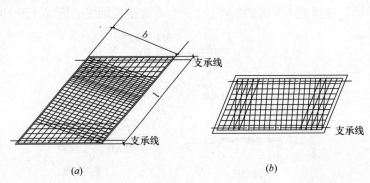

图 18-19   斜板桥的布筋方法之二

（a）主筋平行自由边 $\left(\dfrac{l}{b} \geqslant 1.3\right)$；（b）主筋垂直于支承边 $\left(\dfrac{l}{b}<1.3\right)$

为了承受较大的支点压力，在钝角底层增设方向平行于钝角平分线的附加钢筋（为了克服钝角布筋层数过多的缺点，可改用平行于主钢筋和分布钢筋方向的钢筋网）；为了承受较大的钝角顶面负弯矩，在钝角上层处设垂直于钝角平分线的附加钢筋，见图 18-18。这两种钢筋每平方米宽度的面积为跨中主钢筋的 K 倍（当 $15°<\alpha<30°$ 时，$K=0.8$；当 $30° \leqslant \alpha<45°$ 时，$K=1.0$），布置范围约为斜跨径的 1/5。为了抵抗扭矩，在板的自由边上层加设一些钢筋网。当斜度较大时，在支承附近上层布置平行于支承边的钢筋网，并与边缘弯起且横向转弯的钢筋焊在一起，布置的范围约为斜跨径的 1/5。

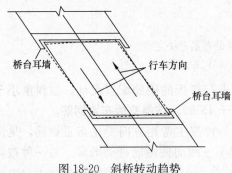

图 18-20   斜桥转动趋势

斜板桥在使用过程中，桥板有向锐角方向转动的趋势，见图 18-20。如果板的支座没有锚固，则应加强锐角处桥台顶部的耳墙，以免遭受挤裂（最好在锐角处设置防爬设备）。

3. 装配式正交实心板桥

装配式板桥的桥面板，为便于构件的运输、安装，沿桥宽划成数块。通常板宽采用 1m，实际宽度为

0.99m，这是考虑到现场安装时有 1cm 的调整余地。

装配式实心板多采用钢筋混凝土简支板。图 18-21 为标准跨径 6m，行车道宽度 7m，两边设 0.75m 的人行道的装配式简支板的构造。计算跨径为 5.68m，净跨径为 5.4m，预制板厚为 0.28m，桥面铺装为 80mm（其中 60mm 参与受力）。

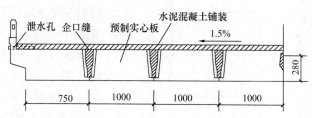

图 18-21　装配式简支实心板桥构造（尺寸单位：mm）

图 18-22 为行车道板件构造。纵向主钢筋用直径 18mm 的 HRB335 钢筋，箍筋用直径 6mm 的 R235 钢筋，架立钢筋用直径 8mm 的 R235 钢筋。预制板安装就位后，在企口缝内填筑强度等级比预制板高的小石子混凝土（一般采用 C30 混凝土），并浇筑厚 80mm 的 C25 混凝土铺装层使之连成整体。为了加强块件间和板与桥面铺装间的连接，还可将块件中钢筋伸出与相邻块件伸出的钢筋互相搭接绑扎，并浇筑在混凝土铺装层内。当桥梁下部结构采用轻型桥台时，预制板块

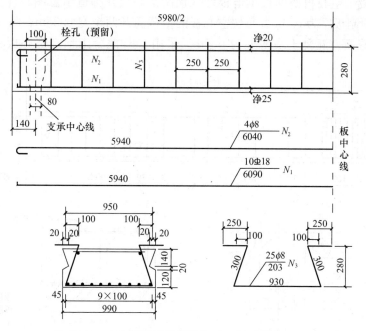

图 18-22　实心板行车道板件构造（尺寸单位：mm）

件两端均应设置栓钉与墩台锚固；当下部结构采用重力式墩台时，只需要一端设置栓钉，栓钉直径与主钢筋相同。块件吊点位置应设置距端头 0.5m 处。

4. 装配式正交空心板桥

装配式钢筋混凝土空心板桥目前使用跨径范围 6～13m；预应力混凝土空心板桥常用跨径为 8～16m。

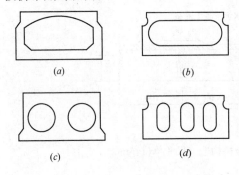

图 18-23   空心板的截面形式示意图

空心板的开孔形式很多，图 18-23 为几种常用的开孔形式，开孔形式要求模板制造和装拆方便，使用率高，材料省，造价低。图 18-23（a）和（b）所示的单孔，挖空面积最多，但顶板需配置横向受力钢筋以承担车轮荷载。其中，图 18-23（a）所示空心板顶板呈拱形，可以节省一些钢筋，但模板较复杂。图 18-23（c）挖成两个圆孔截面，当用无缝钢管作芯模时施工方便，但其挖空面积较小。图 16-23（d）所示的芯模由两个半圆和两块侧模板组成，当板的厚度改变时，只需更换两块侧模板。空心板断面最薄处不得小于 70mm。为了保证抗剪强度，空心板应在截面内按计算需要配置弯起钢筋和箍筋。

图 18-24 为标准跨径 13m，行车道宽度 7m，两边设 0.25m 安全带的装配式预应力混凝土空心板桥的行车道板件（预制空心板）构造示意图。计算跨径为 12.6m，预制板厚为 0.6m。每块空心板的横截面开两个宽 0.38m、高 0.46m 的直腰圆孔截面，混凝土最薄处为 0.7m。采用 C40 混凝土预制空心板和填塞铰

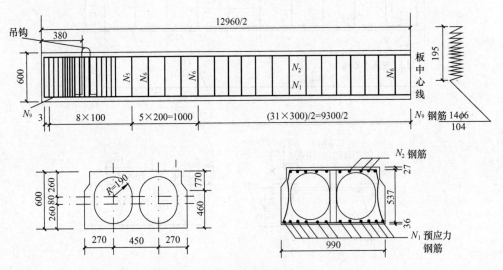

图 18-24   预应力空心板行车道块件构造（尺寸单位：mm）

缝。每块板在下缘配置 7 根直径为 20mm 的冷拉预应力钢筋（抗拉设计强度为 700N/mm²），采用先张法张拉。顶面配置 3 根直径为 12mm 的非预应力钢筋。支点附近板的顶面配置 6 根直径为 8mm 的非预应力钢筋，以承受由施加预应力时产生的拉应力。在预应力钢筋的端头配置直径为 6mm 的螺旋筋，以加强预应力钢筋的自锚作用。空心板设置箍筋以承担剪力。

5. 装配式斜交板桥

装配式斜交板桥与整体式一样，具有斜交板的力学特性。不过，由于每块装配式板的跨宽比很大，所以斜板内的受力情况要比整体式板好，板的配筋也有所不同。

装配式简支斜板桥的斜板钢筋布置与斜度大小有关。当斜度 $\alpha = 25° \sim 35°$ 时，块件主钢筋顺桥向布置，箍筋平行于支承线布置，与主筋斜交，见图 18-25 (a)；当斜度 $\alpha = 40° \sim 60°$ 时，块件主钢筋顺桥向布置，箍筋垂直于主钢筋布置，另外，在块件两端支点附近 1m 范围内各增加 5 根与主钢筋斜交的、平行于支承线的箍筋，见图 18-25 (b)。

在斜板桥块件的钢筋布置中，当斜度 $\alpha = 40° \sim 60°$ 时，在板件的两端要设置

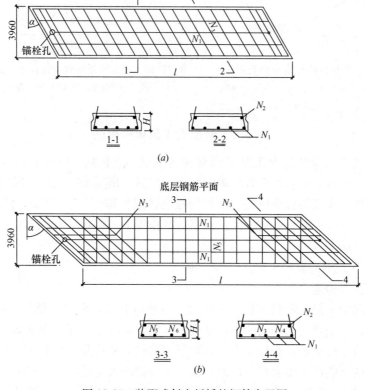

图 18-25 装配式斜交板桥的钢筋布置图

(a) $\alpha = 25°$、$30°$、$35°$时；(b) $\alpha = 40°$、$45°$、$50°$、$55°$、$60°$时

附加钢筋。对 $\alpha=40°\sim50°$，只在块件两端底层布置垂直于支承线的附加钢筋，见图 18-26（a）；对 $\alpha=55°\sim60°$，还需在块件两端顶层布置垂直钝角平分线的附加钢筋，见图 18-26（b）。

6. 装配式板桥的横向连接

为了增加块件间的整体性和在外荷载作用下相邻的几个块件能共同工作，在块件之间必须设置横向连接，这种横向连接的构造有企口圆形混凝土铰和企口菱形混凝土铰，见图 18-27 两种。它是在块件安装就位后，在铰缝内用 C30～C40 小石子混凝土填筑密实而成的。

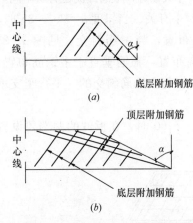

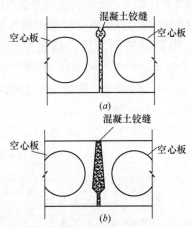

图 18-26   斜板桥块件附加钢筋布置
（a）$\alpha=40°$、$45°$、$50°$；（b）$\alpha=55°$、$60°$

图 18-27   装配式板间现浇混凝土铰缝示意图
（a）浅铰混凝土铰缝；（b）深铰混凝土铰缝

18.2.3   装配式 T 形梁桥构造

装配式 T 形梁桥是由几根 T 形截面的主梁（它包括主梁肋和设在主梁肋顶部的翼板）和与主梁肋相垂直的横向肋板（也称为横隔梁）组成。**通过设在横隔梁下方和横隔梁顶部翼缘板处的焊接钢板连接成整体**，见图 18-28，或用现场浇筑混凝土连接而成的桥跨结构。在行车荷载作用下，将行车道板上的局部荷载分布给各根主梁。

1. 装配式钢筋混凝土简支 T 形梁桥

（1）主梁构造

主梁间距不但与材料用量、构件的安装重量有关，而且与翼板的刚度有关。一般说来，对于跨度大一些的桥，适当地加大主梁间距，可减少钢筋和混凝土的用量。但由于桥面板的跨径增大，悬臂板端部较大的挠度将引起接缝处桥面出现纵向裂缝的可能性也要大些。同时，构件重力的增大也使吊运和安装工作增加困难。主梁间距一般在 1.5～2.2m 之间。对于用钢板连接的 T 形梁桥，考虑到翼板刚度和现有施工条件，主梁间距一般采用 1.6m。

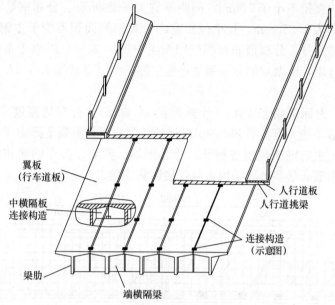

翼板
（行车道板）

中横隔板
连接构造

梁肋

端横隔梁

人行道板
人行道挑梁

连接构造
（示意图）

图 18-28   用焊接钢板连接的装配式 T 形梁桥

主梁的高度随跨径大小、主梁间距和设计荷载等级而定，约为跨径的 1/16
～1/11。主梁梁肋的宽度在满足抗剪要求的情况下，尽量减薄，以减轻构件的重
力。但应满足主钢筋布置的要求，一般为 150～200mm。

（2）横隔梁的布置与尺寸

横隔梁在装配式梁桥中起着连接主梁的作用，它的刚度越大，桥梁的整体性
越好，在荷载作用下各主梁就能更好地共同受力。因此，T 形梁桥须在跨内设
3～5 道的横隔梁。然而设置横隔梁将使模板复杂化，同时，横隔梁的接头焊接也
必须在专门的脚手架上进行。

横隔梁的高度可取主梁高度的 3/4。考虑到梁体在运输和安装过程中的稳定
性，端横隔梁最好做成与主梁同高。横隔梁梁肋的宽度为 13～20mm，宜做成上
宽下窄和内宽外窄的梯形，以便于施工时脱模。

（3）主梁翼板尺寸与构造

翼缘板的宽度应比主梁间距小
20mm，以便在安装过程中调整 T 梁的
位置和制作上的误差。翼板的厚度，在
端部较薄，一般不小于 60mm，在肋板
相交的根部不小于梁高的 1/12。

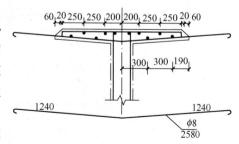

图 18-29   翼缘板的钢筋布置示意图
（尺寸单位：mm）

翼缘板内的受力钢筋沿横向布置在
板的上缘，以承受悬臂的负弯矩，在顺
桥向还应设置分布钢筋，见图 18-29。

板内主钢筋的直径不小于 10mm，间距不宜大于 200mm。分布钢筋直径不小于 8mm，间距不大于 250mm，且单位板宽内分布钢筋面积不少于主钢筋的 15%。在有横隔梁的部分，分布钢筋面积应增至主钢筋的 30%，以承受集中轮载作用下的局部负弯矩，所增加的分布钢筋每侧应伸出横隔梁轴线 $L/4$（L 为横隔梁间距）的长度。

图 18-30 为标准跨径 20m（计算跨径 19.40m），行车道宽度 7m，两边设 0.75m 人行道，按人群荷载 3kN/m² 设计的装配式钢筋混凝土简支 T 形梁桥主梁钢筋构造图。主梁钢筋包括主钢筋、弯起钢筋、箍筋、架立钢筋和水平纵向钢筋。由于主钢筋数量多，故采用多层焊接钢筋骨架。

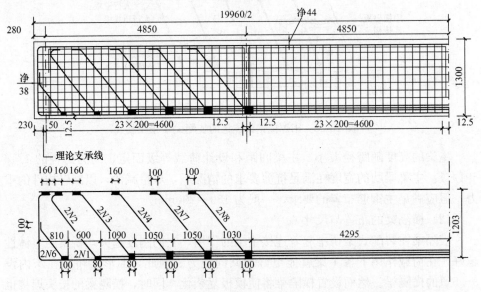

图 18-30　装配式 T 形梁块件梁肋钢筋构造（尺寸单位：mm）

图 18-31 示出了横隔梁的钢筋构造。在每根横隔梁的上缘配置 2 根受力钢

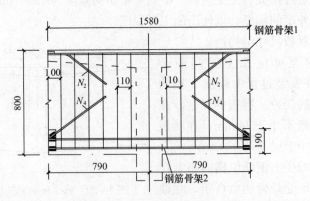

图 18-31　装配式 T 形梁的中横隔梁钢筋构造（尺寸单位：mm）

筋，下缘配置 4 根受力钢筋，各用钢板连接成骨架。同时，在上、下钢筋骨架中均加焊锚固钢板的短钢筋（N_2、N_4）。横隔梁的箍筋是抵抗剪力用的。

（4）T 形梁的横向连接

装配式 T 形梁的横向连接是保证桥梁整体性的关键，因此连接处应有足够的强度和刚度，在使用过程中不致因受荷载的反复作用而发生松动，连接的方法有以下几种：当 T 形梁无中横隔梁时，采用各预制主梁的翼板做成横向刚性连接。一种做法是用桥面混凝土铺装做成的刚性连接，如图 18-32 所示。它是在 T 形梁的翼板上现场浇筑 80～150mm 厚的铺装混凝土，铺装内设置（按计算的）钢筋网。同时，在翼缘内增设向上弯起的钢筋，在梁肋上设置倒 U 形钢筋，伸出梁顶面并将它

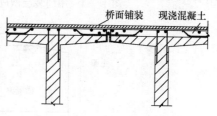

图 18-32 用铺装层做成的刚性连接示意图

们浇筑在桥面铺装混凝土层内，翼缘板在接缝处的空隙用砂浆填实。这种连接既承受剪力又承受弯矩。另一种做法是用桥面板直接连成的刚性连接，它是在预制 T 形梁时，翼板伸出钢筋，待 T 形梁安装后，焊接钢筋，现浇接头混凝土。

当 T 形梁设置中横隔梁时，一种做法是用钢板进行连接，如图 18-33 所示。它是在横隔梁的上、下进行。而端横隔梁靠桥台一侧，因不好现场施焊，故没有设置钢板焊接接头。

这种有横隔梁的 T 形梁桥，过去的做法是翼缘板之间没有任何连接。为改善挑出翼缘板的受力状态，目前亦做成企口铰接式的简易连接，如图 18-34 所示。另一种做法是用混凝土进行连接，见图 18-35，它是在横隔梁上、下伸出连

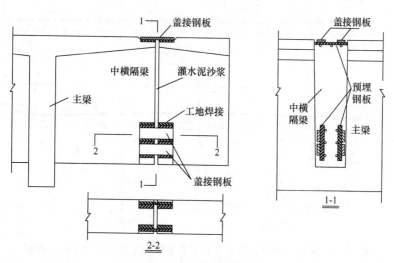

图 18-33 横隔梁所用钢板连接

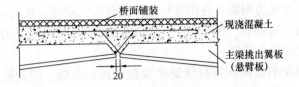

图 18-34 用铺装层做成的铰接连接 (尺寸单位: mm)

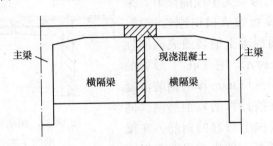

图 18-35 横隔梁用混凝土连接示意图

接钢筋, 并进行主钢筋焊接, 现浇接头混凝土。这种横隔梁的 T 形梁桥, 一般是横隔梁采用现浇混凝土连接的同时, 翼缘板也采用现浇混凝土连接。

2. 装配式预应力混凝土简支 T 形梁桥

对于跨径大于 20m, 特别是 30m 以上的公路混凝土简支梁桥, 往往采用装配式预应力混凝土结构。我国已编制了跨径 25、30、35 和 40m 的后张法装配式预应力混凝土简支梁的桥梁标准设计图。

图 18-36 是跨径为 30m、桥面净空为净-7 附 2×0.75m 人行道的预应力混

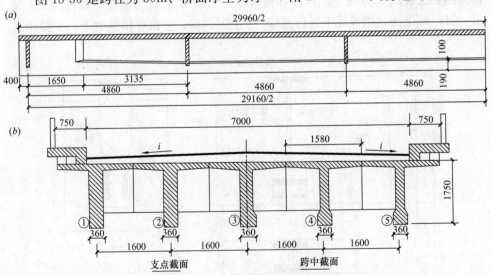

图 18-36 预应力混凝土简支 T 形梁桥横断面布置 (尺寸单位: mm)

(a) 梁半立面图; (b) 桥跨横断面布置

凝土简支 T 形梁桥横断面布置图。

(1) 主梁构造

主梁间距大多为 1.6m。对于跨径较大的预应力混凝土简支梁桥，主梁间距也可以适当加大，但横向应采用现浇混凝土连接。主梁的高度为跨径的 1/25～1/15。主梁梁肋的宽度一般都由构造要求决定，即满足预应力筋的保护层要求和便于混凝土浇筑，在梁高较大的情况下，过薄的肋对剪力和稳定性是不利的，此时肋宽不宜小于肋高的 1/15。为了承受端部每个锚具的局部压力，在梁端约 2m 范围内，梁肋逐渐加宽到下翼缘宽度。T 形梁的下缘布置预应力筋，应做成马蹄形，其面积不宜过小，一般应占梁截面总面积的 10%～20%。马蹄形宽度约为肋宽 2～4 倍。

T 形梁翼缘板的厚度，主要取决于桥面板承受车轮局部荷载的要求。

横隔梁采用开洞的形式，除考虑减轻重力外，还需注意梁就位后，在翼缘板下便于施工穿行。

(2) 主梁梁肋钢筋的构造

装配式预应力混凝土 T 形梁的主梁钢筋包括预应力筋和其他非预应力钢筋，如箍筋、水平纵向钢筋、锚固端加固钢筋网、受力筋的定位钢筋和架立钢筋等。

图 18-37 为跨径 30m 的装配式预应力混凝土简支 T 形梁的钢筋布置图。现结合图 18-37 来介绍预应力混凝土梁钢筋构造的主要特点。

1) 纵向预应力筋的布置

如图 18-37 所示，主梁配置了 7 束预应力钢筋束（编号为 N_1～N_7），每束由 24 根直径为 5mm 的高强钢丝组成。预应力钢筋束由跨中截面到梁端部在一定的区段内逐渐弯起形成曲线布置。一般是在梁跨中区段保持一段水平直线后按圆弧弯起，预应力钢筋弯起的曲率半径，当采用钢丝束或钢绞线配筋时，一般不小于 4m。

纵向预应力钢筋的弯起位置，要根据梁在使用阶段的弯矩包络图、束界图以及主应力计算来初步确定。鉴于梁在跨中区段弯矩包络图变化平缓以及剪力也不大，故通常在梁的三分点到四分点之间开始将预应力钢筋弯起。当然，预应力钢筋弯起后，截面亦必须满足承载力的要求。

2) 后张法纵向预应力钢筋的锚固

在图 18-37 中，预应力钢丝束是采用 45 号优质钢锻制的锚圈与经淬火及回火处理后硬度不小于 HRC55～58 的锥形锚塞所组成的锚具来锚固。锚圈的外径为 110±1mm，高度为 53±0.5mm。

在后张法锚固区上，锚具底部对混凝土有很大的集中压力，而混凝土表面直接承压的面积不大，应力非常集中。为了满足梁端局部承压的要求，除了在锚具下设置厚度为 20mm 的钢垫板外，在梁端锚固区段（约等于梁高的长度内）肋

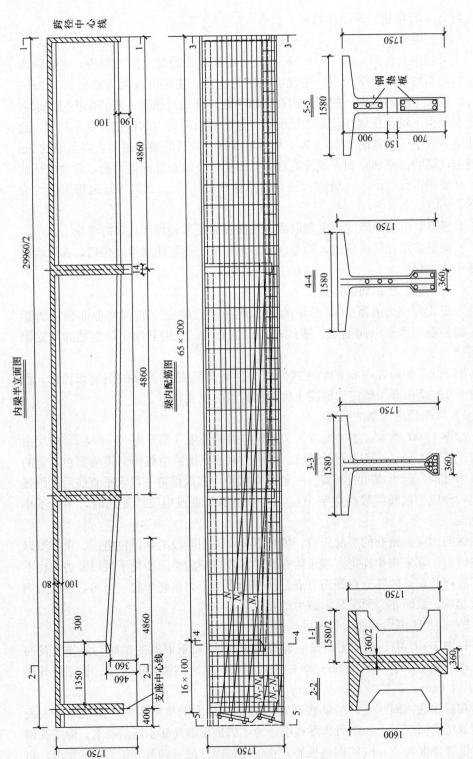

图 18-37 后张法预应力混凝土简支 T 形梁钢筋（尺寸单位：mm）

板厚度已扩大为 360mm（跨中截面为 160mm）并设置了网格为 100mm×100mm 的间接钢筋网；在每个锚具下还设置螺距为 30mm、直径为 90mm 的螺旋筋，见图18-38，以防止锚下混凝土开裂。

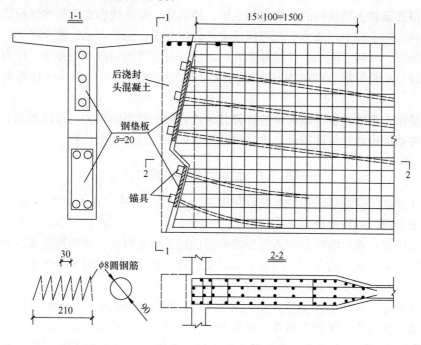

图 18-38　梁端锚固区（尺寸单位：mm）

（3）其他非预应力钢筋

预应力混凝土梁与钢筋混凝土梁一样，要按照规定的要求布置箍筋、架立筋和水平纵向钢筋等。在预应力混凝土梁中，一般可不设斜筋。

图 18-39 中所示预应力混凝土简支梁截面具有下翼缘（下马蹄），主要是适应预应力钢筋布置的要求。在下马蹄内必须设置闭合式的加强箍筋，其间距不大于 150mm，见图18-39。制孔管的直径应比预应力钢筋束直径大 10mm，采用铁皮套管应大于 20mm。管道间的最小净距主要由灌筑混凝土的条件所确定，在有良好振捣工艺时（例如同时采用底振和侧振），最小净距不小于40mm。

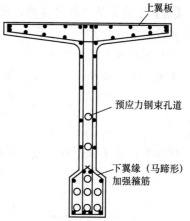

图 18-39　预应力混凝土简支 T 形梁的下翼缘截面

§18.3   简支梁桥的计算

简支梁桥上部结构的计算包括主梁、横隔梁、桥面板和支座等的计算。

在实际工程中，通常是先根据桥梁的使用要求、跨径大小、桥面净宽、车辆荷载等级、材料、施工条件等基本资料，运用对桥梁的构造知识并参考已有桥梁的设计经验来拟定上部结构各基本的截面形式和细部尺寸，然后再进行有关的计算。

桥梁上部结构各基本构件的计算分为构件控制截面的内力（作用效应）计算与构件截面设计计算两部分，本节讲述简支梁桥的截面内力计算。

18.3.1   恒载产生的主梁内力

主梁的恒荷载可采用均布荷载集度为 $g_1 = \gamma A$。其中，A 为梁的截面尺寸，γ 为钢筋混凝土的重力密度。

横隔梁自重，沿桥横向不等分布的桥面铺装自重以及在桥两侧的人行道和栏杆等自重对于主梁的作用，一般采用简化计算方法，即平均分摊给各主梁，并且沿主梁为相应集度分布的均布荷载来计算。

在确定恒荷载集度 g 后，就可按结构力学公式计算出主梁各控制截面上的恒荷载作用效应，例如弯矩 M_G 和剪力 V_G。

【例 18-1】   装配式钢筋混凝土简支梁桥上部结构主梁布置及横隔梁布置如图 18-40 所示。主梁计算跨径 $l = 19.50\text{m}$。沥青混凝土铺装层厚度为 20mm，混凝土垫厚为 60mm（路面边缘处）和 120mm（桥中心线处）。每侧栏杆及人行道作用集度 2.0kN/m 的均布荷载。试求主梁的恒载内力。

【解】   简支梁为静定结构，因此成桥状态时由上部结构的恒载产生的内力可直接按简支梁计算图式计算。

（1）恒荷载集度计算

主梁：取钢筋混凝土重力密度 $\gamma = 25\text{kN/m}^3$，则

$$g_1 = \left[0.18 \times 1.30 + \left(\frac{0.08 + 0.14}{2} \right) \times (1.6 - 0.18) \right] \times 25$$
$$= 9.76\text{kN/m}$$

横隔梁：边主梁一侧仅有 5 道横梁，则

$$g_2 = \left\{ \left[1.00 - \left(\frac{0.08 + 0.14}{2} \right) \right] \times \left(\frac{1.60 - 0.18}{2} \right) \right\}$$
$$\times \frac{0.15 + 0.16}{2} \times 5 \times 25 / 19.50$$
$$= 0.63\text{kN/m}$$

中主梁两侧各有 5 道横梁，则

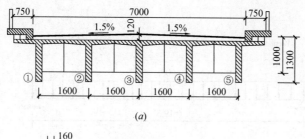

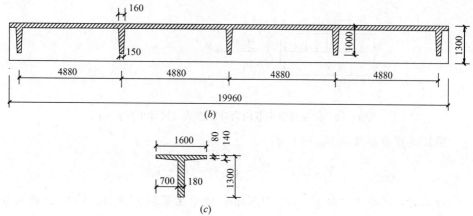

图 18-40 例 18-1 图（尺寸单位：mm）

$$g_2 = 2 \times 0.63 = 1.26 \text{kN/m}$$

桥面铺装：由图 18-40 中可见，桥面由混凝土垫层（重力密度 $\gamma = 24 \text{kN/m}^3$）和沥青混凝土面层（重力密度 $\gamma = 23 \text{kN/m}^3$）组成。桥面铺装的自重作用由 5 根主梁共同承受，则 1 根主梁上的作用集度为：

$$g_3 = \left[0.02 \times 7.00 \times 23 + \frac{1}{2}(0.06 + 0.12) \times 7.00 \times 24 \right]/5$$
$$= 3.67 \text{kN/m}$$

全桥两侧均设栏杆和人行横道，其自重作用也由 5 根主梁平均分配：

$$g_4 = 2.0 \times \frac{2}{5} = 0.80 \text{kN/m}$$

作用于一根边主梁的全部荷载集度为：

$$g = \sum g_i = 9.76 + 0.63 + 3.67 + 0.80$$
$$= 14.86 \text{kN/m}$$

作用于一根中主梁的全部荷载集度为：

$$g' = 9.76 + 1.26 + 3.67 + 0.80$$
$$= 15.49 \text{kN/m}$$

（2）恒载内力

计算主梁的弯矩和剪力，计算图式如图 18-41 所示，则梁恒荷载弯矩标准值

$M_{GK}(x)$ 为：

$$M_{GK}(x) = \frac{gl}{2} \cdot x - gx \cdot \frac{x}{2} = \frac{gx}{2}(l-x)$$

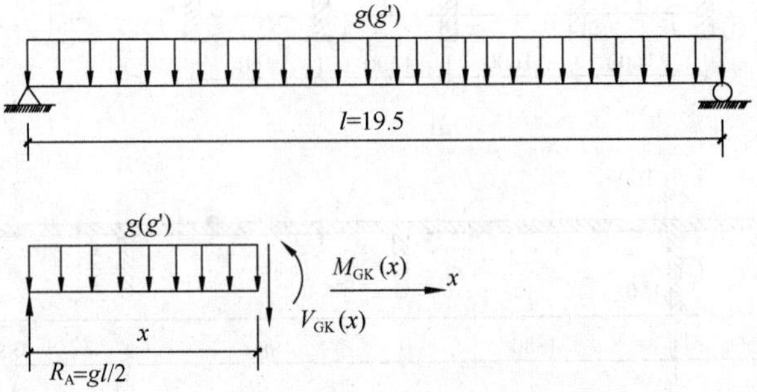

图 18-41　简支梁恒荷载内力计算图式（尺寸单位：m）

梁恒载剪力标准值 $V_{GK}(x)$ 为：

$$V_{GK}(x) = \frac{gl}{2} - gx = \frac{g}{2}(l-2x)$$

计算时，对边主梁取 $g=14.86\text{kN/m}$；对中主梁取 $g'=15.49\text{kN/m}$ 代入分别计算恒荷载作用效应标准值。边主梁各控制截面的弯矩和剪力的计算标准值见表 18-2。

由恒荷载作用产生的边主梁内力标准值　　　　　　　　表 18-2

内力 截面位置	弯矩标准值 M_{GK}（kN/m）	剪力标准值 V_{GK}（kN/m）
$X=0$（支点）	0	144.0
$X=l/4$（1/4 跨处）	526.5	72.0
$X=l/2$（跨中截面）	702.2	0

18.3.2　荷载横向分布计算

作用在桥梁上的荷载包括恒荷载与活荷载。简支梁恒荷载的计算比较简单，除了考虑实际的结构自重外，通常可以近似地将桥面铺装、人行道、栏杆等重量分摊给各片主梁来承担。鉴于人行道、栏杆等构件一般是在桥梁连成整体后安装在边梁上的，必要时为了精确起见，也可将这些恒荷载按以下所述荷载横向分布的方法来计算。

荷载横向分布概念与方法主要是用于汽车荷载、人群荷载等在桥面上作用时上部结构主梁内力（作用效应）的计算。在本书中也用活荷载作用来统称汽车荷载和人群荷载作用。

下面先以熟知的单梁内力计算作比较，来阐明多梁式简支梁桥在活荷载作用下内力计算的特点。

对于一座由多根主梁通过桥面板和横隔梁组成的梁桥或装配式板桥，当桥上作用集中荷载 F 时，见图 18-42（a），由于桥跨结构的横向刚性必然会使荷载的作用在 x 方向和 y 方向内同时传递，并使所有的主梁以不同的受力程度参与工作。这个结构空间计算问题的要点是利用影响面来直接求解结构上任意一点的位移和挠度。如果截面的内力影响面用双值函数 $\eta(x, y)$ 来表示，则该截面的内力值表示为 $S = F\eta(x, y)$。

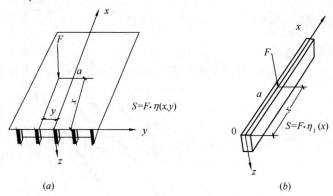

图 18-42　荷载作用下的多梁式梁桥内力计算

（a）在梁式桥上；（b）在单梁上

尽管国内外学者对空间计算理论进行了许多研究和试验，取得了有益的成果，但由于桥梁结构的复杂性，用影响面来求解移动荷载作用下主梁截面的最不利内力值仍然是非常繁重的工作，难以在实际工程设计中推广使用。

目前广泛使用的一种方法是将复杂的空间问题合理转化成图 18-42（b）所示的单梁来计算。这种方法的实质是将前述的影响面 $\eta(x, y)$ 分离成两个单值函数的乘积，即 $\eta_1(x)\dot{\eta}_2(y)$，因此，对于某根主梁某一截面的内力值就可表示为：

$$S = F \cdot \eta(x, y) \approx F \cdot \eta_1(x)\eta_2(y) \tag{18-1}$$

式中的 $\eta_1(x)$ 即为单梁某一截面的内力影响线。**将 $\eta_2(y)$ 看作单位荷载沿横向作用在不同位置时对某梁所分配的荷载比值变化曲线，也称作对于某梁的荷载横向分布影响线，则 $F \cdot \eta_2(y)$ 就是当 F 作用于 $a(x, y)$ 点时沿横向分布给某梁的荷载，暂以 F_i 表示，即 $F_i = F \cdot \eta_2(y)$。这样，就可以对单根主梁，利用结构力学方法来求解主梁截面内力。**这就是利用荷载横向分布来计算公路桥梁主梁内力的基本概念。

图 18-43 表示桥上作用着一辆前后轴各重 F_1 和 F_2 的汽车荷载，相应的轮重分别为 $F_1/2$ 和 $F_2/2$。如欲求 3 号梁 K 点的截面内力，则可先用对于 3 号梁的荷载横向分布影响线求出桥上横向各排轮重对该梁分布的总荷载（按横向最不利

荷载位置求最大值），然后再用这些荷载通过单梁 K 点截面的内力影响线来计算 3 号梁该截面的最大内力值。显然，如果桥梁的结构及轮重在桥上的位置也确定，则分布至 3 号梁的荷载也是一个定值。**在桥梁设计中，通常用一个表征荷载分布程度的系数 m，它表示某根主梁所承担的最大荷载是桥上作用车辆荷载各个轴重的倍数（通常小于 1）。**因此，对于图 18-43 所示的情况，两排轮重分布至 3 号梁的荷载可分别表示为 mF_1 和 mF_2。对于汽车、人群荷载的横向分布系数 m 的计算公式如下：

汽车荷载作用 $$m_{q1} = \frac{\sum \eta_q}{2}$$ (18-2)

人群荷载作用 $$m_{q2} = \eta_r$$ (18-3)

式中 η_q、η_r——分别对应于汽车和人群荷载集度的荷载横向分布影响线竖标。

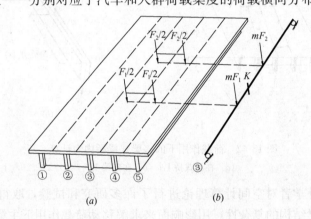

图 18-43   车轮荷载在桥上的横向分布

将结构空间计算问题转化成平面问题的做法只是一种近似的处理方法，因为实际上荷载沿横向通过桥面板和多根横隔梁向相邻主梁传递时情况是很复杂的，原来的集中荷载传至相邻梁的就不再是同一纵向位置的集中荷载了。但是，试验研究表明，对于直线梁桥，当通过沿横向的挠度关系来确定荷载横向分布规律时，由此引起的误差是很小的。若考虑到实际作用在桥上的荷载并非只是一个集中荷载，而是分布在桥跨不同位置的多个车轮荷载，那么此种误差就会更小。

由上述荷载横向分布的概念可以理解到，同一座桥梁内各根梁的荷载横向分布系数 m 是不相同的，汽车荷载在桥上纵向位置对于主梁的 m 值也会有影响，下面会进一步阐述这种影响。

图 18-44 示出 5 根主梁所组成的桥梁在跨度内承受荷载 F 的跨中横截面。图 18-44（a）表示主梁与主梁间没有任何联系，此时如果中梁的跨中有集中力 F 作用，则全桥中只有直接承载的中梁受力，也就是说，该梁的横向分布系数 $m=1$，显然这种结构形式整体性差，而且很不经济。

再看图 18-44（c）的情况，如果将各主梁相互间借横隔梁和桥面刚性连接起来，并且设横隔梁的刚度接近无穷大（$EI_H \approx \infty$），则在同样的集中力 F 作用下，由于横隔梁无弯曲变形，因此所有 5 根主梁将共同参与受力。此时 5 根主梁的挠度均相等，集中力 F 由 5 根梁均匀分担，每梁只承受 $F/5$，也就是说，各梁的横向分布系数 $m=0.2$。

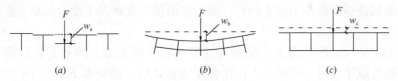

图 18-44　不同横向刚度主梁的变形和受力
(a) 无横向联系；(b) $\infty > EI_H > 0$；(c) $EI_H \to \infty$

然而，一般钢筋混凝土或预应力混凝土梁桥实际构造情况是各根主梁虽通过横向结构联成整体，但是横向结构的刚度并非无穷大。因此，在相同的荷载 F 作用下，各根主梁将按照某种复杂的规律变形，见如图 18-44 (b)，此时中梁的挠度 w_b 必然要小于 w_a 而大于 w_c，设中梁所受的荷载为 mF，则其横向分布系数 m 也必然小于 1 而大于 0.2。

由此可见，**桥上荷载横向分布的规律与结构的横向连接刚度有着密切关系，横向连接刚度越大，荷载横向分布作用越显著，各主梁的负担也越趋均匀。**

由于施工特点、构造设计等的不同，钢筋混凝土和预应力混凝土梁式桥上可能采用不同类型的横向结构。因此，为使荷载横向分布的计算能更好地适应各种类型的结构特性，就需要按不同的横向结构简化计算模型拟定出相应的计算方法。目前常用以下几种荷载横向分布计算方法：

杠杆原理法——把横隔梁和桥面板视为在主梁位置上断开且简支于主梁上的计算模式来求解主梁荷载横向分布系数的方法。

偏心受压法——把横隔梁视作刚性接近无穷大的梁，计算主梁荷载横向分布系数的方法；当计主梁抗扭刚度的影响时，称为修正偏心受压法。

横向铰接板（梁）法——把相邻板（梁）之间的横向连接视为只传递剪力的铰来计算荷载横向分布系数的方法。

横向刚接梁法——把相邻主梁之间视为刚性连接，即能传递横向剪力和弯矩。

比拟正交异性板法——将主梁和横隔梁的刚度换算成两个方向刚度不同的比拟正交异性板，用弹性薄板计算荷载横向分布系数的方法。

在上述各种计算方法的选用上，应特别注意所计算的桥梁是宽桥还是窄桥，一般可用桥宽 B 和桥跨长 l 之比粗略判断，$B/l \leqslant 0.5$ 可认为是窄桥，另外应注意主梁之间横向联系的实际构造。

根据《公路桥规》JTG D60—2015 规定，汽车车道荷载横向分布系数计算是采用车辆荷载，关于车辆荷载及在桥面上横向布置详见第 16 章的相关内容。

下面介绍各种计算荷载横向分布系数方法的基本原理和举例。

1. 杠杆法

按杠杆法进行荷载横向分布的计算，其基本假定是忽略主梁之间的横向联系作用，即假设桥面板在主梁上断开，而当作沿横向支承在主梁上的简支板或悬臂板来考虑。

图 18-45（a）所示即为桥面板直接搁在工字形主梁上的装配式桥梁。当桥上有车辆荷载作用时，很明显，作用在左边悬臂板上的轮重 $F_1/2$（F_1 为车辆荷载的轴重）只传递至 1 号梁和 2 号梁，作用在中部简支板上的只传给 2 号和 3 号梁，见图 18-45（b），也就是板上的轮重 $F_1/2$ 按简支梁支座反力的方式分配给左右两根主梁，而反力 R_i 的大小只要利用简支板的静力平衡条件即可求出，这就是所谓作用力平衡的"杠杆原理"。如果主梁所支承的相邻两块板上都有荷载，则该梁所受的荷载是两个支承反力之和，如图 18-45（b）中 2 号梁所受的荷载为 $R_2 = R_2' + R_2''$。

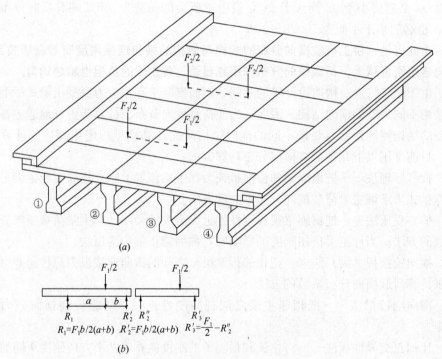

图 18-45　杠杆原理受力图示

为了求主梁所受的最大荷载，通常可利用反力影响线来进行，在此情况下，反力影响线也就是计算荷载横向分布系数的横向影响线，如图 18-46 所示。

有了各根主梁的荷载横向影响线，就可根据各种活荷载，如汽车和人群荷载的最不利荷载位置求得相应的横向分布系数。图 18-46 中 $p = p_0 \cdot a$，p 表示每延米人群荷载的集度，p_0 为单位面积上人群荷载的集度，a 为人行道宽度。

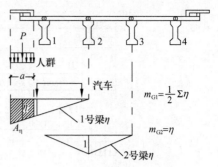

应计算桥跨各根主梁的横向分布系数，用最大的横向分布系数求得受载最大的主梁最大内力，以此作为计算依据。

对于一般多梁式桥，不论跨度内有无中间横隔梁，当桥上荷载作用在靠近支点处时，例如当计算支点剪力时的情形，荷载的绝大部分通过相邻的主梁直接传至墩

图 18-46　按杠杆原理法
计算横向分布系数

台。再从集中荷载直接作用在端横隔梁上的情形来看，虽然端横隔梁是连续于几根主梁之间的，但由于不考虑支座的弹性压缩和主梁本身的微小压缩变形，显然荷载将主要传至两个相邻的主梁支座，即连续端横隔梁的支点反力与多跨简支的反力相差不多。因此，在实践中人们习惯于偏安全用杠杆法来计算荷载位于靠近主梁支点时的横向分布系数。

杠杆法也可近似地应用于横向联系很弱的无中间横隔梁的主梁。但是这样计算的荷载横向分布系数，通常对于中间主梁会偏大些，而对于边梁则会偏小。对于无横隔梁的装配式箱形梁桥的初步设计，在绘制主梁荷载横向影响线时可以假设箱形截面是不变形的，故箱梁内的竖标值为等于 1 的常数，如图 18-47 所示。

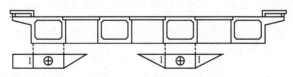

图 18-47　装配式箱梁桥无横隔梁时主梁横向影响线

【例 18-2】　计算跨径 $L = 19.5$m 的简支梁桥各主梁横向布置如图 18-48 所示。桥面净空为净—7+2×0.75m。试求荷载位于支点处时，1 号和 2 号主梁相应于公路—Ⅱ级车道荷载和人群荷载的横向分布系数。

【解】　当荷载位于支点处时，应按杠杆法计算荷载横向分布系数。

（1）绘制 1 号梁和 2 号梁的荷载横向影响线，如图 18-48（b）和（c）所示。

（2）在横向影响线上布置荷载并求主梁的荷载横向系数。

《公路桥规》JTG D60—2015 对于车辆荷载在桥面上布置的规定，在横向影响线上按横向最不利的位置布置车辆荷载的车轮位置，人群荷载仅在人行道上布置。例如，对于汽车荷载，规定的汽车横向轮距为 1.80m，两列汽车车轮的横向最小间距为 1.30m，车轮距离人行道路缘石最小为 0.50m，由此求出相应于荷载位置的影响线竖标值后，按式（18-2）和式（18-3）就可以得到汽车荷载 1 号梁

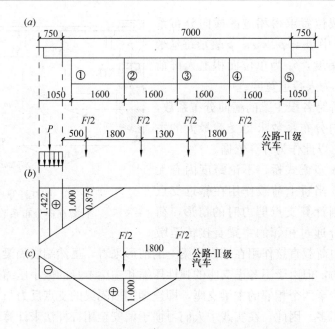

图 18-48　杠杆原理法计算横向分布系数（尺寸单位：mm）

(a) 桥跨主梁横向布置图；(b) 1 号梁横向影响线；(c) 2 号梁横向影响线

的荷载横向分布系数为：

公路—Ⅱ级汽车荷载

$$m_{\mathrm{G1,o}} = \sum \frac{\eta}{2} = \frac{0.875}{2} = 0.438$$

人群荷载

$$m_{\mathrm{G2,o}} = \eta_{\mathrm{r}} = 1.422$$

同理，按式（18-2）、式（18-3）计算，可得 2 号梁的荷载横向分布影响系数 $m_{\mathrm{oq}} = 0.5$ 和 $m_{\mathrm{or}} = 0$。这时在人行道上没有布载，是因为人行道荷载引起负反力，在考虑荷载作用效应组合时反而会减小 2 号梁的受力。

2. 偏心压力法

在钢筋混凝土或预应力混凝土梁桥上，通常除在主梁的两端设置横隔梁外，还在主梁跨中，甚至还在跨度四分点处设置中间横隔梁，这样可以显著增加桥梁的整体性，并加大横向结构的刚度。

根据试验观测结果和理论分析，在具有可靠横向连接的桥上，且在桥的宽跨比 B/L 小于或接近于 0.5 的情况时（一般称为窄桥），车辆荷载作用下中间横隔梁的弹性挠曲变形同主梁的相比较微不足道。也就是说，中间横隔梁像一根刚度无穷大的刚性梁一样保持直线的形状。图 18-49 中 w 表示桥跨中央的竖向挠度，从桥上受荷后各主梁的变形（挠度）规律来看，横隔梁传给主梁的力不作用在主梁截面的竖向形心线上，而是有偏心距 e 的，这就是偏心压力法计算荷载横向分

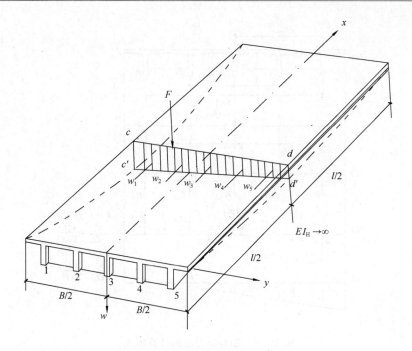

图 18-49 刚性横梁的梁桥在偏心荷载作用下的挠曲变形

布的基本前提。由于对横隔梁具有无限刚性的假定，此法也称刚性横梁法。

（1）偏心荷载 $F=1$ 对各主梁的荷载分布

假定各主梁的惯性矩是不相等的，集中力 $F=1$ 在桥梁横截面上是偏心作用的，见图 18-50（a）。由于横梁刚度很大，可按理论力学原理，将偏心作用的荷载 F 移到中心轴上，用一个作用在中心线上的力 F 和一个作用于横梁上的力矩 $M=Fe$ 来代替，见图 18-50（b）。这样偏心荷载 F 的作用就可以分解为中心荷载 F 的作用和力矩 M 的作用，然后进行叠加，便可得图 18-50（d）所示的偏心荷载 F 作用下各主梁的横向分布。

位于桥中心线的力 $F=1$ 作用时，由于假定中间横隔梁是刚性的，且横截面对称于桥轴线，所以在中心荷载作用下，由图 18-50（b）可见各根主梁必定产生相同的挠度，即

$$w'_1 = w'_2 = \cdots = w'_n \tag{18-4}$$

作用于简支梁跨中的集中力与挠度的关系为：

$$R'_i = \frac{48EI_i}{L^3}w'_i = \alpha I_i w'_i \tag{18-5}$$

式中 $\alpha = 48E/L^3$（E 为梁体材料的弹性模量）。

由静力平衡条件得

$$\Sigma R'_i = \alpha w'_i \Sigma I_i = F = 1 \tag{18-6}$$

将式（18-5）代入式（18-6）得任意一根主梁承受的力为：

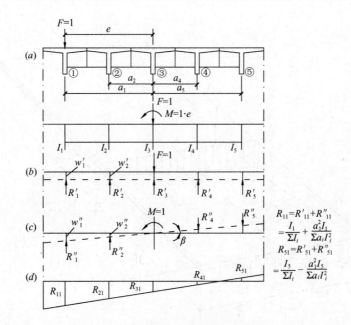

图 18-50   偏心压力法的计算图式

（a）桥梁主梁布置与偏心力；（b）中心力 $F=1$ 作用；

（c）偏心力矩 $M=1$ 作用；（d）荷载分配

$$R'_i = \frac{I_i}{\sum I_i} \tag{18-7}$$

式中 I_i ——任意一根主梁的惯性矩；

$\sum I_i$ ——桥梁内所有主梁惯性矩的总和。

如果各主梁的截面均相同，则

$$R'_1 = R'_2 = \cdots = R'_i = \frac{1}{n} \tag{18-8}$$

在偏心力矩 $M = Fe = 1 \cdot e$ 作用时，桥的截面将产生一个绕中心轴的转角 β，见图 18-50（c），各根主梁产生的挠度 w''_i 与其离开截面中心轴的距离成正比，即

$$w''_i = a_i \tan\beta \approx a_i\beta \tag{18-9}$$

根据式（18-5）的关系，得

$$R''_i = \alpha I_i w''_i = \alpha I_i \beta a_i = \gamma a_i I_i \tag{18-10}$$

式中 $\gamma = \alpha\beta$。

从图 18-50（c）可以看出，R''_i 对桥的截面中心呈反对称变化，即左右对称梁的作用力刚好构成一个抵抗力矩 $R''_i a_i$。所以，由静力平衡条件可得

$$\sum R''_i = \gamma \sum a_i^2 I_i = 1 \cdot e \tag{18-11}$$

$$\gamma = \frac{e}{\sum a_i^2 I_i} \tag{18-12}$$

将式（18-11）带入式（18-10）中，得偏心力矩 $M = 1 \cdot e$ 作用下各主梁所分配的荷载为：

$$R''_i = \pm \frac{ea_iI_i}{\sum a_i^2 I_i} \tag{18-13}$$

如果各主梁的截面均相同，则

$$R''_i = \pm \frac{ea_i}{\sum a_i^2} \tag{18-14}$$

在式（18-13）和式（18-14）中，当所计算的主梁位于 $F = 1$ 作用位置的同一侧时取正号，反之取负号。将式（18-7）和式（18-14）叠加，就可求出 $F = 1$ 作用在离横截面中心线 e 的位置上任一根主梁所分配到的力为：

$$R_i = R'_i + R''_i = \frac{I_i}{\sum I_i} \pm \frac{ea_iI_i}{\sum a_i^2 I_i} \tag{18-15}$$

（2）主梁的横向分布系数

在式（18-15）中，e 是表示荷载 $F = 1$ 的作用位置，下标"i"是表示所求梁的梁号。当 $F = 1$ 作用在 1 号梁上时，用 $e = a_1$ 代入，即得 1 号梁所分配到的荷载为：

$$R_{11} = \eta_{11} = \frac{I_1}{\sum I_i} \pm \frac{a_1^2 I_1}{\sum a_i^2 I_i} \tag{18-16}$$

当荷载 $F = 1$ 分别作用在 2 号、3 号、4 号和 5 号梁上时，1 号梁所分配的荷载为：

$$R_{12} = \eta_{12} = \frac{I_1}{\sum I_i} + \frac{a_1 a_2 I_1}{\sum a_i^2 I_i} \tag{18-17}$$

$$R_{13} = \eta_{13} = \frac{I_1}{\sum I_i} \tag{18-18}$$

$$R_{14} = \eta_{14} = \frac{I_1}{\sum I_i} - \frac{a_1 a_2 I_1}{\sum a_i^2 I_i} \tag{18-19}$$

$$R_{15} = \eta_{15} = \frac{I_1}{\sum I_i} - \frac{a_1^2 I_1}{\sum a_i^2 I_i} \tag{18-20}$$

求得的 R_{11}、R_{12}、R_{13}、R_{14} 和 R_{15} 值就是 $F = 1$ 分别作用各主梁上时 1 号梁所分配到的荷载，即 1 号梁的荷载横向影响线的竖标 η_{11}、η_{12}、η_{13}、η_{14} 和 η_{15}。这里第一个下标表示所计算的梁号，第二个下标表示 $F = 1$ 作用在哪个梁号上。因影响线是直线分布，故只需计算 η_{11} 和 η_{15}。

同理，求 2 号梁的影响线竖标，只要将 I_1 换成 I_2，a_1 换成 a_2 就可以了。以此类推，可求得其他梁的影响线竖标。

有了荷载的横向影响线，就可将荷载沿横向分别布置于最不利位置，计算主梁的横向分布系数。

【例 18-3】 试按照偏心受压法计算图 18-40 所示简支梁桥 1 号梁的跨中荷

载横向分布系数。其他条件与例 18-2 相同。

【解】　各主梁间设有横隔梁，具有较大的横向连接刚度。且承重结构的宽跨比为 $B/l=5\times1.6/19.5=0.41<0.5$，故可按偏心受压法绘制横向影响线并计算各主梁跨中的横向分布系数。

(1) 绘制横向影响线

各主梁的截面均相等，梁根数 $n=5$，间距为 1.6m，则

$$\sum a_i^2 = a_1^2 + a_2^2 + a_3^2 + a_4^2 + a_5^2$$
$$= (2\times1.60)^2 + (1.60)^2 + (-1.60)^2 + (-2\times1.60)^2$$
$$= 25.60 \text{m}^2$$

由式 (18-16) 和式 (18-20)，且各梁主截面相同 ($I_i/\sum I_i = 1/n$)，故得到 1 号梁的横向影响线的两个竖标值 η_{11} 和 η_{15} 分别计算为：

$$\eta_{11} = \frac{1}{n} + \frac{a_1^2}{\sum a_i^2} = \frac{1}{5} + \frac{(2\times1.60)^2}{25.60} = 0.20 + 0.40 = 0.60$$

$$\eta_{15} = \frac{1}{n} - \frac{a_1^2 a_5^2}{\sum a_i^2} = 0.20 - 0.40 = -0.20$$

由 η_{11} 和 η_{15} 可绘制 1 号梁的横向影响线，如图 18-51 所示。要确定横向影响线的零点位置，可设其至 1 号梁距离为 x，按比例关系计算得到

$$\frac{x}{0.60} = \frac{4\times1.60 - x}{0.20}$$

解得 $x=4.80$m。

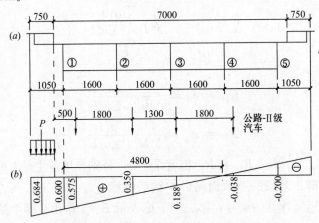

图 18-51　例 18-3 的横向分布
系数计算图（尺寸单位：mm）
(a) 桥梁横截面布置图；(b) 1 号梁横向影响线

(2) 求活荷载的横向分布系数 m_c

汽车荷载

$$m_{G1,l/2} = \frac{1}{2} \sum \eta_q = \frac{1}{2} \cdot (\eta_{q1} + \eta_{q2} + \eta_{q3} + \eta_{q4})$$

$$= \frac{1}{2} \cdot \frac{0.60}{4.80} (4.60 + 2.80 + 1.50 - 0.30) = 0.538$$

人群荷载

$$m_{G2,l/2} = \eta_r = \frac{\eta_{11}}{x} \cdot x_r$$

$$= \frac{0.60}{4.80} \times \left(4.80 + 0.30 + \frac{0.75}{2} \right) = 0.684$$

3. 考虑主梁抗扭刚度的修正偏心压力法

荷载横向分布系数计算的偏心压力法在其计算公式推演中，作了横隔梁近似绝对刚性和忽略主梁抗扭刚度的两项假定，导致了边主梁的横向分布计算值偏大的结果。为了弥补偏心压力法的不足，工程上广泛地采用考虑主梁抗扭刚度的修正偏心压力法。

用偏心压力法计算荷载横向影响线竖标（以 1 号主梁为例）的公式为：

$$\eta_{1i} = \frac{I}{\sum I_i} \pm \frac{ea_1 I_1}{\sum a_i^2 I_i} \tag{18-21}$$

式中等号右边第一项是由作用在桥中轴线处的中心荷载 $F = 1$ 引起的，此时各主梁只发生竖向挠度而无转动，显然它与主梁的抗扭刚度无关。等号右边第二项是由偏心力矩 $M = 1 \cdot e$ 引起的，此时，由于截面的转动，各主梁不仅发生竖向挠度，而且还必然同时引起扭转，可是在式（18-21）中却没有计入主梁的抗扭作用。由此可见，要计入主梁抗扭影响，只需对等式右边第二项给予修正。

现在来研究跨中垂直于桥轴平面内有力矩 $M = Fe = 1 \cdot e$（当 F 为单位力时）作用下桥梁的变形和受力情况。如图 18-52 所示，此时每根主梁除产生不相同的挠度 W_i'' 外，还产生一个相同的转角 θ。如设外力矩通过主梁跨中处刚性横隔梁传递，则可得各根主梁对横隔梁的反作用为竖向力 R_i'' 和抗扭矩 M_{Ti}。

由静力平衡条件可得

$$\sum R_i'' \cdot a_i + \sum M_{Ti} = 1 \cdot e \tag{18-22}$$

简支梁跨中截面扭矩与转角、竖向力与挠度的关系为：

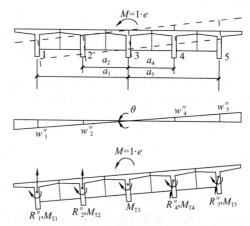

图 18-52 考虑主梁抗扭刚度的计算图式

$$\theta = \frac{lM_{Ti}}{4GI_{Ti}} \tag{18-23}$$

$$w''_i = \frac{R''_i l^3}{48EI_i} \tag{18-24}$$

根据图 18-52 的几何关系得

$$\theta \approx \tan\theta = \frac{w''_i}{a_i} \tag{18-25}$$

将式（18-23）和式（18-24）代入式（18-25）得

$$M_{Ti} = R''_i \frac{GI_{Ti}l^2}{12a_iI_iE} \tag{18-26}$$

为求 1 号梁的荷载，根据式（18-10）的关系可得 R''_i 和 R''_1 之间的关系为：

$$R''_1 = R''_i \frac{a_1I_1}{a_iI_i} \tag{18-27}$$

将式（18-26）和式（18-27）代入式（18-22）得

$$\sum R''_1 \frac{a_i^2 I_i}{a_1 I_1} + \sum R''_1 \frac{a_i I_i}{a_1 I_1} \cdot \frac{l^2 GI_{Ti}}{12a_i EI_i} = 1 \cdot e$$

则

$$R''_1 = \frac{ea_1 I_1}{\sum a_i^2 I_i + \frac{Gl^2}{12E}\sum I_{Ti}} = \frac{ea_1 I_1}{\sum a_i^2 I_i} \cdot \frac{1}{1 + \frac{Gl^2 \sum I_{Ti}}{12E\sum a_i^2 I_i}} = \beta \frac{ea_1 I_1}{\sum a_i^2 I_i} \tag{18-28}$$

最后可得考虑主梁抗扭刚度后 1 号主梁的横向影响线竖标为：

$$\eta_{1i} = \frac{I}{\sum I_i} \pm \beta \frac{ea_1 I_1}{\sum a_i^2 I_i} \tag{18-29}$$

式中 β 为抗扭修正系数：

$$\beta = \frac{1}{1 + \frac{Gl^2 \sum I_{Ti}}{12E\sum a_i^2 I_i}} < 1$$

由此可见，与偏心受压法公式的不同点仅是在等式右边第二项上乘了一个小于 1 的抗扭修正系数 β，所以，此法称为修正偏心受压法。

如果主梁的截面均相同，即 $I_1 = I, I_{Ti} = I_T$，则

$$\beta = \frac{1}{1 + \frac{nGl^2 I_T}{12EI\sum a_i^2}} \tag{18-30}$$

式（18-30）中 n 为主梁根数。对 T 形截面，主梁抗扭惯性矩 I_T 的计算，可近似等于各个矩形截面的抗扭惯性矩之和。混凝土的剪切模量 G 可取等于 $0.425E$。

【例 18-4】 按考虑抗扭刚度修正的偏心压力法来计算例 18-3 中的 1 号边梁横向分布系数。

【解】 (1) 计算主梁截面抗弯惯性矩 I 和抗扭惯性矩 I_T

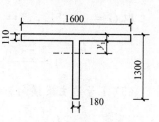

图 18-53 为按主梁实际截面尺寸得到的计算尺寸图，其中受压翼板的换算平均厚度为 $t_1 = (0.08 + 0.14)/2 = 0.11m$，主梁计算截面的重心为 y_1（距翼板顶面），则

图 18-53 主梁截面计算尺寸
（尺寸单位：mm）

$$y_1 = \frac{(1.6-0.18) \times 0.11 \times \frac{0.11}{2} + 1.3 \times 0.18 \times \frac{1.3}{2}}{(1.6-0.18) \times 0.11 + (1.3 \times 0.18)} = 0.41m$$

主梁对计算截面重心轴的抗弯惯性矩 I 为：

$$I = \frac{1}{12}(1.6-0.18) \times (0.11)^3 + (1.6-0.18) \times 0.11 \times \left(0.41 - \frac{0.11}{2}\right)^2$$

$$+ \frac{1}{12} \times 0.18 \times (1.3)^3 + 1.3 \times 0.18 \times \left(\frac{1.3}{2} - 0.41\right)^2$$

$$= 0.066276m^4$$

对于 T 形截面的抗扭惯性矩 I_T 计算，近似等于组成 T 形截面的各个矩形截面抗扭惯性矩之和：

$$I_T = \sum c_i b_i t_i^3$$

式中 b_i 和 t_i 分别为单个矩形截面的长边与短边长度；c_i 为矩形截面抗扭刚度系数，可根据 t_i/b_i 值由表 18-3 查得。

矩形截面抗扭刚度系数 c 表 18-3

t/b	1	0.9	0.8	0.7	0.6	0.5	0.4	0.3	0.2	0.1	<0.1
c	0.141	0.155	0.171	0.189	0.209	0.229	0.250	0.270	0.291	0.312	1/3

由图 18-53 所示 T 形梁截面计算尺寸外挑翼板的短边长度 $t_1 = 0.11m$，长边长度 $b_1 = 1.60m$，$t_1/b_1 = 0.0687 < 0.1$，查表 18-3 得 $c_1 = 1/3$；梁肋的短边长度 $t_2 = 0.18m$，长边长度 $b_2 = 1.19m$，$t_2/b_2 = 0.151$，查表 18-3 得到 $c_2 = 0.301$，则 T 形截面的抗扭惯性矩为：

$$I_T = I_{T1} + I_{T2}$$
$$= 1/3 \times 1.6 \times (0.11)^3 + 0.301 \times 1.19 \times (0.18)^3$$
$$= 0.0027988m^3$$

（2）计算抗扭修正系数 β

由各个主梁截面均相同，$\sum I_{Ti} = 5I_T$，$\sum a_i^2 I_i = I \sum a_i^2$，则

$$\frac{\sum I_{Ti}}{\sum a_i^2 I_i} = \frac{5I_T}{I \sum a_i^2} = \frac{5 \times 0.0027988}{0.066276 \times [(2 \times 1.6)^2 + 1.6^2 + (-1.6)^2 + (-2 \times 1.6)^2]}$$

$$= 0.00825$$

取 $G = 0.425E$ ，$l^2 = (19.5)^2 = 380.25\text{m}^2$ ，则

$$\beta = \cfrac{1}{1 + \cfrac{5 \times 0.425E \times 380.25 \times 0.0027988}{12E \times 0.066276 \times 25.60}} = 0.9 < 1$$

（3）1 号边主梁横向影响线竖标值

$$\eta_{11} = \frac{I_1}{\sum I_i} + \beta \frac{a_1^2}{\sum a_i^2} = \frac{I_1}{5I_1} + 0.9 \times 0.4 = 0.2 + 0.36 = 0.56$$

$$\eta_{15} = \frac{I_1}{\sum I_i} - \beta \frac{a_1^2}{\sum a_i^2} = \frac{I_1}{5I_1} - 0.9 \times 0.4 = 0.2 - 0.36 = -0.16$$

1 号主梁的横向影响线见图 18-54。

（4）计算 1 号边主梁跨中的荷载横向分布系数

汽车荷载作用时

$$m_{Q1,l/2} = \frac{1}{2} \sum \eta_q = \frac{1}{2} \cdot (\eta_{q1} + \eta_{q2} + \eta_{q3} + \eta_{q4})$$

$$= \frac{1}{2} \times (0.538 + 0.335 + 0.189 - 0.013)$$

$$= 0.525$$

人群荷载作用时

$$m_{Q2,l/2} = 0.636$$

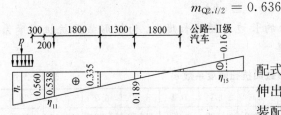

图 18-54   1 号主梁的横向分布影响线
（尺寸单位：mm）

4. 铰接板（梁）法

用现浇混凝土纵向铰缝连接的装配式板以及仅在翼板间用焊接钢板或伸出交叉钢筋连接的无中间横隔梁的装配式梁的多梁式桥，虽然块件间横向具有一定的连接构造，但其连接刚性又很薄弱。这类结构的受力状态实际接近于数根并列而相互间横向铰接的狭长板（梁），在工程上，常采用横向铰接板（梁）方法来计算荷载横向分布系数。

图 18-55（a）为一座用混凝土铰缝连接的装配式板桥承受荷载（集中力）F 的竖向变形图，当 2 号板块上有荷载 F 作用时，除了本身引起纵向挠曲（板块本身的横向变形极微小，可略去不计）外，其他板块也会受力而发生相应的挠曲。显然，这是因为各板块之间通过结合缝所承受的内力在起传递荷载的作用。图 18-55（b）示出了一般情况下结合缝沿板长度方向上可能引起的分布内力为竖向剪力 $g(x)$、横向弯矩 $m(x)$、纵向剪力 $t(x)$ 和法向力 $n(x)$。然而，当桥上主要作用竖向车轮荷载时，纵向剪力和法向力与竖向剪力相比，影响极小；加之在构造上，结合缝（铰缝）的高度不大、刚性甚弱，通常可视作近似铰接，则横向

弯矩对传递荷载的影响极微，也可忽略。这样，为了简化计算，就可以假定竖向荷载作用下，结合缝内只传递竖向剪力 $g(x)$，如图 18-55（c）所示，这就是横向铰接板（梁）计算理论的基本假定。

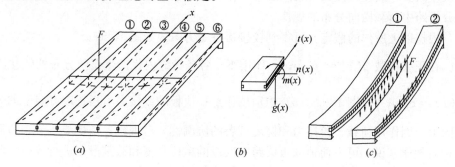

图 18-55 铰接板桥受力图式
（a）集中力作用在装配式板桥上；（b）板间分布内力；
（c）板间铰缝的剪力传递

把一个空间计算问题，借助按横向挠度分布规律来确定荷载横向分布的原理，简化为一个平面问题来处理，严格来说，应当满足下述关系（以 1 号、2 号板梁为例）：

$$\frac{w_1(x)}{w_2(x)} = \frac{M_1(x)}{M_2(x)} = \frac{V_1(x)}{V_2(x)} = \frac{F_1(x)}{F_2(x)} = 常数$$

上式表明，在桥上荷载作用下，任意两条板（梁）所分配到的荷载的比值与挠度的比值以及截面内力（弯矩 M 和剪力 V）的比值都相同。对于每条板梁有关系式 $M(x) = -EIw''$ 和 $V(x) = EIw'''$，代入上式，并设 EI 为常量，则

$$\frac{w_1(x)}{w_2(x)} = \frac{w_1''(x)}{w_2''(x)} = \frac{w_1'''(x)}{w_2'''(x)} = \frac{F_1(x)}{F_2(x)} = 常数 \qquad (18-31)$$

但是，实际上无论是集中轮重还是分布荷载，都不能满足上式的条件。以图 18-55（c）铰接板的受力情况来看，2 号板梁上的集中荷载 F 与 1 号板梁经竖向剪力传递的分布荷载 $g(x)$ 是性质完全不同的荷载。

如果采用具有某一峰值 p_0 的半波正弦荷载

$$p(x) = p_0 \sin \frac{\pi x}{l} \qquad (18-32)$$

则其积分和求导就能满足式（18-31）。对于研究荷载横向分布，还可方便地设 $p_0 = 1$ 而直接采用单位正弦荷载来分析。此时各根板梁的挠曲线将是半波正弦曲线，它们所分配到的荷载也是具有不同峰值的半波正弦荷载。这样，就使荷载、挠度和内力三者的变化规律趋于协调统一。

严格说来，荷载横向分布的处理方法在理论上仅对常截面的简支梁桥（w 为正弦函数时满足简支的边界条件）作用半波正弦荷载时，才属正确。采用正弦

荷载代替跨中的集中荷载,在计算各梁跨中挠度时的误差很小,而且,计算内力时虽有稍大的误差,但考虑到实际计算时有许多车轮沿桥跨分布,这样又进一步使误差减少,故在铰接板(梁)法中,作为一个基本假定,可采用半波正弦荷载来分析跨中荷载横向分布的规律。

根据以上所作的假定,可得到铰接板桥受力图式如图 18-56。

在正弦荷载 $p(x) = p_0 \sin \dfrac{\pi x}{l}$ 作用下,各条铰缝内也产生正弦分布的铰接力 $g_i(x) = g_i \sin \dfrac{\pi x}{l}$,图 18-56(b)中示出任意一块板的铰接力沿板长度方向上的分布图形。因作用荷载、铰接力和挠度三者的协调性,对观察各条板梁所分布荷载的相对规律来说,可方便地取板梁跨中区段的单位长度和截割段来进行分析,此时各板条间铰接力可用正弦分布铰接力的峰值 g_i 来表示。

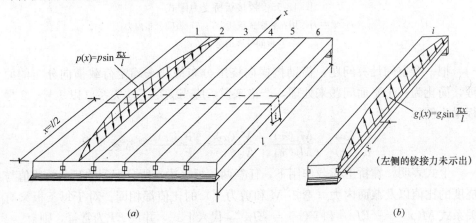

图 18-56 铰接板桥受力图式

图 18-57(a)表示一座横向铰接板梁桥的横截面图,现在研究单位正弦荷载作用在 1 号板梁轴线上时,荷载在各条板梁内的横向分布,计算图式如图18-57(b)。

一般说来,对于具有 n 条板梁组成的桥梁,必然具有 $(n-1)$ 条铰缝。在板

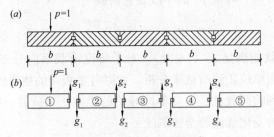

图 18-57 铰接板计算图式
(a)桥跨板横向布置;(b)隔离体受力

梁间沿铰缝切开，则每一铰缝内作用着一对大小相等方向相反的正弦分布铰接力，因此对于 n 条板梁就有 $(n-1)$ 个欲求的未知铰接力峰值 g_i。如果求得了所有的 g_i，则根据力的平衡原理，可得分配到各板块的竖向荷载的峰值 p_{i1}。以图 18-57 (b) 所示的 5 块板为例，即为：

$$
\left.
\begin{aligned}
1\ \text{号板}\quad p_{11} &= 1 - g_1 \\
2\ \text{号板}\quad p_{21} &= g_1 - g_2 \\
3\ \text{号板}\quad p_{31} &= g_2 - g_3 \\
4\ \text{号板}\quad p_{41} &= g_3 - g_4 \\
5\ \text{号板}\quad p_{51} &= g_4
\end{aligned}
\right\}
\tag{18-33}
$$

显然，对于具有 $(n-1)$ 个未知铰接力的超静定问题，总有 $(n-1)$ 条铰接缝，将每一铰缝切开形成基本体系，利用两相邻板块在铰接缝处的竖向相对位移为零的变形协调条件，就可解出全部铰接力峰值。为此，对于图 18-57 (b) 的基本体系，可以列出如下正则方程：

$$
\left.
\begin{aligned}
\delta_{11} g_1 + \delta_{12} g_2 + \delta_{13} g_3 + \delta_{14} g_4 + \delta_{1p} &= 0 \\
\delta_{21} g_1 + \delta_{22} g_2 + \delta_{23} g_3 + \delta_{24} g_4 + \delta_{2p} &= 0 \\
\delta_{31} g_1 + \delta_{32} g_2 + \delta_{33} g_3 + \delta_{34} g_4 + \delta_{3p} &= 0 \\
\delta_{41} g_1 + \delta_{42} g_2 + \delta_{43} g_3 + \delta_{44} g_4 + \delta_{4p} &= 0
\end{aligned}
\right\}
\tag{18-34}
$$

式中　δ_{ik} ——铰接缝 k 内作用单位正弦铰接力，在铰缝 i 处引起的竖向相对位移；

δ_{ip} ——外荷载 p 在铰接缝 i 处引起的竖向相对位移。

为了确定正则方程中的常系数 δ_{ik} 和 δ_{ip}，我们来考察图 18-58 (a) 所示任意板梁在左边铰缝内作用单位正弦铰接力的典型情况。图 18-58 (b) 为跨中单位长度截割段的示意图。对于横向近乎刚性的板块，偏心的单位正弦铰接力可以用一个中心作用的荷载和一个正弦分布的扭矩来代替，图 18-58 (c) 中示出了作用在

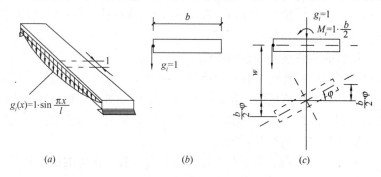

(a)　　　　　　　　　　(b)　　　　　　　　　　(c)

图 18-58　板桥的典型受力图式
(a) 铰缝内单位正弦铰接力；(b) 板跨中单位长度隔离体；
(c) 作用在隔离体上的峰值力 g_i 和 m_i

跨中段上的相应峰值 $g_i = 1$ 和 $m_i = b/2$。我们设上述中心作用荷载在板跨中央产生的挠度为 w。上述扭矩引起的跨中扭角为 φ，这样在板块左侧产生的总挠度为 $w + b\varphi/2$，在板块右侧则为 $w - b\varphi/2$。掌握了这一典型的变形规律，参照图 18-58 (b) 的基本体系，就不难确定以 w 和 φ 表示的全部 δ_{ik} 和 δ_{ip}。计算中应遵循下述符号规定：当 δ_{ik} 与 g_i 的方向一致时取正号，也就是说，使某一铰缝增大相对位移的挠度取正号，反之取负号。至此，依据图 18-57 (b) 的基本体系，就可写出正则方程（18-34）中的常系数为：

$$\delta_{11}g_1 = \delta_{22}g_2 = \delta_{33}g_3 = \delta_{44}g_4 = 2\left(w + \frac{b}{2}\varphi\right)$$

$$\delta_{12} = \delta_{23} = \delta_{34} = \delta_{21} = \delta_{32} = \delta_{43} = -\left(w - \frac{b}{2}\varphi\right)$$

$$\delta_{13} = \delta_{14} = \delta_{24} = \delta_{31} = \delta_{41} = \delta_{42} = 0$$

$$\delta_{1p} = -w$$

$$\delta_{2p} = \delta_{3p} = \delta_{4p} = 0$$

将上述的系数代入式（18-34），使全式除以 w，并设刚度参数 $\gamma = \dfrac{(b/2)\varphi}{w}$，则得正则方程的化简形式：

$$\left.\begin{array}{l} 2(1+\gamma)g_1 - (1-\gamma)g_2 = 1 \\ -(1-\gamma)g_1 + 2(1+\gamma)g_2 - (1-\gamma)g_3 = 0 \\ -(1-\gamma)g_2 + 2(1+\gamma)g_3 - (1-\gamma)g_4 = 0 \\ -(1-\gamma)g_3 + 2(1+\gamma)g_4 = 0 \end{array}\right\} \tag{18-35}$$

一般说来，n 块板就有 $(n-1)$ 个联立方程，其主系数 $\dfrac{1}{w}\delta_{ik}(k = i \pm 1)$ 都为 $-(1-\gamma)$，其余都为零。荷载项系数除了直接受荷的 1 号板块处为 -1 以外，其余均为零。

由此可见，只要确定了刚度参数 γ、板块数量 n 和荷载作用位置，就可解出所有 $(n-1)$ 个未知铰接力的峰值。有了 g_i，就能按式（18-33）得到荷载作用下分配到各板块的竖向荷载峰值。

（1）铰接板的荷载横向分布影响线

上面阐明了沿桥的横向只有一个荷载（用单位正弦荷载代替）作用下的荷载横向分布问题。为了计算横向可移动的一排车轮荷载对某根板梁的总影响，最方便的方法就是利用该板梁的荷载横向影响线来计算横向分布系数。下面将从荷载横向分布计算出发来绘制横向影响线。

图 18-59 (a) 表示荷载作用在 1 号板梁上时，各块板梁的挠度和所分配的荷载图式。对于弹性板，荷载与挠度呈正比关系，即

$$p_{i1} = \alpha_1 w_{i1}$$

同理

$$p_{1i} = \alpha_2 w_{1i}$$

由变位互等定理 $w_{i1} = w_{1i}$，且每块梁板的截面相同（比例常数 $\alpha_1 = \alpha_2$），就得

$$p_{i1} = p_{1i}$$

这表明单位荷载作用于 1 号板梁轴线上时，在任一板梁上所分配到的荷载就等于单位荷载作用于任意板梁轴线上时 1 号板梁所分配到的荷载，这就是 1 号板梁荷载横向影响线的竖标值，通常以 η_{1i} 来表示。最后，由式（18-33）就得 1 号板梁横向影响线的各竖标值为：

$$\left. \begin{array}{l} \eta_{11} = p_{11} = 1 - g_1 \\ \eta_{12} = p_{21} = g_1 - g_2 \\ \eta_{13} = p_{31} = g_2 - g_3 \\ \eta_{14} = p_{41} = g_3 - g_4 \\ \eta_{15} = p_{51} = g_4 - g_5 \end{array} \right\}$$

把各个 η_{1i} 按比例描绘在相应板梁的轴线位置，用光滑的曲线（或近似地用折线）连接这些竖标点，就得 1 号板梁的横向影响线，如图 18-59(b) 所示。同理，如将单位荷载作用在 2 号板梁轴线上，就可求得 p_{i2}，从而可得 η_{2i}，如图 18-59(c) 所示。

在实际进行设计时，可以利用对于板块数目 $n = 3 \sim 10$ 所编制的各号板的横向影响线竖标计算表格（见附录 16 的附表 16-1）。表中按刚度参数 $\gamma = 0.00 \sim 2.00$ 列出了 η_{ik} 的数值，对于非表列的值，可用直线内插来计算。

（2）刚度参数 γ 值的计算

γ 为扭转位移 $\dfrac{b}{2}\varphi$ 与主梁挠度 w 之比，刚度参数 γ 的计算公式推导如下。

当正弦荷载 $p(x)$ 作用于简支板轴线上时，板的跨中挠度为：

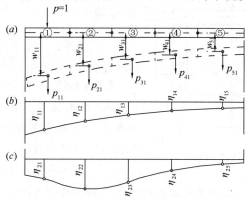

图 18-59 铰接板跨中的荷载横向影响线

(a) 计算图式；(b) 1 号板梁的横向影响线；(c) 2 号板梁的横向影响线

$$w = \frac{pL^4}{\pi EI} \tag{18-36}$$

当正弦荷载 $p(x)$ 作用于板边时，板的跨中扭转角为：

$$\varphi = \frac{pbL^2}{2\pi^2 GI_T} \tag{18-37}$$

于是，刚度参数 γ 为：

$$\gamma = \frac{b\varphi}{2w} = \frac{\pi^2 EI}{4 GI_T}\left(\frac{b}{L}\right)^2 = 5.8\frac{I}{I_T}\left(\frac{b}{L}\right)^2 \tag{18-38}$$

式中 E——板的材料弹性模量；

$\quad\quad\ G$——板的材料剪切模量，对混凝土 $G = 0.425E$；

$\quad\quad\ I$——板的抗弯刚度；

$\quad\quad I_T$——对板的抗扭惯性矩实心矩形板截面的抗扭惯性矩，I_T 近似等于：

$$I_T = cbh^3 \tag{18-39}$$

$\quad\quad\ c$——实心矩形截面板抗扭刚度系数，可查表 18-4；

$\quad\quad b、h$——分别为矩形截面的长边和短边。

实心矩形截面板抗扭刚度系数 c 值   表 18-4

b/h	1.10	1.20	1.25	1.30	1.40	1.50	1.60	1.75	1.80
c	0.154	0.166	0.172	0.177	0.187	1.196	0.204	0.214	0.217
b/h	2.00	2.50	3.00	3.50	4.00	5.00	8.00	10.00	20.00
c	0.299	0.249	0.263	0.273	0.281	0.291	0.307	0.312	0.323

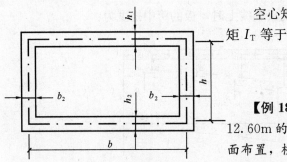

图 18-60   空心矩形截面

空心矩形截面（图 18-60）的抗扭惯性矩 I_T 等于

$$I_T = \frac{4b^2 h^2}{\frac{2h}{b_2} + \frac{b}{h_1} + \frac{b}{h_2}} \tag{18-40}$$

【例 18-5】   图 18-61(a) 为跨径 $l = 12.60\text{m}$ 的铰接空心板桥的上部结构横截面布置，桥面净空为净—7m 和 $2 \times 0.75\text{m}$ 人行道。预应力混凝土空心板跨中截面尺寸见图 18-61(b)，试求公路-Ⅱ级车道荷载和人群荷载作用时 1、3 和 5 号板的跨中荷载横向分布系数。

【解】   （1）计算空心板截面的抗弯惯性矩 I 和抗扭惯性矩 I_T

空心板是对称截面，截面形心轴位于空心板高度中央，即截面重心轴距空心

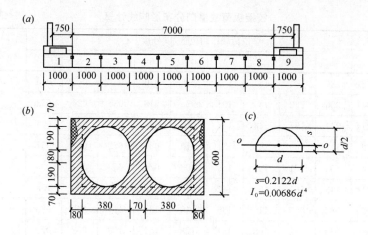

图 18-61 空心板桥横截面（尺寸单位：mm）

(a) 桥跨板横向布置；(b) 空心板截面；

(c) 半圆孔的几何特性

板截面上边缘的距离 $y_1 = h/2 = 600/2 = 300$mm。参照图 18-61(c) 所示半圆的几何尺寸，其抗弯惯性矩计算为：

$$I = \frac{99 \times 60^3}{12} - 2 \times \frac{38 \times 8^3}{12}$$

$$- 4 \left[0.00686 \times 38^4 + \frac{1}{2} \times \frac{\pi \times 38^2}{4} \left(\frac{8}{2} + 0.2122 \times 38 \right)^2 \right]$$

$$= 1782000 - 3243 - 4 \times 96828 = 1391 \times 10^7 \text{mm}^4$$

空心板截面可近似简化成图 18-61(b) 中虚线所示的薄壁箱形截面来计算 I_T，按式 (18-40) 得到：

$$I_T = \frac{4 \times (99-8)^2 \times (60-7)^2}{(99-8)\left(\frac{1}{7}+\frac{1}{7}\right)+\frac{2(60-7)}{8}} = \frac{93045000}{26+13.25} = 2.37 \times 10^{10} \text{mm}^4$$

(2) 计算刚度参数 γ

$$\gamma = 5.8 \frac{I}{I_T} \left(\frac{b}{l}\right)^2 = 5.8 \times \frac{1391 \times 10^7}{2370 \times 10^7} \times \left(\frac{100}{1260}\right)^2 = 0.0214$$

(3) 计算跨中截面荷载横向分布影响线

从铰接板荷载横向分布影响线计算用表 [附录附表 16-1 (1)、附表 16-1 (3) 和附表 16-1 (5)] 中，可在 $\gamma = 0.02$ 与 0.04 之间按直线内插法求得 $\gamma = 0.0214$ 的影响线竖标值 η_{1i}、η_{3i}、η_{5i}。计算结果见表 18-5（取小数点后三位数字）。

铰接板荷载横向分布影响线计算 表 18-5

板号	γ	单位荷载作用位置（i 号板中心）									$\sum \eta_{Ki}$
		1	2	3	4	5	6	7	8	9	
1	0.02	236	194	147	113	088	070	057	049	046	≈1000
	0.04	306	232	155	104	070	048	035	026	023	
	0.0214	241	197	148	112	087	068	055	047	044	
3	0.02	147	160	164	141	110	087	072	062	057	≈1000
	0.04	155	181	195	159	110	074	053	040	035	
	0.0214	148	161	166	142	110	086	071	060	055	
5	0.02	088	095	110	134	148	134	110	095	088	≈1000
	0.04	070	082	108	151	178	151	108	082	070	
	0.0214	087	094	110	135	150	135	110	094	087	

（4）铰接板跨中横向分布系数计算

1）1号板的荷载横向分布系数

汽车荷载

$$m_{\mathrm{Q1},l/2}=\frac{1}{2}(0.197+0.119+0.086+0.056)=0.229$$

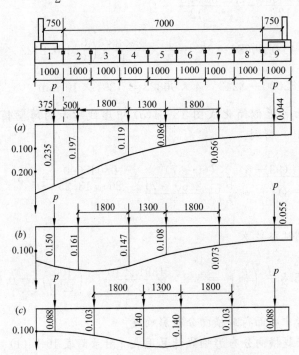

图 18-62 1号、3号和5号板的荷载分布影响线（尺寸单位：mm）

（a）1号板；（b）3号板；（c）5号板

人群荷载

$$m_{Q2,l/2}=0.235+0.044=0.279$$

2）3 号板的荷载横向分布系数

汽车荷载

$$m_{Q1,l/2}=\frac{1}{2}(0.161+0.147+0.108+0.073)=0.245$$

人群荷载

$$m_{Q2,l/2}=0.150+0.055=0.205$$

3）5 号板的荷载横向分布系数

汽车荷载

$$m_{Q1,l/2}=\frac{1}{2}(0.103+0.140+0.140+0.103)=0.243$$

人群荷载

$$m_{Q2,l/2}=0.088+0.088=0.176$$

5. 比拟正交异性板法

由主梁、连续的桥面板和多道横隔梁所组成的混凝土桥，当板宽度与其跨度之比值较大时，为了能比较精确地反映实际结构的受力情况，还可把此类结构简化成纵横相交的梁格系，按杆件系统的空间结构来求解，也可设法将其简化比拟为一块矩形的平板，按弹性薄板理论来进行解析分析，并且作出计算图表便于实际应用（附录 16 的附图 16-1）。目前最常用的是最后一种方法，即比拟正交异性板或称 $G\text{-}M$ 法。

利用 $G\text{-}M$ 法的图表计算荷载横向影响线竖标时，需先算出两个参数 α 和 θ，因此就要计算纵、横向的截面单位宽度抗弯惯性矩和抗扭惯性矩，即

$$J_x=I_x/b,\ J_{tx}=I_{tx}/b_1;\ J_y=I_y/a,\ J_{ty}=I_{ty}/a$$

（1）抗弯惯性矩计算

对于纵向主梁抗弯惯性矩 I_x 的计算，可按翼板宽度为 b_1 的 T 形截面进行。

对于横隔梁抗弯惯性矩 I_y 的计算，由于梁肋间距较大，弯曲时翼板宽度为 a 上的弯曲正应力分布是很不均匀的，因此，要引入受压翼板的有效宽度概念，每侧翼板的有效宽度值就相当于把实际应力图形换算成最大应力 σ_{max} 的基准的矩形图形的长度 λ（图 18-63）。根据理论分析计算结果，λ 值可用 c/l' 之比值按表 18-6 计算，表中 l' 为横隔梁长度，可取两根边主梁的中心距计

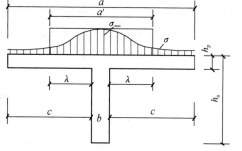

图 18-63　横桥向受压翼板的有效宽度

算。求得 λ 值后，就可按受压翼板宽度为 $a' = 2\lambda + b$ 的 T 形截面计算 I_y 值。

					λ/c 值				表 18-6	
c/l	0.05	0.10	0.15	0.20	0.25	0.30	0.35	0.40	0.45	0.50
λ/c	0.983	0.936	0.867	0.789	0.710	0.635	0.568	0.509	0.459	0.416

（2）抗扭惯性矩计算

T 形截面的抗扭惯性矩可为各矩形截面抗扭惯性矩之和。梁肋部分可按矩形截面由式（18-38）计算。对于翼板部分的计算，应分清图 18-64 所示的两种情况来计算。

图 18-64(a) 是独立的宽扁矩形截面（b 比 h 大得多），按材料力学公式计算其抗扭惯性矩为：

$$J_{ta} = \frac{I_{la}}{b} = \frac{bh_1^3}{3b} = \frac{h_1^3}{3} \tag{18-41}$$

图 18-64(b) 表示的是连续的桥面板，由于截面短边壁无剪力流存在，所以只有截面长边侧的剪力流形成扭矩，而且这个扭矩正好等于截面所承受的扭矩。根据矩形薄壁闭合截面扭转时，长边壁的剪力流形成的扭矩正好等于短边壁的，也就是说二者各占截面所承受的扭矩的一半。因此，连续的桥面板单宽抗扭惯性矩为宽扁矩形截面的一半。这样，对于连续桥面板的整体式梁桥和对于翼板全部

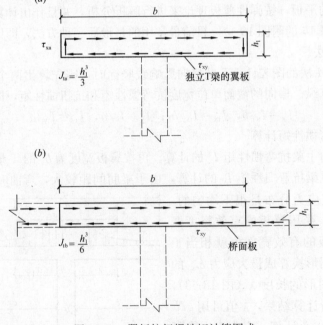

图 18-64　翼板抗扭惯性矩计算图式
(a) 独立 T 形截面；(b) 受压翼板连续伸长的 T 形截面

连成整体的装配桥梁，翼板抗扭惯性矩为：

$$J_{yb} = \frac{I_{tb}}{b} = \frac{bh_1^3}{6b} = \frac{h_1^3}{6} \tag{18-42}$$

在"G-M"法中，为计算扭弯参数 α 需要的是纵、横向截面单位宽度抗扭惯性矩之和，而不是单一的 J_{tx} 或 J_{ty}，因此，对于连续桥面板的整体式梁和对翼缘板刚性连接的装配式梁桥，纵横截面单位宽度抗扭惯性矩之和可由下式计算：

$$J_{tx} + J_{ty} = \frac{1}{3}h_1^3 + \frac{1}{b}I'_{tx} + \frac{1}{a}I'_{ty} \tag{18-43}$$

式中 h_1 为桥面板（翼板的厚度），I'_{tx} 和 I'_{ty} 分别为主梁肋和内横梁肋截面的抗扭惯矩，而 b 为主梁翼板宽度，a 为内横梁（T形梁）翼板几何宽度。

【例 18-6】 计算跨径 $L=19.50$m 的装配式钢筋混凝土简支梁桥，截面布置及主梁尺寸见图 18-65。各主梁翼缘板之间刚性连接，试按 G-M 法求各主梁跨中区段的公路-Ⅱ级车道荷载和人群荷载的横向分布系数。

【解】 （1）计算参数 θ 和 α

1）主梁抗弯惯性矩

$$I_x = 0.06627\text{m}^4 \text{ （参考例 18-4）}$$

因主梁 T 形截面翼缘宽度 $b_1 = 1.6$m，故主梁的比拟单宽抗弯惯性矩计算为：

$$J_x = I_x/b_1 = 0.06627/1.6 = 0.04142\text{m}^4/\text{m}$$

2）横隔梁抗弯惯性矩

每片中横隔梁的尺寸如图 18-65 所示。按表 18-6 确定横隔梁翼板的有效作用宽度 λ。横隔梁的长度取为两片边主梁的轴线距离，即 $l' = 4 \times b = 4 \times 1.60 = 6.40$m，而一片主梁上两横隔梁之间距离为 4880mm，则 $c = (4880-150)/2 = 2365$mm，查表 18-6 近似直线内插

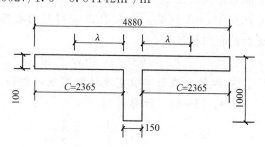

图 18-65 横隔梁截面（尺寸单位：mm）

得 $c/l' = 2.365/6.40 = 0.3695$ 时，$\lambda/c = 0.545$，则 λ 值计算为

$$\lambda = 0.545 \times 2.365 = 1.29\text{m}$$

按横隔梁为有效翼缘宽度 $a' = 2\lambda + b = 2 \times 1.29 + 0.15 = 2.73$m 的 T 形截面，则横隔梁截面重心位置 a_y（距横隔梁上边缘距离）的计算为：

$$a_y = \frac{2 \times 1.29 \times 0.11 \times \frac{0.11}{2} + 0.15 \times 1.00 \times \frac{1.00}{2}}{2 \times 1.29 \times 0.11 + 0.15 \times 1.00} = 0.21\text{m}$$

横隔梁抗弯惯性矩 I_y 计算为：

$$I_y = \frac{1}{12} \times 2 \times 1.29 \times 0.11^3 + 2 \times 1.29 + 0.11 \times \left(0.21 - \frac{0.11}{2}\right)^2$$

$$+\frac{1}{12}\times0.15\times1.00^3+0.15\times1.00\times\left(\frac{1.00}{2}-0.21\right)^2$$

$$=0.0322\mathrm{m}^4$$

横隔梁比拟单宽抗弯惯性矩为 $J_y=I_y/a=0.0322/4.88=6.60\times10^{-3}\mathrm{m}^4/\mathrm{m}$。

3）主梁和横隔梁的抗扭惯性矩

本算例为 T 形梁翼板刚接的情况，因此可直接用式（18-42）计算主梁纵横截面单位宽度抗扭惯性矩之和。

① 对主梁截面

主梁翼板的平均厚度为 $h_1=\dfrac{0.08+0.14}{2}=0.11\mathrm{m}$，梁肋高度，即梁肋截面长边尺寸 $b'=1.30-0.11=1.19\mathrm{m}$，而梁肋截面短边尺寸 t 为肋板厚度，即 $t=0.18\mathrm{m}$，因 $t/b'=0.18/1.19=0.151$，由表 18-3 查得矩形截面抗扭刚度系数 $c=0.301$，则主梁肋的抗扭惯性矩 I'_{tx} 为：

$$I'_{\mathrm{tx}}=cb't^3=0.301\times(1.30-0.11)\times0.18^3$$

$$=2.09\times10^{-3}\mathrm{m}^4$$

② 横隔梁梁肋

横隔梁的梁肋高度，即梁肋矩形截面长边尺寸 $b'=1.00-0.11=0.89\mathrm{m}$，而梁肋矩形截面短边 $t=0.15\mathrm{m}$（取图 18-65 中横隔梁梁肋较小厚度），因 $t/b'=0.15/0.89=0.1685$，由表 18-3 查得矩形截面抗扭刚度系数 $c=0.298$，则横隔梁梁肋的抗扭惯性矩

$$I'_{\mathrm{tx}}=cb't^3=0.298\times0.89\times(0.15)^3=8.95\times10^{-4}\mathrm{m}^4$$

③ 纵横向截面单位宽度抗扭惯性矩之和

由式（18-43）计算得到

$$J_{\mathrm{tx}}+J_{\mathrm{ty}}=\frac{1}{3}h_1^3+\frac{1}{b}I'_{\mathrm{tx}}+\frac{1}{a}I'_{\mathrm{ty}}$$

$$=\frac{1}{3}\times(0.11)^3+\frac{1}{1.6}(2.09\times10^{-3})+\frac{1}{4.88}(8.95\times10^{-4})$$

$$=19.33\times10^{-4}\mathrm{m}^4/\mathrm{m}$$

4）计算参数 θ 和 α

$$\theta=\frac{B}{l}\sqrt[4]{\frac{J_x}{J_y}}=\frac{4.00}{19.50}\sqrt[4]{\frac{0.04142}{0.00660}}=0.3247$$

式中 B 为桥的半宽，即 $B=\dfrac{5\times1.60}{2}=4.00\mathrm{m}$。而参数 α 计算为：

$$\alpha=\frac{G(J_{\mathrm{Tx}}+J_{\mathrm{Ty}})}{2E\sqrt{J_x\cdot J_y}}=\frac{0.425E\times19.33\times10^{-4}}{2E\sqrt{0.04142\times0.00660}}=0.025136$$

则

$$\sqrt{\alpha}=\sqrt{0.025136}=0.1585$$

(2) 计算各主梁横向影响线坐标

已知 $\theta = 0.3247$，从 G-M 法计算图表［附图 16-1（2）］可查得影响线系数 k_1 和 k_0 值（表 18-7）。

例 18-6 中 1、2、3 号梁的影响系数 k_1、k_0 值 表 18-7

梁 位		荷 载 位 置									
		B	$3B/4$	$B/2$	$B/4$	0	$-B/4$	$-B/2$	$-3B/4$	$-B$	校核
k_1	0	0.94	0.97	1.00	1.03	1.05	1.03	1.00	0.97	0.94	7.99
	$B/4$	1.05	1.06	1.07	1.07	1.02	0.97	0.93	0.87	0.83	7.93
	$B/2$	1.22	1.18	1.14	1.07	1.00	0.93	0.87	0.80	0.75	7.98
	$3B/4$	1.41	1.31	1.20	1.07	0.97	0.87	0.79	0.72	0.67	7.97
	B	1.65	1.42	1.24	1.07	0.93	0.84	0.74	0.68	0.60	8.04
k_0	0	0.83	0.91	0.99	1.08	1.13	1.08	0.91	0.91	0.83	7.92
	$B/4$	1.66	1.51	1.35	1.23	1.06	0.88	0.63	0.39	0.18	7.97
	$B/2$	2.46	2.10	1.73	1.38	0.98	0.64	0.23	0.17	−0.55	7.85
	$3B/4$	3.32	2.73	2.10	1.51	0.94	0.40	−0.16	−0.62	−1.13	8.00
	B	4.10	3.40	2.44	1.64	0.83	0.18	−0.54	−1.14	−1.77	7.98

用内插法求实际梁位处的 k_1 和 k_0 的值，实际梁位与表列梁位的关系见图 18-66。因此，对于 1 号梁：

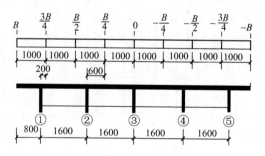

图 18-66 梁位关系（尺寸单位：mm）

$$k' = k_{\frac{3}{4}B} + (k_B - k_{\frac{3}{4}B}) \times \frac{20}{100} = 0.2k_B + 0.8k_{\frac{3}{4}B}$$

对于 2 号梁：

$$k' = k_{\frac{1}{4}B} + (k_{\frac{1}{2}B} - k_{\frac{1}{4}B}) \times \frac{60}{100} = 0.6k_{\frac{1}{2}B} + 0.4k_{\frac{1}{4}B}$$

对于 3 号梁：

$k' = k_0$（这里 k_0 是指表列梁位在 0 号点的 k 值）

现将①、②和③号的影响线系数 k_1、k_2 列于表 18-8。

表 18-8

梁号	算式	荷载位置								
		B	3B/4	B/2	B/4	0	-B/4	-B/2	-3B/4	-B
1	$k_1'=0.2k_{1B}+0.8k_1\frac{3B}{4}$	1.458	1.332	1.208	1.070	0.962	0.864	0.780	0.712	0.656
	$k_0'=0.2k_{0B}+0.8k_0\frac{3B}{4}$	3.476	2.864	2.168	1.536	0.918	0.356	-0.236	-0.724	-1.258
	$k_1'-k_0'$	-2.018	-1.532	-0.960	-0.466	0.044	0.508	1.016	1.436	1.914
	$(k_1'-k_0')\sqrt{\alpha}$	-0.318	-0.242	-0.152	-0.074	0.007	0.080	0.161	0.227	0.302
	$k_\alpha=k_0'+(k_1'-k_0')\sqrt{\alpha}$	3.158	2.662	2.016	1.462	0.925	0.436	-0.075	-0.497	-0.956
	$\eta_{11}=\frac{k_\alpha}{5}$	0.632	0.524	0.403	0.292	0.185	0.087	-0.015	-0.099	-0.191
2	$k_1'=0.6k_1\frac{B}{2}+0.4k_1\frac{B}{4}$	1.152	1.132	1.112	1.070	1.008	0.946	0.894	0.828	0.782
	$k_0'=0.6k_0\frac{B}{2}+0.4k_0\frac{3B}{4}$	2.140	1.864	1.578	1.320	1.012	0.736	0.390	0.054	-0.258
	$k_1'-k_0'$	-0.988	-0.732	-0.466	-0.250	-0.004	0.210	0.504	0.774	1.040
	$(k_1'-k_0')\sqrt{\alpha}$	-0.156	-0.115	-0.074	0.040	-0.001	0.033	0.080	0.122	0.164
	$k_\alpha=k_0'+(k_1'-k_0')\sqrt{\alpha}$	1.984	1.749	1.504	1.280	1.011	0.769	0.470	0.176	-0.094
	$\eta_{21}=\frac{k_\alpha}{5}$	0.397	0.350	0.301	0.256	0.202	0.154	0.094	0.035	-0.019
3	$k_1'=k_{10}$	0.940	0.970	1.000	1.030	1.050	1.030	1.000	0.970	0.940
	$k_0'=k_{00}$	0.830	0.910	0.990	1.080	1.130	1.080	0.990	0.910	0.830
	$k_1'-k_0'$	0.110	0.060	0.010	-0.050	-0.080	-0.050	0.010	0.060	0.110
	$(k_1'-k_0')\sqrt{\alpha}$	0.017	0.010	0.002	-0.008	-0.013	-0.008	0.002	0.010	0.017
	$k_\alpha=k_0'+(k_1'-k_0')\sqrt{\alpha}$	0.847	0.920	0.992	1.072	1.117	1.072	0.992	0.920	0.847
	$\eta_{31}=\frac{k_\alpha}{5}$	0.170	0.184	0.198	0.214	0.223	0.214	0.198	0.184	0.170

（3）计算各梁的荷载横向分布系数

1）用表18-8中计算的荷载横向分布影响线坐标值绘制横向影响线图，如图18-67所示，图18-66中带小圈点的坐标都是表列各荷载点的数值。

2）求主梁的荷载横向分布系数

① 1号主梁的横向分布系数

汽车荷载

$$m_{Q1,l/2}=\sum\frac{\eta}{2}=\frac{0.524+0.313+0.177-0.005}{2}=0.505$$

人群荷载

$$m_{Q2,l/2}=0.620$$

② 2号主梁的横向分布系数

汽车荷载

$$m_{Q1,l/2}=\sum\frac{\eta}{2}=\frac{0.350+0.266+0.200+0.095}{2}=0.456$$

人群荷载

$$m_{Q2,l/2}=0.391$$

③ 3号主梁的横向分布系数

汽车荷载

$$m_{Q1,l/2}=\sum\frac{\eta}{2}=\frac{0.184+0.212+0.222+0.200}{2}=0.409$$

人群荷载

$$m_{Q2,l/2}=0.171\times2=0.342$$

6. 荷载横向分布系数沿桥跨的变化

以上研究了荷载位于主梁跨中时横向分布系数 $m_{l/2}$ 和荷载位于支点处时横向分布系数 m_0 的计算方法。那么荷载位于其他位置时，如何确定荷载横向分布系数 m 呢？下面是在工程设计中常采用的实用处理方法。

（1）用于弯矩计算的荷载横向分布系数沿桥跨的变化

对于设有多根内横隔梁的主梁，当荷载作用在与端横隔梁最近的一根中横隔梁时，它的分配规律与荷载作用在跨中的分配规律基本相似。因此，在中间几个横隔梁所夹的区段内荷载横向分配系数都可以采用跨中的横向分布系数；与端横隔梁最近的一根中横隔梁至支点（端横隔梁）的荷载横向分布系数 m_x 按直线变化，见图18-68。

对无中间横隔梁或仅有一根中横隔梁的情况，主梁跨中区段采用不变的荷载横向分布系数 $m_{l/2}$，从离主梁支点距离为 $l/4$ 处（l 为主梁的计算跨径）至支点

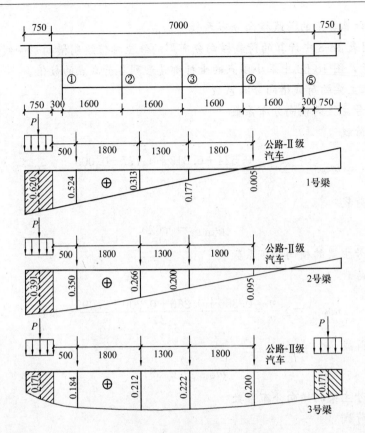

图 18-67 荷载横向分布系数计算（尺寸单位：mm）

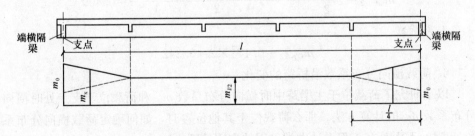

图 18-68 计算弯矩时横向分布系数沿桥跨方向的变化

的区段内 m_x 按直线过渡至支点处荷载横向分布系数 m_0。

（2）用于剪力计算的荷载横向分布系数沿桥跨的变化

考虑到 m 值在支点处与跨中相差很大，而且支点影响线竖标值在支点处很大，在实际计算中不能取用全跨不变的 m 值。根据研究结果提出计算方法如下：

1）对于无内横隔梁的桥梁，从支点到跨中取由 $m_0 \sim m_{0.5}$ 的一根斜线，见图 18-69(a)。

2）对于有内横隔梁的桥梁，从支点到其靠近第一根横隔梁取由 $m_0 \sim m_{l/2}$ 的一根斜线，见图 18-69(*b*)。

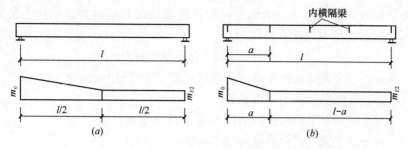

图 18-69　计算剪力时横向分布系数沿桥跨方向的变化

(*a*) 无内横隔梁时；(*b*) 有多根内横隔梁时

另外，在有半跨上的车辆荷载，对各主梁左端剪力的影响，会随着其与左端距离的增大而相对减小，而且，左端剪力影响线竖标在右半跨径内减少到一半以下。因此，在实际计算时可取近似 $m = m_{l/2}$，见图 18-70。

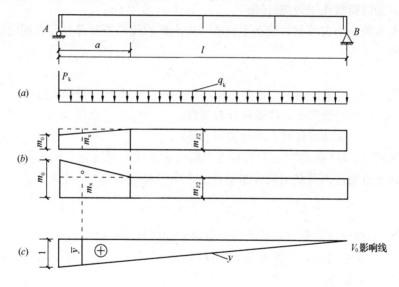

图 18-70　荷载支点剪力计算图

(*a*) 车道荷载；(*b*) 荷载横向分布系数变化；(*c*) 梁支点剪力影响线

18.3.3　汽车荷载和人群荷载产生的主梁内力

由可变荷载中的汽车荷载和人群荷载，产生的主梁内力计算分为两步：第一步计算主梁的活荷载横向分布系数 m；第二步是应用主梁内力影响线，即以荷载乘以横向分布系数后，在梁纵向按内力影响线上的最不利位置再加载，计算主梁截面的最大内力。

（1）汽车荷载作用效应计算

汽车车道荷载是由均布荷载 q_k 和集中荷载 P_K 组成的。均布荷载满布主梁截面内力影响线同符号部分，而集中荷载直接布置在相应内力影响线数值最大位置，其相应截面的内力计算公式为：

$$S_{Q1K} = (1+\mu)\xi \cdot (mq_k\Omega + m_i P_k y_i) \tag{18-44}$$

式中　S_{Q1K}——主梁截面由车道荷载作用产生弯矩或剪力的标准值；

μ——汽车荷载的冲击系数；

ξ——多车道横向折减系数，按表 18-9 取用；

m——主梁人群荷载横向分布系数；

q_k——车道荷载均布荷载标准值；

Ω——弯矩或剪力影响线面积；

P_k——车道荷载中的集中荷载标准值；

m_i——沿桥跨纵向与集中荷载位置对应的横向分布系数；

y_i——沿桥跨纵向与集中荷载位置对应的内力影响线坐标值。

（2）人群荷载作用效应计算

人群荷载为均布荷载，满布主梁截面内力影响线同符号部分，其相应截面的内力计算公式为：

$$S_{Q2K} = m_c p_k \Omega \tag{18-45}$$

式中　S_{Q2K}——主梁截面由人群荷载作用产生的弯矩或剪力的标准值；

m_c——主梁汽车荷载横向分布系数；

p_k——纵向每延米人群荷载标准值。

利用式(18-44)和式(18-45)计算支点截面剪力或靠近支点截面的剪力时，应另外计其支点附近因荷载横向分布系数变化而引起的内力增（或减）值

$$\Delta S_Q = (1+\mu)\xi \cdot \frac{a}{2}(m_0 - m_c)q_k \bar{y} \tag{18-46}$$

式中　a——荷载横向分布系数沿梁长方向上的过渡段长度；

q_k——车道荷载，计算人群荷载作用时，改为人群荷载标准值均布荷载标准值 p_k；

$\bar{y}$——荷载横向分布系数沿梁长方向变化区与荷载作用点对应处的内力影响线竖标。

【例 18-7】　图 18-66 的钢筋混凝土梁桥的设计荷载为公路-Ⅰ级和人群荷载（人群荷载集度为 $p_k = 3.0\text{kN/m}^2$）。已知 1 号主梁的荷载横向分布系数计算值为主梁跨中截面 $m_{l/2} = 0.538$（汽车），0.684（人群荷载）；主梁支点处 $m_0 = 0.438$（汽车），1.422（人群荷载）。

试计算汽车荷载、人群荷载作用下 1 号梁跨中截面的最大弯矩标准值和最大剪力标准值，支点截面的最大剪力标准值。

【解】　（1）计算汽车荷载的冲击系数 μ

单根简支梁的跨中截面面积计算值为 $A=0.3902\text{m}^2$；截面惯性矩为 $I_\text{c}=0.066146\text{m}^4$；简支梁跨中区段每延米结构重力为 $G=0.3902\times25=9.76\text{kN/m}$；$G/g=9.76/9.81=0.995\text{kN}\cdot\text{s}^2/\text{m}^2$；混凝土弹性模量 $E=3\times10^{10}\text{N/m}^2$，则钢筋混凝土简支 T 形梁桥的基频 f_1 为：

$$f_1=\frac{\pi}{2l^2}\sqrt{\frac{EI_\text{c}}{G/g}}=\frac{3.14}{2\times19.5^2}\times\sqrt{\frac{3\times10^{10}\times0.066146}{0.995\times10^3}}=5.831\text{ Hz}$$

因 $1.5H_\text{Z}\leqslant f_1\leqslant14$，故冲击系数 μ 为：

$$\mu=0.1767\ln f_1-0.0157=0.296$$

则 $(1+\mu)=1.296$。

(2) 主梁计算截面的内力影响线及面积计算

根据题目要求的计算内容，取主梁的跨中截面、支点截面为计算截面，分别作出计算截面上的弯矩和剪力影响线及同符号内力影响线面积，见表18-9。

主梁计算截面内力影响线面积计算表

表 18-9

项目 截面	内力	影响线 峰值	同符号内力影响线面积 Ω	影响线图式
跨 中	弯矩 $M_{l/2}$	$\frac{l}{4}=4.875$	$\frac{1}{8}l^2=\frac{1}{8}\times19.5^2=47.53\text{m}^2$	
跨 中	剪力 $V_{l/2}$	0.5	$\frac{1}{2}\times\frac{1}{2}\times19.5\times0.5=2.44\text{m}^2$	
支点	剪力 V_0	1.0	$\frac{1}{2}\times19.5\times1=9.75\text{m}^2$	

(3) 主梁跨中截面弯矩 $M_{\text{QK},l/2}$ 和剪力 $V_{\text{QK},l/2}$ 计算

因双车道不折减，故车道横向折减系数 $\xi=1$，根据式(18-44)和式(18-45)计算汽车荷载、人群荷载作用在 1 号主梁跨中截面产生的弯矩和剪力标准值，见表18-10。

主梁跨中截面弯矩 $M_{QK,l/2}$、剪力 $V_{QK,l/2}$ 计算表   表 18-10

截 面	荷载类型	均布荷载 q_k 或 P_k (kN/m)	集中荷载 P_k (kN)	$(1+\mu)$	m_c	Ω 或 y	S (kN·m 或 kN)	
							S_i	S_{QK}
跨中 $M_{QK,l/2}$	汽车	10.5	240	1.296	0.538	47.53	347.97	1163.75
						4.875	815.78	
	人群	2.25	—	—	0.684	47.53	73.1	
跨中 $V_{QK,l/2}$	汽车	10.5	240	1.296	0.538	2.438	17.85	101.52
						$y=0.5$	83.67	
	人群	2.25	—	—	0.684	2.438	3.75	

在表 18-10 中，由于要求的是汽车荷载作用下主梁（简支梁）跨中截面的弯矩标准值，故对车道荷载中的均布荷载 q_k 是由表 18-9 中正弯矩影响线区域为梁计算跨径进行全跨布置，相应弯矩值可按影响线面积计算，而对车道荷载中的集中力 P_k，根据《公路桥规》JTG D60—2015 规定应布置在相应影响线中一个最大影响线峰值处，这里最大影响线峰值处为梁跨中截面，其峰值 $y=4.875$。

在表 18-10 中，计算主梁跨中截面的弯矩、剪力时活荷载横向分布系数沿梁长方向均取跨中区段的系数 m。

表 18-10 中对剪力的计算，车道荷载中的均布荷载 q_k 仅布置在剪力影响线的正号区域或负号区域，而集中力 P_k 布置在梁跨中截面，相应影响线峰值 $y=0.5$。

(4) 计算支点截面汽车荷载剪力标准值 $V_{Q1K,0}$

绘制荷载横向分布系数沿桥纵向的变化图形和支点剪力影响线，见图 18-71。

1) 横向分布系数变化区段的长度

因主梁除设端横隔梁外，还设置有 3 根内横隔梁，因而荷载横向分布系数 m 沿梁长方向的变化区段应为支点至第 1 根相邻的内横隔梁之间距离，即图 18-71 所示的 $a=4900mm=4.9m$。变化区为一梯形，可求得相应重心处 $c=a/3$ 的支点剪力影响线坐标（图 18-71c）：

$$\bar{y}=1\times\left(19.5-\frac{1}{3}\times4.9\right)/19.5=0.916$$

2) 主梁支点剪力标准值

在车道荷载的均布荷载 q_k 作用下的支点剪力

$$V_{QK}=(1+\mu)\xi q_k\left[m_c\Omega+\frac{a}{2}(m_0-m_c)\bar{y}\right]$$

$$=1.296\times1\times10.5\times\left[0.538\times9.75+\frac{4.9}{2}\times(0.438-0.538)\times0.916\right]$$

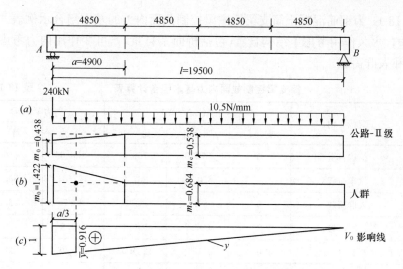

图 18-71 例 18-7 的梁支点剪力计算图

(尺寸单位：mm)

$$=68.33\text{kN}$$

而车道荷载的集中荷载 P_k 布置在梁支点上，剪力影响线峰值 $y=1$，则支点剪力

$$V'_{QK}=(1+\mu)\xi m_i P_k y_i=1.296\times1\times0.438\times240\times1.0=136.24\text{kN}$$

公路-I级车道荷载作用下，1号梁支点的剪力标准值

$$V_{Q1K,0}=V_{QK}+V'_{QK}=68.33+136.24=204.57\text{kN}$$

(5) 计算支点截面人群荷载剪力标准值 $V_{Q2K,0}$

人群荷载引起的支点剪力按式(18-45)和式(18-46)计算，可得到

$$V_{Q2K,0}=m_c P_k \Omega+\frac{a}{2}(m_0-m_c)P_k \overline{y}$$

$$=0.684\times2.25\times9.75+\frac{1}{2}\times4.9\times(1.422-0.684)\times2.25\times0.916$$

$$=15.01+3.73=18.74\text{kN}$$

18.3.4 主梁控制截面的内力组合与内力包络图

在恒荷载、可变荷载及其他荷载单独作用下，可分别求得主梁控制截面上的内力，然后按照设计规范的要求进行内力组合，以便对钢筋混凝土或预应力混凝土梁进行配筋设计。

根据《公路桥规》JTG D60—2015 的规定，公路桥涵结构按承载能力极限状态设计时，应采用基本组合（永久作用的设计值效应与可变作用设计值效应相组合）；按正常使用极限状态设计时，应根据不同的设计要求采用作用频遇组合和作用准永久组合，关于这些作用组合的表达式详见第 17 章相关内容。

表 18-11 为钢筋混凝土简支梁桥主梁控制截面内力的基本组合示例表。在表 18-11 中,永久作用考虑了结构自重(包括桥面系自重),可变作用内力考虑了汽车荷载和人群荷载。

简支梁控制截面内力基本组合计算表 表 18-11

序号	荷载类别	弯矩 M(kN·m)			剪力 V(kN)	
		支 点	四分点	跨 中	支 点	跨 中
(1)	结构自重	0	572.5	763.4	156.6	0
(2)	汽车荷载	0	650.80	867.2	172.84	88.07
(3)	人群荷载	0	54.9	73.1	18.7	3.8
(4)	1.2×(1)	0	687.7	916.1	187.9	0
(5)	1.4×(2)	0	911.12	1214.08	241.98	123.30
(6)	0.75×1.4×(3)	0	57.65	76.76	19.64	3.99
(7)	S= (4)+(5)+ (6)	0	1656.47	2206.94	449.52	127.29

在表 18-11 中,对主梁(简支梁)的控制截面取了跨中截面、支点截面和四分之一跨($l/4$)截面。序号(1)~(3)各栏分别列出了三种荷载作用在各控制截面上产生的内力标准值。

根据《公路桥规》JTG D60—2015 对基本组合的规定要求,结构自重属于永久作用,其分项系数 γ_{Gi} 取 1.2;汽车荷载分项系数 $\gamma_{Q1}=1.4$;人群荷载是作用组合中除汽车荷载以外的其他可变作用,其分项系数 $\gamma_{Q2}=1.4$,而组合系数 $\psi_c=0.75$,这就是表 18-11 中序号第(4)~(6)的计算系数取值。

表 18-11 中序号 (7) 栏即为主梁各控制截面基本组合下的效应组合设计值 S,更清楚的计算结果表达是:

(1) 主梁跨中截面弯矩设计值 $M_{d,l/2}=2206.94$kN·m;$l/4$ 处截面弯矩设计值 $M_{d,l/4}=1656.47$kN·m;支点处弯矩设计值 $M_{d,0}=0$;

(2) 主梁跨中截面剪力设计值 $V_{d,l/2}=127.29$kN;支点处剪力设计值 $V_{d,0}=449.52$kN。

同样,利用表 18-11 中序号(1)~(3)栏的各截面内力标准值,可以按第 17 章相关内容进行作用频遇组合和作用准永久组合,可得到主梁各控制截面相应的内力设计值,用于主梁进行正常使用极限状态设计。

沿梁轴各截面采用表 18-11 中 (7) 栏的内力值作为纵坐标,按适当的比例尺绘出的曲线,称为基本组合的内力包络图。简支梁的基本组合的弯矩设计值包络图和剪力设计值包络图示于图 18-72。

对于跨径不大的简支梁,只要计算梁跨中截面和支点截面内力设计值:弯矩设计值按二次抛物线变化,右半跨径对称于左半跨径;剪力设计值呈直线变化,

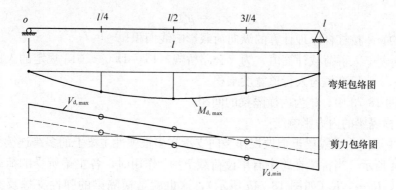

图 18-72 梁的作用效应基本组合内力包络图示意图

右半跨径反对称于左半跨径。

18.3.5 横隔梁内力的计算

横隔梁是支承在主梁上的一根多跨弹性支承连续梁。它对主梁既起横向联系作用，又参与主梁的荷载横向分配作用。在荷载作用下，各主梁分配荷载的比例不同，传给横隔梁的反力也不同，因此，横隔梁的内力计算方法应与主梁一致。本节将介绍横隔梁内力计算的偏心受压法。

对于具有多根内横隔梁的桥梁，由于位于跨中的横隔梁受力最大，通常就只要计算跨中横隔梁的内力，其他横隔梁可偏安全地照此设计。

1. 作用在横隔梁上的荷载计算

对于跨中横隔梁来说，除了直接作用在其上的轮重外，前后的轮重对它也有影响。在计算中可假设荷载在相邻横隔梁之间按杠杆原理法传布（图 18-73）。因此，纵向汽车车道荷载轮重分布给主梁跨中处横隔梁的计算荷载值

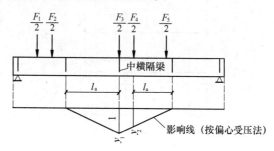

图 18-73 横隔梁上计算荷载的计算图式

$$F_{Q1} = \frac{1}{2} \Sigma F_i y_i \qquad (18\text{-}47)$$

式中 F_i——为车辆荷载的各轴重标准值，在图 18-73 中，F_1 和 F_2 为后轴重，$F_1 = F_2 = 140\text{kN}$；F_3 和 F_4 为中轴重，$F_3 = F_4 = 120\text{kN}$；F_5 为前轴重，$F_5 = 30\text{kN}$；

y_i——车辆轮载作用位置对应的影响线竖向坐标值。

人群荷载对该横隔梁的计算荷载值可在影响线上满布荷载，得到：

$$F_{Q1} = p_k \Omega \tag{18-48}$$

式中　Ω——按杠杆原理计算的纵向荷载影响线面积；

　　　　p_k——人群荷载计算值，为《公路桥规》JTG D60—2015 规定的人群荷载标准值与人行道宽度乘积。

在图 18-73 中，l_a 为内横隔梁的间距。

2. 横隔梁的内力影响线

将主梁的中横隔梁近似地视作竖向支承在多根弹性主梁上的多跨连续梁，如图 18-74 所示。当桥梁在跨中有单位荷载 $F=1$ 作用时，各主梁所受的荷载将为 R_1，R_2，$R_3 \cdots$，R_n（如图 18-74b 所示），这也就是横隔梁的弹性支撑反力。因此，取图 18-74（c）所示 r 截面左侧为隔离体，由力的平衡条件就可以写出横隔梁任意截面 r 的内力计算公式。

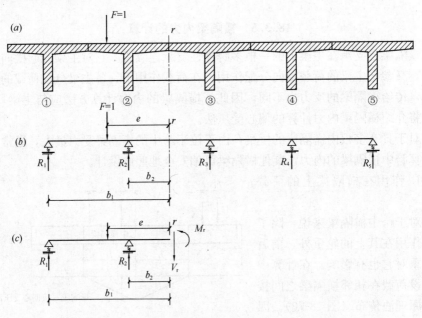

图 18-74　横隔梁计算图式

（1）单位荷载 $F=1$ 位于截面 r 的左侧时

$$\left. \begin{aligned} M_r &= R_1 b_1 + R_2 b_2 - 1 \cdot e = \sum^{左} R_i b_i - e \\ V_r &= R_1 + R_2 - 1 = \sum^{左} R_i - 1 \end{aligned} \right\} \tag{18-49}$$

（2）单位荷载 $F=1$ 位于截面 r 的右侧时

$$\left. \begin{aligned} M_r &= R_1 b_1 + R_2 b_2 = \sum^{左} R_i b_i \\ V_r &= R_1 + R_2 = \sum^{左} R_i \end{aligned} \right\} \tag{18-50}$$

式中 M_r、V_r——横隔梁任意截面 r 的弯矩和剪力；

$\quad\quad e$——荷载 $F=1$ 至所求截面 r 的距离；

$\quad\quad b_i$——支撑反力 R_i 至所求截面 r 的距离；

$\displaystyle\sum_{}^{左} R_i$——表示涉及所求截面 r 以左的全部支承反力 R_i 的总和。

由此可以直接利用已求得的 R_i 和横向分布影响线来绘制横隔梁上某个截面的内力影响线。

3. 横隔梁内力计算

用上述的汽车荷载计算值在横隔梁某截面 r 的内力影响线上按最不利位置加载，就可求得横隔梁在该截面上的最大（或最小）内力值：

$$S=(1+\mu)\cdot\xi\cdot F_Q\sum\eta \tag{18-51}$$

式中 $\quad\eta$——横隔梁内力影响线竖标；

$\quad\quad \mu$、ξ——通常可近似地取主梁的冲击系数 μ 和 ξ 值。

【例 18-8】 计算例 18-2 中所示装配式钢筋混凝土简支梁桥跨中横梁在 2 号和 3 号主梁之间 r—r 截面上的弯矩 M_r 和 1 号主梁处截面的剪力 $V_{1,r}$，荷载等级为公路-Ⅱ级。

【解】 （1）确定作用在中横隔梁上的计算荷载

对于跨中横隔梁的最不利荷载布置位置如图 18-75 所示。

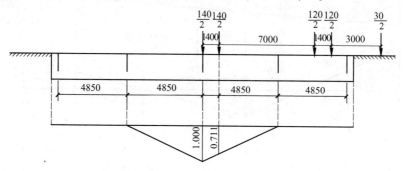

图 18-75 跨中横梁的受载图式（尺寸单位：mm；荷载单位：kN）

纵向车辆荷载对中横隔梁的计算荷载为：

$$F_Q=\frac{1}{2}\sum F_i y_i=\frac{1}{2}(140\times 1+140\times 0.711)=119.77\text{kN}$$

（2）绘制中横隔梁的内力影响线

按例 18-3 的偏心压力法可算得 1、2 号梁的荷载横向分布影响线竖坐标值，如图 18-76(a) 所示，则 M_r 的影响线竖标可计算如下：

$F=1$ 作用在 1 号梁轴上时（$\eta_{11}=0.60$，$\eta_{15}=-0.20$）

$$\eta_{r1}^M=\eta_{11}\times 1.5d+\eta_{12}\times 0.5d-1\times 1.5d$$

$$=0.6\times 1.5\times 1.6+0.4\times 0.5\times 1.6-1.5\times 1.6=-0.64$$

$F=1$ 作用在 5 号梁轴上时

$$\eta_{r5}^{M}=\eta_{15}\times 1.5d+\eta_{25}\times 0.5d$$
$$=(-0.2)\times 1.5\times 1.6+0\times 0.5\times 1.6=-0.48$$

$F=1$ 作用在 2 号梁轴上时（$\eta_{12}=0.40$，$\eta_{22}=0.30$）

$$\eta_{r2}^{M}=\eta_{12}\times 1.5d+\eta_{22}\times 0.5d-1\times 0.5d$$
$$=0.4\times 1.5\times 1.6+0.3\times 0.5\times 1.6-0.5\times 1.6=0.40$$

由已学影响线的知识可知，M_r 影响线必在 $r\text{-}r$ 截面上有突变，根据 η_{r5}^{M} 和 η_{r3}^{M} 连线延伸至 $r\text{-}r$ 截面，即为 $\eta_{rr}^{M}(0.92)$，由此即可绘出 M_r 影响线，如图 18-76(b) 所示。

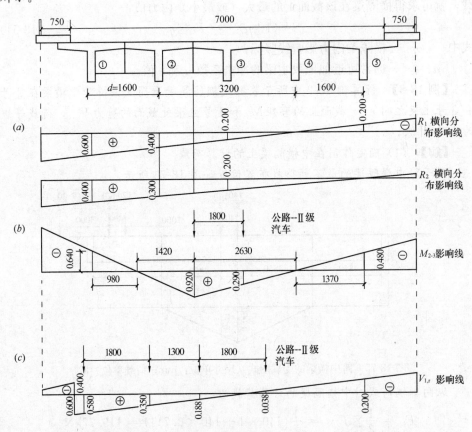

图 18-76　中横隔梁内力计算图式（尺寸单位：mm）

（3）绘制剪力影响线

对于 1 号主梁处截面的 $V_{1,r}$ 影响线可计算如下：

$F=1$ 作用在计算截面以右时

$$V_{1,r}=R_1 \quad 即 \quad \eta_{1i,r}=\eta_{1i}$$

$F=1$ 作用在计算截面以左时

$$V_{1,r}=R_1-1 \quad 即 \quad \eta_{1i,r}=\eta_{1i}-1$$

(4) 截面内力计算

将求得的计算荷载 F_Q 在相应的影响线上按最不利荷载位置加载，对于汽车荷载局部加载，冲击影响力 $(1+\mu=1.3)$，则得到表 18-12 的结果。

车辆荷载作用下横隔梁 2-3 截面内力值 表 18-12

公路-II级	弯矩 M_{2-3}	$M_{2-3}=(1+\mu)\cdot\xi\cdot F_Q\cdot\Sigma\eta=1.3\times1\times119.77\times(0.92+0.29)=188.4\text{kN}\cdot\text{m}$
	剪力 $V_{1,r}$	$V_{2-3}=(1+\mu)\cdot\xi\cdot F_Q\cdot\Sigma\eta=1.3\times1\times119.77\times(0.575+0.350+0.188-0.038)$ $=167.4\text{kN}$

(5)内力组合(鉴于横隔梁的结构自重内力甚小，计算中可略去不计)：

1)承载能力极限状态内力组合，见表 18-13。

横隔梁的内力基本组合值 表 18-13

基本组合	$M_d=0+1.4\times188.4=263.8\text{kN}\cdot\text{m}$；$V_d=0+1.4\times167.4=234.4\text{kN}$

2)正常使用极限状态内力组合，见表 18-14。

横隔梁荷载效应的短期与长期内力组合值 表 18-14

作用短期内力组合	$M_{sd}=0+0.7\times188.4\div1.3=101.4\text{kN}\cdot\text{m}$；$V_{sd}=0+0.7\times167.4\div1.3=90.1\text{kN}$
作用长期内力组合	$M_{ld}=0+0.4\times188.4\div1.3=58.0\text{kN}\cdot\text{m}$；$V_{ld}=0+0.4\times167.4\div1.3=51.5\text{kN}$

18.3.6 行车道板内力计算

钢筋混凝土肋梁桥的行车道板是直接承受车辆轮压的钢筋混凝土板，它在构造上与主梁梁肋和横隔梁连接在一起，既保证了梁的整体作用，又将汽车荷载等可变作用传给主梁。

从结构形式上看，在具有主梁和横隔梁的简单梁格(图 18-77a)以及具有主梁、横梁和内纵梁(或称副纵梁)的复杂梁格(图 18-77b)体系中，行车道板实际上是周边支承的板。如果周边支承板的长边与短边之比 $l_a/l_b\geq2$，沿长边跨径方向所传递的荷载不足 6%，而荷载绝大部分沿短边跨径方向传递。因此，可以把 $l_a/l_b\geq2$ 的周边支承板看作是沿短跨承受荷载的单向板来设计。

装配式桥梁上部的翼缘板有两种：一种是翼缘板端部为自由缝，如图 18-77(c) 所示，是三边支撑的板，可以像边梁外侧的翼缘板一样，作为沿短跨一端嵌固、另一端为自由的悬臂板来设计；另一种是相邻翼缘板端部全部相互铰接，形成铰缝形式，如图 18-77(d) 所示，其行车道板应按一端嵌固另一端铰接的图式进行设计。

工程中最常遇到的行车道板为单向板、悬臂板、铰接板等三种受力图式。下

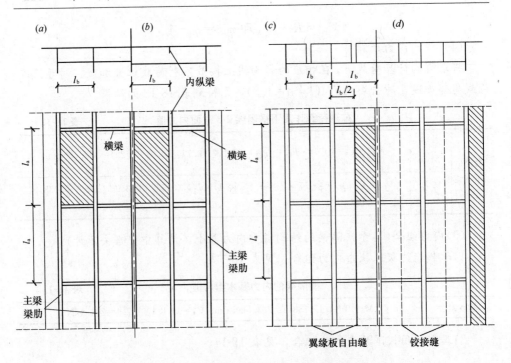

图 18-77   梁格构造和行车道板支撑形式
(a)简单梁格；(b)复杂梁格；(c)翼缘板设自由缝；(d)翼缘板设铰接缝

面分别介绍计算方法。

1. 车轮荷载在板上的分布

计算桥面板时，首先要确定车轮荷载作用在桥面上的面积，通常称这个面积为"压力面"。实际上车轮与板面的接触面积在理论上近似于椭圆形，为了计算方便，通常看作是行车方向的长度为 a_2、垂直方向的长度为 b_2 的矩形面积，车轮的压力则是通过厚度为 H 的桥面铺装层扩散。试验研究表明，在混凝土面层内，集中荷载的压力可以偏安全地假定呈 45°角分布，如图 18-78 所示。因此，扩散到板顶的压力面为：

$$a_1 = a_2 + 2H \tag{18-52}$$

$$b_1 = b_2 + 2H \tag{18-53}$$

2. 板的有效工作宽度

板在车轮局部分布荷载 F 的作用下，不仅直接承压部分(例如宽度为 a_1)的板带参加工作，与其相邻的部分板带也会分担一部分荷载共同参与工作。因此，桥面板的设计计算中，就有一个如何确定板的有效工作宽度(或称荷载有效分布宽度)的问题。下面分单向板和悬臂板来阐明这个概念及其计算方法。

(1) 单向板的有效工作宽度

《公路桥规》JTG D62—2004 对单向板的有效工作宽度取法规定如下：

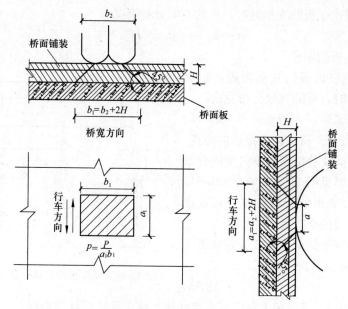

图 18-78 车轮作用示意

1)当车辆荷载位于板跨中间时

① 一个车轮荷载位于板跨中时，见图 18-79(a)，有效分布宽度

$$a=a_1+l_b/3=a_2+2H+l_b/3 \text{ ，但不小于 } 2l_b/3 \tag{18-54}$$

式中 l_b——两梁肋之间的计算跨径(图 18-77)。

② 几个靠近的车轮荷载位于板跨中时，见图 18-79(b)，板的有效分布宽度

$$a=a_1+d+l_b/3=a_2+2H+d+l_b/3 \geqslant 2l_b/3+d \tag{18-55}$$

式中 d——最外两个荷载的中心距离。

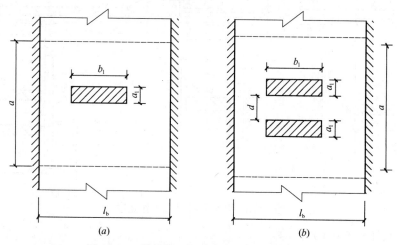

图 18-79 荷载位于板跨中处的有效分布宽度

2) 荷载位于板的支承处时，板的有效分布宽度

$$a' = a_1 + t = a_2 + 2H + t \tag{18-56}$$

式中　t——板的厚度。

3) 荷载靠近板的支承附近，距支点距离为 x 时，板的有效分布宽度

$$a_x = a' + 2x \leqslant a \tag{18-57}$$

式中　x——荷载离支撑边的距离。

对于不同荷载位置时单向板的有效分布宽度图形见图 18-80，由式(18-54)～式(18-57)算得的所有有效分布宽度均不得大于板的全宽度。

（2）悬臂板的荷载有效分布宽度

$$a = a_2 + 2H + 2c = a_1 + 2c \tag{18-58}$$

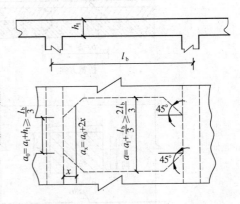

图 18-80　单向板的荷载有效分布宽度

式中　c——承重板上荷载压力面外侧边缘至悬臂根部的距离。

对于分布荷载靠近板边的最不利情况，c 就等于悬臂板的跨径 l_c，于是

$$a = a_1 + 2l_c \tag{18-59}$$

当靠近的几个车轮发生重叠时，见图 18-81，悬臂板的有效工作宽度

$$a = a_1 + d + 2c \tag{18-60}$$

式中的 d 为发生重叠的前后轮之间的距离。

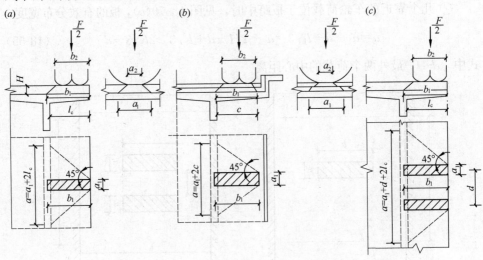

图 18-81　悬臂板的有效工作宽度

3. 行车道板的内力计算

（1）单向板

从构造上看，行车道板与主梁梁肋是整体连接在一起的，当板上有局部轮载作用时主梁也发生相应的变形，而这种变形又影响到板的内力。如果主梁的抗扭刚度极大，板的工作就接近于固端梁，见图 18-82(a)，反之如果主梁抗扭刚度极小，板在梁肋支承处为接近自由转动的铰支座，则板的受力就如多跨连续梁体系，见图 18-82(b)。实际上行车道板和主梁梁肋的支承条件，既不是固端，也不是铰支，而应该考虑是弹性固结的。

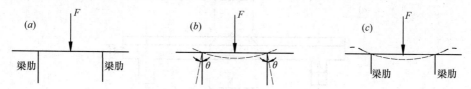

图 18-82　主梁扭转对车道受力的影响
(a) 主梁抗扭刚度很大；(b) 实际主梁扭转；(c) 主梁抗扭刚度很小

行车道板在车轮局部作用下的受力情况复杂，影响的因素比较多，要精确计算板的内力是有一定困难的。

对桥梁的行车道板，工程设计中常采用简便的近似方法进行计算。即取一个与板计算跨度相同的单向板，计算在荷载作用下板的跨中弯矩 M，然后乘以相应的修正系数得到行车道板在板跨中处的正弯矩和支点处的负弯矩。修正系数是根据实验及理论分析的数据得到的。《公路桥规》JTG D62—2004 规定弯矩修正系数和考虑有效宽度后按板厚度 h_1 与梁肋高度 h 的比值来选用，计算表达式如下：

1）当 $h_1/h < 1/4$ 时（即主梁抗扭能力大时）

$$跨中弯矩 \qquad\qquad M_{1/2} = 0.5M_1$$
$$支点弯矩 \qquad\qquad M_0 = -0.7M_1 \tag{18-61}$$

2）当 $h_1/h \geqslant 1/4$ 时（即主梁抗扭能力小时）

$$跨中弯矩 \qquad\qquad M_{1/2} = 0.7M_1$$
$$支点弯矩 \qquad\qquad M_0 = -0.7M_1 \tag{18-62}$$

式中 $M_1 = M_{Q1} + M_{G1}$，M_{Q1} 为车辆荷载作用产生的简支板跨中弯矩，而 M_{G1} 为板在恒载作用下产生的简支板跨中弯矩。

M_{Q1} 为单位板宽上车辆荷载产生的简支板跨中弯矩（图 18-83a）。对汽车车轮荷载，简支板跨中弯矩计算值为

$$M_{Q1} = (1+\mu)\frac{F}{8a}\left(l - \frac{b_1}{2}\right) \tag{18-63}$$

式中　　μ——汽车作用的冲击系数，对桥面板取 0.3；

$\qquad\quad$ F——汽车轴重，应取车辆荷载后轴的轴重计算；

$\quad a$、b_1——分别为垂直于简支板跨度方向和顺简支板跨度方向的有效工作宽度；

l——板的计算跨径，一般为两边支撑的中心距离，但对梁肋支撑的板，计算板弯矩时，$l = l_c + h_2 \geqslant l_c + b$，其中 l_c 为板的净跨径，h_1 为板的厚度，b 为梁肋宽度。

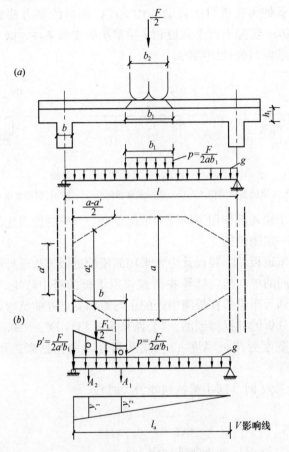

图 18-83　单向板内力计算图式
(a) 求板跨中弯矩；(b) 求板支点剪力

如果板的跨径较大，可能还有第二个车轮进入跨内时，可按结构力学方法将荷载布置得使板跨中弯矩为最大。

M_{G1} 为单位板宽的跨中恒载弯矩，计算表达式为：

$$M_{G1} = \frac{1}{8} g l^2 \tag{18-64}$$

式中　g——每米宽板条每延米的恒荷载作用值。

计算单向板的支点剪力时，可不考虑板和主梁的弹性固结作用，此时车辆荷载必须尽量靠近梁肋边缘布置。考虑了相应的有效工作宽度后，每米板宽承受的分布荷载，如图 18-83(b) 所示。对于路径内只有一个车轮荷载作用时，支点剪力 $V_{G1,0}$ 的计算公式为：

$$V_{G1,0} = (1+\mu)(A_1 y_1 + A_2 y_2) \qquad (18\text{-}65)$$

其矩形部分荷载的合力为$\left(\text{以 } p = \dfrac{F}{2ab_1} \text{ 代入}\right)$：

$$A_1 = p \cdot b_1 = \frac{F}{2a} \qquad (18\text{-}66)$$

三角形部分荷载的合力为$\left(\text{以 } p' = \dfrac{F}{2a'b_1} \text{ 代入}\right)$：

$$A_2 = \frac{1}{2}(p'-p) \cdot \frac{1}{2}(a-a') = \frac{F}{8aa'b_1}(a-a')^2 \qquad (18\text{-}67)$$

式中　p、p'——分别为对应有效工作宽度 a、a' 处的荷载集度；

　　　y_1、y_2——对应于荷载合力 A_1、A_2 的支点剪力影响线量值。

如跨径内不止一个车轮进入时，尚应计及其他车轮的影响。

（2）铰接悬臂板

当多个 T 形梁的翼缘板相互之间采用铰接的方式连接作为行车道板时，一般是翼缘板的根部弯矩比较大。因此，车辆荷载对铰接悬臂板作用最不利的位置是把车轮荷载对中布置在铰接处，这时铰内的剪力为零，两相邻悬臂板各承受半个车轮荷载，即 $F/4$（图 18-84a）。因此单位宽悬臂板在根部的由车辆荷载作用产生的弯矩为：

$$M_{Q1} = -(1+\mu)\frac{F}{4a}\left(l_c - \frac{b_1}{4}\right) \qquad (18\text{-}68)$$

而单位板宽的结构自重（包括桥面铺装等自重）作用产生的弯矩为：

$$M_{G1} = -\frac{1}{2}gl_c^2 \qquad (18\text{-}69)$$

式中　l_c——铰接双悬臂板的净跨径。

悬臂根部 1m 板宽的总弯矩是 M_{Q1} 和 M_{G1} 两部分的内力组合。

悬臂根部可以偏安全的按一般悬臂板的图式来计算，这里从略。

（3）悬臂板

计算根部最大弯矩时，应将车轮荷载靠板的边缘位置。此时，$b_1 = b_2 + H$，见图 18-84(b)，则单位板宽的悬臂板根部由车辆荷载和结构自重产生的弯矩值计算式如下。

车辆荷载作用产生的弯矩为：

$$M_{Q1} = -(1+\mu)\frac{1}{2}pl_c = -(1+\mu)\frac{F}{4ab_1}l_c^2 \quad (b_1 \geqslant l_c \text{ 时}) \qquad (18\text{-}70)$$

或　　　$M_{Q1} = -(1+\mu)pb_1\left(l_c - \dfrac{b_1}{2}\right) = -(1+\mu)\dfrac{F}{2a}\left(l_c - \dfrac{b_1}{2}\right) \qquad (18\text{-}71)$

式中　$p = \dfrac{F}{2ab_1}$——汽车荷载作用在每米宽板条上的每延米荷载强度；

　　　l_c——悬臂板的长度。

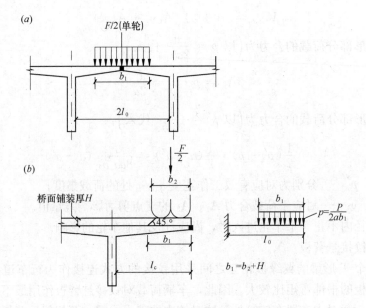

图 18-84 铰接悬臂板和悬臂板计算图式

结构自重（包括桥面铺装等自重）作用产生的弯矩近似为：

$$M_{G1} = -\frac{1}{2}gl_c^2$$

必须注意，以上所有车辆荷载内力的计算公式都是对于轮重为 $F/2$ 的车辆荷载而言的。

【例 18-9】 计算图 18-85 所示装配式钢筋混凝土 T 形梁翼板所构成的铰接悬臂板的设计内力。桥面铺装为 20mm 厚沥青混凝土（重力密度为 23kN/m³），现浇混凝土垫层（重力密度为 24kN/m³）平均厚度 90mm。T 形梁翼板钢筋混凝土的重力密度为 25kN/m³。

【解】（1）结构自重及其内力（按纵向 1m 宽的悬臂板板条计算）

1）作用在板上的恒荷载集度

沥青混凝土面层 $g_1 = (0.02 \times 1.0) \times 23 = 0.46$ kN/m

现浇混凝土垫层 $g_2 = (0.09 \times 1.0) \times 24 = 2.16$ kN/m

板的自重 $g_3 = \left(\frac{0.08 + 0.14}{2} \times 1.0\right) \times 25 = 2.75$ kN/m

恒荷载作用集度 $g = g_1 + g_2 + g_3 = 0.46 + 2.16 + 2.75 = 5.37$ kN/m

2）悬臂铰接板单位板宽恒荷载内力计算

按自由悬臂板的简化受力图式，计算悬臂板根部截面的恒荷载作用下弯矩和剪力分别为：

$$M_{G1K} = -\frac{1}{2}gl_0^2 = -\frac{1}{2} \times 5.37 \times 0.71^2 = -1.35 \text{ kN} \cdot \text{m}$$

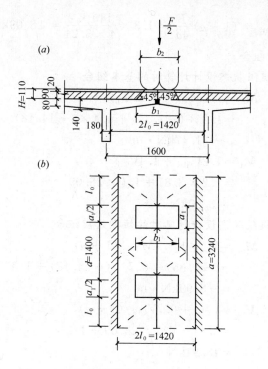

图 18-85 悬臂铰接板计算（尺寸单位：mm）

$$V_{G1K} = gl_0 = 5.37 \times 0.71 = 3.81 \text{kN}$$

（2）汽车车辆荷载产生的内力

将车辆荷载后轮作用于铰缝轴线上，见图 18-85(a)，车辆荷载的一个后轴作用力为 $F = 140 \text{kN}$，轮压分布宽度如图 18-85(b) 所示。车辆荷载后轮着地长度为 $a_2 = 0.20 \text{m}$，宽度为 $b_2 = 0.60 \text{m}$，则

$$a_1 = a_2 + 2H = 0.20 + 2 \times 0.11 = 0.42 \text{m}$$
$$b_1 = b_2 + 2H = 0.60 + 2 \times 0.11 = 0.82 \text{m}$$

对于悬臂根部，车轮作用有效分布宽度

$$a = a_1 + d + 2l_0 = 0.42 + 1.4 + 2 \times 0.71 = 3.24 \text{m}$$

取汽车荷载的冲击系数 $\mu = 0.3$，由于悬臂板净跨径 $l_0 = 710 \text{mm}$，小于 $b_1 = 820 \text{mm}$，故由式（18-70）来计算车辆荷载作用在每米宽悬臂板的根部产生的弯矩

$$
\begin{aligned}
M_{Q1K} &= -(1+\mu) \frac{F}{4a} \left(l_0 - \frac{b_1}{4} \right) \\
&= -1.3 \times \frac{140 \times 2}{4 \times 3.24} \left(0.71 - \frac{0.82}{4} \right) \\
&= -14.18 \text{kN} \cdot \text{m}
\end{aligned}
$$

由式（18-71）计算的剪力

$$V_{Q1K} = (1+\mu)\frac{F}{4a} = 1.3 \times \frac{140 \times 2}{4 \times 3.24} = 28.09\text{kN}$$

（3）作用效应组合

1）承载能力极限状态设计计算时的基本组合

$$\begin{aligned}M_d &= 1.2M_{G1K} + 1.4M_{Q1K}\\ &= 1.2 \times (-1.35) + 1.4 \times (-14.18)\\ &= -21.47\text{kN} \cdot \text{m}\end{aligned}$$

$$\begin{aligned}V_d &= 1.2V_{G1K} + 1.4V_{G1K}\\ &= 1.2 \times 3.81 + 1.4 \times 28.09\\ &= 43.90\text{kN}\end{aligned}$$

2）正常使用极限状态设计计算时的短期效应组合

$$\begin{aligned}M_{sd} &= M_{G1K} + 0.7M_{Q1K}/(1+\mu)\\ &= (-1.35) + 0.7 \times (-14.18) \div 1.3\\ &= -8.99\text{kN} \cdot \text{m}\end{aligned}$$

$$\begin{aligned}V_{sd} &= V_{G1K} + 0.7V_{Q1K}/(1+\mu)\\ &= 3.81 + 0.7 \times 28.09 \div 1.3\\ &= 18.94\text{kN}\end{aligned}$$

§18.4　桥　梁　支　座

钢筋混凝土和预应力混凝土梁式桥在桥跨结构和墩台之间均须设置支座，其作用为：

（1）传递上部结构的支承反力，包括恒荷载和活荷载引起的竖向力和水平力；

（2）保证结构在活荷载、温度变化、混凝土收缩和徐变等因素作用下的自由变形，以使上、下部结构的实际受力情况符合结构的计算图式。

梁式桥的支座一般分成固定支座和活动支座两种。固定支座既要固定主梁在墩台上的位置并传递竖向压力和水平力，又要保证主梁发生挠曲时在支承处能自由转动，如图 18-86 左端所示。活动支座只传递竖向压力，但它要保证主梁在支承处既能自由转动又能水平移动（图 18-86）。

按照计算图式，简支梁桥应在每跨的主梁一端设置固定支座，另一端设置活动支座。悬臂梁桥的梁锚固端也应在一侧设置固定支座，另一侧设置活动支座。多孔悬臂梁桥挂梁的支座布置与简支梁相同。连续梁桥应在每联主梁中的一个桥墩（或桥台）上设置固定支座，其余墩台上均应设活动支座。此外，悬臂梁桥和连续梁桥在某些特殊情况下梁的支座需要传递竖向拉力时，尚应设置也能承受拉力的支座。

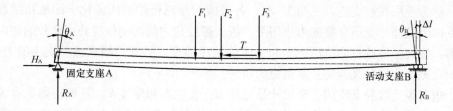

图 18-86 简支梁的支座图式

固定支座和活动支座的布置应以有利于墩台传递纵向水平力为原则。对于多跨的简支梁桥，相邻两跨简支梁的固定支座不宜集中布置在一个桥墩上，但若个别桥墩较高，为了减小水平力的作用，可在其上布置相邻两跨的活动支座。对于坡桥，宜将固定支座布置在标高低的墩台上。对于连续梁桥，为使全桥梁的纵向变形分散在梁的两端，宜将固定支座设置在梁靠中间的支点处，但若中间支点的桥墩较高或因地基受力等原因，对承受水平力十分不利时，可根据具体情况将固定支座布置在靠边的其他台上。

此外，对于特别宽的梁桥，尚应设置沿纵向和横向均能移动的活动支座。对于弯桥则应考虑活动支座沿弧线方向移动的可能性。对于处在地震地区的梁桥，其支座构造尚应考虑桥梁防震和减震的设施。

18.4.1 橡胶支座的类型、构造及力学性能

目前用作桥梁支座的橡胶主要是化学合成的氯丁橡胶，它具有一定的抗压强度、抗油蚀性、冷热稳定性和耐老化性。桥梁上用板式橡胶支座从外形上可分为矩形板式和圆形板式。

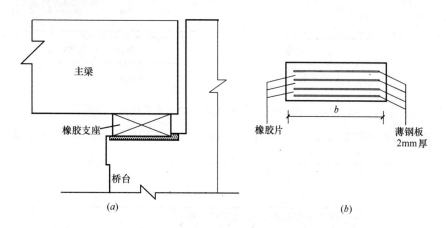

图 18-87 板式橡胶支座
（a）墩台帽上支座；（b）板式橡胶支座剖面

板式橡胶支座并不是纯橡胶的，而是由若干层橡胶片与薄钢板交替叠合而

成，称为叠层橡胶支座，见图 18-87，各层橡胶与钢板经加压硫化牢固地粘结成为一体。这样，支座在竖向力作用下，嵌入橡胶片之间的钢板将约束橡胶的侧向变形，提高了橡胶片的抗压能力和支座的抗压强度。另外，板式橡胶支座的上、下面及侧面的橡胶又能防止薄钢板的锈蚀。

矩形板式橡胶支座的主要尺寸是短边 a、长边 b 和厚度 h，其规格详见有关文献或产品目录。对于支座尺寸的选择，主要由支座的竖向支承力 F 决定，例如，当支座最大反力为 $F=300$kN 时，可查得其规格尺寸短边 $a=150$mm、长边 $b=200$mm，其支座厚度 $h=21\sim42$mm。

圆形板式橡胶支座主要用于混凝土斜板、斜梁桥和弯梁桥。混凝土斜板、斜梁桥和弯梁桥在荷载作用下，不仅有沿桥纵向的变形，而且有横桥向或径向变形，圆形板式橡胶支座的特点是可以适应结构各方向的变形。

普通平板式橡胶支座安装后可能会产生梁与支座、支座与墩台顶面脱空现象，在有纵横坡的桥梁下情况更为突出，其结果导致支座一部分受力很大，另一部分不受力的现象，造成橡胶支座上应力集中，受力较大一侧橡胶外鼓，以致橡胶开裂。

除了上述几种板式橡胶支座之外，混凝土梁桥还使用一种特殊的矩形板橡胶支座，即聚四氟乙烯滑板式橡胶支座（简称四氟滑板式支座），系将一块平面尺寸与橡胶相同，厚为 $1.5\sim3$mm 的聚四氟乙烯板材，与橡胶支座粘合在一起的支座，另在梁底支点处设置一块有一定光洁度的不锈钢板，可在支座四氟乙烯板表面来回移动（图 18-88）。它除了具有橡胶支座优点外，还能满足需要水平位移量较大的要求。

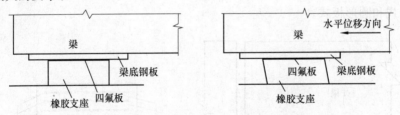

图 18-88　四氟滑板式橡胶支座适应梁水平位移工作图

四氟滑板式橡胶支座由六个部分组成，如图 18-89 所示，各部分主要功能

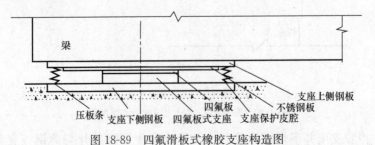

图 18-89　四氟滑板式橡胶支座构造图

如下：

(1) 支座上侧钢板　上与梁底连接，该钢板可以预埋在梁的支点处，也可以在梁架设时用环氧树脂与梁底粘结，钢板下面有深为 1mm 的宽槽作嵌放不锈钢板之用。梁底上钢板的平面尺寸，一般按支座与梁底尺寸相协调，它是固定皮腔位置的上支点，它的移动促使不锈钢板共同位移，钢板厚度一般为 10～16mm，梁如有纵坡可以由它来调节，使支座与钢板接触平面保持水平。

(2) 不锈钢板　其上与支座上侧钢板宽槽吻合，并用环氧树脂粘结，下与支座四氟乙烯表面接触，梁的伸缩位移是靠不锈钢板在支座四氟板表面来回移动，因此，一般是在支座就位架梁时安放，其目的是保护不锈钢板避免受伤锉毛，这样对减少四氟乙烯板的磨耗有利，并减小摩擦系数。

(3) 四氟滑板式橡胶支座　由纯聚四氟乙烯板、橡胶和 Q(R)235 钢板三种不同材料硫化粘结而成。它系将一块平面尺寸与橡胶支座相同的聚四氟乙烯板材，使用特殊的胶粘技术与橡胶粘结在一起，常用的粘结方法有两种，一种采用四氟板与橡胶在硫化时同时进行粘结，称作冷粘；另一种采用四氟板可以在已经制成的橡胶支座上进行粘结，称作热粘，两种粘结方法都可以用。为了进一步减小四氟板表面与钢板的摩擦系数，待在其面上制成直径为 10mm，深度不得超过四氟板厚度一半的储藏油脂球冠形储存槽。橡胶层的厚度是根据支座所需要的形变模量而定，支座形变模量是根据梁的转角需要与支座高度及顺桥方向的宽度综合而定。

(4) 皮腔　用人造革或优质漆布制成折叠式长方形的保护腔，设在四氟滑板式橡胶支座外围，其目的是隔绝或减少紫外线对橡胶老化的影响，另外，保护不锈钢表面的清洁度以免受玷污而对四氟板起着有害作用。

(5) 支座下侧钢板　用 10～12mm 的 Q(R)235 钢板制成，预埋在墩台上，钢板面层有深与宽各 1mm 的交叉对角线为方框线，是设定梁轴线和支座安放位置的标记。在垂直梁轴线的钢板两边附近有若干只螺栓，做固定皮腔之用。钢板加工要求表面光洁度达到 Δ_3 即可。

(6) 压板条　用厚度为 3mm，宽为 15mm，长按支座要求而定的 Q(R)235 钢板制成，一套压板有 9 个压板条，每个压板上有若干只大于螺栓直径的圆孔，以压住皮腔。

板式橡胶支座适用于支座承载力为 70～3600kN 的公路桥、铁路桥和城市立交桥。

18.4.2　盆式橡胶支座

一般的板式橡胶支座处于无侧限受力状态，故其抗压强度不高，加之其位移量取决于橡胶的允许剪切变形和支座高度，要求位移量越大，就要求支座做得越厚，所以板式橡胶支座的承载能力和位移值受到一定限制。

近年来经研制成功并已在实践中多次使用的盆式橡胶支座，为在大中跨桥梁上应用橡胶支座开辟了新途径。盆式橡胶支座有两个构造特点：一是将纯氯丁橡胶块放置在钢制的凹金属盆内，由于橡胶处于有侧限受压状态，大大提高了支座的承载能力（橡胶块的允许压应力可达 25000kPa）；其二是利用嵌放在金属盆顶面的填充聚四氟乙烯与不锈钢板相对摩擦系数小的特性，保证了活动支座能满足梁的水平移动要求。梁的转动也能通过盆内橡胶块的不均匀压缩来实现。常用的盆式橡胶支座构造如图 18-90 所示，它是由不锈钢板、锡青铜填充的聚四氟乙烯板、钢盆环、氯丁橡胶块、钢密封圈、钢盆塞、橡胶弹性防水圈等组装而成。如能提高盆环与密封圈的配合精度并采取在橡胶块上、下表面粘贴聚四氟乙烯板的措施，就能更有效地防止橡胶的老化。

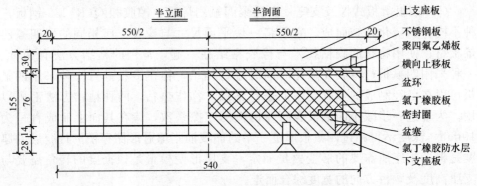

图 18-90   盆式橡胶支座的一般构造

使用经验表明，这种支座结构紧凑、摩擦系数小、承载能力大、重量轻、结构高度小、转动及滑动灵活、成本较低，是有发展前途的一种大中桥梁支座。

我国目前已系列生产的盆式橡胶支座，其竖向承载力分为 12 级，从 1000～20000kN，有效纵向位移量从 ±40～±200mm。支座的允许转角为 40′，设计摩擦系数为 0.05。

为了适应能多向转动且转动量较大的情况，还可设计成球形橡胶支座，如图 18-91 所示。如果只需要在一个方向内转动，也可设置导向装置。

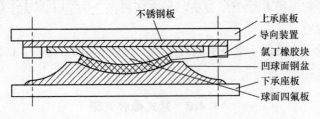

图 18-91   球形橡胶支座

鉴于活动支座的摩擦系数很小，也就显著减小了作用于墩台的水平力。在实践中，为了安全起见，不计算墩台所受水平力时往往取摩擦系数不大于 0.06

（板式橡胶支座为 0.20～0.30）。

18.4.3　板式橡胶支座的设计与计算

目前板式橡胶支座的橡胶主要是氯丁橡胶，因而，氯丁橡胶支座适用于温度高于－25℃的地区。

位于混凝土梁、板和墩台帽顶之间的板式橡胶支座，必须要能够承受最大的支承反力而发生破坏。同时，板式橡胶支座还必须具有保证结构自由变形的能力，它的活动机理是利用橡胶的不均匀弹性压缩实现转角 θ 和利用自身剪切变形实现水平位移 Δ，如图 18-92 所示。

我国行业标准规定支座成品的物理力学性能应满足表 18-15 的要求。

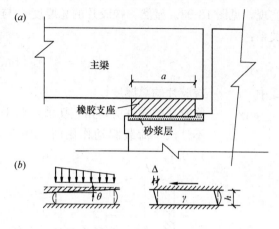

图 18-92　板式橡胶支座变形示意

支座成品物理力学性能　　　　　表 18-15

项　目	指　标	项　目	指　标
极限抗压强度	≥70	橡胶片允许剪切正切值	不计制动力≤0.5 计制动力≤0.7
抗压弹性模量 E_e（MPa）	$5.4 G_e S^2$	支座与混凝土表面摩擦系数 μ	≥0.3
常温下抗剪弹性模量 G_e（MPa）	1.0	支座与钢板摩擦系数 μ	≥0.2

注：表中形状系数 $S = \dfrac{a \times b}{2(a+b)\delta_1}$，其中 δ_1 为中间层橡胶片厚度，a 为支座短边尺寸（顺桥向），b 为支座长边尺寸（横桥向）。

板式橡胶支座一般没有固定支座和活动支座的区别，所有纵向水平力和位移由各个支座平均分配。必要时，也可采用厚度不同的橡胶板来调节各支座传递的水平力和位移。

板式橡胶支座的设计与计算包括确定支座尺寸、验算支座受压偏转情况以及验算支座的抗滑稳定性。

1. 确定支座的平面尺寸

橡胶支座的平面尺寸 $a \times b$ 要由橡胶板本身的抗压强度、梁部或墩台顶混凝土的局部承压强度等三方面因素全面考虑后确定。在一般情况下，尺寸 $a \times b$ 多由橡胶支座的强度来控制，即式（18-72）所控制。

对于橡胶板　　　　　　　　$$\sigma = \frac{R_{ck}}{A} = \frac{R_{ck}}{a \times b} \leq [\sigma_c] \qquad (18-72)$$

式中　R_{ck}——支座压力标准值，汽车荷载应计入冲击系数；

　　$[\sigma_c]$——橡胶支座使用阶段的平均压应力限值，$[\sigma_c]=10.0$MPa；S 应在 $5 \leqslant S \leqslant 12$ 范围内取用，计算公式见表 18-15。

2. 确定支座的厚度

板式橡胶支座的重要特点是：梁的水平位移要通过全部橡胶片的剪切变形来实现，见图 18-93。显然，橡胶片的总厚度 t_e 与梁体水平位移 Δ 之间应满足下列关系：

$$\tan\gamma = \frac{\Delta}{t_e} \leqslant [\tan\gamma] \tag{18-73}$$

式中　t_e——橡胶片的总厚度；

　　$[\tan\gamma]$——橡胶片的允许剪切角正切值，对于硬度为 $55°\sim60°$ 的氯丁橡胶，当不计汽车荷载制动作用时采用 0.5，计及汽车荷载制动力时可采用 0.7。

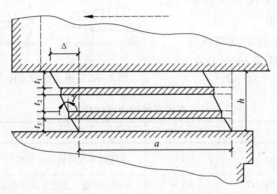

图 18-93　支座厚度计算图式

由此式（18-73）可写成：

$$t_e \geqslant 2\Delta_g \tag{18-74}$$

以及

$$t_e \geqslant 1.43(\Delta_g + \Delta_p) \tag{18-75}$$

$$\Delta_p = \frac{H_T t_e}{2G_e \cdot ab} \tag{18-76}$$

式中　Δ_g——上部结构在自重作用下由温度变化等因素引起作用于一个支座上的水平位移；

　　Δ_p——由汽车荷载制动力引起作用于一个支座上的水平位移；

　　H_T——作用于一个支座上的汽车荷载制动力；

　　G_e——橡胶的剪切模量，见表 18-15。

同时，考虑到橡胶支座工作的稳定性，《公路桥规》JTG D62—2004 还规定 t_e 不应大于支座顺桥向边长的 0.2 倍。确定了橡胶片总厚度 t_e，再加上金属加劲薄板的总厚度，就可得到所需支座的总厚度 h。

3. 验算支座的偏转情况

主梁受荷后发生挠曲变形时，梁端将引起转角 θ，如图 18-94 所示，此时支座伴随出现线性的压缩变形，梁端一侧的压缩变形量为 δ_1，梁体一侧的为 δ_2。为了确保支座偏转时橡胶与梁底不发生脱空而出现局部承压的现象，则必须满足条件：

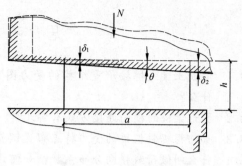

图 18-94 支座偏转图式

$$\delta_1 \geqslant 0 \qquad (18\text{-}77)$$

即

$$\delta_{c,m} = \frac{R_{ck}t_e}{abE_e} + \frac{R_{ck}t_e}{abE_b} \geqslant \frac{a\theta}{2} \qquad (18\text{-}78)$$

式中　$\delta_{c,m}$——平均压缩变形（忽略薄钢板的变形）；

　　　　E_e——支座抗压弹性模量，见表 18-15；

　　　　E_b——橡胶弹性体体积模量，$E_b = 2000\text{MPa}$；

　　　　θ——梁端转角。

此外，《公路桥规》JTG D62—2004 还规定橡胶支座的竖向平均压缩变形 $\delta_{c,m}$ 应不超过 $0.07t_e$。

4. 验算支座的抗滑稳定性

为了保证橡胶支座与梁底或墩台顶面之间不发生相对滑动，则应满足以下条件：

不计入汽车制动力时

$$\mu R_{Gk} \geqslant 1.4 G_e A_g \frac{\Delta_1}{t_e} \qquad (18\text{-}79)$$

计入汽车制动力时

$$\mu R_{Ck} \geqslant 1.4 G_e A_g \frac{\Delta_1}{t_e} + F_{bk} \qquad (18\text{-}80)$$

式中　R_{Gk}——由结构自重引起的支座反力标准值；

　　　　R_{Ck}——由结构自重标准值和 0.5 倍汽车荷载标准值（计入冲击系数）引起的支座反力；

　　　　μ——橡胶与混凝土间的摩擦系数采用 $\mu=0.3$，与钢板间的摩擦系数采用 $\mu=0.2$；

　　　　Δ_1——由上部结构温度变化、混凝土收缩徐变等作用标准值引起的剪切变形和纵向力标准值产生的支座剪切变形，但不包括汽车制动力引起的剪切变形；

　　　　F_{bk}——由汽车荷载引起的制动力标准值；

　　　　A_g——支座平面毛面积。

思 考 题

18.1 混凝土梁式桥按承重结构的受力图式可分成哪几类？各自的受力特点是
什么？

18.2 T形梁桥的横向连接方式有哪几种？横隔梁对于桥跨结构起什么作用？

18.3 如何根据斜板桥的受力特点布置钢筋？

18.4 什么叫做荷载横向分布系数？如何计算汽车荷载作用下和人群荷载作用下
的横向分布系数？

18.5 简述常用的几种荷载横向分布计算方法：包括杠杆原理法、偏心受压法、
横向铰接板（梁）法、横向刚接梁法和比拟正交异性板法。

18.6 荷载横向分布系数沿桥跨是如何变化的？

18.7 简述在可变荷载作用下，主梁内力的计算步骤。

18.8 如何确定桥面板的有效工作宽度？

18.9 桥梁支座的作用是什么？固定支座和活动支座的区别是什么？布置的原则
是什么？

18.10 板式橡胶支座的设计和计算包括哪些内容？

第19章 混凝土拱式桥

教学要求：

1. 了解拱桥的特点和适用性，理解拱桥的组成和类型及拱桥的总体布置，了解合理拱轴线的选择；

2. 理解悬链线拱轴方程和掌握拱轴系数的选择；

3. 掌握拱桥的计算理论（包括弹性中心、恒活载作用下拱内力计算、裸拱内力计算、附加内力计算及应力调整），能应用手册法计算内力及会进行主拱圈的验算。

§19.1 概　述

拱式桥是我国公路、铁路和城市道路上使用较广泛的一种桥型。对于中小跨径拱桥，一般采用石、混凝土（又称圬工材料）和钢筋混凝土修建。因此，本章以公路中小跨径上承式圬工和钢筋混凝土拱桥为主来介绍拱桥的设计计算和构造。

19.1.1　拱桥的基本组成

和其他桥梁一样，拱桥也是由桥跨结构（上部结构）、桥墩桥台（下部结构）和基础等组成，图 19-1 为上承式混凝土拱桥组成的示意图。

上承式拱桥的上部结构由主拱圈和拱上建筑两部分组成。

主拱圈是拱桥的主要承重结构，承受桥上的全部荷载，并通过它把荷载传给桥墩台及基础。由于主拱圈是曲线形，一般情况下车辆都无法直接在弧面上行

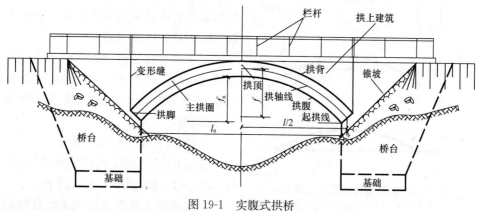

图 19-1　实腹式拱桥

驶，所以在桥面与主拱圈之间需要有传递荷载的构件或填充物，以使车辆能在平顺的桥道上行驶。**桥面系与主拱圈之间这些传力构件或填充物统称为拱上结构或拱上建筑。**

上承式小跨径拱桥常在拱背上填土（石），在填料上铺道路面层，这种拱桥叫实腹式拱桥（图 19-1）。实腹式拱桥的变形缝常设置在主拱圈两拱脚上方沿拱上建筑的整个高度处。

拱桥的下部结构（桥墩台）起着支承桥跨结构的作用并将桥跨结构的荷载传至基础与地基。图 19-1 所示的为单孔拱桥，因此只设置了桥台，桥台还起到把拱桥与两岸路堤相连接的作用，使路桥形成一个协调的整体。

图 19-1 所示的主拱圈最高处横截面称为拱顶；主拱圈和墩台连接处的横截面称为拱脚（或起拱面）。主拱圈的上曲面称为拱背，下曲面称为拱腹。起拱面与拱腹相交的直线称为起拱线。

主拱圈各横截面（或换算截面）的形心连线称为拱轴线。净跨径（l_n）为每孔拱跨两个拱脚截面最低点之间的水平距离。计算跨径（l）为两相邻拱脚截面形心点之间的水平距离，也就是拱轴线两端点之间的水平距离。净矢高（f_n）是从拱顶截面下缘至相邻两拱脚截面下缘最低点之连线的竖直距离。计算矢高（f）是从拱顶截面形心至相邻两拱脚截面形心之连线的竖直距离。矢跨比$\left(\dfrac{f}{l}\right)$为拱桥中主拱圈（或拱肋）的计算矢高与计算跨径之比。

19.1.2　上承式拱桥的主要类型

拱桥的分类方式较多。例如按照主拱圈所使用的建筑材料可以分为圬工拱桥、钢筋混凝土拱桥；按照主拱圈拱轴线线型可分为圆弧线拱桥、抛物线拱桥和悬链线拱桥。这里只介绍与上承式拱桥有关的类型。

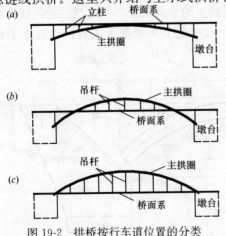

1. 上承式拱桥

按主拱圈与行车道（桥面）在竖向的相对位置可分为上承式拱桥、下承式拱桥和中承式拱桥（图 19-2）。

上承式拱桥是指桥面系位于主拱圈之上的拱桥，而中承式和下承式是指桥面系位于主拱圈中部位置或下部位置（拱脚截面之上）。

2. 按拱上建筑的形式分类

按拱上建筑的形式可以分为实腹式拱桥（图 19-1）和空腹式拱桥（图 19-3）。

实腹式拱上建筑常用透水性良好的

图 19-2　拱桥按行车道位置的分类

（a）上承式；（b）中承式；（c）下承式

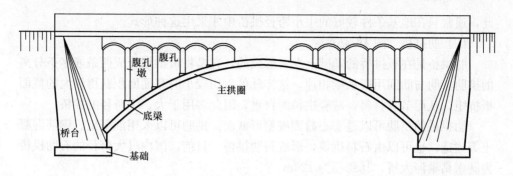

图 19-3 空腹式拱桥

粗砂、碎石、砾石、煤渣等作填料，它起到支承桥面传递和扩散压力、排水及缓和活荷载冲击作用。

空腹式拱桥是在拱上建筑两侧设置几个腹孔，可减轻桥跨自重、节省材料、增大桥孔的排洪面积和增加桥跨结构在建筑上的轻盈感。

3. 按主拱圈截面形式分类

通常按主拱圈的截面形式可将拱桥分为板拱桥、肋拱桥、双曲拱桥和箱形拱桥四种。

（1）板拱桥（图 19-4a）

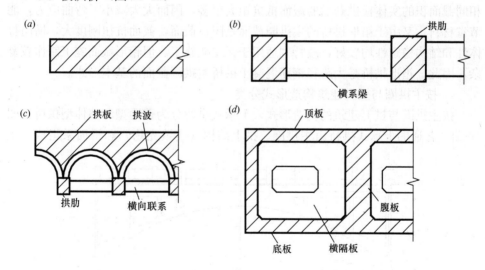

图 19-4 主拱圈横截面形式

（a）板拱；（b）肋拱；（c）双曲拱；（d）箱形拱

板拱桥是最古老的拱桥形式，它的主拱圈截面是整体的实心矩形截面。板拱桥的构造简单、施工方便，但在相同截面积的条件下，实体矩形截面比其他形式截面的抵抗矩小。如果为了获得较大的截面抵抗矩，必须增大截面尺寸，这就相应地增加了材料用量和结构自重，也加重了下部结构的负担，这是不经济的。因此，通常只在地基条件较好的中小跨径拱桥中才采用这种形式。

（2）肋拱桥（图 19-4b）

肋拱桥是在板拱桥的基础上发展形成的，它是将板拱划分成两条或多条分离的拱肋，肋与肋间用横系梁相连。这样就可以用较小的截面面积获得较大的截面抵抗矩，从而节省材料，减轻拱桥的自重，因此多用于大、中跨径的拱桥。

肋拱桥的拱肋可以是实心截面或箱形截面。拱肋可以采用混凝土、钢筋混凝土等建造，也可以由石料砌筑，形成石肋拱桥。目前，国内最大跨径的石肋拱桥为湖南乌巢河大桥，其跨径为 120m。

（3）双曲拱桥（图 19-4c）

双曲拱桥的主拱圈横截面是由数个横向小拱组成，使主拱圈的纵向（桥轴线方向）及横向（桥宽方向）均呈曲线形，故称之为双曲拱桥。在相同截面面积的情况下，双曲拱截面的抵抗矩比实心板拱的大得多，因此可节省材料，减小结构自重，另外，双曲拱桥施工时预制构件分得细，吊装重量轻。但存在着施工工序多、组合截面整体性较差和易开裂等缺点，一般可用于中、小跨径拱桥。已建双曲拱桥的最大跨径为 150m。

（4）箱形拱桥（图 19-4d）

将实心板拱截面挖空形成箱形截面的拱桥，称为箱形拱桥。由于箱形截面比相同截面积的实体板拱截面的截面抵抗矩大很多，因而大大减小了弯曲应力，能节省材料。又由于箱形拱桥的主拱圈截面是闭口截面，截面抗扭刚度大，横向整体性和结构稳定性均较好，故特别适用于无支架施工。但箱形截面施工制作较复杂，因此，箱形拱桥是大跨径钢筋混凝土拱桥主拱圈截面的基本形式。

4. 按主拱圈与拱上建筑构造形式分类

按主拱圈与拱上建筑的构造形式，上承式拱桥分为普通型和整体型拱桥（图 19-5）。普通的上承式拱桥由主拱圈、拱上结构（或填充物）和桥面系组成。主

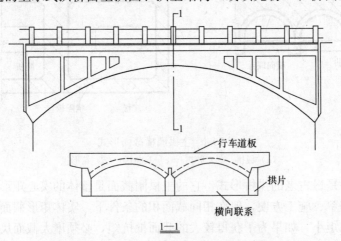

图 19-5 整体型上承式拱桥（桁架拱桥）

拱圈是主要承重结构，属于简单体系拱桥。整体型上承式拱桥则是由主拱片（由主拱圈与拱上结构构件组成的整体结构）和桥面系组成，主拱片是主要承重结构。整体型上承式拱桥包括桁架拱桥和刚架拱桥。

19.1.3 拱桥受力特点

拱与梁相比较，不仅外形不同，而且两者受力性能有本质差别。在竖向荷载作用下，梁支承处仅产生竖向支承反力，而拱两端支承处除了有竖向反力外，还产生水平推力，也就是说拱是有水平推力的结构。现以荷载、跨径相同的简支梁与三铰拱作受力分析，拱任意截面的内力为：

弯矩　　　　　　　　　$M = M^0 - Hy$

轴力　　　　　　　　　$N = H\cos\phi + V^0\sin\phi$ 　　　　　　(19-1)

剪力　　　　　　　　　$V = H\sin\phi - V^0\cos\phi$

式中　　H——水平推力；

　　　　y——水平推力至该任意截面重心的距离；

　　V^0、M^0——简支梁的相应截面的剪力、弯矩；

　　　　ϕ——拱轴线任意截面处水平倾角。

从图 19-6 可以看出，在竖向荷载作用下，梁截面的内力为竖直剪力和弯矩，梁是以受弯为主的构件。而由于拱水平推力的存在，拱截面上除径向剪力和弯矩外，还有较大的轴向压力，所以拱是以受压为主的压弯构件。如果拱轴线型设计合理，可以使拱主要承受压力而弯矩很小。拱桥的这个受力特点，不仅可使拱桥的跨径比梁桥的大，而且除了可采用钢、钢筋混凝土等材料来建造外，还可采用石料、素混凝土、砖等圬工材料来建造。用圬工材料建造的拱桥也称为圬工拱桥，它具有就地取材、节约钢材和水泥、构造简单、承载潜力大、养护费用少等

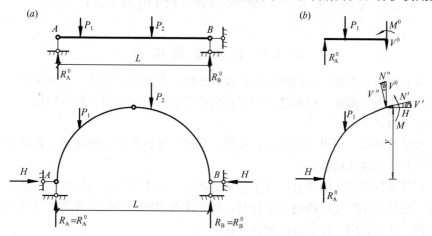

图 19-6　拱与梁的受力分析

(a) 梁与拱受力图式；(b) 截面内力

优点。举世闻名的河北赵州桥就是公元 605 年由李春创建的一座净跨为 37.02m 空腹式圆弧形石拱桥。目前已建成的世界上跨度最大的石拱桥为我国山西晋城的丹河大桥，跨径达 146m。

为了减小拱的截面尺寸，减轻拱的重力，在素混凝土拱中配置一定数量的受力钢筋，构成钢筋混凝土拱桥。钢筋混凝土拱桥不仅有效地提高了拱桥的经济性，扩大了拱桥的使用范围，同时在建筑艺术上也容易处理，它可以通过选择合理的拱式体系及突出结构上的线条来达到美的效果。我国重庆万州长江大桥，是我国最大跨径的钢筋混凝土拱桥，跨径已达到 420m。

拱桥的主要优点是：①跨越能力较大。目前，世界上石拱桥的最大跨径为 146m，钢筋混凝土拱桥为 420m，钢管混凝土拱桥为 460m，钢桁拱桥为 552m。根据理论推算，钢筋混凝土拱桥的极限跨径可达 500m，钢拱桥的极限跨径可达 1200m。②能充分就地取材，由于拱是主要承受压应力的结构，可以充分利用圬工材料来建造拱桥。③耐久性能好、承载潜力大、养护维修费用少。④外形美观。⑤构造较简单。

拱桥的主要缺点是：①由于它是一种有推力的结构，支承拱的墩台和地基要承受拱端很大的水平推力，因而增加了下部结构的工程量，且修建拱桥要求有良好的地基条件。②在连续多孔的拱桥中，由于拱桥水平推力较大，为防止一孔破坏而影响全桥的安全，需要采用较复杂的措施，例如设置单向推力墩，但这会增加造价。③与梁式桥相比，上承式拱桥的建筑高度较高，当用于城市立交及平原地区的桥梁时，因桥面标高提高，而使两岸接线长度增长，或者使桥面纵坡增大，既增大了造价又对行车不利。④圬工拱桥施工需要的劳动力较多，建桥时间较长。

§19.2　上承式拱桥的构造与设计

19.2.1　主拱圈的构造

普通上承式拱桥的主拱圈截面形式有板拱、板肋拱、肋拱、箱形板拱、箱形肋拱和双曲拱等多种，前面已介绍了它们的特点，下面介绍它们的构造。

1. 板拱

按建筑材料，板拱又可分为石板拱、素混凝土板拱和钢筋混凝土板拱等。

（1）石板拱的构造

石板拱具有悠久的历史，由于它构造简单、施工方便、造价低，在盛产石料的地区它是中小跨径拱桥的主要桥型，按照砌筑主拱圈的石料规格，又可分为料石板拱、块石板拱、片石板拱和卵石板拱等。

用于主拱圈砌筑的石料应要求石质均匀，不易风化和无裂纹。石料强度等级不得低于 MU50，砌筑拱石用的砂浆，对大、中跨径拱桥不得低于 M10，对于小跨径拱桥不得低于 M7.5。在必要时也可用小石子混凝土进行砌筑，小石子粒径一般不得大于 20mm。拱石需随拱轴线和截面形式不同而分别进行编号，以便加工。根据主拱圈的受力特点（主要承受压力，其次是弯矩）和需要，石板拱主拱圈砌筑应满足错缝、限制砌缝宽度和设五角石等构造要求。

（2）混凝土板拱的构造

1）素混凝土板拱

在缺乏合格天然石料的地区，可用素混凝土建造板拱。混凝土板拱可采用整体现浇，也可采用预制块砌筑。整体现浇建成的板拱桥，主拱圈收缩应力大，对受力不利，且拱架和模板材料用量多，费工，施工工期也长，施工质量不易保证，故较少采用。用预制块砌筑是将板拱划分成若干块件（图 19-7），先预制混凝土块件，然后把预制块件砌筑成拱。预制块件的混凝土强度等级一般不低于 C30，砌筑块件的砂浆采用 M7.5～M10。为节省水泥用量，在预制混凝土块件时可

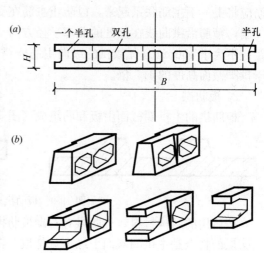

图 19-7　预制块砌筑的混凝土板拱桥
（a）素混凝土空心板拱砌块的横向划分；
（b）砌块外形

掺入不多于 20% 的片石，做成片石混凝土砌块，片石强度等级应不低于混凝土强度等级，且不低于 MU50，并将棱角敲去分层掺入混凝土中。预制块件在砌筑前应有足够的养护期，以消除或减小混凝土收缩的影响。

2）钢筋混凝土板拱

钢筋混凝土板拱与石板拱相比，具有构造简单、外表整齐、可设计成最小的板厚及轻巧美观等特点。钢筋混凝土板拱可根据不同桥宽做成单条整体拱圈或多条平行板拱圈（肋），拱圈之间可不设横向连接件（图 19-8）。借此可反复利用一套较窄的拱架和模板完成整体拱桥的施工。

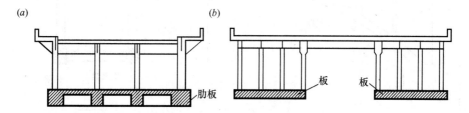

图 19-8　钢筋混凝土板拱横截面
（a）肋形板拱；（b）分离式板拱

　　钢筋混凝土板拱的配筋由计算和构造要求确定。主拱圈纵向配置的受力钢筋主筋，其截面的最小配筋率为0.5%，一侧钢筋的配筋率不小于0.2%，主筋通常在截面的上、下缘对称通长布置，以适应主拱圈各截面弯矩的变化。主拱圈横向配置与受力钢筋相垂直的分布钢筋和箍筋，分布钢筋设在纵向主筋的内侧，箍筋应将上、下主筋联系起来，以防止主筋在受压时发生屈曲和在拱腹受拉时发生外崩，箍筋沿拱曲线在该处的曲率半径方向（垂直于拱轴线）布置，在拱背的间距应不大于150mm。无铰拱的纵向主筋应锚固在墩台帽中，其锚固长度应不小于拱脚截面高度的1.5倍。

　　2. 板肋拱

　　板肋拱的主拱圈截面由板和肋组成（图19-9）。

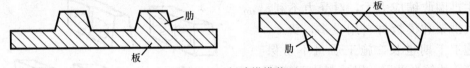

图19-9　板肋拱横截面

　　按所用的结构材料，板肋拱有石砌板肋拱和钢筋混凝土板肋拱等形式。石砌板肋拱的特点是主拱圈截面下缘全宽是板，在较薄的板上砌筑石肋，使主拱圈具有更大的抗弯刚度。石砌板肋拱常用小石子混凝土砌块和片石砌成，其构造要求与石板拱相同。钢筋混凝土板肋拱根据主拱圈弯矩的分布情况，在跨径中部，可将肋布置在板下面，而在拱脚区段，将肋布置在板的上面，但实际上为了简化模板和钢筋工作，往往沿整个拱跨将肋都布置在主拱圈的上面或都在下面。

　　3. 肋拱

　　主拱圈由两条或多条分开且平行的拱肋组成的拱桥，称为肋拱桥（图19-10）。可以把肋拱看成是板肋拱将肋间的板挖空而成，为了保证拱肋的横向稳

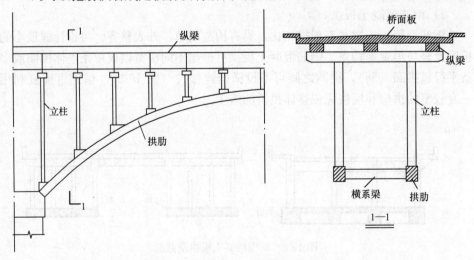

图19-10　肋拱桥

定性和整体受力，需在拱肋之间设置足够数量和一定刚度的横系梁。

拱肋是肋拱桥的主要承重结构，通常由混凝土或钢筋混凝土做成。拱肋比板拱重量轻，由于充分发挥钢筋、混凝土材料的受力性能，具有良好的经济性。

拱肋的数目和间距以及截面形式主要根据桥梁宽度、肋型、材料性能、荷载等级、施工条件、拱上结构等各方面综合考虑来确定。为了简化构造，一般在吊装能力许可时，宜采用少肋形式。通常，桥宽在20m以内时均可考虑采用双拱肋式（双肋式），当桥宽在20m以上时，宜采用分离的双幅双肋拱，以避免由于肋中距增大而使肋间横系梁、拱上结构横向跨度与尺寸增大太多。上、下游拱肋最外缘的间距一般不宜小于跨径的1/15，以保证肋拱的横向整体稳定性。

拱肋的截面形式分为实体矩形、工字形、箱形等，如图19-11所示。

矩形截面构造简单、施工方便，但受弯时截面上的材料是不能充分发挥抗弯能力作用，经济性较差，一般仅用于中小跨径的肋拱。初拟尺寸时，矩形截面拱肋的肋高约取跨径的 $1/60\sim1/40$，肋宽可为肋高的 $0.5\sim2.0$ 倍。工字形截面的抗弯能力比矩形截面大，因而常用于大、中跨径的肋拱桥。工字形拱肋截面肋高一般为跨径的 $1/35\sim1/25$，肋宽约为肋高的 $0.4\sim0.5$ 倍，腹板厚度常为 $300\sim500\text{mm}$。

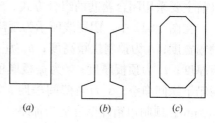

图 19-11　肋拱桥的拱肋截面形式

(a) 矩形截面；(b) 工字形截面；

(c) 箱形截面

钢筋混凝土矩形截面肋拱和工字形截面肋拱的配筋应综合考虑受力和施工的要求。当采用无支架吊装时，其纵向受力钢筋还应按吊装施工阶段受力计算确定。纵向主筋一般在截面上、下对称并沿拱肋长度方向通长布置，应弯制成拱形。对于无铰拱，拱肋中的纵向主筋应与墩台可靠锚固，其锚入深度应满足：矩形肋不小于拱脚截面高度的1.5倍，工字形肋不小于拱脚截面高度的一半。其余钢筋按构造要求设置。工字形截面的翼板和腹板中的箍筋应分别设置。箍筋在拱轴方向的间距必须满足规范要求。

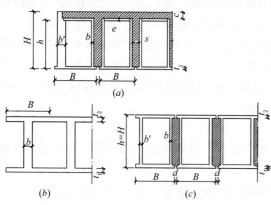

图 19-12　箱形板拱主拱圈截面组合方式

(a) U形肋组合箱形截面；(b) 工字形肋组合箱形截面；

(c) 闭合箱肋组合箱形截面

4. 箱形板拱（简称箱形拱）

主拱圈截面由多室箱构成的拱称为箱形拱（图 19-12）。

由于箱形拱主拱圈截面外观与板拱相同，故也称为箱形板拱。

箱形板拱通常采用预制拼装施工，也可采用转体施工或劲性骨架施工法。采用预制拼装施工过程为：①将多室箱的主拱圈截面沿横向划分为多个箱形肋，在纵向（桥跨方向）将箱形肋分成数段（3 段、5 段或 7 段），并预制各箱肋段；②安装各箱肋段成拱，并现浇各箱肋间的填缝混凝土形成箱形板拱。采用转体施工时，箱形拱主拱圈则在陆地上或支架上现浇、或拼装一次成形。采用劲性骨架法（或称刚性骨架法）施工时，箱形拱主拱圈在骨架上逐步现浇而成。

箱形板拱的主拱圈可以由多条 U 形肋、多条工字形肋或多条闭合箱肋组合而成（图 19-12）。由于闭合箱肋可以采用干硬性混凝土卧式预制，节省大量模板、工效高，特别是闭合箱肋抗弯、抗扭刚度大，吊装稳定性好，因此箱形板拱目前主要采用闭合箱肋的组合方式。

在图 19-12 中，阴影线所示为现浇混凝土部分。H 为拱圈总高度；B 为预制拱箱宽度；h 为预制拱箱高度；b 为中间箱壁厚度；b' 为边箱箱壁厚度；t_1 为底板厚度；t_2 为顶板厚度；e 为盖板厚度；c 为拱箱上现浇混凝土厚度；d 为相邻两箱下缘间净空；s 为箱壁间净距。其中 b、b'、t_1、t_2、e、c 和 s 均不应小于 100mm。预制边箱外壁宜适当加厚。

（1）箱肋宽度

箱肋是拼装成箱形板拱的基本预制构件，在主拱圈宽度确定后，把它在横向划分成数个箱肋，主要取决于吊装设备的能力。主拱圈宽度确定时，如果单个箱肋宽度大则箱肋数少，横向接缝也少，主拱圈整体性就强，单箱肋安装时的横向稳定性也好，但起吊重量增大。设计时应充分考虑施工设备和吊装能力。箱肋宽度一般取 1.2～1.7m。

（2）箱形板拱的尺寸

对于常用的由多条闭口箱肋组成的箱形板拱桥，其顶、底板及腹板的厚度主要与跨径和荷载有关。一般情况下，箱形截面的顶、底板厚度可取 150～220mm，在跨径大、主拱圈窄时取大值，同时顶、底板厚度可取相同，也可取不等厚。截面外侧壁板厚 b' 可取 120～150mm。填缝厚度 s 根据受力大小确定（主要考虑轴向力），一般取 200～350mm。为保证填缝混凝土浇筑质量，对预制箱面横向拼接的间距不宜小于 200mm。

（3）箱肋内横隔板

箱肋内沿拱轴线每隔一定距离应设置一道横隔板，以提高箱肋在吊运及使用阶段的抗扭能力，加强箱壁的局部稳定性。一般每隔 2.5～5m 设一道横隔板，厚度可为 100～150mm，注意在预制箱肋段的端部、吊装扣点及拱上腹孔墩（或立柱）处都必须设置箱肋内横隔板，在 3/8 拱跨长度至拱顶段的横隔板应取较大厚度，并适当加密。

（4）箱肋接头

箱肋分段预制，吊装成拱时，段与段之间一般采用角钢顶接接头，接头处的混凝土箱壁、顶板和底板需局部加厚。无铰拱的拱脚与墩台的接头，一般在墩台帽（拱座）上预留凹槽，槽深300～500mm，凹槽内预埋钢板，箱肋端部接头处的箱壁、顶、底板需局部加厚至200～300mm，待拱箱合拢后，将预埋在箱肋壁、顶板和底板内的预埋钢板与拱座凹槽内的预埋钢板对应焊接，然后用混凝土封填凹槽，封填的混凝土强度等级不得低于拱座混凝土的强度等级。

（5）箱形板拱钢筋布置

大跨径箱形板拱桥的主拱圈在运营阶段一般均以截面压应力控制设计，混凝土的拉应力很小，因此主拱圈一般可按素混凝土拱设计，但必须配置构造钢筋以及箱肋在吊装过程中的受力钢筋。对于闭口箱肋，顶板和底板受力钢筋常对称通长布置；对开口箱肋，则布置在箱壁上缘和底板上。钢筋数量主要由箱肋段在吊运和悬挂过程中的受力情况计算确定。成拱后此部分钢筋如达到最低含筋率的要求，则在拱的验算中可以将其计入。沿箱壁的高度方向应布置分布钢筋，其间距不大于200mm。在顶、底板及腹板上沿拱轴方向一定间距应分别布置横向及径向钢筋，且横向、径向钢筋必须有效连接。当按素混凝土拱难以通过时，可按钢筋混凝土拱设计，此时，主拱圈截面的纵向受力钢筋除满足使用阶段的受力要求外，还要保证施工阶段（吊装时）的受力需要。

5. 箱形肋拱

拱肋截面采用钢筋混凝土箱形截面的肋拱桥称为箱形肋拱桥，它属于肋拱桥的一种。也可看成是由箱形板拱去掉部分箱肋而形成。所以，它具有箱形板拱的所有优点，而且比箱形板拱更节省混凝土，这不仅减轻了自重，也相应减少了墩台圬工工程量，降低了全桥造价。

（1）箱形拱肋

与肋拱桥一样，箱形肋拱桥也可由双肋或多肋组成，肋间需设横系梁形成整体。拱肋有单箱肋、双箱肋或多箱肋等形式（图19-13）。

箱形肋拱在横桥向采用双肋还是多肋主要根据桥宽、肋形、材料性能、荷载等

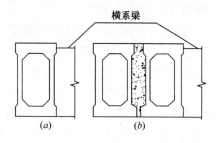

图 19-13　箱形肋拱横截面
(a) 单箱拱肋（单箱肋）；
(b) 双箱拱肋（双箱肋）

级、施工条件、拱上建筑及技术经济等因素决定，通常宜采用少肋形式。一般当桥宽在20m以内时均可采用双肋式；桥宽大于20m时，可采用三肋或四肋式，以避免由于肋中距过大而使肋间横系梁、拱上立柱及盖梁尺寸增大太多。但是由于多肋拱受力复杂，且中间肋长期处于高负荷状态，故实际较少采用。高速公路

上桥宽较大的拱桥，可采用两座分离的双肋式箱形肋拱桥。表 19-1 列出了我国已建成的部分箱形肋拱桥资料。

部分箱形肋拱桥设计资料　　　　　　　　　　表 19-1

桥名	跨径 (m)	桥宽 (m)	拱肋形式	肋数	单条箱肋宽/高 (cm)	单条箱肋宽跨比	拱肋宽/肋中距 (cm)	拱肋高跨比
四川武胜嘉陵江大桥	130	13	双箱肋	双肋	140/200	1/92.8	280	1/65
重庆合川涪江大桥	120	26	双箱肋	分离式双肋	145/220	1/82.7	290/690	1/54.5
四川苍溪嘉陵江大桥	105	13	双箱肋	双肋	145/175	1/72.4	290/640	1/60
四川内江沱江大桥	100	24	四箱肋	双肋	140/170	1/71.4	560	1/58.8
重庆忠县钟溪大桥	100	9	单箱肋	双肋	160/160	1/62.5	160	1/62.5
广西柳州静兰大桥	90	16	双箱肋	双肋	107/170	1/84.1	214/800	1/52.9

箱形肋拱的拱肋由单箱肋构成时，肋宽较小，与拱上立柱尺寸较为协调，结构轻盈美观，箱肋一次预制（或现浇），故整体性好，施工方便。但箱肋吊装时重量大，为减轻吊装重量，可先预制部分顶板厚度的箱肋，待吊装成拱后再现浇顶板的其余部分混凝土。

对由双箱肋或多箱肋构成的拱肋，其构成方法和构造要求基本与箱形板拱相同。当吊装能力不足时，可采用与上面相同的方法，即箱肋顶板是装配整体式的。

箱形肋拱的拱肋尺寸应按受力需要确定，初步拟定肋高时，一般取跨径的 1/70～1/50，肋宽取肋高的 1～2 倍。拱肋由单箱肋构成时，单箱肋的尺寸，不仅要考虑使用阶段的受力需要，同时还要考虑在施工过程中，单箱肋在吊运、悬挂和成拱时的承载力和稳定的需要。具体细部尺寸的拟定可参见箱形板拱。

箱形肋拱通常采用等截面形式以方便施工，但对于特大跨径箱形肋拱桥，也可采用变截面拱肋。

箱形肋拱中拱肋内横隔板的构造及拱肋各部分构造同箱形板拱。

（2）横系梁

箱形肋拱中拱肋间的横系梁，不仅具有增强肋拱桥横向整体稳定性的作用，还起横向分布荷载的作用，因此，横系梁应具有足够的承载力和刚度，并与拱肋刚性连接。

横系梁通常采用钢筋混凝土，断面形式有工字形、桁片式和箱形三种，如图 19-14 所示。

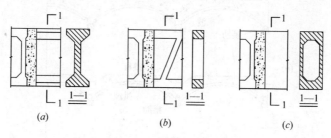

图 19-14 箱肋拱的横系梁
(a) 工字形；(b) 桁片式；(c) 箱形

桁片式横系梁重量轻，安装方便，但预制较复杂，且在拱轴切平面内的刚度较小。箱形横系梁在拱轴切平面和法平面内的刚度均较大，对提高肋拱桥横向稳定性很有利。

横系梁的截面尺寸需根据构造要求及拱的横向稳定需要来确定，一般横系梁高度与拱肋高度相同，短边尺寸应不小于其长度的 1/15。箱形截面横系梁的壁厚不应小于 100mm。钢筋混凝土横系梁四周应设置直径不小于 16mm 的构造钢筋。

横系梁与拱肋的连接可以采用预埋钢板焊接连接。为确保与拱肋固接，最好采用湿接头，即分别在拱肋侧面与横系梁端头预留连接钢筋，待横系梁安装就位后焊接钢筋并现浇接缝混凝土，接缝宽度通常为 300mm。

采用工字形横系梁时，工字形的腹板应与拱肋内横隔板相对应，上、下翼板应与箱肋拱的顶、底板相对应，在对应位置都应预留连接钢筋。采用箱形横系梁时，其顶、底板应与箱肋拱的顶、底板对应，由于箱形横系梁具有两个腹板。要求箱肋拱在与横系梁连接处设置两个内横隔板，并与横系梁腹板对应。同时在对应位置应预埋连接钢板。对于桁片式横系梁，仅需在横系梁上、下弦与箱肋拱顶、底板对应位置处预留连接钢筋。

肋间横系梁的平面位置，应与拱上立柱对应，其空间位置应使横系梁纵平面与该处拱轴线的法平面一致。

6. 双曲拱

双曲拱桥的主拱圈在桥纵向和横向均呈曲线形。施工时将主拱圈划分成拱肋、拱波、拱板及横向连系梁或横隔板四部分。先预制拱肋、拱波和横向连接系，将钢筋混凝土拱肋吊装成拱并与横向连接构件组成拱形框架，以此作为施工支架在拱肋间安装拱波，然后在其上现浇拱板混凝土形成主拱圈。所以双曲拱桥主拱圈的特点是先化整为零，再集零为整，无需大型起吊设备，以适应无支架或少支架施工的情况。

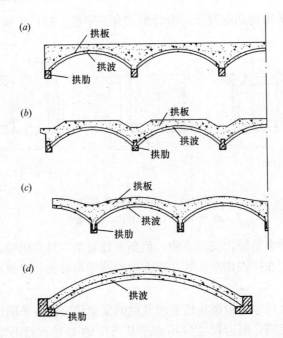

图 19-15　双曲拱主拱圈截面形式
(*a*)、(*b*)、(*c*) 多肋多波截面形式；(*d*) 双肋单波截面形式

　　双曲拱主拱圈截面形式见图 19-15，拱肋截面可为倒 T 形、L 形、工字形、槽形或开口箱形等。拱波一般由素混凝土预制成圆弧形，截面厚度为 60～80mm，跨径由拱肋间距确定。拱板采用现浇混凝土，以使拱肋、拱波结合成整体。

　　双曲拱桥从横截面看相当于肋板拱桥。由于主拱圈由几部分按一定施工顺序组合而成，因此截面受力复杂、整体性差，不少双曲拱桥都出现了较为严重的开裂，使承载能力受到影响，故目前较少采用。

19.2.2　拱上建筑的构造

　　拱上建筑是拱桥的组成部分，选择拱上建筑的构造形式时，不仅要考虑桥型美观，更要考虑与主拱圈受力及变形的适应性。因为在普通的上承式拱桥中，虽然不考虑拱上建筑参与主拱圈受力，但它与主拱圈连在一起，使得拱上建筑在一定程度上会约束主拱圈由于温度变化、混凝土收缩等因素引起的变形，而主拱圈的变形又将在拱上建筑中产生附加内力。

　　拱上建筑的形式一般可分为实腹式和空腹式两大类，如图 19-16 和图 19-17所示。

　　1. 实腹式拱上建筑

　　实腹式拱上建筑由拱腹填料、侧墙、护拱、变形缝、防水层、泄水管及桥面系等组成,见图 19-16。由于实腹式拱上建筑构造简单,施工方便,但填料数量较多,恒荷载较大,所以一般用于小跨径的拱桥中。

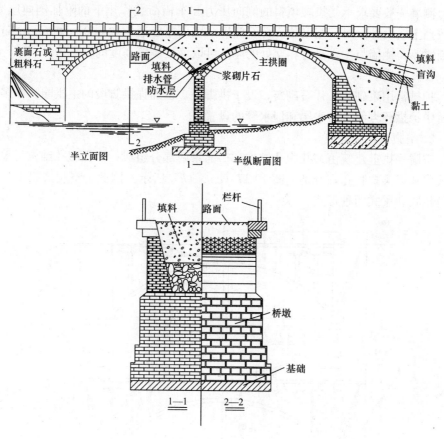

图 19-16 实腹式拱桥

(1) 拱腹填料

拱腹填料分为填充式和砌筑式两种。填充式拱腹填料应尽可能就地取材,通常采用透水性好、土侧压力小、成本较低的砾石、碎石、粗砂或卵石夹黏土等材料,并加以分层夯实。当地质条件较差,要求减轻拱上建筑质量时,可采用其他轻质材料作为拱腹填料,如炉渣与黏土的混合物、陶粒混凝土等。当散粒材料不易取得时,可改为砌筑式,即用干砌圬工或浇筑低强度等级混凝土作为拱腹填料。

(2) 侧墙

侧墙的作用是挡住拱腹上的散粒填料,它设在主拱圈横桥向两侧。一般由浆砌块石或浆砌片石砌筑而成,有时为了美观可用料石镶面。

当主拱圈为混凝土或钢筋混凝土板拱时,也可采用钢筋混凝土护壁式侧墙。这时侧墙可以和主拱圈整体浇筑在一起,侧墙内应按计算配置竖向受力钢筋,并伸入主拱圈内一定长度（锚固长度）。当拱腹填料采用砌筑式时，可不设侧墙，但需将外露表面用砂浆饰面或镶面。

侧墙一般要求承受拱腹填料的侧向压力和车辆荷载作用下的附加侧向压力，需按挡土墙设计。对于浆砌块、片石侧墙，墙顶厚度通常取 500~700mm，向下逐渐增厚，侧墙与主拱拱背相交处的厚度可取该处侧墙高度的 0.4 倍。

（3）护拱

护拱常用浆砌块、片石砌筑，设于拱脚处，以加强拱脚段的主拱圈。在多孔拱桥中护拱还方便了防水层和泄水管的设置。

2. 空腹式拱上建筑

空腹式拱上建筑由多孔腹孔结构和桥面系两部分组成。多孔腹孔结构可采用拱式腹孔或梁式腹孔，分别见图 19-17（a）、（b）所示。因此，空腹式拱上建筑又有拱式和梁式两种形式。

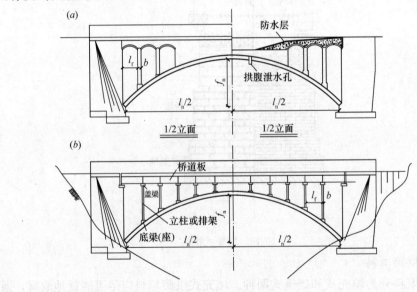

图 19-17　空腹式拱桥

（a）拱式腹孔；（b）梁式腹孔

（1）拱式拱上建筑

拱式拱上建筑构造简单，外形美观，但自重较大，对地基条件要求也高，故一般用于圬工拱桥中。

1）拱式腹孔

拱式腹孔应对称布置在主拱圈上建筑高度所允许的自拱脚到拱顶的一定范围内，一般每半跨的腹孔长度不宜超过主拱跨径的 1/4~1/3。腹孔跨数应随主拱跨径的不同而不同，对于中小跨径的拱桥，一般以 3~6 孔为宜。目前也有采用全空腹式的，即在全拱长度上用拱式腹孔（也称腹拱）连续跨越，不设跨中实腹段。

腹拱跨径应合理确定。腹拱跨径过大，虽能减轻拱上建筑自重，但腹孔墩处集中力也大，对主拱圈受力不利；腹拱跨径过小，减轻拱上建筑自重不多，构造也较复杂。对于中小跨径拱桥，腹拱跨径一般采用 2.5～5.5m 为宜。对于大跨径拱桥则控制在主拱跨径的 1/15～1/8 之间，其比值随主拱跨径的增大而减小。腹拱宜做成等跨，构造宜统一，以便于施工并有利于腹孔墩的受力。

腹拱圈一般采用板拱式，石拱桥采用石砌腹拱圈，混凝土拱桥多采用混凝土腹拱圈。矢跨比常用 1/5～1/2，腹拱圈也可采用矢跨比为 1/12～1/10 的微弯板或扁壳结构。腹拱圈的拱轴线大多采用圆弧线以方便设计与施工。

当腹拱跨径小于等于 4m 时，石板拱腹拱圈的厚度为 300mm，混凝土板拱为 150mm（钢筋混凝土板拱厚度可更薄），微弯板为 140mm（其中预制厚度60mm、现浇 80mm）。当腹拱跨径大于 4m 时，腹拱圈厚度可按板拱厚度经验公式计算或参考已成桥资料确定。

2）腹孔墩

腹孔墩由底梁、墩身和墩帽组成。腹孔墩可采用横墙式或排架式。横墙式腹孔墩采用墙式实体墩身，施工简便，节省钢材，但自重较大，常使用在地基条件较好及河流中有漂浮物时。横墙通常用圬工材料砌筑或由混凝土现浇而成。为了节省材料、减轻自重、并便于人员在拱上建筑上通行，可沿墙横向设置一个或几个孔，如图 19-18（a）所示。横墙的厚度，当为浆砌块、片石横墙时，不宜小于 800mm，现浇混凝土横墙时，一般应大于腹拱圈的厚度。

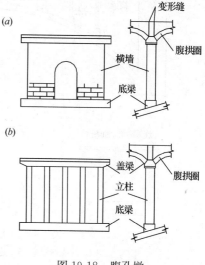

图 19-18 腹孔墩
(a) 横墙式；(b) 排架式

底梁能将横墙传下来的压力较均匀地分布到主拱圈全宽上。其每边尺寸应较横墙宽 50mm，底梁高度则以使较矮一侧为 50～100mm 为原则来确定。底梁通常采用素混凝土结构。墩帽宽度宜大于横墙宽 50mm，也采用素混凝土。

排架式腹孔墩采用立柱式墩身，墩帽采用倒角矩形截面的钢筋混凝土盖梁，如图 19-18（b）所示。常用于混凝土和钢筋混凝土拱桥中。排架一般由 2根或多根钢筋混凝土立柱组成，立柱较高时各柱间应设置横系梁以确保立柱的稳定，上、下横系梁的间距不宜大于 6m。立柱下部设置贯通主拱圈全宽的底梁，其高度不宜小于立柱间净距的 1/5。立柱、盖梁为钢筋混凝土结构按计算要求配筋，底梁则按构造要求配筋，并设置足够的埋入填缝（属主拱圈）混凝土内的锚固钢筋。

立柱沿桥纵向的厚度，一般为 250～400mm，沿桥横向的厚度常取大于纵向厚度，一般为 500～900mm。对于高度超过 10m 的立柱，其尺寸应由在拱平面内的纵向挠曲计算确定。立柱可采用现浇、也可预制安装，这时须注意立柱与盖梁以及立柱与底梁的连接接头，一般可采用接头钢筋焊接，再现浇混凝土包住，或在接头处预埋钢板，焊接装配以加快施工速度。立柱与盖梁的接头，可在预制盖梁时，在相应位置留出空洞，待立柱预留钢筋插入洞内后，用高强度砂浆封死。盖梁一般整根预制。

（2）梁式拱上建筑

采用梁式拱上建筑，既使拱桥造型轻巧美观，又能减轻拱上建筑的自重和对地基的压力，能获得更好的经济效果。因此，大跨径钢筋混凝土拱桥一般都采用梁式拱上建筑。梁式腹孔结构有简支的、连续的和连续框架式等多种形式，如图19-19 所示。

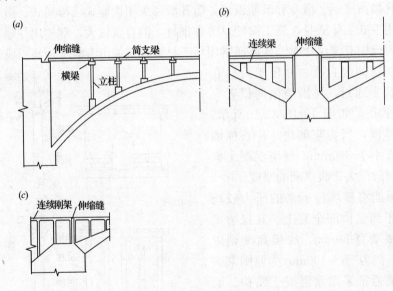

图 19-19　梁式腹孔
(a) 简支腹孔；(b) 连续腹孔；(c) 连续框架腹孔

1) 简支腹孔

简支腹孔由底梁（或称底座）、立柱、盖梁和纵向简支桥道板（或梁）组成（图 19-19a）。简支腹孔的体系简单，拱上建筑基本上不参与主拱圈受力，故受力明确，是大跨径拱桥采用梁式拱上建筑时的主要形式。

简支腹孔布置的范围与拱式腹孔相同，当主拱圈为板拱时，简支腹孔对称布置在每半跨自拱脚至拱顶的（1/4～1/3）L 内（L 为主拱跨径）。拱顶段部分为实腹段，其构造与实腹式拱桥相同。腹孔墩采用排架式，立柱常用现浇或预制矩形截面的钢筋混凝土结构，当立柱过高时应在柱间设置横系梁，以满足压屈稳定要求。当立柱截面过大时也可采用空心立柱的形式。立柱下端设底梁以分布立柱的压力。桥道板（或梁）纵向简支在腹孔墩上，其构造形式由腹孔跨径确定。当腹孔跨径在 10m 以下时，常用钢筋混凝土实心板或空心板，当腹孔跨径在 10～20m 之间时，常采用预应力混凝土空心板；当跨径大于 20m 时，一般采用预应力混凝土 T 形截面梁。

拱顶设有实腹段的梁式腹孔，由于拱顶段上面（拱背）全被覆盖，而主拱圈下面（拱腹）裸露，温度变化等因素将对主拱圈受力不利。因此，大跨径拱桥的梁式拱上建筑常取消拱顶实腹段，采用全空腹式拱上建筑，这是对板拱桥而言的。对于肋拱桥，则必须采用全空腹式的拱上建筑。因为拱顶截面受力大，故一般拱顶不设立柱，致使腹孔数为奇数。通常先确定两拱脚处的立柱位置，然后将两立柱的间距除以某个奇数，就可确定腹孔跨径及各腹孔墩（立柱）的位置。若得出的腹孔跨径不恰当，可调整孔数直至腹孔跨径合理，必要时也可采用偶数腹孔。

2）连续腹孔

连续腹孔由拱上立柱、连续纵梁、实腹段垫墙及横向桥面板（梁）组成，如图 19-19（b）所示。这种形式主要用于肋拱桥。其腹孔跨径的确定与简支腹孔相似。垫墙位于拱肋中部，拱顶处高度一般为 100～150mm，向两边随拱轴变化逐渐增高至腹孔处，垫墙宽度与立柱及纵梁相同。立柱和连续纵梁通常采用装配式钢筋混凝土结构。连续纵梁在支承处（即立柱顶、桥台及垫墙尾端）一般仅设 10mm 厚的油毛毡作为支座，但当腹孔跨径在 10m 以上时则需设置专门的支座。横铺桥道板（梁）应根据肋拱的肋距及受力大小选择不同的形式，原则上同简支腹孔部分，但需按带悬臂的简支板（双肋式）或带悬臂连续板（多肋式）设计。连续腹孔形式使桥面板沿桥宽方向布置（称横铺桥面板），这样拱顶处只有板厚加上桥面铺装厚，使桥梁的建筑高度很小，因此适用于建筑高度受到限制的拱桥。

3）连续框架腹孔

如果把连续纵梁与立柱刚性连接就形成连续框架腹孔，如图 19-19（c）所示。连续框架腹孔在横桥向应根据需要设置多片，每片间通过系梁形成整体。

19.2.3 拱桥的其他构造

1. 拱顶填料、桥面铺装及人行道

（1）拱顶填料

对于实腹式拱桥和采用拱式腹孔的空腹式拱桥，在主拱圈及腹拱圈的拱顶截面上缘以上还要设置一层填料，称为拱顶填料，在它上面再做桥面铺装，其构造

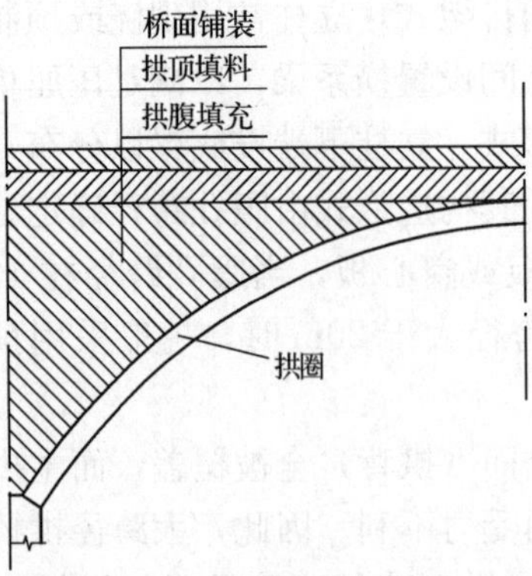

图 19-20　拱顶填料示意图

如图 19-20 所示。

拱顶填料一方面扩大了车辆荷载的作用面积，同时还可减小车辆荷载对主拱圈的冲击作用。《公路桥规》JTG D60—2015 规定，**当拱顶填料厚度（包括桥面铺装厚度）等于或大于 500mm 时，设计计算时可不考虑汽车荷载冲击力。**在地基条件很差的情况下，为进一步减轻拱上建筑自重，可减小拱顶填料厚度，甚至不设拱顶填料，直接在拱顶截面上缘以上铺筑混凝土桥面，但注意在行车道边缘的桥面铺装厚度不能小于 80mm，并在混凝土铺装内设置钢筋网以分布车轮压力。不设拱顶填料的主拱圈，在设计计算时应计入汽车荷载的冲击力。

（2）桥面铺装

拱桥的桥面铺装应根据拱桥所在的公路等级、使用要求、交通量大小及桥型等条件综合考虑确定。实腹式拱桥或采用拱式腹孔的空腹式拱桥可采用沥青混凝土或设有钢筋网的混凝土桥面铺装，而采用梁式腹孔的空腹式拱桥，其桥面铺装的选择可与梁桥相同。为便于排水，桥面铺装应设置 $1.5\% \sim 2.0\%$ 的横坡。

（3）人行道

公路及城市道路上的拱桥应按需要设置人行道。对于主拱圈为板拱的实腹式拱桥，当设置人行道时，通常将人行道栏杆悬出，如图 19-21（a）所示；当不设人行道时，则应设防撞护栏并悬出 $50 \sim 100$mm。对于多孔或大跨径实腹式拱桥，可将人行道部分或全部布置在钢筋混凝土悬臂上。钢筋混凝土人行道悬臂有两种形式，一种是设置单独的悬臂构件，如图 19-21（b）、（c）所示；另一种是采用横贯全桥宽的横挑梁，在横挑梁上安装钢筋混凝土人行道板，如图 19-21（d）所示。空腹式拱桥采用梁式腹孔时，一般通过拱上立柱盖梁将人行道或部分车行道悬臂挑出，如图 19-21（e）、（f）所示。空腹式拱桥采用拱式腹孔时，人行道的设置方法同实腹式拱桥。

2. 拱上建筑的伸缩缝和变形缝

普通的上承式拱桥，主拱圈是主要承重结构，拱上建筑不参与主拱圈受力，主要起传递荷载的作用，但由于构造上是连在一起的，因此拱上建筑和主拱圈存在着不同程度的联合作用，为了使主拱圈和拱上建筑的实际受力情况与设计计算时的计算图式相符合，避免拱上建筑开裂，保证桥梁的安全使用，除了在设计计算时作充分的考虑外，还必须采取必要的构造措施，即在拱上建筑上设置伸缩缝和变形缝。

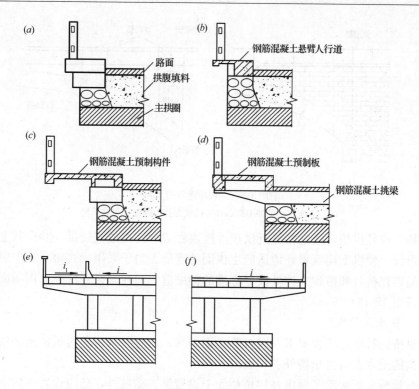

图 19-21　拱桥人行道设置方式示意图

（a）人行道栏杆悬出；（b）、（c）钢筋混凝土人行道悬出；（d）横挑梁悬出；（e）、（f）盖梁悬出

在荷载作用、温度变化和材料收缩等因素影响下，主拱圈因伸缩将上升或下降，拱上建筑将随之变形。由变形分析知道，除采用简支腹孔的拱桥拱上建筑可适应主拱圈的变形外，其余形式的拱上建筑都会因主拱圈变形而产生局部变形，当拱上建筑与桥墩、台整体相连时，因其受桥墩、台的约束而不能自由变形，就会在拱上建筑中产生过大的拉应力而开裂。为了避免开裂，须将拱上建筑与桥墩、台设缝分开，即在变形较大处设伸缩缝，其他变形较小处设变形缝。

伸缩缝缝宽 20～30mm，缝内填以锯木屑与沥青按 1∶1 重量比制成的预制板，在施工时嵌入，并在伸缩缝上缘设置能活动但不透水的覆盖层。也可用沥青砂等其他材料填塞伸缩缝。

变形缝不留缝宽。可用干砌或用油毛毡隔开，也可用低强度等级砂浆砌筑。

伸缩缝和变形缝通常做成直线形（图 19-22），以使构造简单，施工方便。

对于小跨径实腹式拱桥，伸缩缝通常仅设在两拱脚上方，并在横桥向贯通全桥宽（包括行车道、人行道、栏杆、侧墙等），见图 19-22（a）。对于采用拱式腹孔的空腹式拱桥，通常将紧靠桥墩、台的第一个腹拱做成三铰拱，并在紧靠桥墩、台的拱铰上方设置伸缩缝，在其余两拱铰上方设置变形缝，见图 19-22（b）。

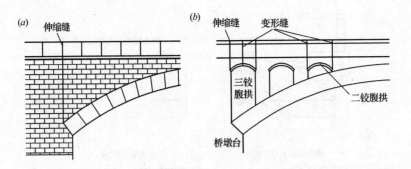

图 19-22　伸缩缝与变形缝

(a) 实腹式拱的伸缩缝；(b) 拱式腹孔的伸缩缝与变形缝

对于特大跨径拱桥，还应将靠近拱顶的腹拱做成两铰拱或三铰拱，并在其上方设置变形缝，使拱上建筑更好地适应主拱圈的变形。对于采用梁式腹孔的空腹式拱桥，通常在桥台和墩顶立柱处设置标准的伸缩缝，而在其余立柱处采用桥面连续构造（图 19-19）。

3. 排水及防水层

拱桥的排水，不仅要求及时排除桥面雨水，而且要求将透过桥面铺装渗入到拱腹内的雨水及时排出桥外。

排除桥面雨水除了要求在拱桥桥面上设置纵、横坡外，还应设置一定数量的泄水管，其构造见图 19-23，泄水管的平面布置与梁桥相同。

渗入到拱腹内的雨水应由防水层汇集到预埋在拱腹内的泄水管排出，防水层和泄水管的敷设方式，与上部结构的形式有关。实腹式拱桥的防水层应沿拱背护

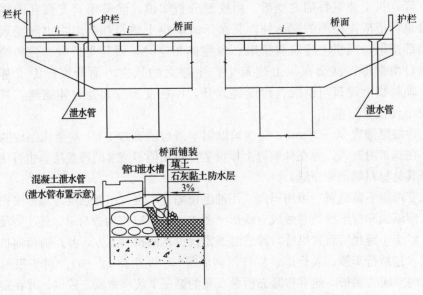

图 19-23　桥面雨水的排除

拱、侧墙铺设。若为单孔可不设泄水管，积水可沿防水层直接流入桥台后面的盲沟，沿盲沟横向排出路堤，见图 19-16；若是多孔拱桥，可在 1/4 跨径处设泄水管，见图 19-24（a）；对于设有拱顶实腹段的拱式腹孔的空腹式拱桥，防水层及泄水管布置见图 19-24（b）。全空腹的拱式腹孔的空腹式拱桥，其防水层及泄水管的设置可参照多孔实腹式拱桥。对于跨线桥、城市拱桥和其他特殊拱桥应设置全封闭式的排水系统。

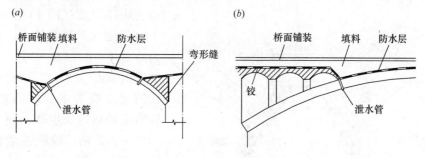

图 19-24　拱腹水的排除设施
（a）多孔拱桥排水设置示意；（b）设有拱顶实腹段拱桥排水设置示意

拱桥的泄水管可采用铸铁管、混凝土管或塑料管。泄水管的直径不宜小于 150mm，在严寒地区及雨水丰富的地区需适当加大。泄水管应伸出结构表面 50～100mm，以免雨水顺着结构物的表面流淌。为便于泄水，泄水管应尽可能采用直管，并减少管节的长度。

防水层在全桥范围内不宜断开，在通过伸缩缝或变形缝处应妥善处理，使它既能防水又能适应变形。

拱桥的防水层有粘贴式与涂抹式两种。粘贴式防水层由 2～3 层油毛毡与沥青胶交替贴铺而成，防水效果较好，但费工费时，造价也高。涂抹式防水层则采用沥青涂抹，施工简单，造价低，但防水效果差，适用于雨水较少的地区。当防水要求较低时，可就地取材，选用石灰三合土、石灰黏土砂浆、黏土胶泥等代替粘贴式防水层。

4. 拱铰

拱铰有永久性拱铰和临时性拱铰两种。当拱桥的主拱圈按两铰拱或三铰拱设计时，以及空腹式拱桥的腹拱按构造要求采用两铰拱或三铰拱时，需设置永久性拱铰。临时性铰是在施工过程中，为消除或减小主拱圈的部分附加内力，或为了对主拱圈内力作适当调整时才在拱脚或拱顶设置的。

永久性拱铰必须满足设计要求，并能保证长期正常使用，因此，对永久性拱铰要求较高，构造较复杂，造价较高，且需经常维护。而临时性拱铰是施工中暂时设置的，在施工结束时将其封固，所以构造较简单，但必须可靠。

拱铰形式的选择，应按照其所处的位置、作用、受力大小和所使用的材料等

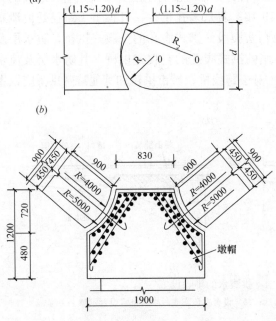

图 19-25 弧形铰 (尺寸单位: mm)

(a) 弧形铰; (b) 铰的构造尺寸

条件综合考虑,常用的拱铰有以下几种:

(1) 弧形铰

弧形铰可由钢筋混凝土、素混凝土或石料等材料做成。它由两个具有不同半径弧形表面的块件组成 (图 19-25),一个为凹面 (半径为 R_2),一个为凸面 (半径为 R_1)。R_2 与 R_1 的比值常在 1.2~1.5 范围内。铰的宽度应等于构件的宽度,铰沿拱轴线的长度取为拱厚的 1.15~1.2 倍。铰的接触面应精加工,以保证紧密结合。弧形铰由于构造复杂,加工铰面既费工又难以保证质量,故主要用作主拱圈的永久性拱铰。在转体施工的拱桥中,在拱脚处设置的临时拱铰,鉴于它是桥体施工的关键,故也采用弧形铰。图 19-25 (b) 为净跨 30m 的两铰双曲拱桥的拱铰构造图。

(2) 铅垫板铰

铅垫板铰由厚度为 15~20mm 的铅垫板,外面包厚 10~20mm 锌、铜薄片构成,见图 19-26。铅垫板宽度为主拱圈高度的 1/4~1/3,在主拱圈宽度上分段设置。铅垫板铰主要用于中小跨径的板拱或肋拱中,可作永久性拱铰,也可作临时拱铰用。

铅垫板铰是利用铅的塑性变形使支承面能自由转动来完成铰的功能的。为了使主拱压力对正铰中心,并能承受剪力,应设置穿过铅垫板中心且不妨碍拱铰转

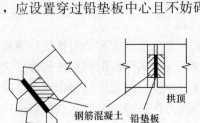

图 19-26 铅垫板铰

动的锚筋。为提高局部承压能力，应在墩台帽以及邻近铰的拱段内设置螺旋钢筋或钢筋网加强。直接贴近铅垫板铰的主拱圈混凝土强度等级应不低于 C25。在计算铅垫板铰时，假定其压力沿铅垫板全宽均匀分布。

（3）平铰

空腹式拱桥的腹拱圈，由于跨径小，可以采用构造简单的平铰，如图 19-27 所示。平铰就是两构件的端部是平面相接的铰。接缝处可铺一层低强度等级的砂浆，也可垫衬油毛毡或直接干砌。

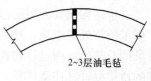

2~3层油毛毡

图 19-27　平铰

（4）不完全铰

对于小跨径或轻型的拱圈以及空腹式拱桥的腹孔墩柱铰，目前常用不完全铰，它属于永久性拱铰。图 19-28（a）为小跨主拱圈的不完全铰，由于铰处拱圈截面急剧地减小，保证了该截面的转动功能而起到铰的作用。在施工时拱圈不断开，方便了整体预制吊装，而使用中又能起铰的作用，这是不完全铰的突出优点。由于拱铰处截面突然变小，应力很大，容易开裂，故该处必须配置斜钢筋。斜钢筋应根据总的纵向力和剪力由计算确定。图 19-28（b）和（c）为腹孔墩柱的不完全铰。

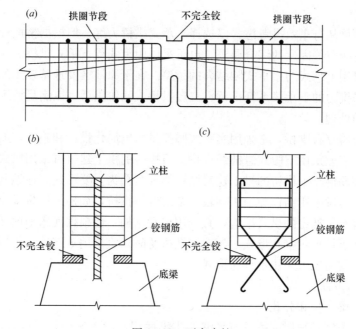

图 19-28　不完全铰
（a）主拱圈不完全铰；（b）、（c）腹孔墩柱不完全铰

（5）钢铰

钢铰除用于大跨径有铰钢拱桥作为永久性拱铰外，大多用作施工过程中的临时铰。当采用劲性骨架施工钢筋混凝土拱桥时，在钢骨架吊装过程中拱脚处常采

用钢铰形式，钢铰通常做成带有圆柱形销轴（或不设销轴）的理想铰形式。

19.2.4 拱 桥 设 计

拱桥结构设计方案的选择是在选定了桥位，并进行了必要的水力水文计算和掌握了桥位处的地质、地形等资料后进行的。设计方案是否合理，不仅直接影响桥梁的总造价，而且还对桥梁建成后的使用、维护、管理等带来直接影响。一个好的桥梁设计往往就体现在有一个合理的结构设计方案上。拱桥的结构设计应按适用、经济、安全和美观的原则进行。

1. 桥型选择

拱桥形式多种多样，同一个桥址也可采用不同的桥型，应根据桥梁的使用任务和性质、将来的发展情况、桥址所处位置、当地建筑材料、设计施工的技术和工艺及工程投资等因素综合考虑确定桥型。

对于跨径在 100m 以内的山区公路桥梁，若桥址附近地区具有丰富的石料资源时，一般以选石拱桥（板拱或肋拱）为宜，以便于地方施工，降低投资。对于跨径大于 80～100m 的跨河桥，如无法搭设支架施工时，一般采用钢筋混凝土箱板拱或箱肋拱。箱板拱具有设计施工经验成熟、构造简单等优点，但材料用量较箱肋拱大。

公路桥梁从行车效果考虑，以选择上承式拱桥为好，但根据桥面标高、桥梁跨径和桥下净空等因素的综合要求，也可采用中承式或下承式拱桥。对于多跨拱桥还可以采用上承式与中承式相结合的桥型。在平原地区及地基较差的地方，常采用无水平推力的下承式系杆拱桥、三铰拱桥或两铰拱桥，以满足桥下净空要求和简化基础处理。

对于小跨径石拱桥，常采用实腹式圆弧拱桥以简化设计和施工，而对于大中跨径拱桥，一般采用空腹式悬链线拱桥。石拱桥的拱上建筑可采用拱式腹孔，而混凝土或钢筋混凝土拱桥的拱上建筑则以梁式腹孔为主要形式。在地基承载能力较弱时，可考虑采用结构与施工均较复杂的轻型拱桥，如桁架拱桥或刚架拱桥。

对具有水平推力的拱式结构，宜选用单孔结构，但根据河床断面及经济合理性的要求，也可采用多孔形式。建造多孔拱桥时，宜采用等跨连续拱以简化桥墩的处理，必要时也可采用不等跨形式。

2. 总体布置

（1）桥梁全长和分孔

桥梁的长度必须保证桥下有足够的排洪面积，以能安全宣泄设计洪水流量，并使河床不致遭受过大的冲刷。同时应根据河床允许冲刷的程度，适当缩短桥梁长度以节省工程投资。具体设计时应通过水力水文计算和技术经济等方面的综合比较以确定两岸桥台台口之间的总长度，然后在纵、横、平三个方向综合考虑桥梁与两头路线的连接，地质地基条件及桥台的施工等因素，确定桥台的位置、形式及尺寸，桥梁的全长也就确定了。

桥梁全长确定后，再根据桥位处的地形、地质等情况，并根据选用的拱桥体系和结构形式及施工条件，确定选择单孔拱桥还是多孔拱桥。若采用多孔拱桥，则需进行分孔。

如何分孔是拱桥结构设计方案中一个比较重要的问题。对于通航河流在确定孔数和跨径时，应分为通航孔和非通航孔分别考虑。通航孔的跨径和通航净空高度应满足航道等级规定的要求（表16-2），并与航道部门协商共同确定。通航孔应设在常水位时河床最深处或航行最方便的河域。对于航道可能变迁的河流，必须设置几个通航孔，以保证在水流位置变化后也能满足通航要求。非通航孔或非通航河流可按经济原则分孔，以使桥梁上、下部结构的总造价最低。同时应保证各孔净跨径之和满足设计洪水流量安全通过的要求。

在布置桥孔时，有时为了避开不利的地质段（如软土层、溶洞、岩石破碎带等）或深水区而加大跨径。在水下基础复杂、施工困难时，为减少基础工程量，也可考虑采用较大的分孔跨径。对于跨越高山峡谷、水流湍急的河道或宽阔水库的拱桥，建造单孔大跨径拱桥比建造多孔小跨径连续拱桥更经济合理些，但需在条件许可并通过技术经济比较后采用。

分孔时还应考虑施工的方便，通常全桥宜采用等跨或分组等跨的分孔方案，并尽可能采用标准跨径以便于施工和修复，又能改善下部结构的受力及节省材料。分孔时还需考虑全桥的造型和美观，有时它还可能成为一个主要因素予以考虑。

总之，多孔拱桥的分孔是一个复杂而又重要的问题，必须通过以上诸多因素的综合考虑和技术经济等方面的分析比较，才能得到较完美的分孔方案。

（2）确定拱桥的设计标高和矢跨比

拱桥的设计标高有四个，即桥面标高、拱桥底面标高、起拱线标高和基础底面标高（图19-29）。合理地确定这几个标高是拱桥结构设计方案的又一个重要问题。

拱桥的桥面标高一方面要考虑两岸线路的纵断面设计要求，另外还要保证桥

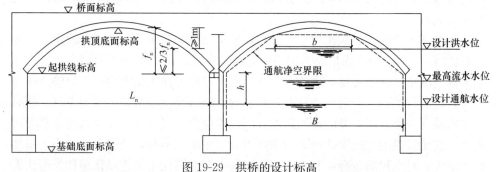

图 19-29 拱桥的设计标高

下净空能满足泄洪和通航的要求。桥面标高反映了建桥的高度，相同纵坡条件下，桥高会使两岸接线工程量显著增加，桥梁总造价提高，特别是在平原地区。而桥面标高也不能定低了，否则会影响正常通航和安全宣泄洪水，造成不可弥补的缺陷。故应综合考虑有关因素合理确定桥面标高。一般来说，山区河流上的拱桥，由于两岸公路路线的位置较高，桥面标高常由两岸线路的纵断面设计控制。跨越平原区河流的拱桥，桥面的最低标高一般由桥下通航及排洪要求控制。对于无铰拱桥，拱脚可以设在设计洪水位以下，但淹没深度不得超过净矢高的 2/3，并且在任何情况下，拱顶底面都应高出设计洪水位 1.0m。

对于有淤积的河床，桥下净空要求适当加高，桥面标高将相应抬高。对于在河流中有形成流水阻塞的危险或有漂流物通过时，桥下净空应按当地具体情况确定，确定桥面标高时应予注意。

对于通航河流，通航孔的最低桥面标高，除了满足以上要求外，还应满足通航净空高度的要求（表 16-2）。设计通航水位一般按一定的设计洪水频率（1/25）进行计算，并与航道部门具体协商确定。

桥面标高确定后，由桥面标高减去拱顶处的建筑高度，就可得到拱顶底面的标高。

拟定起拱线标高时，为减小墩台基础底面的弯矩以节省下部结构的圬工用量，一般宜选择低拱脚的设计方案。但对于有铰拱桥，拱脚需高出设计洪水位至少 0.25m。为防止冰害，不论是无铰拱桥还是有铰拱桥，拱脚均应高出最高流冰水位至少 0.25m。若拱上建筑采用排架式（立柱式）腹孔墩，则宜将起拱线标高提高，使主拱圈不致淹没过多，以防止漂流物对排架立柱的撞击或挂留。有时从美观考虑，不宜就地起拱，应使墩台露出地面以上一定高度。总之，拱桥起拱线标高的确定要综合考虑通航净空、排洪、流冰、拱上建筑形式等条件，并符合《技术标准》JTG B01 和《公路桥规》JTG D62—2004 的有关规定。

基础标高主要根据冲刷深度、地质条件及地基承载能力等因素来确定。

主拱圈的矢跨比，在拱顶和拱脚标高确定后，根据分孔时拟定的跨径就可确定矢跨比。拱桥主拱圈的矢跨比是一个特征数据，它不仅影响主拱圈内力，还影响拱桥施工方法的选择。同时，矢跨比对拱桥的外形能否与周围景观相协调，也有很大关系。

计算结果表明，恒载作用下，拱的水平推力 H_G 与垂直反力 R_G 的比值，随矢跨比（f/L）的减小而增大。即当矢跨比减小时，拱的水平推力增大，反之则水平推力减小。众所周知，拱的水平推力大，相应地在主拱圈内产生的轴向压力也大，这对主拱圈本身的受力状况是有利的，但对墩台和基础的受力不利。同时当主拱圈受力后，因自身的弹性压缩或因温度变化、混凝土收缩及墩台位移等因素都会在无铰拱的主拱圈内产生附加内力，对主拱圈不利，而矢跨比愈小，附加内力愈大，对主拱圈就愈不利。在多孔拱桥中，矢跨比小的连拱作用比矢跨比大的显著，对主拱圈也不利。但是矢跨比小能增加桥下净空，降低桥面纵坡，施工也有利。当主拱圈矢跨比过大时，因拱脚区段过陡会给拱圈的砌筑或混凝土的浇筑带来困难。因此，在设计时矢跨比的大小应经过综合比较进行合理选择。

通常，对于砖、石、素混凝土拱桥和双曲拱桥，矢跨比取 $1/8 \sim 1/4$，不宜小于 $1/8$；箱形拱桥的矢跨比一般为 $1/8 \sim 1/5$。但拱桥的最小矢跨比不宜小于 $1/12$。一般将矢跨比等于或大于 $1/5$ 的拱桥称为陡拱，而矢跨比小于 $1/5$ 的称为坦拱。

（3）不等跨分孔的处理方法

多孔连续拱桥最好采用等跨分孔的方案。当受到地形、地质、通航等条件的限制，或引桥很长，考虑与桥面纵坡协调一致时，或对桥梁的美观有特殊要求时，也可考虑采用不等跨分孔的方案。如某一座跨越水库的拱桥，全桥长 376m，谷底至桥面高达 80 多米。根据地形、地质条件和技术经济比较等综合考虑，采用了跨越深谷的主孔跨径为 116m，两边孔均为 72m 的不等跨分孔方案。

由于恒载作用下，不等跨拱桥相邻孔的水平推力不相等，使桥墩和基础承受由两侧主拱圈传来的水平推力不能平衡。这种不平衡的推力不仅使桥墩和基础的受力极为不利，而且在采用柔性墩的多孔连续拱桥中产生连拱作用，使拱桥的计算和构造趋于复杂。为了减小这个不平衡推力，改善桥墩和基础的受力状态，可以采取下列四项措施：

1）采用不同的矢跨比

利用在跨径一定时，矢跨比与水平推力成反比的关系，在相邻两孔中，大跨径采用较陡的拱（矢跨比较大），小跨径采用较坦的拱（矢跨比较小），以使两相邻孔在恒载作用下的不平衡推力尽可能地减小。

2）采用不同的拱脚标高

由于采用不同的矢跨比，使两相邻孔的拱脚标高不在同一水平线上。因大跨径的矢跨比大，拱脚降低，减小了拱脚水平推力对基底的力臂，使大跨与小跨的恒载水平推力对基底产生的弯矩得到平衡，见图 19-30。

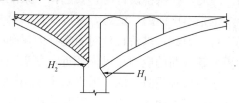

图 19-30　采用不同的拱脚标高

3）调整拱上建筑的重力

在相邻两孔中，大跨采用轻质的拱上填料或空腹式拱上建筑，而小跨采用重质的拱上填料或实腹式拱上建筑，即用增加小跨一孔拱桥的恒载来增大其拱脚的恒载水平推力，使恒载下相邻孔的水平推力得以平衡。

4）采用不同类型的拱跨结构

通常小跨径孔采用板拱结构，大跨径孔采用分离式肋拱结构，以减轻大跨径拱的恒载，从而减小恒载水平推力。有时，为了进一步减小大跨径拱的恒载水平推力，可加大大跨径拱的矢高，做成中承式肋拱桥形式。

在具体设计时，可采用上述几项措施中的一种或几种，如果仍达不到完全平衡两相邻孔在恒载作用下的水平推力，则可设计成体型不对称的或加大尺寸的桥墩和基础。

3. 拱轴线的选择和确定

拱式结构在竖向荷载作用下，支承处不仅产生竖向反力，还产生水平推力。正是由于水平推力的存在，使拱内的弯矩和剪力大大减小，并使主拱圈主要承受压力。拱轴线的线型不仅直接影响主拱圈截面的内力分布与大小（即主拱的承载能力），而且与结构的耐久性、经济合理性和施工安全性等密切相关。

选择拱轴线的原则，就是要尽可能地降低由于荷载产生的弯矩值。最理想的拱轴线是使其与拱上各种荷载作用下的压力线相吻合，这时**主拱圈截面内只有轴向压力，而无弯矩和剪力**，于是截面上的应力是均匀分布的，就能充分利用材料的强度和圬工材料良好的抗压性能，**这样的拱轴线称为合理拱轴线**。事实上，合理拱轴线是不可能获得的。因为主拱圈除承受恒载作用外，还承受活载、温度变化和材料收缩等因素的作用，当取拱轴线与恒载的压力线吻合时，在活载或其他因素作用下就不吻合了。同时相应于活载的各种不同布置，压力线也各不相同。但由于公路拱桥中恒载所占比例大，一般采用恒载的压力线作为设计拱轴线，基本上是适宜的，恒载所占的比例愈大，这种选择就愈合理。对于活载较大的铁路混凝土拱桥，则可考虑采用恒载加一半活载（全桥均布）作用的压力线作为设计拱轴线。但是，即使只有恒载作用，超静定拱桥的主拱圈本身的轴线还将因材料的弹性压缩而变形，致使主拱圈的实际压力线与原来设计所采用的拱轴线发生偏离。因此，在拱桥设计时，要选择一条能够在恒载作用下截面弯矩处处为零的拱轴线也是不可能的。此外，温度变化、材料收缩等影响会使拱轴线变化而产生一定弯矩。因此，拱桥设计时所选择的拱轴线只能要求尽可能地减小主拱圈截面的弯矩，各截面的应力尽可能相近，尽量减小截面拉应力甚至不出现拉应力。

选择拱轴线时，除了考虑对主拱圈受力有利以外，还应考虑计算简便、线型美观与施工方便等因素。尤其是采用无支架施工的拱桥，拱轴线的选择还应考虑能满足各施工阶段的要求，并尽可能少用或不用临时性的施工措施等。

目前，拱桥常用的拱轴线线型有以下几种：

(1) 圆弧形拱轴线

如图 19-31 (a) 所示，圆弧形拱轴线线型简单，全拱曲率相同，施工放样方便。其拱轴方程为：

$$\left.\begin{array}{r}x^2 + y_1^2 - 2Ry_1 = 0 \\ x = R\sin \varphi \\ y_1 = R(1 - \cos \varphi) \\ R = \dfrac{l}{2}\left(\dfrac{1}{4f/l} + \dfrac{f}{l}\right)\end{array}\right\} \qquad (19\text{-}2)$$

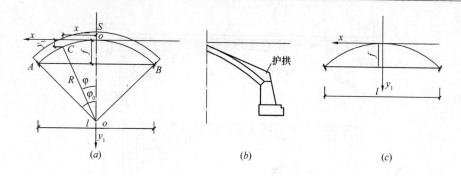

图 19-31　拱轴线

（a）圆弧形拱轴线；（b）拱脚护拱设置；（c）抛物线拱轴线

当计算矢高 f 和计算跨径 l 已知时，根据上述公式可计算出各几何量。

圆弧形拱轴线是对应于同一深度静水压力下的压力线，与拱桥的恒载压力线有偏离。当矢跨比较小时，两者偏离不大，随着矢跨比的增大，两者偏离增大，当矢跨比接近 1/2 时，恒载压力线的两端将位于拱脚截面中心以上相当远，工程中常在拱脚处设置护拱，见图 19-31（b），以帮助主拱圈受力。由于圆弧形拱轴线在主拱圈截面上产生较大的弯矩，各截面受力不均匀，因此，常用于 20m 以下的小跨径拱桥中。有些大跨径钢筋混凝土拱桥，为了方便各拱节段的预制拼装，简化施工，也有采用圆弧线作为拱轴线的。如 1961 年在法国建成的某座跨径 125m 的拱桥，采用了等截面圆弧线拱圈。我国也有跨径为 200m 的拱桥采用等截面圆弧形拱轴线的设计方案。

（2）抛物线拱轴线

如图 19-31（c）所示，均布荷载作用下拱的合理拱轴线为二次抛物线。因此，对于恒载分布比较接近均布的拱，例如矢跨比较小的空腹式钢筋混凝土拱桥、钢筋混凝土桁架拱桥、刚架拱桥等，可采用二次抛物线作为设计拱轴线，其拱轴线方程为：

$$y_1 = \frac{4f}{l^2}x^2 \tag{19-3}$$

在某些大跨径拱桥中，为了使拱轴线尽量与恒载压力线相吻合，常采用高次抛物线作为拱轴线。如前南斯拉夫的 KRK 桥（跨径为 390m）采用的拱轴线为三次抛物线，我国某跨径为 107m 的双曲拱桥采用了六次抛物线作为设计拱轴线。

（3）悬链线拱轴线

实腹式拱桥的恒载集度（单位长度上的恒载）是由拱顶向拱脚连续分布且逐渐增大的，如图 19-32（b）所示，其恒载压力线是一条悬链线。因此，实腹式拱采用悬链线作为拱轴线，在恒载作用下，当不计主拱圈由于恒载弹性压缩产生的影响时，主拱圈将只承受轴向压力而无弯矩，即不计弹性压缩影响时实腹拱的合理拱轴线为悬链线。一般情况下，实腹式拱桥宜选择悬链线作为设计拱轴线。

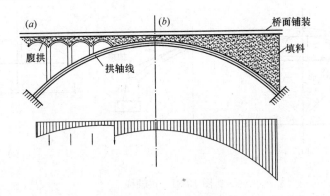

图 19-32 悬链线拱桥
(a) 空腹拱；(b) 实腹拱

空腹式拱桥的恒载从拱顶到拱脚不再是连续分布，如图 19-32（a）所示，其空腹部分的荷载由两部分组成，即拱圈自重的分布荷载和拱上立柱（或横墙）传来的集中荷载。其相应的恒载压力线不再是一条光滑的曲线，而是一条在腹孔墩处有转折的多段曲线。它可以用数值解法或作图法来确定，但难于用连续函数来表达。也可采用与此恒载压力线相逼近的连续曲线作为拱轴线。但这些曲线的计算麻烦，目前，空腹式拱桥最普遍采用的拱轴线还是悬链线，仅需使拱轴线在拱顶、1/4 点和拱脚五个点与恒载压力线相重合（称为"五点重合法"）即可。这样就可利用现成的完整悬链线拱计算用表来计算主拱圈的各项内力，简化了设计计算。同时空腹式拱桥采用悬链线作为拱轴线，虽然与恒载压力线存在一定的偏离，但计算表明，这种偏离对主拱圈控制截面的受力是有利的。因此，悬链线是目前大、中跨径拱桥采用得最普遍的拱轴线线形。

4. 主拱圈截面变化规律和截面尺寸的拟定

（1）主拱圈截面变化规律

主拱圈截面沿拱轴线可以做成等截面的或变截面的两种形式。等截面拱就是主拱圈任一法向截面的横截面形状和尺寸都是相同的。而变截面拱的主拱圈法向截面，从拱顶到拱脚是逐渐变化的。主拱圈横截面沿跨径的变化规律应能适应主拱圈内力变化的情况，并有利于充分发挥主拱圈每个截面的材料强度。同时，截面变化的形式还应考虑使其构造简单，便于设计与施工。

在荷载作用下主拱圈是一个偏心受压构件，其截面上的弹性应力为：

$$\sigma = \frac{N}{A} \pm \frac{My}{I} \tag{19-4}$$

等式右边第一项为轴向压力 N 产生的正应力。通常，主拱圈内的轴向压力 N 自拱顶向拱脚逐渐增大，因此，若将主拱圈截面积 A 从拱顶向拱脚逐渐增大，如图 19-33（a）、（b）所示，则可使轴向压力产生的正应力沿拱轴方向保持不变。

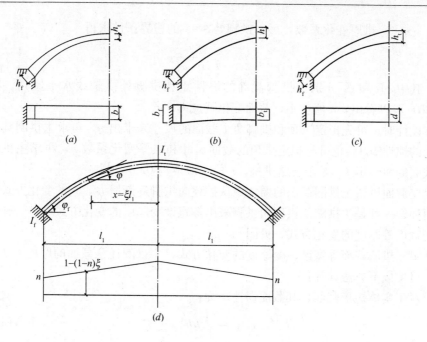

图 19-33 变截面拱

(a) 自拱顶向拱脚拱厚增加；(b) 自拱顶向拱脚拱宽增加；

(c) 自拱顶向拱脚拱厚减少（镰刀形）；(d) 变截面拱的截面变化规律

式（19-4）中等式右边第二项为拱内弯矩 M 产生的正应力，而拱内弯矩沿跨长方向的变化较复杂，它不仅与拱的静力体系有关，而且在很大程度上还取决于拱截面惯性矩 I 的变化规律。对于无铰拱桥，随着主拱圈截面惯性矩 I 的增大，该截面的弯矩 M 也将增大。所以，主拱圈截面的惯性矩由拱顶向拱脚逐渐增大（即主拱圈截面由拱顶向拱脚逐渐加厚或加宽），并不能只有效地减小主拱圈截面内的弯曲压力。但考虑到钢筋混凝土拱桥和圬工拱桥具有很强的抗压能力，而抵抗由弯矩产生的拉应力的能力较弱，所以在考虑主拱圈截面的变化规律时，还是主要考虑截面惯性矩的变化规律。

无铰拱拱肋可以采用从拱顶到拱脚截面惯性矩逐渐增大的截面变化形式，其截面惯性矩 I 的变化规律为（图 19-33d）：

$$\frac{I_\mathrm{t}}{I\cos\varphi} = 1 - (1-n)\xi$$

$$I = \frac{I_\mathrm{t}}{[1-(1-n)\xi]\cos\varphi} \tag{19-5}$$

式中 I——主拱圈任意截面的惯性矩；

$\quad I_\mathrm{t}$——拱顶截面惯性矩；

$\quad \varphi$——主拱圈任意截面的拱轴线水平倾角；

$\quad \xi$——系数（图 19-33）；

n——拱厚变化系数，可由拱脚处 $\xi=1$ 的边界条件求得：

$$n = \frac{I_\mathrm{t}}{I_\mathrm{f}\cos\varphi_\mathrm{f}}$$

其中，I_f 和 φ_f 分别为拱脚截面的惯性矩和拱脚处拱轴线水平倾角。由式 (19-5) 可以看出，n 值愈小，截面变化就愈大。

设计时，可先拟定拱顶和拱脚两个截面的尺寸来求出 n，再求主拱圈其他各截面的惯性矩 I。也可先拟定拱顶的截面尺寸和拱厚变化系数 n，再求主拱圈其他截面的惯性矩 I。对于公路拱桥，n 值一般取为 $0.5\sim0.8$。

变截面拱桥主拱圈截面的惯性矩从拱顶向拱脚逐渐增大，它的变化方式主要有两种，一种是主拱圈从拱顶向拱脚采用等宽度变厚度的变化方式；另一种则采用变宽度等厚度的变化方式，见图 19-33。

对于拱肋截面等宽度、变厚度的变化方式，主拱圈任意截面的厚度 h（即高度）可按以下方法计算：

对于实体矩形截面，其截面惯性矩为：

$$I = \frac{1}{12}bh^3 \tag{19-6}$$

将公式 (19-6) 代入式 (19-5) 得截面高度 h 为：

$$h = \frac{h_\mathrm{t}}{C\sqrt[3]{\cos\varphi}} \tag{19-7}$$

式中 $C = \sqrt[3]{[1-(1-n)\xi]}$，符号意义见式 (19-5)。

对于如图 19-34 所示的工字形和箱形截面，截面惯性矩可表示为：

$$I = \frac{1}{12}(1-\alpha\beta^3)bh^3 \tag{19-8}$$

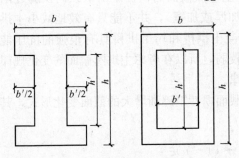

图 19-34　工字形和箱形截面尺寸

式中，α 为截面沿宽度方向的挖空率；β 为截面沿高度方向的挖空率。对于等宽变高度的工字形或箱形截面，当挖空率 α、β 值不变时，式 (19-7) 仍适用。

自拱顶向拱脚主拱圈采用变宽度、等厚度的变化方式，主要用于大跨径拱桥中。它是在截面惯性矩增大不多的情况下增大了截面面积，以此来抵抗自拱顶向拱脚增大的轴向压力。这种截面变化方式能有效地提高主拱圈的横向稳定性，对大跨径肋拱或窄拱圈具有重要意义，但增大了墩台基础的宽度，也就增加了造价，因此，在实际拱桥设计中采用得不多，目前主要应用于中承式拱桥中。

由于变截面拱的构造复杂，施工不便，目前国内外都广泛采用等截面主拱圈的形式。

（2）主拱圈截面主要尺寸的拟定

1）主拱圈宽度的确定

主拱圈宽度主要决定于桥面宽度，并与人行道构造及拱上建筑形式等密切相关。

实腹式板拱桥一般仅将宽约 $150\sim250mm$ 的栏杆布置在帽石的悬出部分上，因此主拱圈的宽度接近于桥面宽度，见图 19-21 （a）。

多孔拱桥及大跨径实腹式拱桥的主拱圈采用板拱时，由于人行道的全部或部分宽度布置在特制的钢筋混凝土悬臂或横挑梁上，使主拱圈宽度减小，主拱圈宽度小于桥面宽度，称其为窄拱圈。

空腹式板拱桥主拱圈宽度随拱上建筑形式的不同而不同。采用拱式腹孔时，拱圈宽度与实腹拱相同，采用梁式腹孔时，主拱圈宽度通常均小于桥面宽度采用窄拱圈形式。

窄拱圈对拱桥上部、下部结构来说都是比较经济的，多孔拱桥或大跨径拱桥（包括板拱、肋拱）一般都采用窄拱圈，但为了保证拱桥的横向稳定性要求，窄拱圈的宽度一般宜不小于跨径的 $1/20$，《公路桥规》JTG D62—2004 规定，当拱圈宽度小于跨径的 $1/20$ 时，必须验算其横向稳定性。

在拟定主拱圈宽度时，桥面悬出的长度要适当，悬臂太长，虽然主拱圈及墩台基础尺寸减小，节省材料，但悬臂构件用料增加，甚至还需采用预应力混凝土悬挑结构。因此，一般桥面悬出主拱圈取 $1.0\sim2.5m$。

箱形拱桥的主拱圈宽度拟定与板拱相同，为了节省材料，一般采用悬挑桥面，减小主拱圈宽度，即采用窄拱圈形式。主拱圈宽度通常取为桥面宽度的 $1.0\sim0.6$ 倍，桥面悬挑最大已达到 $4.0m$。为了保证主拱圈横向稳定性，一般希望主拱圈宽度不小于跨径的 $1/20$，但对于特大跨径拱桥，主拱圈宽度常难以满足该条件，此时，以满足横向稳定性要求来决定主拱圈宽度，如跨径为 $420m$ 的重庆万县长江大桥，主拱圈宽度为 $16m$，与跨径的比值仅为 $1/26.25$，跨径 $390m$ 的 KRK 桥，主拱圈宽度 $13m$，宽跨比仅为 $1/30$。

2）主拱圈厚度（高度）的确定

主拱圈可以采用等厚度或变厚度，其值主要根据拱桥跨径、矢高、结构材料、荷载大小等因素通过试算确定。

对于等厚度的中小跨径石板拱桥的主拱圈厚度，初拟时可按下式估算：

$$h = \beta \cdot K \cdot \sqrt[3]{l_n} \tag{19-9}$$

式中 h——主拱圈厚度（cm）；

l_n——主拱圈净跨径（cm）；

β——系数，一般取 $4.5\sim6.0$，取值随矢跨比的减小而增大；

K——荷载系数，公路 Ⅱ 级时取 1.2，公路 Ⅰ 级时需试算。

对于变厚度的中小跨径石拱桥，其主拱圈拱顶截面的厚度可按下式估算：

$$h_t = \alpha(1 + \sqrt{l_n}) \tag{19-10}$$

式中　h_t——主拱圈拱顶截面厚度（m）；

l_n——主拱圈净跨径（m）；

α——系数，一般取 0.13～0.17，取值随跨径的增大而增大。

对于大跨径石板拱桥及有特殊要求的石板拱桥，其主拱圈厚度的拟定可参照既有桥的设计资料或其他经验公式进行估算。

对于钢筋混凝土板拱桥，初拟主拱圈拱顶截面的厚度 h_t 时一般采用跨径的 1/70～1/60，跨径大时取小值。当采用变厚度拱圈时，其拱脚截面的厚度 h_f 可按公式 $h_f = \dfrac{h_t}{\cos \varphi_f}$ 估算，其中拱脚截面拱轴线水平倾角 φ_f 可近似取相应圆弧拱之值，即 $\varphi_f = 2\tan^{-1}(2f/l)$。对于中小跨径的无铰拱桥，$h_f$ 可取为 $(1.2～1.5)h_t$，其他截面拱圈厚度确定见前。

箱形板拱主拱圈高度主要取决于主拱圈的跨径，与主拱圈所用的混凝土强度也有很大关系，一般需通过试算确定，初拟时可按下列经验公式估算：

$$\left.\begin{array}{l} h = \dfrac{l_n}{100} + \Delta \\[3mm] h = \left(\dfrac{1}{55} \sim \dfrac{1}{75}\right) l_n \end{array}\right\} \tag{19-11}$$

式中　h——主拱圈高度（m）；

l_n——主拱圈净跨径（m）；

Δ——系数，一般取为 0.6～0.8m，取值随跨径大或箱室少时取上限。

部分箱形板拱桥设计资料见表 19-2。

表 19-2

部分箱形板拱桥设计资料

桥　名	净跨径 l_n（m）	桥宽 B（m）	主拱圈宽度 b（m）	主拱圈高度 h（m）	主拱圈宽 b/净跨 l_n	主拱圈高 h/净跨 l_n	b/B
重庆万县长江大桥	420	24	16	7	1/26.25	1/60	0.67
前南斯拉夫 KRK 桥	390	11.4	13	6.5	1/30	1/60	
四川 3007 桥	170	12.5	10.6	2.8	1/16.04	1/60.7	0.85
四川马鸣溪桥	150	10.5	7.4	2	1/20.27	1/75	0.70
四川 3006 桥	146	13.5	10.5	2.5	1/13.90	1/58.4	0.78
重庆武隆乌江桥	135	11	7	1.8	1/19.28	1/75	0.64
广西巴龙桥	134.22	8	6.2	1.8	1/21.65	1/74.6	0.78

续表

桥　名	净跨径 l_n (m)	桥宽 B (m)	主拱圈宽度 b (m)	主拱圈高度 h (m)	主拱圈 宽 b/净跨 l_n	主拱圈 高 h/净跨 l_n	b/B
湖南王浩桥	133	13.5	11.76	1.8	1/11.31	1/73.9	0.87
福建水口桥	132	13.5	10.24	2.2	1/12.89	1/60	0.76
云南长田桥	130	11	10.8	2.3	1/12.04	1/56.5	0.98
广西那桐桥	125	11.5	9.6	1.85	1/13.02	1/67.5	0.83
四川广元 宝珠寺桥	120	11.5	9	1.9	1/13.33	1/63.2	0.78
四川晨光桥	100	21	12.8	1.7	1/7.8	1/58.8	0.61

　　肋拱桥拱肋高度在初拟时可按下述方法估算。当拱肋为矩形截面时，$h = (1/60 \sim 1/40)l_n$，$b = (0.5 \sim 2.0)h$；当拱肋截面为工字形截面时，$h = (1/35 \sim 1/25)l_n$，$b = (0.4 \sim 0.5)h$，$t = (30 \sim 50)\mathrm{cm}$；当拱肋截面为箱形截面时，$h = (1/70 \sim 1/50)l_n$，$b = (1.0 \sim 2.0)h$。式中的 h 为拱肋高度（m）；b 为拱肋宽度（m）；t 为工字形拱肋腹板厚度；l_n 为主拱圈净跨径。

§19.3　拱桥上部结构计算

19.3.1　概　述

　　拱桥计算一般在拱桥的总体结构方案、细部尺寸及施工方案确定后进行。

　　拱桥的计算包括成桥状态的受力分析、内力计算和承载力、刚度、稳定性验算以及必要的动力分析计算，另外还有施工阶段的结构受力分析和验算。

　　拱桥通常为超静定的空间结构，当活荷载作用于桥跨结构时，拱上建筑会不同程度地参与主拱圈受力，共同承受活荷载作用，称这种现象为拱上建筑与主拱的联合作用或简称**联合作用**。

　　研究表明，普通型上承式拱桥的联合作用程度与拱上建筑的形式、构造及施工程序密切相关。通常，拱式拱上建筑的联合作用较大，梁式拱上建筑的联合作用较小。在拱式拱上建筑中，联合作用的程度又与许多因素有关，例如，腹拱圈、腹孔墩对主拱圈的相对刚度越大，联合作用就越显著。腹拱圈愈坦，其抗推刚度愈大，则联合作用也愈大。拱上腹拱全部采用无铰结构时，其联合作用也比有铰结构的大。梁式拱上建筑的联合作用程度与其构造形式和刚度有关。简支腹孔由于它对主拱圈的约束作用较小，联合作用也很小；连续或框架式腹孔的联合作用，随着连续纵梁和立柱刚度的增大而增大。

　　拱桥的施工程序也影响联合作用的程度。例如，在有支架施工中，若在主拱圈合龙后就落架，然后再施工拱上建筑，则主拱圈和拱上建筑的自重及材料收缩影响的大部分由主拱圈单独承受，只有后加的恒载、活载以及温度变化等才存在联合作用，若在拱上建筑施工完后才拆除拱架，则在所有荷载和影响因素作用下都存在联合作用。

此外，对于同一座拱桥中主拱圈的不同截面，联合作用的程度也不同。一般拱脚、$l/8$、$l/4$ 等截面受联合作用的影响较大，而拱顶则较小，这里 l 为主拱圈的计算跨径。在拱桥计算时，应根据拱上建筑联合作用的大小，选择不同的计算图式进行受力分析。例如，对于简支梁式拱上建筑可忽略联合作用的影响，选择主拱圈以裸拱圈单独受力的计算图式；而对于其他形式的拱上建筑，应选择主拱圈与拱上建筑整体受力的计算图式。多孔连续拱桥计算时还应计入连拱的影响。

普通型上承式拱桥的计算，一般分为主拱圈的计算和拱上建筑计算两部分。由于实际上不计拱上建筑联合作用对主拱圈是偏于安全的，所以，普通的上承式拱桥计算时，假定全部荷载由主拱圈承受，拱上建筑作为将荷载传给主拱圈的局部受力构件，不与主拱圈共同受力。这样就简化了主拱圈的受力图式。但在拱上建筑计算时，由于拱上建筑会不同程度的参与主拱圈受力，这种联合作用显著影响拱上建筑的内力，不考虑这种联合作用是不合理、不安全的，必须以共同受力的图式进行拱上建筑的受力分析。整体式上承式拱桥则必须考虑整体受力。

拱桥计算中汽车荷载、人群荷载作用下，上部结构荷载的横向分布也与许多因素有关，其中与拱桥横向的构造形式有直接关系。对于石板拱、混凝土板拱及箱板拱，一般可忽略荷载横向分布的影响，认为荷载由主拱圈全宽均匀承担。此外，不同主拱圈截面受荷载横向分布的影响也不一样，拱脚、$l/8$、$l/4$ 截面不计荷载横向分布一般是偏于安全的，而对拱顶截面则相反，设计时应予以注意，这里 l 为主拱圈的计算跨径。对于横向由多个构件（或部分）组成的肋拱、桁架拱、刚架拱等拱桥，必须考虑荷载横向分布的影响，一般简化为平面结构进行计算或用计算机进行整体分析。

普通型上承式拱桥的计算，应先对拱上建筑进行受力分析与验算，在拱上建筑计算通过后再进行主拱圈的计算和墩台计算，否则会由于拱上建筑尺寸的改变引起的自重改变而需对主拱圈进行重新计算。

拱桥的计算可用手算也可用电算。本书主要介绍利用手册法进行普通上承式拱桥的主拱圈计算的工程方法。并假定主拱圈以裸拱单独受力。

19.3.2 拱轴方程的建立和拱轴系数的选择

1. 悬链线拱轴方程的建立

取图 19-35 所示的坐标系，设拱轴线为恒载压力线。在恒载作用下，拱顶截面的弯矩 $M_t = 0$，由于结构对称，拱顶截面剪力 $V_t = 0$，于是拱顶截面只有轴向压力，其值等于恒载作用下的水平推力 H_G。现对拱脚截面取矩，则可得到

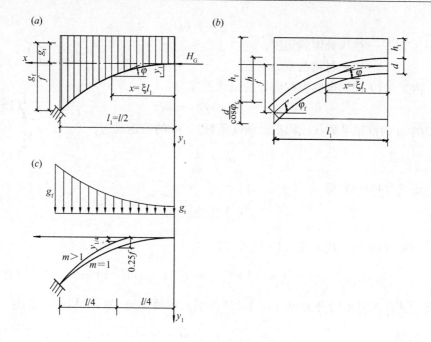

图 19-35 悬链线拱轴计算图式

（a）悬链线拱轴计算图式；（b）实腹式拱桥拱顶拱脚的恒载强度；

（c）$l/4$ 点纵坐标 $y_{l/4}$ 与 m 的关系

$$H_G = \frac{\sum M_f}{f} \qquad (19\text{-}12)$$

式中 $\sum M_f$ ——半拱恒载对拱脚截面的弯矩；

        H_G ——不考虑混凝土弹性压缩时拱的恒载水平推力；

        f ——拱的计算矢高。

对任意截面取矩，可得

$$y_1 = \frac{M_x}{H_G} \qquad (19\text{-}13)$$

式中 M_x ——任意截面以右的全部恒载对该截面的弯矩值；

        y_1 ——以拱顶为坐标原点，拱轴线上任意点的坐标。

式（19-13）即为求算恒载压力线的基本方程，将其两边对 x 取两次导数得

$$\frac{\mathrm{d}^2 y_1}{\mathrm{d}x^2} = \frac{1}{H_G} \cdot \frac{\mathrm{d}^2 M_x}{\mathrm{d}x^2}$$

即

$$\frac{\mathrm{d}^2 y_1}{\mathrm{d}x^2} = \frac{g_x}{H_G} \qquad (19\text{-}14)$$

式（19-14）是求算恒载压力线的基本微分方程。为了得到拱轴线（即恒载压力线）的一般方程，必须知道恒载的分布规律。

假定恒载分布规律如图 19-35（b）所示，任意点的恒载集度 g_x 可表示为：

$$g_x = g_t + \gamma y_1 \tag{19-15}$$

式中　g_t——拱顶处恒载集度；

　　　γ——拱上材料的重力密度。

由式（19-15）得拱脚截面处的恒载集度为：

$$g_f = g_t + \gamma f = mg_t \tag{19-16}$$

式中的 m 为拱轴系数（或称拱轴曲线系数），m 的表达式为：

$$m = \frac{g_f}{g_t} \tag{19-17}$$

由式（19-16）得

$$\gamma = \frac{(m-1)g_t}{f} \tag{19-18}$$

将式（19-18）代入式（19-15），得

$$g_x = g_t + (m-1)\frac{g_t}{f}y_1 = g_t\left[1 + (m-1)\frac{y_1}{f}\right] \tag{19-19}$$

再将上式代入基本微分方程（19-14），并引入参数 $x = l_1\xi$，则 $\mathrm{d}x = l_1\mathrm{d}\xi$

可得

$$\frac{\mathrm{d}^2 y_1}{\mathrm{d}\xi^2} = \frac{l_1^2 g_t}{H_G}\left[1 + (m-1)\frac{y_1}{f}\right]$$

令

$$k^2 = \frac{l_1^2 g_t}{H_G f}(m-1) \tag{19-20}$$

则

$$\frac{\mathrm{d}^2 y_1}{\mathrm{d}\xi^2} = \frac{l_1^2 g_t}{H_G} + k^2 y_1$$

上式为二阶非齐次常系数线性方程，求解此方程，就得拱轴线方程：

$$y_1 = \frac{f}{m-1}(\mathrm{ch}k\xi - 1) \tag{19-21}$$

这就是拱轴线的悬链线方程。

拱脚截面的 $\xi = 1$，$y_1 = f$，代入式（19-21）得 $\mathrm{ch}k = m$，主拱圈设计时，通常 m 为已知，则 k 值可由下式求得

$$k = \mathrm{ch}^{-1}m = \ln\left(m + \sqrt{m^2 - 1}\right) \tag{19-22}$$

当 $m = 1$ 时，$g_x = g_t$，表示恒载是均布荷载，而在均布荷载作用下的压力线为二次抛物线，其方程为 $y_1 = f\xi^2$。

由悬链线方程式（19-21）可以看出，当拱的矢跨比确定后，拱轴线各点的纵坐标 y_1 将取决于拱轴系数 m。各种 m 值的拱轴线坐标一般不必按式（19-21）计算，而直接由附录 17 中的附表 17-1 查出。

当拱的跨径和矢高确定后，悬链线的形状取决于拱轴系数 m，其线形特征可用 $l/4$ 点的纵坐标 $y_{l/4}$ 的大小表示，见图 19-35 (c)。

拱跨 $l/4$ 点的纵坐标 $y_{l/4}$ 与 m 有密切关系。当 $\xi = \frac{1}{2}$ 时，$y_1 = y_{l/4}$，将其代

入悬链线拱轴方程（19-21），得

$$\frac{y_{l/4}}{f} = \frac{1}{m-1}\left(\operatorname{ch}\frac{k}{2} - 1\right)$$

因

$$\operatorname{ch}\frac{k}{2} = \sqrt{\frac{\operatorname{ch}k + 1}{2}} = \sqrt{\frac{m+1}{2}}$$

$$\frac{y_{l/4}}{f} = \frac{\sqrt{\dfrac{m+1}{2}} - 1}{m-1} = \frac{1}{\sqrt{2(m+1)} + 2} \tag{19-23}$$

由上式可见，$y_{l/4}$ 值随着 m 的增大而减小（即拱轴线抬高），随 m 的减小而增大（即拱轴线降低），如图 19-35（c）所示。

在一般的悬链线拱桥中，恒载从拱顶向拱脚逐渐增加，即 $g_f > g_t$，因而 $m > 1$。只有在均布恒载作用下（即 $g_f = g_t$）才出现 $m = 1$ 的情况。由式（19-23）可得 $m = 1$ 时，$y_{l/4} = 0.25f$。$\dfrac{y_{l/4}}{f}$ 与 m 的对应关系见表 19-3。在悬链线拱计算中，既可根据拱轴系数 m 直接查表，也可借助相应的 $\dfrac{y_{l/4}}{f}$ 来查表 19-3，其结果是一样的。

拱轴系数 m 与 $\dfrac{y_{l/4}}{f}$ 的关系 　　　　　　　表 19-3

m	1.000	1.167	1.347	1.534	1.756	1.988	2.24	2.514
$\dfrac{y_{l/4}}{f}$	0.250	0.245	0.240	0.235	0.230	0.225	0.220	0.215
m	0.281	3.500	4.324	5.321	6.536	8.031	9.889	
$\dfrac{y_{l/4}}{f}$	0.210	0.200	0.190	0.180	0.170	0.160	0.150	

2. 拱轴系数 m 的确定

由前所述，确定悬链线拱轴方程的拱轴系数 m 后，拱轴线各点纵坐标 y_1 就可求得。确定拱轴线一般采用无矩法，即认为在恒荷载作用下主拱圈截面仅承受轴向压力而无弯矩。

（1）实腹式拱拱轴系数 m 的确定

实腹式拱的恒载分布规律与推导悬链线拱轴方程时对恒载集度的假定完全一致。如图 19-35（a）所示，其拱顶及拱脚处的恒载集度分别为：

$$\left.\begin{array}{l} g_t = \gamma_1 h_t + \gamma_2 d \\ g_f = \gamma_1 h_t + \gamma_2 \dfrac{d}{\cos\varphi_f} + \gamma_3 h \end{array}\right\} \tag{19-24}$$

式中　γ_1、γ_2、γ_3——分别为拱顶填料、拱圈、拱腹填料的重力密度；

　　　h_t——拱顶填料厚度，一般为 $300 \sim 500\mathrm{mm}$；

d —— 主拱圈厚度（高度）；

φ_f —— 拱脚处拱轴线的水平倾角。

由图 19-35（b）可得到

$$h = f + \frac{d}{2} - \frac{d}{2\cos \varphi_f} \tag{19-25}$$

从式（19-24）看出，在未确定拱轴方程前，φ_f 是未知数，不能直接由公式（19-25）求得主拱圈拱脚截面的 g_f，因此也不能直接由 $m = \dfrac{g_f}{g_t}$ 确定拱轴系数 m 值。实际拱桥设计中，常采用下面的方法确定 m 拱轴线系数值：

先假定一个 m 值，从附表 17-2 查得 $\cos \varphi_f$ 值，代入式（19-24）求得 g_f 后，即可求得 $m = \dfrac{g_f}{g_t}$ 值。然后与假定的 m 值相比较，如两者相符，则假定的 m 值即为真实值；如两者相差较大，则以计算所得的 m 值作为假定值，重新进行计算，直至两者接近为止。

（2）空腹式拱拱轴系数 m 的确定

由前述可知，空腹式拱桥主拱圈的恒载压力线不是悬链线，甚至也不是一条光滑的曲线。但实际设计中，由于悬链线拱受力情况较好，又有完整的计算表格可用，故多用悬链线作为设计拱轴线。为使主拱圈悬链线拱轴线与其恒载作用下的压力线接近，工程上一般采用**"五点重合法"确定悬链线拱轴的 m 值。即要求拱轴线在全拱有五点（拱顶、两 $l/4$ 点、两拱脚）与相应的三铰拱恒载作用下的压力线相重合。**

由拱顶截面恒载弯矩为零及恒载是对主拱圈左右半跨对称的两个条件可知，拱顶截面上仅有通过截面重心的轴向压力，其值等于恒载产生的水平推力 H_G，而弯矩和剪力均为零（图 19-36）。由 $\sum M_A = 0$，可得到

$$H_G = \frac{\sum M_f}{f} \tag{19-26}$$

由 $\sum M_B = 0$，得 $H_G \cdot y_{l/4} - \sum M_{l/4} = 0$

$$H_G = \frac{\sum M_{l/4}}{y_{l/4}}$$

将式（19-26）代入上式，得

$$\frac{y_{l/4}}{f} = \frac{\sum M_{l/4}}{\sum M_f} \tag{19-27}$$

式中 $\sum M_{l/4}$ —— 自拱顶至拱跨 $\dfrac{l}{4}$ 点的恒载对 $\dfrac{l}{4}$ 截面的力矩。

等截面悬链线主拱圈恒载对 $\dfrac{l}{4}$ 及拱脚截面的弯矩 $\sum M_{l/4}$、$\sum M_f$ 可由附表 17-3 查得。求得 $\dfrac{y_{l/4}}{f}$ 后，可由式（19-23）反求出 m，即

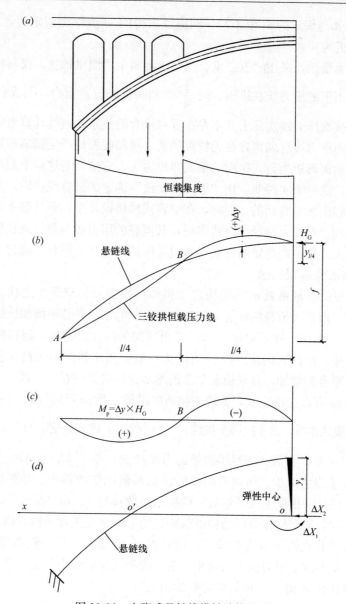

图 19-36 空腹式悬链线拱轴计算图式

(a) 空腹式悬链线无铰拱；(b) 悬链线拱轴与相应的三铰拱恒载压力线；

(c) 偏离弯矩；(d) 悬臂曲梁计算图式

$$m = \frac{1}{2}\left(\frac{f}{y_{l/4}} - 2\right)^2 - 1 \qquad (19\text{-}28)$$

空腹式拱桥的主拱圈的拱轴系数 m 值，仍需按逐次渐近法确定。即先由一个假定 m 值定出主拱圈拱轴线，作出主拱布置图和拱上建筑布置图；计算主拱圈和拱上建筑恒载对 $\frac{l}{4}$ 和拱脚截面的力矩 $\sum M_{l/4}$ 和 $\sum M_{f}$；利用式（19-28）计

算出 m 值，如与假定的 m 值不符，则应以求得的 m 值作为假定值，重新计算，直至两者接近为止。

空腹式无铰拱，采用"五点重合法"确定的主拱圈拱轴线，仅与相应的三铰拱的恒载作用下的压力线在拱顶、两 $\frac{l}{4}$ 点和两拱脚五点重合，与无铰拱的恒载作用下的主拱圈压力线实际上并不存在五点重合的关系。通过计算表明，由于拱轴线与恒载的压力线有偏离，在无铰拱拱顶、拱脚截面处产生偏离弯矩。研究表明，拱顶的偏离弯矩为负，拱脚的偏离弯矩为正，它恰好与这两个截面的控制弯矩符号相反。这一事实说明，用"五点重合法"确定的悬链线拱轴，其偏离弯矩对拱顶、拱脚截面是有利的。因此，在空腹式拱桥设计中，不计偏离弯矩的影响是偏于安全的。对于大跨径空腹式拱桥，其恒载的压力线与悬链线拱轴线偏离较大，则应计入此项偏离弯矩的影响。这时实际的恒载压力线将不通过上述五点。

3. 拱轴系数 m 的初选

实腹式拱的拱轴系数 m 值，决定于拱脚与拱顶处恒载集度之比。当拱顶填料厚度不变（即拱顶恒载集度 g_t 不变）时，要加大 m 值必须增加拱脚处的恒载集度。由式（19-16）知，要加大 m，必须增加矢高 f。因此，坦拱的拱轴系数 m 可选得小些，陡拱的拱轴系数 m 可选大一些。当主拱圈的矢跨比不变时，随着拱上填料厚度的增加，拱顶恒载集度的增加比拱脚处的快。因此，高填土拱桥的拱轴系数 m 可以选得小些，低填土拱桥的拱轴系数 m 可选得大一些。

对于空腹式拱桥，由于拱脚至拱跨 $\frac{l}{4}$ 之间的拱上建筑是挖空的，由式（19-27）和式（19-28）知，恒载作用对拱脚处的力矩减少，即 $\sum M_f / \sum M_{l/4}$ 值减小，则拱轴系数 m 值也将减少。所以空腹拱的拱轴系数比实腹拱小。如果拱桥采用无支架施工，裸拱（指仅主拱圈本身）的拱轴系数接近1。而拱桥设计时，一般主拱圈拱轴系数的选定是按全桥结构恒载确定的，而不是按裸拱恒载确定的，因此拱轴线与裸拱恒载的压力线有偏离，设计的 m 值愈大，此项偏离弯矩也愈大。为此对于无支架或早脱架施工的拱桥，为了改善裸拱的受力状态，设计时宜选用较小的拱轴系数 m 值，一般不宜大于2.814。

19.3.3　主拱圈作用效应计算

采用手册法计算主拱圈的截面内力，就是利用现成的拱计算图表进行内力计算。对无表格可查的某些特殊主拱圈，就只能采用结构杆系有限单元法求解。本节以等截面悬链线拱圈介绍内力（荷载作用效应）计算方法。

1. 恒载内力计算

当采用恒载作用下的压力线作为拱轴线并且假定拱轴线长度不变时，在恒载作用下，主拱圈截面上，理论上只有轴向压力而无弯矩和剪力。但圬工和钢筋混凝土主拱圈并非绝对刚性，在轴向压力作用下，主拱圈将产生材料弹性压缩变形，拱轴线长度缩短，由此在无铰拱拱圈中产生弯矩和剪力，这就是主拱圈材料弹性压缩影响。

主拱圈中的轴向力主要是由恒载和活载产生的，这里的活载是指作用在桥上的汽车荷载和人群荷载等，因此，主拱圈弹性压缩对内力的影响应在恒载及活载内力计算中分别计入。因主拱圈弹性压缩的影响是与恒载、活载作用下产生的内力同时发生的，为了计算方便，工程上通常**先计算不考虑主拱圈弹性压缩时的内力，再计算主拱圈弹性压缩引起的内力，然后将两者叠加起来，得到恒载和活载作用下的总内力。**当主拱圈拱轴线与恒载作用下的压力线有偏离时，则还应计算因拱轴线偏离产生的附加内力。

（1）不考虑材料弹性压缩的恒载内力

1）拱轴线水平倾角

由前所述，悬链线拱轴方程为式（19-21），现设拱轴线的水平倾角为 φ，并对式（19-21）$\xi\left(\xi = \dfrac{2x}{l}\right)$ 取导数，得到

$$\frac{\mathrm{d}y_1}{\mathrm{d}\xi} = \frac{kf}{m-1}\mathrm{sh}k\xi \tag{19-29}$$

则

$$\tan\varphi = \frac{\mathrm{d}y_1}{\mathrm{d}x} = \frac{2\mathrm{d}y_1}{l\mathrm{d}\xi} = \frac{2kf\,\mathrm{sh}k\xi}{l(m-1)}$$

即

$$\tan\varphi = \eta\mathrm{sh}k\xi \tag{19-30}$$

$$\eta = \frac{2kf}{l(m-1)} \tag{19-31}$$

式中的 k 值可由式（19-20）求得，即 $k^2 = \dfrac{l_1^2 g_\mathrm{t}}{H_\mathrm{G}f}(m-1)$

由式（19-30）和式（19-31）知，悬链线拱轴线的水平倾角 φ 与拱轴系数 m 有关。拱轴线上各点水平倾角的正切值 $\tan\varphi$ 可直接查附表17-4得到。

2）悬链线无铰拱的弹性中心

计算无铰拱主拱圈在恒载、活载、温度变化、混凝土收缩和拱脚变位等作用下的内力时，常利用拱的弹性中心以简化计算。

对于工程上常用的对称布置拱圈，弹性中心是位于对称拱的中心轴上。结构计算基本体系的取法有两种。一种以悬臂曲梁为基本体系，如图19-37

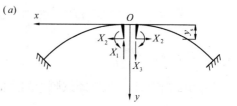

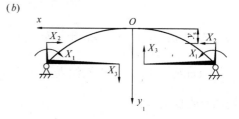

图 19-37　拱的弹性中心

(a) 悬臂曲梁基本体系；(b) 简支曲梁基本体系

(a) 所示；另一种以简支曲梁为基本体系，如图 19-37 (b) 所示。在计算无铰拱的内力影响线时，为了简化计算程序，工程上常以简支曲梁为基本体系。

由结构力学得弹性中心距拱顶的距离为：

$$y_s = \frac{\int_s \dfrac{y_1 \mathrm{d}s}{EI}}{\int_s \dfrac{\mathrm{d}s}{EI}} \tag{19-32}$$

式中的 $y_1 = \dfrac{f}{m-1}(\mathrm{ch}k\xi - 1)$，$\mathrm{d}s = \dfrac{\mathrm{d}x}{\cos\varphi} = \dfrac{l}{2} \cdot \dfrac{1}{\cos\varphi}\mathrm{d}\xi$。因

$$\cos\varphi = \frac{1}{\sqrt{1 + \tan^2\varphi}} = \frac{1}{\sqrt{1 + \eta^2\,\mathrm{sh}^2 k\xi}}$$

则

$$\mathrm{d}s = \frac{l}{2}\sqrt{1 + \eta^2\,\mathrm{sh}^2 k\xi}\,\mathrm{d}\xi$$

现将 y_1、d_s 表达式代入公式 (19-32) 中，且考虑等截面拱的 I 为常数，则得

$$y_s = \frac{\int_s y_1 \mathrm{d}s}{\int_s \mathrm{d}s} = \frac{f}{m-1}\frac{\int_0^1 (\mathrm{ch}k\xi - 1)\sqrt{1 + \eta^2\,\mathrm{sh}^2 k\xi}\,\mathrm{d}\xi}{\int_0^1 \sqrt{1 + \eta^2\,\mathrm{sh}^2 k\xi}\,\mathrm{d}\xi} = \alpha_1 f \tag{19-33}$$

式中，系数 α_1 可由附表 17-5 查得。

3）不考虑材料弹性压缩的实腹式主拱圈拱内力计算

由前述知，实腹式悬链线拱的拱轴线与恒载的压力线完全吻合，因此，在恒载作用下主拱圈任意截面上都只有轴向压力而无弯矩，此时主拱圈中的内力可按纯压拱计算。因 $k^2 = \dfrac{l_1^2 g_t}{H_G f}(m-1)$，且 $l_1 = l/2$，可得恒载作用下的主拱圈水平推力为：

$$H_G = \frac{m-1}{4k^2} \cdot \frac{g_t l^2}{f} = k_g \frac{g_t l^2}{f} \tag{19-34}$$

式中，系数 $k_g = \dfrac{m-1}{4k^2}$。

在恒载作用下，主拱圈拱脚处的竖向反力为半拱的恒载，即

$$R_G = \int_0^{l_1} g_x \mathrm{d}x = \int_0^1 g_x l_1 \mathrm{d}\xi \tag{19-35}$$

由前述知 $g_x = g_t + (m-1) \cdot \dfrac{g_t}{f}y_1 = g_t\left[1 + (m-1)\dfrac{y_1}{f}\right]$，$y_1 = \dfrac{f}{m-1}(\mathrm{ch}k\xi - 1)$，将它们代入式 (19-35) 并积分得到主拱圈在恒载作用下拱脚处的竖直反力为：

$$R_G = \frac{\sqrt{m^2 - 1}}{2\left[\ln\left(m + \sqrt{m^2 - 1}\right)\right]}g_t l = k'_g g_t l \tag{19-36}$$

式中，系数 $k'_g = \dfrac{\sqrt{m^2-1}}{2\left[\ln\left(m+\sqrt{m^2-1}\right)\right]}$。计算系数 k_g、k'_g 可由附表 17-6 查得。

恒载作用下主拱圈截面的弯矩和剪力均为零，主拱圈各截面的轴向力 N_G 可按下式计算：

$$N_G = \frac{H_G}{\cos\varphi} \tag{19-37}$$

4）不考虑材料弹性压缩的空腹拱主拱圈内力

由于空腹式悬链线无铰拱主拱圈拱轴线与恒载压力线有偏差，将在主拱圈中产生附加内力。对于静定的三铰拱，主拱圈各截面的偏离弯矩 M_P 可用三铰拱压力线与拱轴线在该截面的偏离值 Δy 表示，即 $M_P = H_G \Delta y$，见图 19-36（c）。对于无铰拱，则应把该偏离值产生的 M_P 作为荷载来算出无铰拱主拱圈拱轴偏离弯矩值。

如图 19-36（d）所示，取结构基本体系为悬臂曲梁，恒载作用在弹性中心上引起的赘余力为：

$$\Delta X_1 = -\frac{\Delta_{1P}}{\delta_{11}} = -\frac{\displaystyle\int_s \frac{\overline{M}_1 M_P \mathrm{d}s}{EI}}{\displaystyle\int_s \frac{\overline{M}_1^2 \mathrm{d}s}{EI}} = \frac{\displaystyle\int_s \frac{M_P}{I}\mathrm{d}s}{\displaystyle\int_s \frac{\mathrm{d}s}{I}} = -H_G \frac{\displaystyle\int_s \frac{\Delta y}{I}\mathrm{d}s}{\displaystyle\int_s \frac{\mathrm{d}s}{I}} \tag{19-38}$$

$$\Delta X_2 = -\frac{\Delta_{2P}}{\delta_{22}} = -\frac{\displaystyle\int_s \frac{\overline{M}_2 M_P \mathrm{d}s}{EI}}{\displaystyle\int_s \frac{\overline{M}_2^2 \mathrm{d}s}{EI}} = -H_G \frac{\displaystyle\int_s \frac{y\,\Delta y}{I}\mathrm{d}s}{\displaystyle\int_s \frac{y^2 \mathrm{d}s}{I}} \tag{19-39}$$

式中，M_P 为三铰拱恒载的压力线偏离拱轴线所产生的偏离弯矩，$M_P = H_G \Delta y$；$\overline{M}_1 = 1$；$\overline{M}_2 = -y$；Δy 为三铰拱恒载压力线与拱轴线的偏离值，见图 19-36（b）。

由图 19-36（b）可见，Δy 是有正有负的，因此沿全拱圈积分 $\displaystyle\int_s \frac{\Delta y \mathrm{d}s}{I}$ 的数值不大。由式（19-38）知 ΔX_1 数值较小。若 $\displaystyle\int_s \frac{\Delta y \mathrm{d}s}{I} = 0$，则 $\Delta X_1 = 0$。

大量分析计算结果表明，由式（19-39）计算的 ΔX_2 恒为正值，即为压力，则无铰拱主拱圈任意截面的偏离弯矩为：

$$\Delta M = \Delta X_1 - \Delta X_2 y + M_P \tag{19-40}$$

式中　y——以弹性中心为原点（向上为正）的拱轴线纵坐标。

拱顶、拱脚截面的 $M_P = 0$，则偏离弯矩 ΔM 分别计算为：

$$\left.\begin{array}{ll} \text{拱顶截面} & \Delta M_t = \Delta X_1 - \Delta X_2 y_s < 0 \\ \text{拱脚截面} & \Delta M_f = \Delta X_1 + \Delta X_2 (f - y_s) > 0 \end{array}\right\} \tag{19-41}$$

式中　y_s——弹性中心至拱顶的距离。

由于空腹式悬链线拱的主拱圈拱轴线与恒载的压力线有偏离，因在拱圈的拱顶、$l/4$ 处和拱脚截面都产生了偏离弯矩，并且由公式（19-41）知道拱顶的偏离弯矩 ΔM_t 为负，拱脚的偏离弯矩 ΔM_f 为正，恰好分别与这两个截面的控制弯矩符号相反。也说明了在上承式拱桥主拱圈设计计算中，不计偏离弯矩的影响一般是偏于安全的。对于大跨径空腹式拱桥，用"五点重合法"确定的悬链线拱轴线与恒载的压力线偏离较大，则必须计入此项弯矩影响。

在空腹式拱桥的设计中，为了计算方便，把由恒载产生的内力也分为两部分来计算，即先不考虑偏离的影响，将拱轴线视为与恒载的压力线完全吻合，然后再考虑偏离影响，按式（19-38）、式（19-39）和式（19-41）计算偏离引起的内力，二者叠加即得恒载作用下不考虑弹性压缩影响的空腹式拱桥主拱圈恒载内力。

不考虑偏离影响时，由恒载产生的空腹拱主拱圈内力也按纯压拱计算。这时由恒载产生的主拱圈水平推力 H_G 和拱脚处的竖向反力 R_G 可直接由静力平衡条件求得：

$$H_G = \frac{\sum M_f}{f} \tag{19-42}$$

$$R_G = \sum P_i（半拱恒载） \tag{19-43}$$

算出 H_G 后，就可利用纯压拱的式（19-37）计算出拱中各截面的轴向力，即 $N_G = \dfrac{H_G}{\cos \varphi}$。此时认为拱中各截面的弯矩和剪力均为零。

在设计中小跨径的空腹式无铰拱桥主拱圈时，可偏安全地不考虑拱轴线偏离弯矩的影响，对于大跨径空腹式拱桥主拱圈，恒载的压力线与拱轴线偏离比中小跨径的大，且偏离弯矩是一种可利用的有利因素，因此，应计入偏离弯矩的影响。计算恒载作用下偏离弯矩的影响时，除了计算偏离弯矩对拱顶、拱脚截面的有利影响外，还应计入偏离弯矩对 $l/8$ 和 $3l/8$ 处截面的不利影响，尤其是 $3l/8$ 处截面，往往成为正弯矩的控制截面。

主拱圈恒载的压力线与拱轴线偏离引起的弯矩、轴力和剪力根据式（19-38）、式（19-39）按静力平衡条件求得：

$$\left. \begin{aligned} \Delta N &= \Delta X_2 \cos \varphi \\ \Delta M &= \Delta X_1 + \Delta X_2 (y_1 - y_s) + H_G \Delta y \\ \Delta V &= \Delta X_2 \sin \varphi \end{aligned} \right\} \tag{19-44}$$

偏离产生的附加内力 ΔN、ΔM、ΔV 的大小与荷载的具体布置有关，一般来说，拱上腹孔跨径越大，偏离附加内力也越大。

将式（19-44）与 $N_G = \dfrac{H_G}{\cos \varphi}$ 叠加，即得不计弹性压缩时的恒载内力。

（2）弹性压缩引起的内力

在恒载产生的轴向压力作用下，主
拱圈将产生材料弹性压缩，导致在主拱
圈中产生相应的内力。

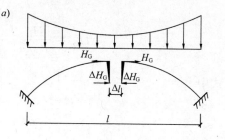

为求解此内力，按结构力学分析方
法，将无铰拱拱顶切开，取悬臂曲梁作
为基本体系，并设弹性压缩使拱轴线在
跨径方向缩短 Δl 。

但在实际结构中，拱顶并没有发生
相对水平变位，则在弹性中心必有一个
水平拉力 ΔH_G ，使拱顶的相对水平变位
变为零（图 19-38a）。

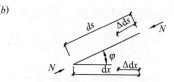

材料弹性压缩在弹性中心产生的赘
余力 ΔH_G 可由拱顶的变形协调条件求
得，即

图 19-38 拱圈弹性压缩

（a）悬臂曲梁计算图式；（b）拱圈微段

$$\Delta H_G \cdot \delta'_{22} - \Delta l = 0$$

$$\Delta H_G = \frac{\Delta l}{\delta'_{22}} \qquad (19\text{-}45)$$

由图 19-38（b），从拱圈上取出一微段 ds ，在轴向力 N 作用下缩短 Δds ，其
水平分量 $\Delta dx = \Delta ds \cos \varphi$ ，则整个拱轴线缩短的水平分量为：

$$\Delta l = \int_0^l \Delta dx = \int_s \Delta ds \cos \varphi = \int_s \frac{N ds}{EA} \cos \varphi \qquad (19\text{-}46)$$

代入 $N = \dfrac{H_G}{\cos \varphi}$ ，得

$$\Delta l = \int_0^l \frac{H_G dx}{EA \cos \varphi} = H_G \int_0^l \frac{dx}{EA \cos \varphi} \qquad (19\text{-}47)$$

δ'_{22} 为单位水平力作用在弹性中心产生的水平位移，δ'_{22} 的计算式为：

$$\delta'_{22} = \int_s \frac{\overline{M}_2^2 ds}{EI} + \int_s \frac{\overline{N}_2^2 ds}{EA} = \int_s \frac{y^2 ds}{EI} + \int_s \frac{\cos^2 \varphi ds}{EA}$$

$$= (1+\mu) \int_s \frac{y^2 ds}{EI} \qquad (19\text{-}48)$$

式中

$$y = y_s - y_1 \qquad (19\text{-}49)$$

$$\mu = \frac{\displaystyle\int_s \frac{\cos^2 \varphi ds}{EA}}{\displaystyle\int_s \frac{y^2 ds}{EI}} \qquad (19\text{-}50)$$

将式（19-47）和式（19-48）代入式（19-45）得

$$\Delta H_{\mathrm{G}} = \frac{H_{\mathrm{G}}}{1+\mu} \frac{\displaystyle\int_0^l \frac{\mathrm{d}x}{EA\cos\varphi}}{\displaystyle\int_s \frac{y^2\mathrm{d}s}{EI}} = H_{\mathrm{G}}\frac{\mu_1}{1+\mu} \tag{19-51}$$

式中

$$\mu_1 = \frac{\displaystyle\int_0^l \frac{\mathrm{d}x}{EA\cos\varphi}}{\displaystyle\int_s \frac{y^2\mathrm{d}s}{EI}} \tag{19-52}$$

对于等截面悬链线拱，可将式（19-50）、式（19-52）的分子项改写成：

$$\int_s \frac{\cos^2\varphi\mathrm{d}s}{EA} = \frac{l}{EA}\int_0^l \cos\varphi\frac{\mathrm{d}x}{l} = \frac{l}{EA}\int_0^l \frac{\mathrm{d}\xi}{\sqrt{1+\eta^2\,\mathrm{sh}^2 k\xi}} = \frac{l}{E\nu A}$$

$$\int_0^l \frac{\mathrm{d}x}{EA\cos\varphi} = \frac{l}{EA}\int_0^l \frac{1}{\cos\varphi}\frac{\mathrm{d}x}{l} = \frac{l}{EA}\int_0^l \sqrt{1+\eta^2\,\mathrm{sh}^2 k\xi}\,\mathrm{d}\xi = \frac{l}{E\nu_1 A}$$

于是得

$$\mu = \frac{l}{E\nu A \displaystyle\int_s \frac{y^2\mathrm{d}s}{EI}} \tag{19-53}$$

$$\mu_1 = \frac{l}{E\nu_1 A \displaystyle\int_s \frac{y^2\mathrm{d}s}{EI}} \tag{19-54}$$

以上各式中，$\displaystyle\int_s \frac{y^2\mathrm{d}s}{EI}$ 可由附表 17-7 查得，$\dfrac{1}{\nu_1}$ 由附表 17-8 查得，$\dfrac{1}{\nu}$ 由附表 17-9 查得。等截面悬链线拱的 μ_1 和 μ 可直接由附表 17-10 和附表 17-11 查得。

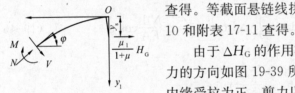

图 19-39 弹性压缩产生的拱内力

由于 ΔH_{G} 的作用在拱内产生的弯矩、剪力和轴力的方向如图 19-39 所示。即拱中弯矩以使主拱圈内缘受拉为正，剪力以绕截离体逆时针为正，轴向力则以使主拱圈受压为正。则在恒载作用下，弹性压缩引起的主拱圈内力为：

轴向力

$$N = -\frac{\mu_1}{1+\mu}H_{\mathrm{G}}\cos\varphi$$

弯矩

$$M = \frac{\mu_1}{1+\mu}H_{\mathrm{G}}(y_{\mathrm{s}} - y_1) \tag{19-55}$$

剪力

$$V = \mp\frac{\mu_1}{1+\mu}H_{\mathrm{G}}\sin\varphi$$

剪力 V 表达式中负号适用于左半拱，正号适用于右半拱。

由式（19-55）知，考虑了弹性压缩后，主拱圈各截面将产生弯矩。例如在拱顶产生正弯矩，该处压力线将上移，在拱脚产生负弯矩，压力线下移。因此，考虑了弹性压缩后，实际的恒载压力线不再与拱轴线吻合了。

（3）恒载作用下主拱圈各截面的总内力

当不考虑空腹拱恒载压力线偏离拱轴线的影响时，主拱圈各截面的恒载内力为不考虑弹性压缩的恒载内力加上弹性压缩产生的内力（式 19-55），即

轴向力
$$N_{G1K} = \frac{H_G}{\cos\varphi} - \frac{\mu_1}{1+\mu}H_G\cos\varphi$$

弯矩
$$M_{G1K} = \frac{\mu_1}{1+\mu}H_G(y_s - y_1)$$

剪力
$$V_{G1K} = \mp\frac{\mu_1}{1+\mu}H_G\sin\varphi$$

(19-56)

剪力 V 表达式中的负号适用于左半拱，正号适用于右半拱。

由式（19-56）知，考虑了恒载作用下拱的弹性压缩后，即使不计拱轴线偏离恒载压力线的影响，主拱圈中仍有恒载产生的弯矩。这说明无论是空腹拱还是实腹拱，考虑弹性压缩后恒载压力线，都不可能与拱轴线相重合。

在式（19-56）中再计入拱轴线偏离恒载压力线的影响（按式 19-38～式 19-40）之后，由恒载产生的主拱圈各截面的总内力为：

轴向力
$$N_{G1K} = \frac{H_G}{\cos\varphi} + \Delta X_2\cos\varphi - \frac{\mu_1}{1+\mu}(H_G + \Delta X_2)\cos\varphi$$

弯矩
$$M_{G1K} = \frac{\mu_1}{1+\mu}(H_G + \Delta X_2)(y_s - y_1) + \Delta M$$

剪力
$$V_{G1K} = \mp\frac{\mu_1}{1+\mu}(H_G + \Delta X_2)\sin\varphi \pm \Delta X_2\sin\varphi$$

(19-57)

上式中的 ΔX_2、ΔM 分别按式（19-39）和式（19-40）计算。

2. 活载内力计算

拱桥的桥跨结构属于空间结构，在活载作用下的受力比较复杂，在必须考虑荷载横向分布的拱桥上部结构设计计算中，为了简化计算，像梁桥的计算一样引进荷载横向分布系数，将空间结构简化成平面结构进行计算（必须进行空间分析的除外）。同时，由于活载在拱桥上作用位置不同，主拱圈各截面的内力也不一样，所以计算活载产生的主拱圈内力最简便的方法是采用影响线加载法。

与计算由恒载产生的内力一样，计算活载产生的主拱圈内力也分两步进行，即先求不计主拱圈弹性压缩影响的内力，然后再计入弹性压缩对活载内力的影响。

（1）荷载横向分布系数

1）石板拱和混凝土箱板拱

由于石板拱桥主拱圈的横向刚度较大，可假定荷载均匀分布在主拱圈全宽上。对于矩形截面主拱圈，常取单位主拱圈宽度进行计算，则单位宽度主拱圈的荷载横向分布系数为：

$$m = \frac{c}{B} \tag{19-58}$$

式中　　m——荷载横向分布系数；

　　　　c——车列数；

　　　　B——主拱圈宽度。

混凝土箱板拱一般取单个拱箱作为计算单元，其荷载横向分布系数为：

$$m = \frac{c}{n} \tag{19-59}$$

式中 n 为主拱圈的拱箱个数，其余符号意义与式（19-58）相同，

2）肋拱的荷载横向分布系数

对于双肋拱的主拱圈，一般可偏安全地用杠杆法计算拱肋的荷载横向分布系数。对于多肋拱圈，拱上建筑一般为排架式，则拱肋的荷载横向分布系数可采用类似梁式桥的计算方法。比较简单的计算方法是按弹性支承连续梁（横梁）计算拱肋的荷载横向分布系数，其计算结果与实际值误差平均在 10% 左右。

（2）不考虑材料弹性压缩影响的活载内力

计算由活载产生的不计弹性压缩影响的内力，可通过内力影响线布置最不利荷载求得。为求超静定无铰拱的内力影响线，先要计算赘余力影响线，再用叠加的方法得到主拱圈各控制截面的内力影响线，然后根据内力影响线按最不利情况布载，求得内力。

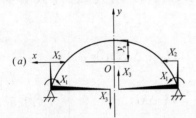

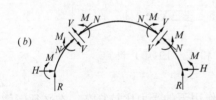

图 19-40　采用简支曲梁求解无铰拱内力

（a）简支曲梁基本体系；（b）拱圈内力

1）赘余力影响线

在工程上求主拱圈内力影响线，常采用简支曲梁作为基本体系（图 19-40），赘余力为 X_1、X_2、X_3。由弹性中心特性知，图 19-40（a）中所有副变位均为零。设图 19-40 中所示的内、外力方向及与内力同向的变位均为正值，则典型方程为：

$$\left. \begin{aligned} X_1\delta_{11} + \Delta_{1p} = 0 \quad X_1 = -\frac{\Delta_{1p}}{\delta_{11}} \\[2mm] X_2\delta_{22} + \Delta_{2p} = 0 \quad X_2 = -\frac{\Delta_{2p}}{\delta_{22}} \\[2mm] X_3\delta_{33} + \Delta_{3p} = 0 \quad X_3 = -\frac{\Delta_{3p}}{\delta_{33}} \end{aligned} \right\} \tag{19-60}$$

式（19-60）中，分母部分为弹性中心的常变位值，分子部分为载变位值。

为了计算赘余力的影响线，一般将主拱圈沿跨径方向分成48（或24）等份。

相邻两等分点的水平距离 $\Delta l = l/48$（或 $l/24$）。无铰拱三个赘余力影响线图形见图 19-41 所示。

2）内力影响线

有了赘余力影响线后，主拱圈中任意截面的内力影响线都可利用静力平衡条件建立计算公式，并利用影响线叠加的方法得到。

①拱中水平推力 H_1 影响线

由 $\Sigma X = 0$，主拱圈任意截面的水平推力 $H_1 = X_2$，因此，H_1 的影响线与赘余力 X_2 的影响线是完全一致的，H_1 影响线的图形见图 19-41（c），各点的影响线竖标可由附表 17-12 查得。

②拱脚处竖向反力 R 的影响线

将 X_3 移至两支点后，由 $\Sigma Y = 0$ 得

$$R = R_0 \mp X_3 \qquad (19\text{-}61)$$

式中 R_0 为简支梁的反力影响线；X_3 前的减号用于左半拱，加号用于右半拱。

叠加 R_0 和 X_3 两条影响线就得到拱脚处竖向反力的影响线，如图 19-41（e）所示（图中为左拱脚处的竖向反力影响线）。显然，拱脚处竖向反力影响线的总面积 $\omega = \dfrac{l}{2}$。

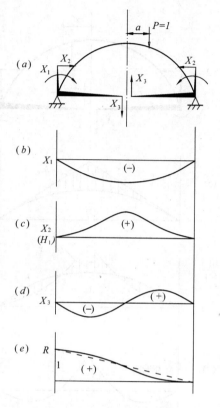

图 19-41　拱中赘余力影响线
（a）简支曲梁基本体系；（b）赘余力 X_1 影响线；（c）赘余力 X_2 或 H_1 影响线；
（d）赘余力 X_3 影响线；（e）拱脚处竖向反力 R 影响线

③任意截面的弯矩影响线

由图 19-42（a）可得，主拱圈任意截面的弯矩影响线表达式为：

$$M = M_0 - H_1 y \pm X_3 x + X_1 \qquad (19\text{-}62)$$

式中 M_0 为简支梁弯矩；$X_3 x$ 前面的正号适用于左半拱，负号适用于右半拱。

图 19-42（b）和图 19-42（c）示出了拱顶截面弯矩影响线的叠加过程，图 19-42（d）和图 19-42（e）示出了拱顶截面和任意截面 i 的弯矩影响线图形。主拱圈各截面不考虑弹性压缩影响的弯矩影响线坐标可由附表 17-13 查得。

主拱圈中任意截面 i 的轴向力 N_i 及剪力 V_i 的影响线在截面 i 处都有突变，见图 19-42。可利用 N_i、V_i 的影响线计算其内力，也可先算出该截面的水平力 H_1 和拱脚处的竖向反力 R，再按下列公式计算出轴向力和剪力。

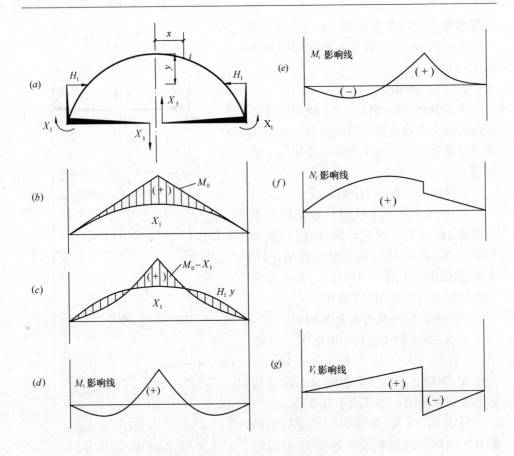

图 19-42 拱中内力影响线

(a) 简支曲梁基本体系；(b)、(c) 拱顶截面弯矩影响线的叠加；
(d) 拱顶截面弯矩影响线；(e) 截面 i 弯矩影响线；(f) 截面 i 轴力
影响线；(g) 截面 i 剪力影响线

轴向力 N_i：

拱顶截面 $\quad\quad\quad\quad N = H_1$

拱脚截面 $\quad\quad\quad\quad N = H_1 \cos \varphi_f + R \sin \varphi_f \quad\quad\quad$ (19-63)

其他截面 $\quad\quad\quad\quad N \approx \dfrac{H_1}{\cos \varphi}$

剪力 V_i：

拱顶截面 $\quad\quad\quad$ 剪力值较小，一般不计算

拱脚截面 $\quad\quad\quad V = H_1 \sin\varphi_f - R \cos \varphi_f \quad\quad\quad$ (19-64)

其他截面 $\quad\quad\quad$ 剪力值较小，一般不计算

主拱圈各截面的内力影响线坐标也可直接通过电算求得。附录 17-14 列有不计材料弹性压缩影响的主拱圈中弯矩及相应的水平推力 H 和支承反力 R 的影响

线面积表，供计算由活载产生的内力时选用。

3）活载产生的内力

主拱圈是偏心受压构件，截面上正应力分布及数值是弯矩 M 和轴向力 N 共同作用产生的。但桥上活载布置往往不可能使 M 和 N 同时达到最大值。在实际计算中，考虑到主拱圈的抗弯性能远差于其抗压性能的特点，一般可在弯矩影响线上按最不利情况加载，求得最大或最小弯矩后，再求出与此加载情况相应的水平推力 H_1 和竖向反力 R 的数值，并由式（19-63）求得与最大或最小弯矩相应的轴向力。

在影响线上按最不利情况加载计算由活载产生的主拱圈内力的方法是用公路设计荷载相应的均布荷载值 q_k 乘以相应位置内力影响线面积和集中力 P_K 乘以相应位置的内力影响线坐标求得（还需考虑荷载横向分布系数、车道折减系数等因素的影响）。下面以拱脚截面为例，说明如何用影响线直接布载来求主拱圈截面内力。

已知某等截面悬链线无铰拱拱圈，左拱脚的弯矩 M_f、水平推力 H_1 及竖向反力 R 的影响线如图 19-43 所示，现求汽车荷载左拱脚截面的弯矩 M 及相应的轴向力 N。

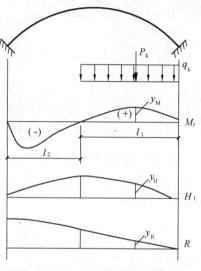

图 19-43 拱脚截面内力影响线

先将荷载布置在左拱脚的弯矩影响线的正面积部分，如图 19-43 所示。由设计荷载等级和计算跨径计算出 q_k 和 P_K，再按最不利荷载位置，可得拱脚截面内力：

$$\left.\begin{array}{ll} \text{最大正弯矩} & M_{max} = \phi \cdot m \cdot (q_k \cdot \omega_M + P_K y_M) \\ \text{与 } M_{max} \text{ 相应的水平推力} & H_1 = \phi \cdot m \cdot (q_k \cdot \omega_H + P_K y_H) \\ \text{与 } M_{max} \text{ 相应的竖向反力} & R = \phi \cdot m \cdot (q_k \cdot \omega_R + P_K y_R) \end{array}\right\} \quad (19\text{-}65)$$

式中　　　ϕ——车道折减系数；

　　　　　m——荷载横向分布系数；

ω_M、ω_H 和 ω_R——拱脚正弯矩及与其相应的水平推力 H_1 和竖向反力 R 的影响线面积；

y_M、y_H 和 y_R——拱脚正弯矩及与其相应的水平推力 H_1 和竖向反力 R 的影响线坐标最大值。

再将荷载布置在左拱脚的弯矩影响线的负面积区段，同理可求得拱脚截面的最大负弯矩 M_{min} 及相应的 H_1 和 R 值，并由 $N = H_1\cos\varphi_f + R\sin\varphi_f$ 求得相应于

$M_{\min}$ 的轴向力 N 值。

当作用有特殊荷载时，可按最不利荷载位置，在内力影响线上直接布载，并用下列公式计算活载产生的主拱圈各截面内力：

$$M = \phi \cdot m \sum P_i y_i \qquad (19\text{-}66)$$

式中 P_i——车辆荷载轴重；

　　　　y_i——与 P_i 对应的内力影响线坐标；

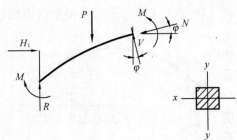

符号 ϕ 和 m 与式（19-65）相同。

在计算主拱圈各截面在汽车荷载作用下的内力时，若拱顶填料厚度（包括桥面铺装厚度）小于 500mm，还应计入汽车荷载的冲击作用。

在计算拱桥下部结构时，常以最大水平推力控制设计，这时，应在 H_1 影响线上按最不利情况布载，计算出 $H_{1\max}$ 及相应的弯矩 M 和竖向反力 R。

图 19-44   活载弹性压缩引起的内力

（3）活荷载作用下由弹性压缩引起的内力与恒载作用下的情况相似，也在弹性中心产生赘余水平力 ΔH（拉力），见图 19-44。由典型方程并略去剪力项的影响得：

$$\Delta H = \frac{\Delta l}{\delta'_{22}} = \frac{\int_s \dfrac{N \mathrm{d}s}{EA} \cos \varphi}{\delta'_{22}} = - H_1 \frac{\mu_1}{1+\mu} \qquad (19\text{-}67)$$

考虑弹性压缩后，由荷载产生的总推力

$$H = H_1 + \Delta H = H_1 - H_1 \frac{\mu_1}{1+\mu} = H_1 \frac{1+\mu-\mu_1}{1+\mu} \qquad (19\text{-}68)$$

考虑到 $\Delta \mu = \mu_1 - \mu$ 远比 μ_1 小，因此实际应用时将式（19-68）简化为：

$$H = H_1 \frac{1+\mu-\mu_1}{1+\mu} = H \frac{1-\Delta\mu}{1+\mu_1-\Delta\mu} \approx \frac{H_1}{1+\mu_1} \qquad (19\text{-}69)$$

活载作用下，考虑拱弹性压缩引起的内力

弯矩　　　　$\Delta M = -\Delta H \cdot y = \dfrac{\mu_1}{1+\mu} H_1 y$

轴向力　　　$\Delta N = \Delta H \cos \varphi = -\dfrac{\mu_1}{1+\mu} H_1 \cos \varphi$ 　$\Bigg\}$ 　$(19\text{-}70)$

剪力　　　　$\Delta V = \pm \Delta H \sin \varphi = \mp \dfrac{\mu_1}{1+\mu} H_1 \sin \varphi$

式中的 μ 与 μ_1 意义同前。

叠加不考虑弹性压缩的内力与考虑弹性压缩产生的内力，即得活载作用下的总内力。而采用电算求结构内力影响线并用直接布载法求出的内力，由于拱的弹性压缩是一起考虑的，故求出的内力就是总内力。

3. 其他内力的计算

温度变化、混凝土收缩和拱脚变位都会在超静定拱中产生附加内力。当拱桥所在地区温度变化幅度较大时，温度变化产生的附加内力就不容忽视。尤其是就地浇筑的混凝土，在结硬过程中由于收缩变形产生的附加内力，可能使拱桥开裂。在软土地基上建造圬工拱桥，墩台变位的影响比较突出，拱脚水平位移的影响更为严重，根据观测资料分析，在两拱脚的相对水平位移 $\Delta l > l/200$ 时，拱的承载能力就会大大降低，甚至破坏。因此，这部分附加内力不能忽视，具体计算方法请参阅有关文献，这里不再赘述。

19.3.4　主拱圈的内力调整

悬链线无铰拱桥在最不利荷载组合时，常出现拱脚负弯矩过大或拱顶正弯矩过大的情况。为了减小拱脚、拱顶过大的弯矩，可从设计或施工方面采取一些措施来调整，这就是主拱圈的内力调整。

用假载法来调整拱圈内力，即在计算跨径、计算矢高和主拱圈厚度不变的情况下，通过改变拱轴系数 m 的数值来改变拱轴线形状，达到调整主拱圈内力的目的。m 的调整幅度一般为半级或一级。应当指出，用假载法调整拱轴线，不能同时改善拱顶、拱脚两个控制截面的内力，并且对其他截面内力也有影响。因此，在调整拱轴系数 m 时应全面考虑。

用临时铰调整主拱圈内力，就是在主拱圈施工时，在拱顶、拱脚用铅垫板做成临时铰，拱架拆除后，由于临时铰的存在，主拱圈成为静定的三铰拱，待拱上建筑完成后，再用高强度等级水泥砂浆封固，成为无铰拱。由于在恒载作用下，主拱圈是静定三铰拱，拱的弹性压缩以及封铰前已发生的墩台变位均不产生附加内力，从而减小了主拱圈中的弯矩。用临时铰或千斤顶调整主拱圈内力，效果相当显著，但施工比较复杂。

改变拱轴线调整主拱圈内力，就是人为地改变拱轴线，使拱轴线与恒载的压力线造成有利的偏离，使在拱脚、拱顶截面产生有利的恒载弯矩，以消除这两个截面过大的弯矩，达到调整主拱圈内力的目的。

用各种方法调整主拱圈内力的具体计算可参阅有关文献。

19.3.5　主　拱　圈　验　算

求得了主拱圈在各种荷载作用下的内力后，就可进行最不利情况下的荷载组合，然后对主拱圈进行承载力、刚度和稳定性验算。

对于主拱圈的承载力计算，当为小跨径无铰拱桥时，通常取拱脚、$l/4$、拱顶这几个控制截面进行承载力验算；当为大中跨径无铰拱桥时，除上述截面以外，$l/8$、$3l/8$ 等截面也可能成为控制截面，也需对其进行承载力验算。对于采用无支架施工的大跨径拱桥以及其他特大跨径的拱桥，$l/4$ 截面往往不一定是控制截面，而$l/8$、$3l/8$截面常成为控制截面，故必须对拱脚、$l/8$、$l/4$、$3l/8$、拱顶以及其他不利截面进行承载力验算。

钢筋混凝土主拱圈的承载力计算方法参见第17章偏心受压构件部分，本节主要介绍圬工材料主拱圈承载力计算方法。

《公路桥规》JTG D61—2005规定，圬工主拱圈采用以概率理论为基础的极限状态法设计，采用分项安全系数的设计表达式，其设计原则为：荷载效应不利组合的设计值小于或等于结构（截面）抗力效应的设计值。按承载能力极限状态设计时，采用以下表达式：

$$\gamma_0 S \leqslant R(f_d, \alpha_d) \tag{19-71}$$

式中　γ_0——结构重要性系数，按一级、二级、三级不同的设计安全等级分别取用1.1、1.0、0.9；

　　　S——作用效应组合设计值；

　　　R——构件承载力设计值函数；

　　　f_d——材料强度设计值；

　　　α_d——几何参数设计值。可采用几何参数标准值α_k，即设计文件规定值。

《公路桥规》JTG D61—2005将圬工拱圈的承载力计算规定为拱的截面强度计算和拱的整体"强度—稳定"计算，并对圬工结构中砌体和混凝土拱圈分开验算。

1. 拱截面承载力计算

（1）偏心距验算

为了避免主拱圈截面开裂，要求受压偏心距不超过表19-4规定的允许值，其中混凝土结构单向偏心的受拉一边或双向偏心的各受拉一边，当设有不小于截面面积0.05%的纵向钢筋时，表中规定值可增加

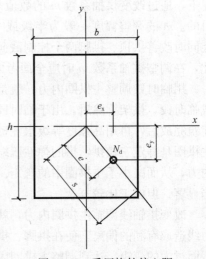

图19-45　受压构件偏心距

$0.1s$，s值为截面或换算截面重心轴至偏心方向截面边缘的距离（图19-45）。

受压构件偏心距限值表　　　　　　　　　　　　　　　　表19-4

作用组合	偏心距限值e	作用组合	偏心距限值e
基本组合	$\leqslant 0.6s$	偶然组合	$\leqslant 0.7s$

当纵向力偏心距e超过表19-4偏心距限值时，主拱圈截面就属于大偏心受压，为了避免截面发生裂缝，《公路桥规》JTG D61—2005规定这时的正截面承载力由材料弯曲抗拉强度控制设计，并按下式进行正截面承载力验算：

单向偏心
$$\gamma_0 N_{\mathrm{d}} < \varphi \frac{A f_{\mathrm{tmd}}}{\dfrac{Ae}{W} - 1} \qquad (19\text{-}72)$$

双向偏心
$$\gamma_0 N_{\mathrm{d}} < \varphi \frac{A f_{\mathrm{tmd}}}{\left(\dfrac{Ae_{\mathrm{x}}}{W_{\mathrm{y}}} + \dfrac{Ae_{\mathrm{y}}}{W_{\mathrm{x}}} - 1\right)} \qquad (19\text{-}73)$$

式中　N_{d}——轴向力设计值；

　　e——偏心距，单向偏心时，轴向力偏心距；

　　A——构件截面面积，对于组合截面按弹性模量比换算为换算截面面积；

　　W——单向偏心时，构件受拉边缘的弹性抵抗矩，对于组合截面按弹性模量比换算为换算截面弹性抵抗矩；

W_{x}、W_{y}——双向偏心时，构件 x 方向受拉边缘绕 y 轴的截面弹性抵抗矩和构件 y 方向受拉边缘绕 x 轴的截面弹性抵抗矩，对于组合截面按弹性模量比换算为换算截面弹性抵抗矩；

　　f_{tmd}——构件受拉边层的弯曲抗拉强度设计值，按附表 15-17、附表 15-21 和附表 15-24 采用；

e_{x}、e_{y}——轴向力在 x 方向、y 方向的偏心距；

　　φ——砌体偏心受压构件承载力影响系数或混凝土轴向受压构件弯曲影响系数，见式（19-75）和表 19-8。

（2）砌体拱圈截面

当截面上受压偏心距满足表 19-4 要求时，主拱圈为砌体（包括砌体与混凝土组合）结构，其正截面承载力验算可按下式进行：

$$\gamma_0 N_{\mathrm{d}} \leqslant \varphi A f_{\mathrm{cd}} \qquad (19\text{-}74)$$

式中　N_{d}——轴向力设计值；

　　A——构件截面面积，对于组合截面按强度比换算，即 $A = A_0 + \eta_1 A_1 + \eta_2 A_2 + \cdots$，$A_0$ 为标准层截面面积，A_1、A_2、$\cdots$ 为其他层截面面积，$\eta_1 = \dfrac{f_{\mathrm{c1d}}}{f_{\mathrm{c0d}}}$、$\eta_2 = \dfrac{f_{\mathrm{c2d}}}{f_{\mathrm{c0d}}}$、$\cdots$，$f_{\mathrm{c0d}}$ 为标准层轴心抗压强度设计值，f_{c1d}、f_{c2d}、$\cdots$ 为其他层的轴心抗压强度设计值；

　　f_{cd}——砌体或混凝土轴心抗压强度设计值，按附表 15-17～附表 15-20、附表 15-22 和附表 15-23 采用，对于组合截面采用标准层轴心抗压强度设计值。

式（19-74）中的 φ 为构件轴向力的偏心距 e 和长细比 β 对受压构件承载力的影响系数，可按式（19-75）计算：

$$\varphi = \frac{1}{\dfrac{1}{\varphi_{\mathrm{x}}} + \dfrac{1}{\varphi_{\mathrm{y}}} - 1} \qquad (19\text{-}75)$$

$$\varphi_x = \frac{1-\left(\dfrac{e_x}{x}\right)^m}{1+\left(\dfrac{e_x}{i_y}\right)^2} \cdot \frac{1}{1+\alpha\beta_x\,(\beta_x-3)\left[1+1.33\left(\dfrac{e_x}{i_y}\right)^2\right]} \qquad (19\text{-}76)$$

$$\varphi_y = \frac{1-\left(\dfrac{e_y}{y}\right)^m}{1+\left(\dfrac{e_y}{i_x}\right)^2} \cdot \frac{1}{1+\alpha\beta_y\,(\beta_y-3)\left[1+1.33\left(\dfrac{e_y}{i_x}\right)^2\right]} \qquad (19\text{-}77)$$

式中　φ_x、φ_y——分别为 x 方向和 y 方向偏心受压构件承载力影响系数；

x、y——分别为 x 方向、y 方向截面重心至偏心方向的截面边缘的距离（图 19-46）；

e_x、e_y——分别为轴向力在 x 方向、y 方向的偏心距，$e_x = \dfrac{M_{yd}}{N_d}$，$e_y = \dfrac{M_{xd}}{N_d}$，其值不超过表 19-4 中规定值及图 19-46 中所示的在 x 方向、y 方向的规定值，其中 M_{yd}、M_{xd} 分别为绕 x 轴、y 轴的弯矩设计值，N_d 为轴向力设计值；

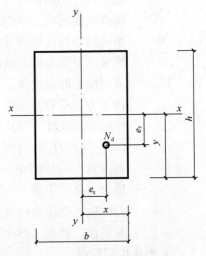

图 19-46　偏心受压构件示意图

m——截面形状系数，对于圆形截面取 2.5；对于 T 形或 U 形截面取 3.5；对于箱形截面或矩形截面取 8.0；

i_x、i_y——弯曲平面内的截面回转半径，$i_x = \sqrt{\dfrac{I_x}{A}}$、$i_y = \sqrt{\dfrac{I_y}{A}}$；$I_x$、$I_y$ 分别为截面绕 x 轴的惯性矩，A 为截面面积；对于组合截面，A、I_x 和 I_y 按弹性模量比换算，即 $A = A_0 + \psi_1 A_1 + \psi_2 A_2 + \cdots$，$I_x = I_{0x} + \psi_1 I_{1x} + \psi_2 I_{2x} + \cdots$，$I_y = I_{0y} + \psi_1 I_{1y} + \psi_2 I_{2y} + \cdots$，$A_0$ 为标准层截面面积，A_1、$A_2\cdots$ 为其他层截面面积，I_{0x}、I_{0y} 为绕 x 轴和绕 y 轴的标准层惯性矩，I_{1x}、I_{2x} 和 I_{1y}、I_{2y} 为绕 x 轴和绕 y 轴的其他层的惯性矩，$\psi_1 = \dfrac{E_1}{E_0}$、$\psi_2 = \dfrac{E_2}{E_0}$、$\cdots$，$E_0$ 为标准层的弹性模量，E_1、$E_2\cdots$ 为其他层的弹性模量；

α——与砂浆强度等级有关的系数，当砂浆强度等级大于或等于 M5 或为组合构件时，α 为 0.002；当砂浆强度为 0 时，α 为 0.013；

β_x、β_y——构件在 x 方向、y 方向的长细比，按式（19-78）、式（19-79）计算，当小于 3 时取 3；

$$\beta_x = \frac{\gamma_\beta l_0}{3.5 i_y} \qquad (19\text{-}78)$$

$$\beta_y = \frac{\gamma_\beta l_0}{3.5 i_x} \qquad (19\text{-}79)$$

γ_β——不同砌体材料构件的长细比修正系数按表 19-5 采用；

l_0——构件计算长度，按表 19-6 取用。

长细比修正系数 γ_β 表 表 19-5

砌体材料类别	γ_β
混凝土预制块砌体或组合结构	1.0
细石料、半细石料砌体	1.1
粗石料、块石、片石砌体	1.3

构件计算长度 l_0 表 表 19-6

构件及其两端约束情况		计算长度 l_0
直杆	两端固接	0.5l
	一端固定，一端为不移动的铰	0.7l
	两端均为不移动的铰	1.0l
	一端固定，一端自由	2.0l

表 19-6 中，l 为构件支点间长度。

拱的截面承载力验算是考虑拱的各截面内力悬殊，取其受力较为不利者分别予以验算，仅考虑受力不利截面轴向力和偏心距对承载力的影响，计算时不考虑长细比对受压构件承载力的影响，即令式（**19-78**）和式（**19-79**）中的 $\boldsymbol{\beta_x}$ 和 $\boldsymbol{\beta_y}$ 小于 **3 取为 3**。

同时按表 19-4 进行偏心距验算。当偏心距 e 超过表 19-4 规定的偏心距限值时，构件承载力应按式（19-72）和式（19-73）计算。

（3）混凝土拱圈截面

砌体是由单块块材用砂浆衬垫粘结而成，而混凝土相对而言较为匀质，整体性较好。所以在塑性状态，砌体的承载力计算公式不应用于混凝土结构。

根据试验分析，混凝土偏心受压构件进入塑性状态，可以认为受压区的法向应力图形为矩形，受压应力的合力作用点与轴心力作用点重合。

《公路桥规》JTG D61—2005 规定，对混凝土偏心受压构件，当截面上受压偏心距满足表 19-4 要求且主拱圈为混凝土结构时，其正截面承载力验算可按下式进行：

$$\gamma_0 N_d \leqslant \varphi A_c f_{cd} \qquad (19\text{-}80)$$

式中 N_d——轴向力设计值；

$\qquad$ f_{cd}——混凝土构件抗压强度设计值，按附表 15-17 采用；

$\qquad$ A_c——混凝土受压区面积；

$\qquad$ φ——弯曲平面内轴心受压构件弯曲系数，**计算时可取 $\varphi=1.0$。**

在确定偏心受压构件的受压区面积 A_c 时，《公路桥规》JTG D61—2005 采取了轴向力作用点与受压区法向应力的合力作用点相重合的原则，因此，可由轴向力偏心距 e 得出受压区面积重心轴的距离 $e_c=e$，再由受压区面积重心即可得出受压区面积 A_c。

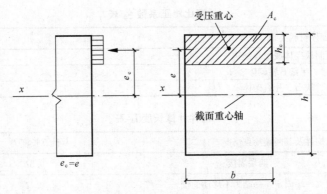

图 19-47   混凝土偏心受压构件（单向偏心）

1）单向偏心受压

单向偏心受压时，受压区高度 h_c 按下列条件确定（图 19-47）：

$$e_c = e \qquad (19\text{-}81)$$

矩形截面的受压承载力可按下式计算：

$$\gamma_0 N_d \leqslant N_u = \varphi f_{cd} b\,(h-2e) \qquad (19\text{-}82)$$

式中 e_c——受压区混凝土法向应力合力作用点至截面重心的距离；

$\qquad$ e——轴向力的偏心距；

$\qquad$ b——矩形截面宽度；

$\qquad$ h——矩形截面高度。

符号 φ 意义与式（19-80）相同。

当构件弯曲平面外长细比大于弯曲平面内长细比时，尚应按轴向受压验算其承载力。

2）双向偏心受压

试验表明，双向偏心受压构件在两个方向上偏心率（沿构件截面某方向的轴向力偏心距与该方向边长的比值）的大小及其相对关系的改变，影响着构件的性能，使其有不同的破坏形态和特点。双向偏心受压构件的承载力计算，比前述单向偏心受压构件更为复杂，计算方法尚不成熟，一般采用近似的计算公式。

双向偏心受压时，受压区高度和宽度，按下列条件确定（图19-48）：

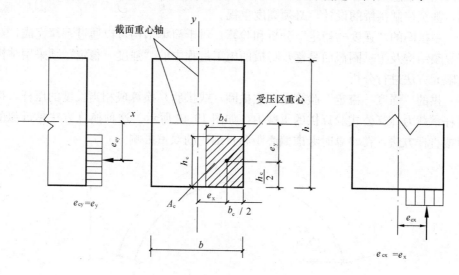

图 19-48　混凝土偏心受压构件（双向偏心）

$$e_{cy} = e_y \tag{19-83}$$

$$e_{cx} = e_x \tag{19-84}$$

矩形截面的偏心受压承载力可按下式计算：

$$\gamma_0 N_d \leqslant N_u = \varphi f_{cd} (b - 2e_x)(h - 2e_y) \tag{19-85}$$

式中　e_{cy}——受压区混凝土法向应力合力作用点在 y 轴方向至截面重心的距离；

　　　e_{cx}——受压区混凝土法向应力合力作用点在 x 轴方向至截面重心的距离；

　　　e_y——轴向力 y 轴方向的偏心距；

　　　e_x——轴向力 x 轴方向的偏心距；

符号 φ 意义与式（19-80）相同。

2. 拱的整体承载力（"强度—稳定"）验算

主拱圈是以受压为主的结构，因此，无论是在施工过程中，还是成桥运营阶段，除应满足承载力要求外，还需进行整体承载力验算。通常，主拱圈的整体承载力验算分纵向（弯曲平面内）和横向（弯曲平面外）两个方向分别进行验算。

实腹式拱桥，一般跨径较小且通常采用有支架施工，主拱圈的纵、横向"强度—稳定"可不验算。大中跨径拱桥应视施工等具体条件决定是否应对主拱圈的纵横向"强度—稳定"进行验算。如果采用有支架施工，且在拱上建筑砌完后才卸落支架，则认为拱上建筑参与主拱圈共同受力，主拱圈的纵向"强度—稳定"可不验算。当主拱圈宽度大于或等于跨径的 $l/20$ 时，则可不验算主拱圈的横向"强度—稳定"。如果采用无支架施工或早脱架施工（即拱上建筑尚未砌完就卸落拱架），则对主拱圈的纵、横向"强度—稳定"均应进行验算。

随着所用材料的改善和施工技术的提高，拱桥的跨径不断增大，使主拱圈的长细比愈来愈大，导致主拱圈在施工阶段及成桥运营状态的稳定性问题越来越突出，甚至控制拱桥的设计，必须高度重视。

主拱圈的"强度—稳定"分析和验算，对于简单结构可以通过手算完成，对于复杂结构及主拱圈截面是逐步形成的施工过程中的"强度—稳定"须采用结构有限元方法进行分析。

拱的"强度—稳定"验算是将主拱圈（或拱肋）换算成相当长度的压杆，按直杆承载力计算公式验算拱的承载力，如图 19-49 所示。这种换算方法是近似的模拟直杆方法，在验算时考虑偏心距和长细比的双重影响。

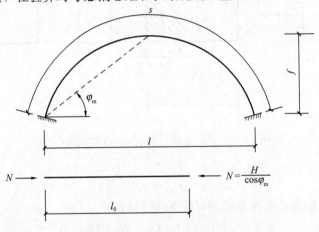

图 19-49 主拱圈纵向稳定验算

（1）砌体拱圈

砌体拱圈的"强度—稳定"验算按式（19-86）进行：

$$\gamma_0 N_d \leqslant N_u = \varphi A f_{cd} \tag{19-86}$$

符号意义与式（19-74）相同。采用式（19-78）、式（19-79）计算砌体构件长细比 β_x 和 β_y 时，拱圈纵向（弯曲平面内）计算长度 l_0 的取值为：三铰拱为 $0.58L_a$、两铰拱为 $0.54L_a$、无铰拱为 $0.36L_a$，L_a 为拱轴线长度。无铰板拱拱圈横向（弯曲平面外）计算长度 l_0 见表 19-7。

无铰板拱横向稳定计算长度 l_0 　　　　　　　　　　表 19-7

矢跨比 f/l	1/3	1/4	1/5	1/6	1/7	1/8	1/9	1/10
计算长度 l_0	1.167 r	0.962 r	0.797 r	0.577 r	0.495 r	0.452 r	0.425 r	0.406 r

表 19-7 中，r 为圆曲线半径。当为其他曲线时，可近似地取 $r = \dfrac{l}{2}\left(\dfrac{1}{4\beta}+\beta\right)$，其中 β 为拱圈矢跨比。

如果考虑拱上建筑与拱圈的联合作用时，由于拱上建筑的约束作用，可不考虑纵向长细比对承载力的影响，取纵向长细比 $\beta_y = 3$；当板拱拱圈宽度大于或等于计算跨径的 1/20 时，砌体主拱圈可不考虑横向长细比 β_x 对构件承载力的影响系数，即令 $\beta_x=3$。

同时应进行偏心距限值（表 19-4）验算。

（2）混凝土拱圈

混凝土拱圈的"强度－稳定"验算按式（19-87）进行：

$$\gamma_0 N_d \leqslant N_u = \varphi A f_{cd} \tag{19-87}$$

式中混凝土轴向受压构件弯曲系数 φ 按表 19-8 查取，其余符号意义与式（19-80）相同。表 19-8 中 l_0 为构件计算长度（表 19-6），在计算 $\dfrac{l_0}{b}$ 或 $\dfrac{l_0}{i}$ 时，b 或 i 的取值：对于单向偏心受压构件，取弯曲平面内截面高度或回转半径；对于轴心受压构件及双向偏心受压构件，取截面短边尺寸或截面最小回转半径。

混凝土轴心受压构件弯曲系数表 表 19-8

$\dfrac{l_0}{b}$	<4	4	6	8	10	12	14	16	18	20	22	24	26	28	30
$\dfrac{l_0}{i}$	<14	14	21	28	35	42	49	56	63	70	76	83	90	97	104
φ	1.00	0.98	0.96	0.91	0.86	0.82	0.77	0.72	0.68	0.63	0.59	0.55	0.51	0.47	0.44

拱圈纵向（弯曲平面内）计算长度 l_0 和无铰板拱拱圈横向（弯曲平面外）计算长度 l_0 取法与砌体拱圈相同。

如果考虑拱上建筑与主拱圈共同受力时，混凝土主拱圈的纵向稳定可不予考虑，即可取纵向受压构件弯曲系数；当板拱拱圈宽度大于或等于计算跨径的 1/20 时，混凝土主拱圈可取横向轴心受压构件弯曲系数 $\varphi=1.0$。

在用式（19-86）或式（19-87）进行拱圈的整体承载力验算时，由于是近似的模拟直杆方法，全拱只能取一个轴向力和一个偏心距，所以《公路桥规》JTG D61—2005 建议拱的轴向力设计值按式（19-88）计算，即

$$N_d = \frac{H_d}{\cos \varphi_m} \tag{19-88}$$

式中　N_d——轴向力设计值；

H_d——拱的水平推力设计值；

φ_m——拱顶与拱脚的连线与跨径的夹角（图 19-49）。

按式（19-88）的轴向力取值实际近似于各截面平均轴向力。轴向力作用的偏心距 e 可取与水平推力计算时同一荷载布置的拱跨 1/4 处弯矩设计值 N_d 除以 N_d，其值可以认为是各截面平均轴向力的平均偏心距。

同时应进行偏心距限值（表 19-4）验算。

对变截面拱圈在整体承载力（"强度－稳定"）验算中的截面取值，可采用拱的换算等代截面惯性矩方法，即可将半个拱圆弧长取直为一简支梁，取一跨径相同的等截面简支梁，在两者跨中加载一单位集中力，当该点挠度彼此相等时，后

者的惯性矩即视为该拱的换算等代截面惯性矩。由此确定换算等代截面的宽度和高度。

3. 正截面直接受剪承载力计算

《公路桥规》JTG D61—2005 规定砌体构件或混凝土构件正截面直接受剪时，受剪承载力计算按下式进行：

$$\gamma_0 V_d \leqslant A f_{vd} + \frac{1}{1.4} \mu_f N_k \tag{19-89}$$

式中　V_d——剪力设计值；

　　　A——受剪截面面积；

　　f_{vd}——砌体或混凝土抗剪强度设计值，按附表 15-17、附表 15-21 和附表 15-24 采用；

　　μ_f——摩擦系数，取 0.7；

　　N_k——与受剪截面垂直的压力标准值。

4. 刚度验算

刚度验算主要是验算拱桥的桥跨结构在荷载作用下的挠度是否在规定的范围内。

19.3.6　施工阶段的主拱圈计算

拱桥在施工过程中，主拱圈的受力在不同的施工阶段是不相同的，并且与成桥后运营阶段主拱圈受力情况相差较大，因此，必须验算施工阶段主拱圈的承载力和稳定性。

拱桥采用不同的施工方法，其施工阶段的划分及施工计算的内容也不相同。例如采用缆索吊装施工拱桥时，主拱圈要经历脱模吊装、悬挂合龙和施工加载等阶段。而采用悬臂拼装（悬臂桁架法）施工的拱桥，其上部结构由悬臂桁架转化为桁架拱，再转化为无铰拱，结构体系在施工过程中不断变化。

施工阶段主拱圈的承载力和稳定性计算应根据拱桥不同施工方法和具体的施工阶段进行，这部分内容可参阅有关文献，不再赘述。

思　考　题

19.1　拱桥和梁桥的构造和受力上有何区别？拱桥的优缺点有哪些？拱桥有哪些主要组成部分？

19.2　按主拱圈截面形式，拱桥分为哪几类？各有什么构造特点？

19.3　什么是拱上建筑？空腹式拱上建筑有哪两类？

19.4　拱桥矢跨比的大小对拱桥结构的影响有哪些？

19.5　选择拱轴线的原则是什么？常用的拱轴线型有哪些？什么是合理拱

轴线？

19.6　为什么可以用悬链线作为空腹式拱的拱轴线型？

19.7　什么是联合作用和活载的横向分布？什么是拱轴系数？

19.8　实腹式悬链线拱的竖坐标 $y_{1/4}$ 与拱轴系数 m 的关系如何？

19.9　对于空腹式无铰拱，为什么采用"五点重合法"确定的其主拱圈拱轴线是合理的？

19.10　拱桥的伸缩缝和变形缝是如何设置的？

19.11　利用内力影响线如何计算拱桥的活载内力？

19.12　钢筋混凝土主拱圈的承载力计算包括哪些内容？

第 20 章　桥墩与桥台

教学要求:

1. 了解桥梁墩台的结构构造;

2. 掌握重力式墩台的设计荷载及其组合,重力式桥墩、台的墩台身截面承载能力计算方法、整体稳定性验算以及基础底面土的承载力和偏心距验算方法,了解桩式桥墩及其他轻型墩台的构造特点。

§20.1　概　　述

桥梁墩(台)是桥梁的重要结构,支承着桥梁上部结构的荷载并将它传给地基基础。桥墩主要由墩帽、墩身和基础三部分组成,桥台主要由台帽、台身和基础三部分组成,如图 20-1 所示。

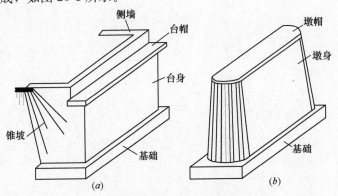

图 20-1　墩、台组成图

(a) 重力式桥台;(b) 重力式桥墩

桥墩除承受上部结构的竖向压力和水平力之外,墩身还受到风力、流水压力及可能发生的冰压力、船只和漂流物的撞击力。桥台设置在桥梁两端,它起支承上部结构和连接两岸道路的作用,同时,还要挡住桥台背后的填土。因此,桥梁墩、台应有足够的承载力和稳定性,避免在荷载作用下有过大的位移和转动。

在桥梁的总体设计中,下部结构,即桥梁墩(台)的选型对整个设计方案有较大的影响。桥梁是一个整体,上下部结构共同工作、互相影响,要重视下部结构,合理的选型使桥梁上、下部结构协调一致,轻巧美观。特别是城市桥梁和立交、高架桥,桥梁下部结构的选型,更显示出它在桥梁美学方面的独特功能,同时还要求其造型与周围地形、地物环境和谐。

公路桥梁上常用的墩、台形式大体上可归纳为梁桥墩台和拱桥墩台两大类。每类墩台又可分为两种形式：一种是重力式墩、台，这类墩、台的主要特点是靠自身重量来平衡外力而保持其稳定，因此，墩、台身比较厚实，可以不用钢筋，而用天然石料或片石混凝土砌筑。它适用于地基良好的大、中型桥梁或流冰、漂浮物较多的河流中。在砂石料供应充足的地区，小桥也往往采用重力式墩、台，其主要缺点是圬工体积大，因而其自重和阻水面积也较大。另一种是轻型墩、台，如广泛使用的柱式柔性墩、台。一般来说，这类墩、台的刚度小，受力后允许在一定的范围内发生弹性变形。所用材料大都以钢筋混凝土为主，但也有一些轻型墩、台通过验算后可以采用石料砌筑。

§20.2　梁桥墩台

20.2.1　梁桥桥墩

桥墩按其构造可分为重力式桥墩、空心式桥墩、柱式墩、柔性墩、薄壁墩五类。实际工程中重力式桥墩和柱式桥墩应用得最多。

1. 重力式桥墩

（1）构造

重力式桥墩是实体的圬工墩，它主要靠自身的重量来平衡外力，从而保证桥墩的承载力和稳定。它的一般构造形式如图 20-2 所示。

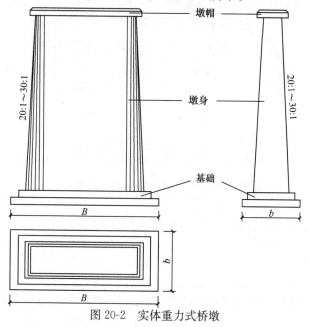

图 20-2　实体重力式桥墩

墩帽是通过支座直接支承桥跨结构的，局部应力较大，因此重力式圬工桥墩的墩帽一般采用钢筋混凝土结构，所用混凝土强度等级应在C25以上。对于大跨径桥梁，墩帽厚度一般不小于400mm，中小跨径梁桥也不应小于300mm，并且墩帽伸出墩身的檐口宽度为50～100mm。

当桥面较宽时，为了节省桥墩圬工，减轻结构自重，可选用悬臂式或托盘式墩帽，见图20-3。悬臂的长度和宽度根据上部结构的形式、支座的位置及施工荷载的要求来确定。一般要求悬臂式或托盘式墩帽采用钢筋混凝土，混凝土强度等级在C25以上，悬臂的受力钢筋须经过计算确定，悬臂端部的最小高度不小于0.3～0.4m。

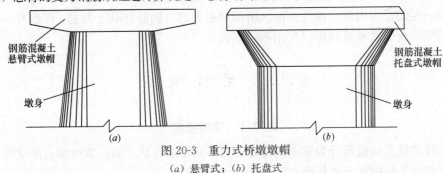

图 20-3 重力式桥墩墩帽

(a) 悬臂式；(b) 托盘式

重力式桥墩帽的平面尺寸，必须满足桥跨结构支座布置的需要。为了避免支座过于靠近墩身侧面的边缘，造成应力集中，也为了提高混凝土的局部承压能力，并考虑施工误差及预留锚栓孔的要求，支座边缘到墩、台身边缘的最小距离见表20-1和图20-4。

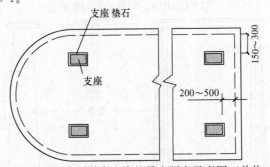

图 20-4 支座边缘到墩身边缘的最小距离示意图（单位：mm）

支座边缘至墩、台身边缘的最小距离（m）   表 20-1

桥向 跨径 l（m）	顺桥向	横桥向	
		圆弧形端头（自支座边角量起）	矩形端头
$l \geq 150$	0.30	0.30	0.50
$50 \leq l < 150$	0.25	0.25	0.40
$20 \leq l < 50$	0.20	0.20	0.30
$5 \leq l < 20$	0.15	0.15	0.20

注：当采用钢筋混凝土或预应力混凝土悬臂墩帽时，可不受本表限制，应以便于施工、养护和更换支座而定。

重力式桥墩的墩身用片石混凝土浇筑，或用浆砌块石和料石砌筑，也可以用混凝土预制块砌筑。墩身的主要尺寸包括墩高、墩顶面、底面的平面尺寸及墩身侧坡。用于梁式桥的墩身宽度，对于小跨径桥梁不宜小于800mm，中等跨径桥梁不宜小于1000mm，大跨桥的桥梁墩身宽度视上部结构类型而定。墩身的侧坡可采用20∶1～30∶1（竖∶横），如图20-2所示，对小跨径桥梁且桥墩不高时可以不设侧坡。

（2）桥墩的截面形式

重力式桥墩的截面形式如图20-5所示。从水力特性和桥墩阻水来看，菱形、尖端形、圆形及圆端形较好。圆形截面对各方向的水流阻水、导流情况相同，适应于潮汐河流或流向不定的桥位。矩形截面导流性能较差，但施工方便，可在干谷或水流很小的桥墩上使用，并在墩身上设置侧坡，以满足截面承载力与稳定性的要求。

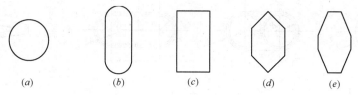

图 20-5　重力式桥墩的截面形式示意图

(a) 圆形；(b) 圆端形；(c) 矩形；(d) 尖端形；(e) 菱形

（3）破冰凌

严寒地区的桥墩往往受到流冰压力的威胁，或是有大量漂流物的河道，桥墩要受到冲击。因此，在中等以上流冰河道（冰厚大于0.5m，流水速度达到1m/s左右）及有大量漂流物的河道，应在迎水方向设置破冰凌体，见图20-6。

破冰凌的设置范围，应从最低流冰水位以下0.5m到最高流冰水位以上1m处，破冰凌的倾斜度一般取3∶1～10∶1。破冰凌应以坚硬料石镶砌，也可用高强度混凝土并配钢筋网予以加固。

在中等流冰或漂流物河道上，如果采用空心、薄壁、柔性桥墩时，应在水流前方2～10m处设破冰体，使流冰或漂流物在未达桥墩前撞碎或引避。

重力式桥墩稳定性好，可不设受力钢筋，墩身可用圬工材料建造。但圬工材料数量大，自重大，阻水面积较大，可在砂石料方便的地区，地基承载能力高的桥位

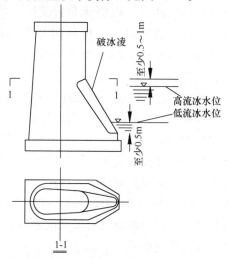

图 20-6　破冰凌体的构造（尺寸单位：m）

或流冰、漂流物较多的河道中采用。

2. 空心式桥墩

空心式桥墩是桥墩向轻型化、机械化方向发展的途径之一。空心式桥墩可以充分利用材料的强度，节省材料，减轻桥墩自重，同样高度的空心墩比实体墩节省圬工 20%～30%左右，钢筋混凝土空心墩可节省材料重量 50%左右。空心墩可以采用钢滑动模板施工，施工速度快、质量好、节省模板支架，特别对于高桥墩，更显示出其优越性。

建造空心墩一般采用钢筋混凝土。空心桥墩一般要求壁厚不小于 300mm（钢筋混凝土桥墩）。桥墩的截面形式有圆形、圆端形、长方形等数种（图 20-7）。桥墩的立面布置可采用直立式、侧坡式和阶梯式等，墩身设置侧坡符合桥墩的受力要求，侧坡也可采用 20：1～30：1。

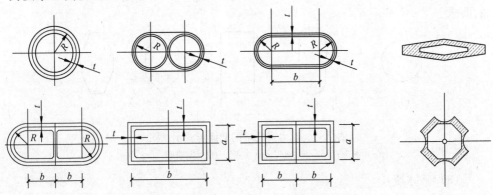

图 20-7   空心式桥墩的截面形式示意图

图 20-8 示出某圆形钢筋混凝土空心式桥墩的设计构造。空心式桥墩的顶部可设置实体段，以便于布置支座、均匀传力并减少对空心墩壁的冲击，实体部分可设置檐口，也可采用与空心部分等宽，实体段的高度取用 1～2m。为减缓应力集中，墩身与底部或顶面交界处应采用墩壁局部加厚或设置实体段的措施。

薄壁空心式桥墩，在流速大并夹有大量泥砂石的河流，以及在可能有船只、冰和漂流物冲击的河流中不宜采用。

3. 柱式墩

柱式墩又称桩式墩，是目前公路桥梁中广泛采用的桥墩形式，特别是在桥宽较大的城市桥和立交桥中，这种桥一般采用钢筋混凝土材料。柱式桥墩的墩身沿桥横向常由 1～4 根立柱组成，柱身为 0.6～1.5m 的大直径圆柱或方形、六角形等其他形式，使墩身具有较大的刚度，当墩身高度大于 6～7m 时，应设横系梁加强柱身横向联系。

柱式桥墩一般由基础之上的承台、柱式墩身和盖梁组成。双车道桥常用的柱

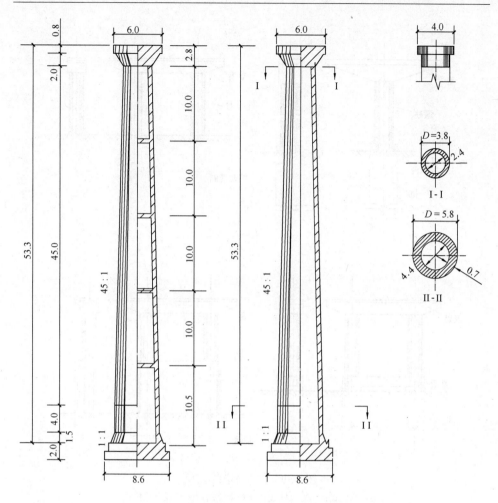

图 20-8　圆形空心式桥墩构造（尺寸单位：m）

式墩有单柱式、双柱式、哑铃式以及混合双柱式四种，如图 20-9 所示。单柱式墩适用于斜交角大于 15°的桥梁、流向不固定的桥梁和立交桥上使用。双柱式墩在公路桥上用得较多，哑铃式和混合双柱式墩对有较多漂流物和流冰的河道较为适用。

4. 钢筋混凝土薄壁墩

钢筋混凝土薄壁墩是一种新型桥墩，截面形式有一字形、工字形、箱形等，圆形的薄壁空心墩也是钢筋混凝土薄壁墩的类型之一。一字形的薄壁墩构造简单、轻巧、圬工体积少，适合于地基承载力较弱的地区。薄壁墩的高度一般不大于 7m，由于墩身为偏心受压构件，因此要配有足够的受力钢筋和构造钢筋。图 20-10 为我国公路中小跨径梁桥中使用一字形实体钢筋混凝土薄壁墩的示意图。

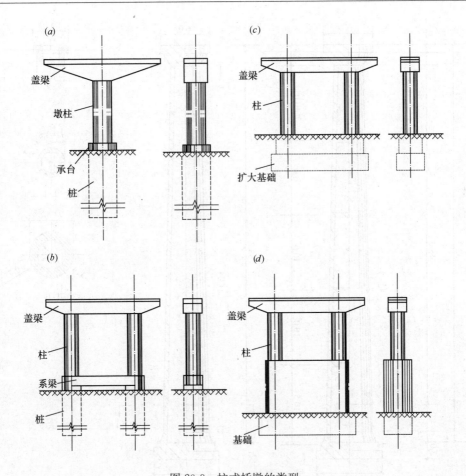

图 20-9 柱式桥墩的类型

(a) 单柱式；(b) 双柱式；(c) 哑铃式；(d) 混合双柱式

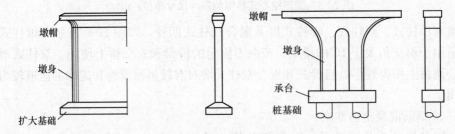

图 20-10 实体薄壁桥墩示意图

20.2.2 梁桥桥台

　　梁桥桥台可分为重力式桥台和轻型桥台两种，此外还有组合式桥台和承拉式桥台。

1. 重力式桥台

重力式桥台也称实体式桥台，它主要靠自重来平衡台后的土压力。桥台台身多数由石砌、片石混凝土或混凝土等圬工材料就地建造。

常见形式是 U 形桥台，由台身（前墙）、台帽、基础与两侧的翼墙（侧墙）组成，在平面上呈 U 字形。台身支承桥跨结构，并承受台后土压力；翼墙连接路堤，在满足一定条件时，参与前墙共同承受土压力，侧墙外侧设锥形护坡。U 形桥台的一般构造见图 20-11。

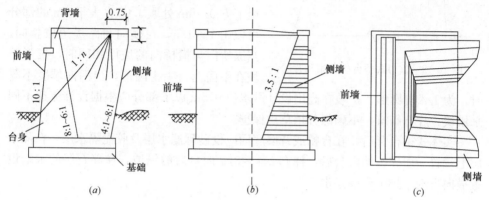

图 20-11　U 形桥台的构造示意图（尺寸单位：m）
(a) 侧面；(b) 正面；(c) 平面

U 形桥台构造简单，基础的承压底面面积大，基底应力较小，但圬工体积大，同时桥台内的填土容易积水，结冰后冻胀，使桥台结构产生裂缝。U 形桥台适合于填土高度 8～10m 的情况，但桥台中间填料宜用渗水性较好的土夯填，并做好台背排水设施。

各部分构造与主要尺寸如下：

（1）台帽与背墙

桥台顶帽由台帽和背墙两部分组成（见图 20-12）。台帽一般采用混凝土或钢筋混凝土，其中钢筋的布置和支座边缘到台身的最小距离与桥墩相同。实体式桥台背墙一般不设钢筋，悬臂式桥台顶帽采用钢筋混凝土，并按计算布置受力钢筋。

（2）台身

实体式桥台台身前后设置斜坡呈梯形断面，外侧斜坡可取用 10：1，内侧斜坡取 8：1～6：1。台身顶的长度与宽度应配合台帽，当台身为圬工结构时，要求台身任一水平截面的纵向宽度不小于该截面至台顶高度的 0.4 倍。

（3）侧墙

U 形桥台的侧墙，外侧呈直立，内侧为 3：1～5：1 的斜坡。圬工侧墙的顶宽不小于 0.4～0.5m，对任一水平面的宽度，片石圬工不宜小于该截面至墙顶高度的 0.4 倍，块石及混凝土不宜小于 0.35 倍，当台内填土的渗水性良好时，则

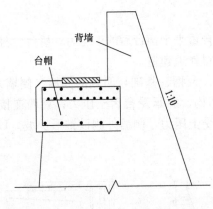

图 20-12　重力式桥台的台帽和背墙

上述要求可分别减为 0.35 倍和 0.3 倍。在侧墙的尾端，除最上段 1.0m 采用竖直外，以下部分可采用 4:1～8:1 的倒坡。

（4）锥形护坡、溜坡及台后排水

U 形桥台的翼墙尾端上部应伸入路堤不小于 0.75m，锥形护坡的坡脚不能超过桥台前沿。锥形护坡在纵桥向的坡度，路堤下方 0～6m 处取 1:1，大于 6m 的部分可取用 1:1.5，在横向与路堤边坡相同。当纵桥向与横桥向的坡度相同时，锥形护坡在平面上为 1/4 圆形，当两向坡度不等时，为 1/4 椭圆形。护坡在高出设计洪水位 0.5m 以下部分应根据设计流速不同采用块、片石砌筑，不砌部分植草皮保护。

实体式桥台背后，在台帽或背墙底面应设砂砾滤水层及胶泥隔水层，在隔水层上设置一层碎石伸向台后，并有 2‰～3‰ 向台后的纵坡，在碎石层的末端设置横向盲沟，排出台内渗水。

2. 轻型桥台

轻型桥台的体积轻巧、自重较小，一般由钢筋混凝土材料建造，它借助结构物的整体刚度和材料强度承受外力，从而可节省材料，降低对地基强度的要求和扩大应用范围，为软土地基上修建桥台开辟了经济可行的途径。

常用的轻型桥台有：埋置式桥台、钢筋混凝土薄壁轻型桥台、支撑梁轻型桥台和框架式桥台等几种类型。

（1）埋置式桥台

埋置式桥台的台身埋置在台前溜坡内，不需另设翼墙，仅由台帽两端的耳墙与路堤衔接。图 20-13（b）为后倾式埋置桥台，它使台身重心向后，用以平衡台后填土的倾覆力矩，但倾斜度应适当。

埋置式桥台的台身为圬工实体，台帽及耳墙采用钢筋混凝土。当台前溜坡有适当保护不被冲毁时，可考虑溜坡填土的主动土压力，因此，埋置式桥台圬工数量较省，但由于溜坡伸入桥孔，压缩了河道，有时需要增加桥长。它适用于桥头为浅滩，溜坡受冲刷较小，填土高度在 10m 以下的桥梁中使用。当地质条件较好时，可将台身挖空成拱形，以节省圬工，减轻自重。

（2）薄壁轻型桥台

钢筋混凝土薄壁轻型桥台常用的形式有悬臂式、扶壁式、撑墙式及箱式等，见图 20-14。在一般情况下，悬臂式桥台的混凝土量和用钢量较高，撑墙式与箱式的模板用量较高。薄壁轻型桥台的优点与薄壁墩类同，可根据桥台高度、地基承载力和土质等因素选定。

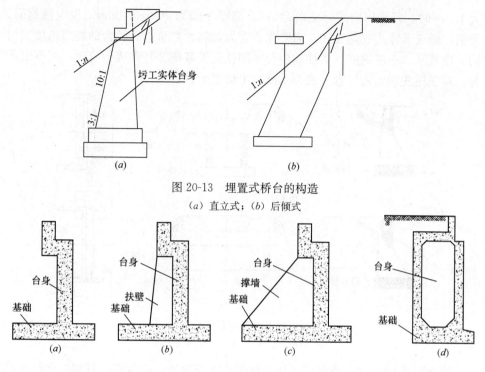

图 20-13　埋置式桥台的构造

(a) 直立式；(b) 后倾式

图 20-14　薄壁轻型桥台

(a) 悬臂式；(b) 扶壁式；(c) 撑墙式；(d) 箱式

（3）支撑梁轻型桥台

单跨或少跨的小跨径桥，在条件许可的情况下，可在轻型桥台之间或台与墩间，设置 3～5 根支撑梁。支撑梁设在河床冲刷线以下。梁与桥台设置锚固栓钉，使上部结构与支撑梁共同支撑桥台承受台后土压力。此时桥台与支撑梁及上部结构形成四铰框架来受力。

轻型桥台可采用八字式和一字式翼墙挡土，如地形许可，也可做成耳墙，形成埋置式轻型桥台并设置溜坡。

（4）框架式桥台

钢筋混凝土框架式桥台是一种在横桥向呈框架结构的桩基础轻型桥台，它所受的土压力较小，适用于地基承载力较低、台身较高、跨径较大的梁桥。其构造形式有双柱式、多柱式、墙式、半重力式和双排架式、板凳式等。

双柱式桥台见图 20-15，当桥较宽时，可采用多柱式。一般用于填土高度小于 5m，为了减少桥台水平位移，也可采用先填土后钻孔。填土高度

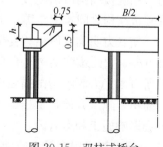

图 20-15　双柱式桥台

(尺寸单位：m)

大于 5m 时，可采用墙式，见图 20-16。墙厚一般为 400～800mm，设少量钢筋。台帽可做成悬臂式或简支式，需要配置受力钢筋。半重力式桥台的构造与墙式相同，墙较厚，不设钢筋。当柱式桥台采用钻孔桩基础并延伸成台身时，可不设承台。对于柱式和墙式桥台一般在基础之上设置承台。

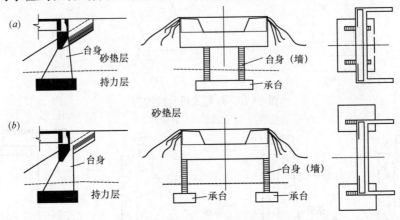

图 20-16　墙式桥台构造

(a) 台帽为悬臂式；(b) 台帽为简支式

当水平力较大时，桥台可采用双排架式或板凳式，由台帽、背墙、台柱和承台组成。图 20-17 为排架式装配桥台的构造示意图。

框架式桥台均采用埋置式，台前设置溜坡。为满足桥台与路堤的连接，在台帽上部设置耳墙，必要时在台帽前方两侧设置挡板。

3. 组合桥台

为使桥台轻型化，桥台本身主要承受桥跨结构传来的竖向力和水平力，而台后的土压力由其他结构来承受，形成组合式的桥台。

(1) 锚碇板式桥台（锚拉式）

锚碇板式桥台有分离式和结合式两种形式。分离式的台身与锚碇板、挡土结构分开，台身主要承受上部结构传来的竖向力和水平力，锚碇板设施承受土压力。锚碇板结构由锚碇板、立柱、拉杆和挡土板组成，见图 20-18 (a)。桥台与锚碇板结构之间预留空隙，上端做伸缩缝，桥台与锚碇结构的基础分离，互不影响，使受力明确，但结构复杂，施工不方便。结合式锚碇板桥台的构造见图 20-18 (b)，它的锚碇结构与台身结合在一起，台身兼做立柱或挡土板。作用在台身的所有水平力假定均由锚碇板的抗拔力来平衡，台身仅承受竖向荷载。组合式结构简单，施工方便，工程量较省，但受力不很明确，若台顶位移量计算不准，可能会影响施工和运营。

锚碇板可用混凝土或钢筋混凝土制作，根据试验采用矩形为佳，为便于机械化填土作业，锚碇板的层数一般不宜多于两层。立柱和挡土板通常采用钢筋混

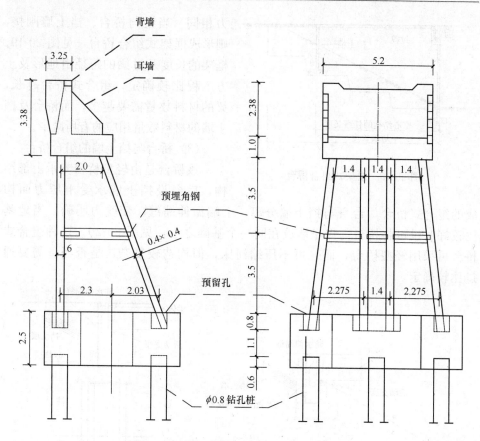

图 20-17 排架式装配桥台（尺寸单位：m）

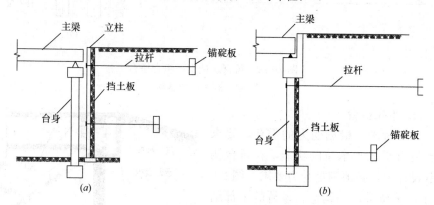

图 20-18 锚碇板式桥台构造

（a）分离式；（b）结合式

凝土，锚碇板的设置位置以及拉杆等结构均要通过计算确定。

（2）过梁式、框架式组合桥台

桥台与挡土墙用梁结合在一起的桥台为过梁式组合桥台，使桥台与桥墩的受

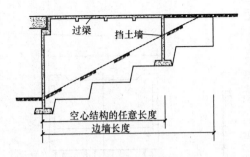

图 20-19　框架式组合桥台

力相同。当梁与桥台、挡土墙刚接，则形成框架式组合桥台，见图 20-19。框架的长度及过梁的跨径由地形及土方工程比较确定，组合式桥台越长，梁的材料数量需要越多，而桥台及挡土墙的材料数量相应的有所减少。

（3）桥台与挡土墙的组合桥台

该桥台是由轻型桥台支承上部结构，后台设挡土墙承受土压力而构成的组合式桥台。台身与挡土墙分离，上端做伸缩缝，使受力明确。当地基比较好时也可将桥台与挡土墙放在同一个基础之上，见图 20-20。这种组合式桥台可采用轻型桥台，而且可不压缩河床，但构造较复杂，是否经济需要通过比较确定。

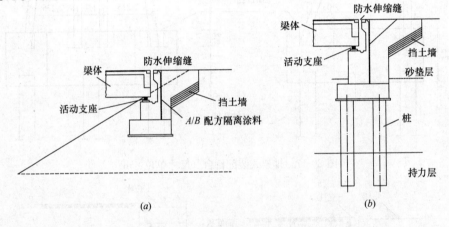

图 20-20　桥台、挡土墙组合桥台
（a）浅基础；（b）桩基础

4. 承拉桥台

在梁桥中，根据受力的需要，要求桥台具有承压和承拉的功能，在桥台构造和设计中，必须满足受力要求。图 20-21 示出承拉桥台的构造。该桥的上部结构为单箱单室截面，箱梁的两个腹板延伸至桥台形成悬臂腹板，它与桥台顶梁之间设氯丁橡胶支座受拉，悬臂腹板与台帽之间设置氯丁橡胶支座支承上部结构，并可设置扁千斤顶，以备调整。

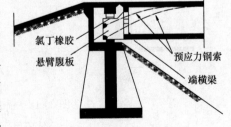

图 20-21　承拉桥台的构造

§ 20.3　拱　桥　墩　台

20.3.1　概　　述

拱桥墩台的作用是承受拱跨结构传来的荷载，并通过基础传给地基。由于拱圈（肋）对墩台的作用除有竖向压力之外，还有水平推力和弯矩，故拱桥墩台的尺寸一般比梁桥的大。桥台在台背上还承受路基填土的土压力。因而，拱桥墩台必须具有足够的承载力和稳定性。

拱桥墩台同梁桥墩台一样，也分为两大类型，一类是重力式墩台，另一类是轻型墩台，其作用原理与梁桥墩台大致相同。拱桥墩台的构造和形式的选择，应结合桥位处的地质、水文、结构体系、跨径、矢跨比、荷载大小以及施工情况等因素综合考虑，墩台常用石料、混凝土、钢筋混凝土建造。在软土地区，为了降低墩台自身重量，可用钢筋混凝土墩台，以减小墩台尺寸。

20.3.2　桥　　墩

1. 重力式桥墩

拱桥是一种推力结构，拱圈传给桥墩上的力，除了竖向力以外，还有较大的水平推力，这是与梁桥的最大不同之处。从抵御恒载水平力的能力来看，拱桥桥墩又可分为普通墩和单向推力墩两种。普通墩除了要承受相邻两跨结构传来的垂直反力外，一般不承受恒载水平推力，或者当相邻孔不相同时，只承受经过相互抵消后剩余的不平衡推力。单向推力墩又称制动墩，它的主要作用是在它一侧的桥孔因某种原因遭到毁坏时，能承受住单向的恒载水平推力，以保证其另一侧的拱桥不遭到倾坍。而且在施工时为了拱架的多次周转，或者当缆索吊装设备的工作跨径受到限制时，为了能按桥台与某墩之间或者按某两个桥墩之间作为一个施工段进行分段施工，在此情况下也要设置能承受部分恒载单向推力的制动墩。由此可见，为了满足结构承载力和稳定的要求，普通墩的墩身可以做得薄一些，单向推力墩则要做得厚实一些（图 20-22d）。

因为上承式拱桥的桥面与墩顶顶面相距有一段高度，墩顶以上结构常采用以下几种不同形式。对于空腹式拱桥的普通墩，常采用立墙式、立柱架盖梁式或者跨越式（图 20-22a、b、c）。对于单向推力墩常采用立墙式或框架式（图 20-22d）。

重力式桥墩由墩帽、墩身及基础三部分组成（图 20-23）。与梁桥不同的一点是梁桥桥墩的顶面要设置传力的支座且支座距顶面保持一定的距离，而拱桥桥墩则在其顶面的边缘设置成斜面的拱座，直接承受由拱圈传来的压力。故无铰拱桥的拱座总是设计成与拱轴线呈正交的斜面。

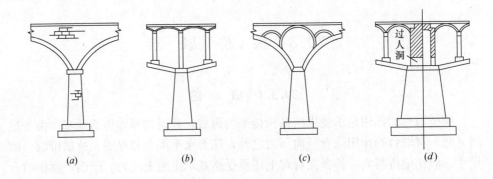

图 20-22 拱桥普通墩与单向推力墩

(a) 立墙式普通墩；(b) 立柱架盖梁式普通墩；

(c) 跨越式普通墩；(d) 单项推力墩

墩帽在桥墩的顶部。直接支承拱脚的部分称为拱座。墩帽一般挑出墩顶 50～100mm，做成滴水檐口（图 20-23a）。为了减少整体体积，可将墩顶部分做成悬臂式（图 20-23b）。墩帽一般采用强度等级 C20 以上的混凝土整体浇筑。由于拱座承受着较大的拱圈压力，故一般采用 C30 以上整体混凝土或混凝土预制块或 C40 以上的块石砌筑（图 20-24）。拱桥的拱座由于局部压力比较集中，故应用高强度混凝土及数层钢筋网加固。

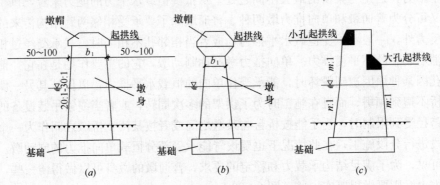

图 20-23 重力式桥墩（尺寸单位：mm）

(a) 一般式；(b) 墩顶悬臂式；(c) 交接墩

墩身是桥墩的主体部分，它除承受墩帽传来的全部荷载外，还要承受水流、船只等的冲击力，所以要具有足够的承载力和稳定性。对于等跨双向墩的顶宽 b_1（见图 20-23），当采用石砌墩时，可按拱跨跨径的 1/25～1/20 估算，并不小于 800mm，随跨径的增大而采用较小的比值。混凝土墩可按拱跨跨径的 1/30～1/5 估算，墩身两侧的坡度一般为 20:1～30:1（竖：横），墩身的平面形状在其两端常做成圆端形或尖端形，无水的岸墩也可做成矩形，以便于施工。单向推

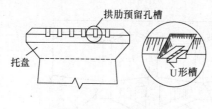

图 20-24 拱座构造

力墩顶宽 b_1 的尺寸应通过计算确定。此种形式的单向推力墩圬工体积大，用料多，增加了阻水面积，立面美观也较差。

重力式墩的基础可根据具体情况采用扩大基础、桩基础、沉井基础或管桩基础等。

在不等跨的拱桥中，相邻孔跨径不等的桥墩称为交接墩。为了承受不平衡的恒载推力，常将交接墩做成不对称的形式（图 20-23c）。

2. 轻型桥墩

拱桥上所用的轻型桥墩，一般为配合钻孔灌注桩基础的桩柱式桥墩（图20-25）。

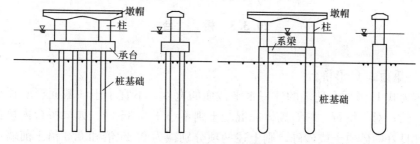

图 20-25 桩柱式桥墩

柱式桥墩的墩身由一根或数根立柱组成。柱身直径一般为 0.6～2.0m，当柱高大于 6～8m 时，柱的中部应设置横系梁。柱的顶端设置墩帽，柱的下端支承于桩或承台上。当柱与桩直接连接时，又称为桩式桥墩。桩式桥墩在桩、柱的结合处设置横系梁。柱、墩帽及横系梁应根据计算要求配置受力钢筋和构造钢筋。承台的配筋应符合基础设计要求。

在采用轻型桥墩的多跨拱桥中，每隔 3～5 孔应设单向推力墩。当桥墩较矮或单向推力不大时，可以考虑一些轻型的单向推力墩，其优点是阻水面积小，并可节约圬工体积。轻型的单向推力墩形式有：

（1）带三角杆件的单向推力墩

此种桥墩的特点是在普通墩的墩柱上，从两侧对称地增设钢筋混凝土斜撑和水平拉杆，用来提高抵抗水平推力的能力（图 20-26a）。为了提高构件的抗裂性，可以采用预应力混凝土结构。这种桥墩只在桥不太高的旱地上采用。

（2）悬臂式单向推力墩

悬臂式单向推力墩的工作原理是，当该墩的一侧桥孔遭到破坏以后，可以通过另一侧拱座上竖向分力与悬臂端所构成的稳定力矩来平衡由拱的水平推力所导致的倾覆力矩（图 20-26b）。但由于墩身较薄，在受力后悬臂端会有一定位移，对于无铰拱会产生附加内力。

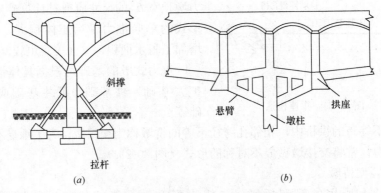

图 20-26　拱桥轻型单向推力墩

(a) 带三角杆件的单向推力墩；(b) 悬臂式单向推力墩

20.3.3　桥　台

1. 重力式 U 形桥台

重力式 U 形桥台前墙的任一水平截面的宽度，不宜小于该截面至墩顶高度的 0.4 倍；对于块石、料石砌体或混凝土则不小于 0.35 倍。如果桥台内填料为透水性良好的砂质土或砂砾，则上述两项分别减为 0.35 倍和 0.3 倍。前墙及侧墙的顶宽，对于片石砌体不宜小于 0.5m，对于块石、料石砌体和混凝土不宜小于 0.4m（图 20-27）。侧墙顶宽一般为 $0.6 \sim 1.0$m。前墙宽可用经验公式 $B = 0.15 l_0$ 估算（其中 B 为起拱线至前墙背坡顶间的水平距离，l_0 为计算跨径）。前墙背坡一般采用 $3:1 \sim 5:1$，前坡为 $20:1 \sim 30:1$ 或直立。侧墙尾端伸入路堤内的长度应不小于 0.75m，以保证与路堤有良好的衔接。台身的宽度通常与路基的宽度相同。

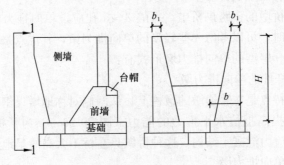

图 20-27　重力式 U 形桥台

两个侧墙之间应填以渗透性较好的填料。为了排除桥台前墙后面的积水，应于侧墙间在略高于高水位的平面上铺一层向路堤方向设有斜坡的夯实黏土作为不透水层，并在黏土层上再铺一层碎石，将积水引向设于台后横穿路堤的盲沟内

（图 20-28）。

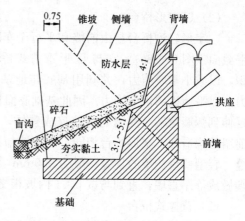

锥坡的平面形状为 1/4 椭圆。锥坡用土夯实，其表面用片石砌筑或采用镶面。

拱座和基础尺寸的拟定可参照桥墩进行。

2. 轻型桥台

轻型桥台是相对于重力式桥台而言，适用于小跨径拱桥。常用的形式有一字台、Ⅱ形台、E 形台、U 形台、前倾一字台等。轻型桥台是以桥台受拱的推力后，桥台发生绕基底形心轴

图 20-28 排水层设置（尺寸单位：m）

向路堤方向转动，由台后土的弹性抗力来平衡拱的推力，故桥台尺寸小于重力式桥台很多。采用轻型桥台时，要注意保证台后填土的质量。台后填土应严格按照规定分层夯实，并做好台后填土的防护工作，防止受水流的侵蚀和冲刷。

（1）八字形桥台

八字形桥台的构造简单，台身由前墙和两侧的八字翼墙构成（图 20-29a）。两者之间通常留有沉降缝。前墙可以是等厚度的，也可以是变厚度的。变厚度台身的背坡为 2∶1～4∶1。翼墙的顶宽一般为 400mm，前坡为 10∶1，后坡为 5∶1。为了防止基底向河心滑动，基础应有一定的埋置深度。台后填土必须分层夯实，做好防护措施，防止受水流浸蚀、冲刷。

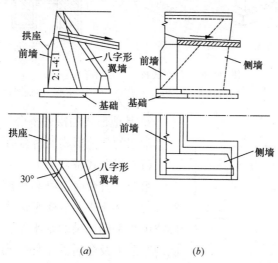

(a) (b)

图 20-29 八字形和 U 字形轻型桥台

(a) 八字形；(b) U 字形

（2）U 字形桥台

U 字形轻型桥台是由前墙和平行于车行方向的侧墙组成，构成 U 字形的水平截面（图 20-29b）。它与 U 形重力式桥台的差别是，后者是靠扩大桥台底面积，以减小基底压力，并利用基底与地基之间的摩阻力和适当利用台背侧土压力，以平衡拱的水平推力。因此基础底面积较轻型桥台的要大。通常从前墙一直延伸到侧墙尾端，侧墙与前墙连成整体，而与拱上侧墙断开。U 字形轻型桥台前墙的构造和八字形桥台相同，但侧墙却是拱上侧墙的延伸，它们之间应设变形缝。轻型桥台侧墙的顶宽一般为 500mm，内侧坡度为 5∶1。若有人行道，则上端做成等厚直墙，直到与按 5∶1 内坡相交为止，以下仍用 5∶1 的坡度。

（3）背撑式桥台

当桥台较宽时，为了保证结构的承载力和稳定性，可以在八字形或 U 形桥台的前墙背后加一道或几道背撑，构成水平截面形状为Ⅱ字形、E 字形等的桥台（图 20-30）。背撑顶宽为 300～600mm，厚度也为 300～600mm，背坡为 3∶1～5∶1。这种桥台比八字形桥台的稳定性要好，但土方开挖量及圬工体积都很大。然而加背撑的 U 字形桥台能适用于较大跨径的高桥和宽桥。

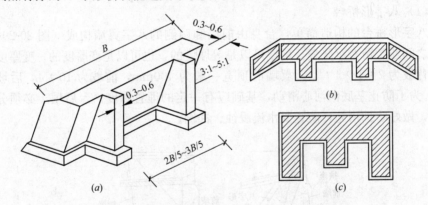

图 20-30 背撑式桥台（尺寸单位：m）
(a) 立体图；(b) Ⅱ字形（平面图）；(c) E 字形（平面图）

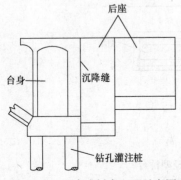

图 20-31 组合式桥台立面示意图

3. 其他形式的拱桥桥台

常用的其他形式的桥台有下述几种：

（1）组合式桥台

组合式桥台由台身和后座两部分组成（图 20-31）。台身基础承受竖向力，一般采用桩基础或沉井基础；拱的水平推力则主要由后座基底的摩阻力及台后的土侧压力来平衡。因此后座基底标高应低于拱脚下缘的标高。台身与后座间应密切贴合，并设置沉降缝，以适应两者的不均匀沉降。在地基土质较差时，后座基础也应适当处理。以免后座向后倾斜，导致台身和拱圈的位移和变形。

（2）空腹式桥台

空腹式桥台是由前墙、后墙、基础板和撑墙等部分组成（图20-32）。前墙承受拱圈传来的荷载，后墙支承台后的土压力。在前后墙之间设置撑墙3～4道，作为传力构件，并对后墙起到护壁和对基础板起到加劲作用。最外边的撑墙可以做成楼梯踏步，供人们上下河岸。空腹可以是敞口的，也可以是封闭的。如地基承载力许可时，也可在腹内填土。这种桥台一般是在软土地基、河床无冲刷或冲刷轻微、水位变化不大的河道上采用。

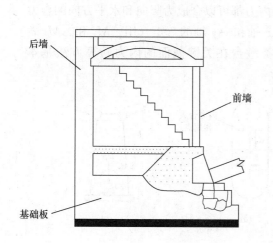
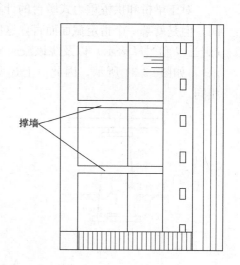

图 20-32　空腹式桥台示意图

（3）齿槛式桥台

齿槛式桥台是由前墙、侧墙、底板和撑墙几个部分组成（图20-33）。其结构特点是：基底面积较大，可以支承一定的垂直压力；底板下的齿槛可以增加摩阻和抗滑的稳定性；台背做成斜挡板，利用它背面的原状土和前墙背面的新填土，共同平衡拱的水平推力；前墙与后墙板之间的撑墙可以提高结构的刚度。齿槛的宽度和深度一般不小于500mm。这种桥台适用于软土地基和路堤较低的中小跨径拱桥。

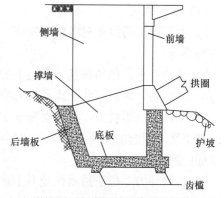

图 20-33　齿槛式桥台示意图

§20.4　桥梁墩台的计算

　　重力式桥梁墩台的结构设计采用概率极限状态设计原则和分项系数表达的方法，除了按承载能力极限状态进行设计外，并应根据桥涵的结构特点，采取相应的构造措施来保证其正常使用极限状态的要求。同时为了与其他结构形式保持基本相同的可靠水平，桥梁墩台构件的承载能力极限状态，根据《公路工程结构可靠度设计统一标准》GB/T 50283 的规定，视结构破坏可能产生的后果严重程度，应按表 17-1 划分的三个安全等级进行设计。

　　对于梁桥和拱桥重力式墩台的计算，虽然荷载在关键截面产生的内力有所不同，但是就某一个指定截面而言，这些内力都可以合成为竖向和水平方向的合力（用 $\sum N$ 和 $\sum H$ 表示）以及绕该截面 x-x 轴和 y-y 轴的弯矩（用 $\sum M_x$ 和 $\sum M_y$ 表示），如图 20-34 所示。因此，上述两类墩台在关键截面的内力验算方法基本相同。

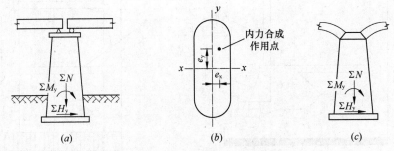

图 20-34　墩身底截面承载能力验算

20.4.1　作用及作用组合

1. 桥墩计算中的作用

（1）永久作用

1）上部构造的恒重对墩帽或拱座产生的支反力，包括上部构造混凝土收缩、徐变的影响；

2）桥墩自重，包括在基础襟边上的土重；

3）预应力，例如对装配式预应力空心桥墩所施加的预应力；

4）基础变位影响力，对于奠基于非岩石地基上的超静定结构，应当考虑由于地基压密等引起的支座长期变位的影响，并根据最终位移量按弹性理论计算构件截面的附加内力；

5）水的浮力，位于透水性地基上的桥梁墩台，当验算稳定时，应计算设计水位时水的不利浮力；当验算地基应力时，仅考虑低水位时的有利浮力；基础嵌入不透水性地基的墩台，可以不计水的浮力；当不能肯定是否透水时，则分别按透水或不透水两种情况进行最不利的荷载组合。

（2）可变作用

作用在上部结构上的汽车荷载，对于钢筋混凝土柱式墩应计入冲击力，对于重力式墩台则不计冲击力。

人群荷载。

可变作用还包括作用在上部结构和墩身上的纵、横风向力；汽车荷载引起的制动力；作用在墩身上的流水压力；作用在墩身上的冰压力；上部结构因温度变化对桥墩产生的水平力；支座摩阻力。

（3）偶然作用

指作用在墩身上的船只或漂浮物的撞击力。

（4）地震作用

2. 桥墩计算的作用组合

为了找到控制设计的最不利荷载，通常需要对各种可能的作用（荷载）组合分别进行计算，并且在计算时还需按纵向及横向的最不利位置布载。

在桥墩计算中，一般需验算墩身截面的承载力、墩身截面上的合力偏心距及稳定性，为此需根据不同的验算内容选择各种可能的最不利组合，下面将分别叙述梁桥和拱桥桥墩可能出现的作用组合。

（1）梁桥重力式桥墩

1）第一种组合：按桥墩各截面上可能产生的最大竖向力的情况进行组合（图 20-35a）。

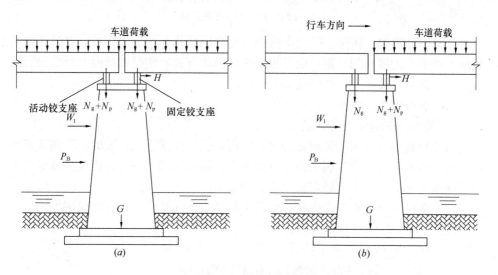

图 20-35　桥墩上纵向布载情况

此时汽车车道荷载纵向布置在相邻的两跨桥孔上，并且将车道荷载的集中力布置在支座处或计算墩处,这时得到桥墩上最大的汽车荷载作用,且对桥墩身截面重心轴的偏心距较小。

　　2) 第二种组合:按桥墩各截面在顺桥方向上可能产生的最大偏心距及最大弯矩的情况进行组合 (图 20-35b)。

　　当汽车车道荷载只在一孔桥跨上布置时,同时有其他水平荷载,如风力、水流压力和冰压力等或船撞力作用在墩身上,这时竖向荷载最小,而水平荷载引起的弯矩作用大,可能使墩身截面产生很大的合力偏心距,此时,桥墩最不稳定。

　　3) 第三种组合:按桥墩各截面在横桥方向可能产生最大偏心距和最大弯矩的情况进行组合 (图 20-36)。

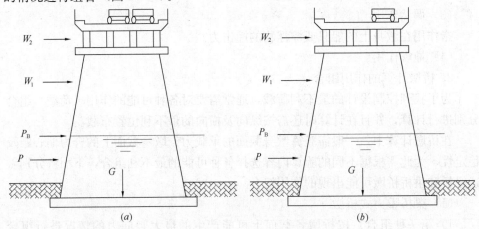

图 20-36　汽车荷载在桥墩上横向布载情况
(a) 多列车辆作用;(b) 单列车辆作用

　　在横向计算时,桥跨上的汽车荷载可能是一列或几列靠边行驶,这时在桥墩截面上产生最大横向偏心距;也可能是多列偏载布置,使桥墩截面上所受的竖向力较大,而对截面重心轴的横向偏心较小。

　　(2) 拱桥重力式桥墩

　　1) 顺桥方向的作用及其组合

　　对于普通桥墩应为相邻两孔的永久作用,在一孔或跨径较大的一孔满布可变作用的一种或几种,汽车制动力、纵向风力、温度影响力等,并由此对桥墩产生不平衡水平推力、竖向力和弯矩 (图 20-37a)。

　　对于单向推力墩则只考虑相邻两孔中跨径较大一孔的永久荷载作用力。

　　图 20-37 中的符号意义如下:

　　　　G——桥墩自重;

　　　　Q——水的浮力 (仅在验算稳定时考虑);

　　　　V_g、V_g'——相邻两孔拱脚处因结构自重产生的竖向反力;

　　　　V_P——与汽车活载产生的 H_P 最大值相对应的拱脚竖向反力,可按支点反力影响线求得；

V_T——由桥面处制动力 H_t 引起的拱脚竖向反力，即 $V_T = \dfrac{H_t h}{l}$，其中 h 为桥面至拱脚的高度，l 为拱的计算跨径（图 20-37b）；

H_g、H'_g——不计弹性压缩时在拱脚处由恒载引起的水平推力；

ΔH_g、$\Delta H'_g$——由恒载产生弹性压缩所引起的拱脚水平力，方向与 H_g 和 H'_g 相反；

H_P——在相邻两孔中较大的一孔上由汽车辆荷载所引起的拱脚最大水平推力；

H_T——汽车制动力引起的在拱脚处的水平推力，按两个拱脚平均分配计算，即 $H_T = \dfrac{H_t}{2}$；

H_t、H'_t——温度变化引起的在拱脚处的水平推力；

H_r、H'_r——拱圈材料收缩引起的拱脚水平拉力；

M_g、M'_g——由永久作用（恒载）引起的拱脚弯矩；

M_P——由汽车辆荷载引起的拱脚弯矩，由于它是按 H_p 达到最大值时的活载布置计算，故产生的拱脚弯矩很小，可以忽略不计；

M_t、M'_t——温度变化引起的拱脚弯矩；

M_r、M'_r——拱圈材料收缩引起的拱脚弯矩；

W——墩身纵向风力。

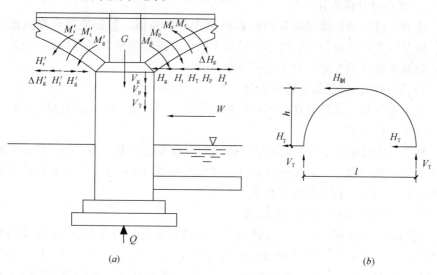

图 20-37　不等跨拱桥桥墩受力情况

2）横桥向的作用及其组合

在横桥方向上作用于桥墩上的外力有风力、流水压力、冰压力，也有可能受到船只或漂浮物撞击力（偶然状况），还有地震时受到的地震力（地震状况）等。但是对于公路桥梁，除了偶然状况和地震状况，横桥方向的受力验算一般不控制设计。

3. 重力式桥台计算的作用

桥台计算的作用与桥墩计算中所用到的作用基本相同，包括：

（1）永久作用

1）上部结构重力通过支座（或拱座）在台帽上的支撑反力；

2）桥台重力（包括台帽、台身、基础和土的重力）；

3）混凝土收缩在拱座处引起的反力；

4）水的浮力；

5）台后土侧压力，一般以主动土压力计算，其大小与压实程序有关。

（2）可变作用

作用在上部结构上的汽车荷载，除对钢筋混凝土桩（或柱）式桥台应计入冲击力外，其他各类桥台均不计冲击力。

（人群荷载）汽车引起的土侧压力。

可变作用还包括：汽车荷载引起的制动力；上部结构因温度变化在支座（或拱座）上引起的摩阻力（或反力）。

与桥墩不同的是，对于桥台不需计及纵、横向风力、流水压力、冰压力。

（3）地震作用

4. 桥台计算的作用组合

重力式桥台的计算与验算内容和重力式桥墩相似，包括验算台身截面承载力、地基应力以及桥台稳定性等，但对于桥台只需作顺桥方向的验算。故桥台在进行荷载布置及组合时，只考虑顺桥方向。

1）梁桥桥台的荷载布置及组合

为了求得重力式桥台在最不利荷载组合的受力情况，首先必须对汽车荷载作几种最不利的布置。

图 20-38 仅示出了汽车荷载沿顺桥向的三种布置方案，即：（a）仅在桥跨结构上布置汽车荷载；（b）仅在台后破坏棱体上布置汽车荷载；（c）在桥跨结构上和台后破坏棱体上都布置汽车荷载。

2）拱桥桥台的荷载布置及组合

同梁桥重力式桥台一样，先进行最不利荷载位置的布置方案，再拟定各种荷载组合。对于单跨无铰拱的顺桥向汽车荷载布置一般取图 20-39 和图 20-40（图中符号的意义同图 20-37）两种布载方案；即汽车荷载布置在台背后棱体上和汽车荷载布置在桥跨结构上。

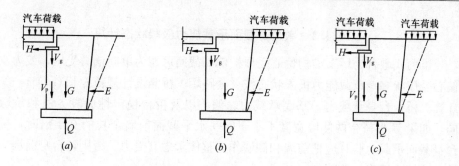

图 20-38 作用在梁桥桥台上的荷载

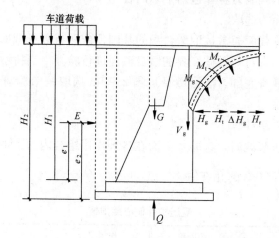

图 20-39 在拱桥桥台后布置汽车荷载（第一种情况）

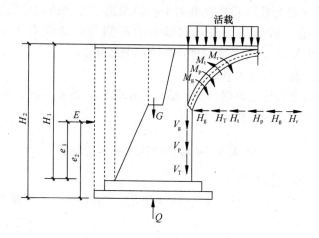

图 20-40 在拱桥桥跨上的布置汽车荷载（第二种情况）

20.4.2　墩台身截面承载能力极限状态计算

重力式墩台为圬工结构偏心受压构件，截面可能为单向偏心受压，或为双向偏心受压状态。承载能力极限状态按《公路圬工桥涵设计规范》JTG D61—2005 计算。桥台台身承载力、基底承载力、偏心以及桥台稳定性验算方法和桥墩相同。如果 U 形桥台两侧墙宽度不小于同一水平截面前墙全长的 0.4 倍时，桥台台身截面承载力验算应把前墙和侧墙作为整体考虑其受力。否则，台身前墙应按独立的挡土墙进行验算。

墩台截面的承载能力验算包括下列内容：

（1）验算截面的选取

承载能力计算截面通常选取墩台身的基础顶截面与墩身截面突变处。对于悬臂式墩帽的墩身，应对与墩帽交界的墩身截面进行验算。当桥墩较高时，由于危险截面不一定在墩身底部，需沿墩身每隔 2～3m 选取一个验算截面，重点是墩身底截面的计算。

（2）截面偏心距计算

桥墩承受受压荷载时，各验算截面在各种作用组合内力下的截面偏心距 $e_0 = \dfrac{\sum M}{\sum N}$ 均不应超过表 20-2 的允许值。

受压构件偏心距限值　　　　表 20-2

作用组合	偏心距限值	作用组合	偏心距限值
基本组合	≤0.6s	偶然组合	≤0.7s

表 20-2 中 s 值为截面或换算截面中心轴至偏心方向截面边缘的距离，当混凝土结构单向偏心的受拉边或双向偏心的两侧受拉边设有不小于截面面积 0.05% 的纵向钢筋时，表 20-2 内规定数值可增加 $0.1s$。

（3）墩身截面承载能力计算

按轴心或偏压构件验算墩台身各截面的承载力。如果不满足要求时，就应修改墩身截面尺寸、重新计算。

20.4.3　桥墩台的整体稳定性验算

（1）抗倾覆稳定性验算

如图 20-41 所示，当桥墩处于临界稳定平衡状态时，绕倾覆转动轴 A-A 取矩。

抗倾覆的稳定系数 K_0 可按下式验算：

$$K_0 = \frac{M_{st}}{M_{up}} = \frac{s}{e_0} \tag{20-1}$$

$$e_0 = \frac{\sum P_i e_i + \sum H_i h_i}{\sum P_i} \qquad (20\text{-}2)$$

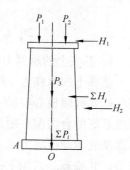

式中　M_{st}——稳定力矩；

　　　M_{up}——倾覆力矩；

　　　$\sum P_i$——作用于基底竖向力的总和；

　　　$P_i e_i$——作用在桥墩上各竖向力与它们到基底重
　　　　　　心轴距离的乘积；

　　　$H_i h_i$——作用在桥墩上各水平力与它们到基底距
　　　　　　离的乘积；

　　　s——基底截面重心 O 至偏心方向截面边缘
　　　　　距离；

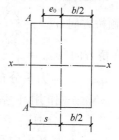

　　　e_0——所有外力的合力 R（包括水浮力）的竖
　　　　　向分力对基底重心的偏心距。

（2）抗滑动稳定性验算

抵抗滑动的稳定系数 K_c，按下式验算：

$$K_c = \frac{\mu \sum P_i + \sum H_{ip}}{\sum H_{ia}} \qquad (20\text{-}3)$$

图 20-41　桥墩稳定性验算

式中　$\sum P_i$——各竖向力的总和（包括水的浮力）；

　　　$\sum H_{ip}$——抗滑动稳定水平力总和（kN）；

　　　$\sum H_{ia}$——滑动水平力总和（kN）；

　　　μ——基础底面（圬工）与地基土之间的摩擦系数，若无实测值时可参
　　　　　照表 20-3 选取。

上述求得的倾覆与滑动稳定系数 K_0 和 K_c 均不得小于表 20-4 中所规定的最
小值。同时，在验算倾覆稳定性和滑动稳定性时，都要分别按常水位和设计洪水
位两种情况考虑水的浮力。

基底摩擦系数　　　　　　　　　　　　　　表 20-3

地基土分类	μ	地基土分类	μ
黏土（流塑～坚硬）、粉土	0.25	软岩（极软岩～较软岩）	0.40～0.60
砂土（粉砂～砾砂）	0.30～0.40	硬岩（较硬岩、坚硬岩）	0.60、0.70
碎石土（松散～密实）	0.40～0.50		

抗倾覆和抗滑动的稳定性系数　　　　　　　　　表 20-4

作　用　组　合		验算项目	稳定性系数
使用阶段	永久作用（不计混凝土收缩及徐变、浮力）和汽车、人群的标准值组合	抗倾覆	1.5
		抗滑动	1.3
	各种作用（不包括地震作用）的标准值组合	抗倾覆	1.3
		抗滑动	1.2
施工阶段作用组合		抗倾覆	1.2
		抗滑动	

20.4.4　基础底面土的承载力和偏心距验算

1. 基底土的承载力验算

基底土的承载力一般按顺桥向和横桥向分别进行验算。当偏心荷载的合力作用在基底截面核心半径 ρ 以内时，应验算偏心向的基底应力。当设置在基岩上的桥墩基底的合力偏心距超出核心半径时，其基底的一边将会出现拉应力，由于不考虑基底承受拉应力，故需按基底应力重分布（图 20-42）重新验算基底最大压应力，其验算公式如下：

顺桥方向　$\sigma_{\max} = \dfrac{2N}{ac_x} \leqslant [\sigma]$　　　　(20-4a)

横桥方向　$\sigma_{\max} = \dfrac{2N}{bc_y} \leqslant [\sigma]$　　　　(20-4b)

式中　$\sigma_{\max}$——应力重分布后基底最大压应力；

N——作用于基础底面合力的竖向分力；

a、b——横桥方向和顺桥方向基础底面积的边长；

$[\sigma]$——地基土壤的允许承载力，并按荷载及使用情况计入允许承载力的提高系数；

c_x——顺桥方向验算时，基底受压面积在顺桥方向的长度，$c_x = 3\left(\dfrac{b}{2} - e_x\right)$；

c_y——横桥方向验算时，基底受压面积在横桥方向的长度，$c_y = 3\left(\dfrac{b}{2} - e_y\right)$；

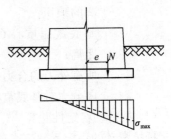

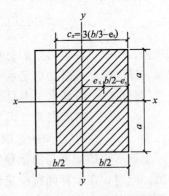

图 20-42　基底应力重分布

e_x、e_y——合力在 x 轴和 y 轴方向的偏心距。

2. 基底偏心距验算

为了使恒载基底应力分布比较均匀，防止基底最大压应力 $\sigma_{\max}$ 与最小压应力 $\sigma_{\min}$ 相差过大，导致基底产生不均匀沉陷和影响桥墩的正常使用，故在设计时，应对基底合力偏心距加以限制，在基础纵向和横向，其计算的荷载偏心距 e_0 应满足表 20-5 的要求。表 20-5 中 ρ 与 e_0 的计算式分别为：

$$e_0 = \frac{\Sigma M}{N} \tag{20-5}$$

$$\rho = \frac{e_0}{1 - \dfrac{P_{\min}A}{N}} \tag{20-6}$$

$$P_{\min} = \frac{N}{A} = \frac{\sum M}{W_y} \qquad (20\text{-}7)$$

式中 ρ ——墩台基础底面的核心半径；

     W_y ——墩台基础底面对 y-y 轴的截面模量；

     A ——墩台基础底面的面积；

     N ——作用于基础底面合力的竖向分力；

     $\sum M$ ——作用于墩台的水平力和竖向力对基底形心轴的弯矩；

     $P_{\min}$ ——基底最小压应力，当为负值时表示拉应力。

墩台基底的合力偏心距容许值 $[e_0]$ 表 20-5

作用情况	地基条件	合力偏心距	备 注
墩台仅承受永久作用标准值组合	非岩石地基	桥墩 $[e_0] \leqslant 0.1\rho$	拱桥、刚构桥墩台，其合力作用点应尽量保持在基底重心附近
		桥台 $[e_0] \leqslant 0.75\rho$	
墩台承受作用标准值组合或偶然作用（地震作用除外）标准值组合	非岩石地基	$[e_0] \leqslant \rho$	拱桥单向推力墩不受限制，但应符合《公路桥涵地基与基础设计规范》规定的抗倾覆稳定系数
	较破碎～极破碎岩石地基	$[e_0] \leqslant 1.2\rho$	
	完整、较完整岩石地基	$[e_0] \leqslant 1.5\rho$	

思 考 题

20.1   桥墩一般由哪几部分组成？各部分的作用是什么？

20.2   何谓重力式桥墩？常用形式有哪些？各适用于何种环境？

20.3   何谓轻型桥墩？它主要有哪些类型？

20.4   桥墩顶帽及托盘的主要结构尺寸如何确定？

20.5   为何要进行基底合力偏心检算？如何进行检算？

20.6   圬工结构的应力重分布的原因是什么？如何计算最大应力？应力重分布计算的基本假定是什么？

20.7   空心墩的优缺点是什么？

20.8   当桥墩所支承的两相邻桥跨结构不等跨时，为适应其建筑高度的不同，应作如何处理？

20.9   桥墩计算时应考虑哪些荷载作用？实体桥墩应检算哪些项目？

20.10   怎样检算基底强度、倾覆和滑动稳定性？

20.11   桥台一般由哪几部分组成？

20.12   什么是重力式桥台？常用的形式有哪些？各适用于何种条件？

20.13   常见的轻型桥台有哪些形式？其基本构造和工作原理如何？

20.14   重力式桥台的长度如何确定？

20.15   桥台检算中，一般采用哪几种可变作用布置？在桥台上有哪些作用？

附录 13 《公路钢筋混凝土及预应力混凝土桥涵设计规范》JTG D62—2004 术语

1. 极限状态　Limit states

整体结构或结构的一部分超过某一特定状态就不能满足设计规定的某一功能要求时，此特定状态为该功能的极限状态。

2. 可靠度　Degree of reliability

结构在规定的时间内，在规定的条件下，完成预定功能的概率。

3. 设计基准期　Design reference period

在进行结构可靠性分析，考虑持久设计状况下各项基本变量与时间关系所采用的基准时间参数。

4. 设计状况　Design situation

结构从施工到使用的全过程中，代表一定时段的一组物理条件，设计时必须做到使结构在该时段内不超越有关的极限状态。

5. 材料强度标准值　Characteristic value of material strength

设计结构或构件时采用的材料强度的基本代表值。该值可根据符合规定标准的材料，其强度概率分布的 0.05 分位值确定。

6. 材料强度设计值　Design value of material strength

材料强度标准值除以材料强度分项系数后的值。

7. 作用　Action

施加在结构上的集中力或分布力如汽车、结构自重等，或引起结构外加变形或约束变形的原因如地震、基础不均匀沉降、温度变化等，统称为作用。前者为直接作用，也可称为荷载；后者为间接作用（不宜称为荷载）。

8. 作用效应　Effects of actions

结构对所受作用的反应，如由作用产生的结构或构件的轴向力、弯矩、剪力、应力、裂缝、变形等，称为作用效应。

9. 作用标准值　Characteristic value of an action

作用的主要代表值。其值可根据设计基准期内最大值概率分布的某一分位值确定。

10. 作用设计值　Design value of an action

作用标准值乘以作用分项系数后的值。

11. 作用组合　Combination for action

在不同作用的同时影响下，为验证某一极限状态的结构可靠度而采用的一组作用设计值。

12. 安全等级　Safety class

为使桥涵具有合理的安全性，根据桥涵结构破坏所产生后果的严重程度而划分的设计等级。

13. 结构重要性系数　Coefficient for importance of a structure

对不同安全等级的结构，为使其具有规定的可靠度而采用的作用效应附加的分项系数。

14. 几何参数标准值　Nominal value of geometrical parameter

设计结构或构件时采用的几何参数的基本代表值，其值可按设计文件规定值确定。

15. 承载力设计值　Design value of ultimate bearing capacity

结构或构件按承载能力极限状态设计时，用材料强度设计值计算的结构或构件极限承载能力。

16. 作用基本组合　Fundamental combination of actions

承载能力极限状态设计时，永久作用设计值与可变作用设计值的组合。

17. 作用频遇组合　Frequent combination of actions

结构或构件按正常使用极限状态设计时，永久作用效应与主导可变作用频遇值、伴随可变作用准永久值的组合。

18. 作用准永久组合　Quasi-permanent combination of actions

结构或构件按正常使用极限状态设计时，永久作用标准值与可变作用准永久值效应的组合。

19. 开裂弯矩　Cracking moment

构件出现裂缝时的理论临界弯矩。

20. 可变作用频遇值　Frequent value of an action

结构或构件按正常使用极限状态短期效应组合设计时，采用的一种可变作用代表值，其值可根据任意时点（截口）作用概率分布的 0.95 分位值确定。

21. 分项系数　Partial safety factor

为保证所设计的结构或构件具有规定的可靠度，在结构极限状态设计表达式中采用的系数，分为作用分项系数和材料分项系数等。

22. 施工荷载　Site load

按短暂状况设计时，施工阶段施加在结构或构件上的临时荷载，包括结构自重、附着在结构和构件上的模板、材料机具等荷载。

附录14 《公路钢筋混凝土及预应力混凝土桥涵设计规范》JTG D62—2004 符号

1. 材料性能有关符号

C30——表示立方体强度标准值为 30MPa 的混凝土强度等级；

f_{cu}——边长为 150mm 的混凝土立方体抗压强度；

f'_{cu}——边长为 150mm 的施工阶段混凝土立方体抗压强度；

$f_{cu,k}$——边长为 150mm 的混凝土立方体抗压强度标准值；

f_{ck}、f_{cd}——混凝土轴心抗压强度标准值、设计值；

f_{tk}、f_{td}——混凝土轴心抗拉强度标准值、设计值；

f'_{ck}、f'_{tk}——短暂状况施工阶段的混凝土轴心抗压、抗拉强度标准值；

f_{sk}、f_{sd}——普通钢筋抗拉强度标准值、设计值；

f_{pk}、f_{pd}——预应力钢筋抗拉强度标准值、设计值；

f'_{sd}、f'_{pd}——普通钢筋、预应力钢筋抗压强度设计值；

$f_{cd,s}$——承台计算中撑杆混凝土轴心抗压强度设计值；

E_c——混凝土弹性模量；

G_c——混凝土剪变模量；

E_s、E_p——普通钢筋、预应力钢筋的弹性模量。

2. 作用和作用效应的有关符号

M_d——作用组合的弯矩设计值；

M_s、M_l——按作用频遇组合、准永久组合计算的弯矩值；

M_k——按作用标准值组合计算的弯矩值；

M_{cr}——受弯构件正截面的开裂弯矩值；

M_{1Gd}——组合式受弯构件第一阶段结构自重产生的弯矩设计值；

M_{2Gd}——组合式受弯构件第二阶段结构自重产生的弯矩设计值；

M_{1Qd}——组合式受弯构件第一阶段结构自重外的荷载产生的弯矩设计值；

M_{2Qd}——组合式受弯构件第二阶段结构自重外的可变作用产生的弯矩设计值；

N_d——作用组合的轴向力设计值；

N_p——后张法构件预应力钢筋和普通钢筋的合力；

N_{p0}——构件混凝土法向应力等于零时预应力钢筋和普通钢筋的合力；

F_{1k}、F_{1d}——集中反力或局部压力标准值、设计值；

N_{id}——第 i 根桩单桩竖向力设计值；

D_d——基桩承台撑杆压力设计值；

T_d——作用组合的扭矩设计值或基桩承台系杆拉力设计值；

V_d——作用组合的剪力设计值；

V_{cs}——构件斜截面内混凝土和箍筋共同的抗剪承载力设计值；

V_{sb}——与构件斜截面相交的普通弯起钢筋抗剪承载力设计值；

V_{pd}——与构件斜截面相交的预应力弯起钢筋抗剪承载力设计值；

σ_s、σ_p——正截面承载力计算中纵向普通钢筋、预应力钢筋的应力或应力增量；

σ_{p0}、σ'_{p0}——截面受拉区、受压区纵向预应力钢筋合力点处混凝土法向应力等于零时预应力钢筋的应力；

σ_{pc}——由预加力产生的混凝土法向预压应力；

σ_{pe}、σ'_{pe}——截面受拉区、受压区纵向预应力钢筋的有效预应力；

σ_{st}、σ_{lt}——在作用（或荷载）频遇组合、准永久组合下，构件抗裂边缘混凝土的法向拉应力；

σ_{tp}、σ_{cp}——构件混凝土中的主拉应力、主压应力；

σ_{ss}——由作用短期效应组合产生的开裂截面纵向受拉钢筋的应力；

σ_{con}、σ'_{con}——构件受拉区、受压区预应力钢筋张拉控制应力；

σ_l、σ'_l——构件受拉区、受压区预应力钢筋相应阶段的预应力损失；

τ——构件混凝土的剪应力；

σ_{pt}——由预加应力产生的混凝土法向拉应力；

σ_{kc}、σ_{kt}——由作用（或荷载）标准值产生的混凝土法向压应力、拉应力；

σ_{cc}——构件开裂截面按使用阶段计算的混凝土法向压应力；

W_{fk}——计算的受弯构件特征裂缝宽度。

3. 几何参数有关符号

a、a'——构件受拉区、受压区普通钢筋和预应力钢筋合力点至截面近边的距离；

a_s、a_p——构件受拉区普通钢筋合力点、预应力钢筋合力点至受拉区边缘的距离；

a'_s、a'_p——构件受压区普通钢筋合力点、预应力钢筋合力点至受压区边缘的距离；

b——矩形截面宽度，T 形或 I 形截面腹板宽度；

b_f、b'_f——T 形或 I 形截面受拉区、受压区的翼缘宽度；

h_f、h'_f——T 形或 I 形截面受拉区、受压区的翼缘厚度；

d——钢筋直径或圆形板式橡胶支座的直径；

d_{cor}——构件截面的核心直径；

c——混凝土保护层厚度；

r——圆形截面半径；

e_0——轴向力对截面重心轴的偏心距；

e、e'——轴向力作用点至受拉区纵向钢筋合力点、受压区纵向钢筋合力点的距离；

e_s、e_p——轴向力作用点至受拉区纵向普通钢筋合力点、预应力钢筋合力点的距离；

e'_s、e'_p——轴向力作用点至受拉区纵向普通钢筋合力点、预应力钢筋合力点的距离；

e_{p0}、e_{pn}——预应力钢筋与普通钢筋的合力对换算截面、净截面重心轴的偏心距；

l_0——受压构件的计算长度；

l——受弯构件的计算跨径或受压构件节点间的长度；

l_n——受弯构件的净跨径；

s_v——箍筋或竖向预应力钢筋的间距；

x——截面受压区高度；

z——内力臂，即纵向受拉钢筋合力点至混凝土受压区合力点之间的距离；

y_0、y_n——构件换算截面重心、净截面重心至截面计算纤维处的距离；

y_p、y'_p——构件受拉区、受压区预应力钢筋合力点至换算截面重心轴的距离；

y_{pn}、y'_{pn}——构件受拉区、受压区预应力钢筋合力点至净截面重心轴的距离；

y_s、y'_s——构件受拉区、受压区普通钢筋重心至换算截面重心轴的距离；

y_{sn}、y'_{sn}——构件受拉区、受压区普通钢筋重心至净截面重心轴的距离；

A_0、A_n——构件换算截面面积、净截面面积；

A——构件毛截面面积；

A_s、A'_s——构件受拉区、受压区纵向普通钢筋的截面面积；

A_p、A'_p——构件受拉区、受压区纵向预应力钢筋的截面面积；

A_{sb}、A'_{pb}——同一弯起平面内普通弯起钢筋、预应力弯起钢筋的截面面积；

A_{sv}——同一截面内箍筋各肢的总截面面积；

A_{cor}——钢筋网、螺旋筋或箍筋范围以内的混凝土核心面积；

A_l、A_{ln}——混凝土局部受压面积、局部受压净面积；

A_{cr}——开裂截面换算截面面积；

W——毛截面受拉边缘的弹性抵抗矩；

W_0、W_n——换算截面、净截面受拉边缘的弹性抵抗矩；

S_0、S_n——换算截面、净截面计算纤维以上（或以下）部分面积对截面重心轴的面积矩；

I——毛截面惯性矩；

I_0、I_n——换算截面、净截面的惯性矩；

I_{cr}——开裂截面换算截面惯性矩；

B——开裂构件等效截面的抗弯刚度；

B_0——全截面换算截面的抗弯刚度；

B_{cr}——开裂截面换算截面的抗弯刚度。

4. 计算系数及其他有关符号

γ_0——桥梁结构的重要性系数；

φ——轴心受压构件轴向力偏心距增大系数；

η——偏心受压构件轴向力偏心距增大系数；

β_a——箱形截面抗扭承载力计算时有效壁厚折减系数；

β_t——剪扭构件混凝土抗扭承载力降低系数；

β_{cor}——配置间接钢筋时局部承压承载力提高系数；

γ——受拉区混凝土塑性影响系数；

η_θ——构件挠度长期增长系数；

α_{ES}、α_{EP}——普通钢筋弹性模量、预应力钢筋弹性模量与混凝土弹性模量的比值；

ρ_{SV}——箍筋配筋率；

ρ——纵向受拉钢筋配筋率。

附录 15　设计计算用表

混凝土强度标准值和设计值（MPa）　　　　　附表 15-1

强度种类		符号	混凝土强度等级												
			C20	C25	C30	C35	C40	C45	C50	C55	C60	C65	C70	C75	C80
强度标准值	轴心抗压	f_{ck}	13.4	16.7	20.1	23.4	26.8	29.6	32.4	35.5	38.5	41.5	44.5	47.4	50.2
	轴心抗拉	f_{tk}	1.54	1.78	2.01	2.20	2.40	2.51	2.65	2.74	2.85	2.93	3.0	3.05	3.10
强度设计值	轴心抗压	f_{cd}	9.2	11.5	13.8	16.1	18.4	20.5	22.4	24.4	26.5	28.5	30.5	32.4	34.6
	轴心抗拉	f_{td}	1.06	1.23	1.39	1.52	1.65	1.74	1.83	1.89	1.96	2.02	2.07	2.10	2.14

　　注：计算现浇钢筋混凝土轴心受压和偏心受压构件时，如截面的长边或直径小于 300mm，表中混凝土强度设计值应乘以系数 0.8；当构件质量（混凝土成型、截面和轴线尺寸等）确有保证时，可不受此限。

混凝土的弹性模量（×10⁴MPa）　　　　　附表 15-2

混凝土强度等级	C20	C25	C30	C35	C40	C45	C50	C55	C60	C65	C70	C75	C80
E_c	2.55	2.80	3.00	3.15	3.25	3.35	3.45	3.55	3.60	3.65	3.70	3.75	3.80

　　注：1. 混凝土剪变模量 G_c 按表中数值的 0.4 倍采用；

　　　　2. 对高强混凝土，当采用引气剂及较高砂率的泵送混凝土且无实测数据时，表中 C50～C80 的 E_c 值应乘以折减系数 0.95。

普通钢筋强度标准值和设计值（MPa）　　　　　附表 15-3

钢筋种类	直径 d (mm)	符　号	抗拉强度标准值 f_{sk}	抗拉强度设计值 f_{sd}	抗压强度设计值 f'_{sd}
R235	8～20	Φ	235	195	195
HRB335	6～50	Φ	335	280	280
HRB400	6～50	Φ	400	330	330
KL400	8～40	ΦR	400	330	330

　　注：1. 表中 d 系指国家标准中的钢筋公称直径；

　　　　2. 钢筋混凝土轴心受拉和小偏心受拉构件的钢筋抗拉强度设计值大于 330MPa 时，仍应取用 330MPa。

　　　　3. 构件中有不同种类钢筋时，每种钢筋应采用各自的强度设计值。

普通钢筋的弹性模量（×10⁵MPa）　　　　　附表 15-4

钢筋种类	弹性模量 E_s	钢筋种类	弹性模量 E_s
R235	2.1	HRB335、HRB400、KL400	2.0

预应力钢筋抗拉强度标准值（MPa）　　　　　　附表 15-5

钢　筋　种　类		符　号	直径 d（mm）	抗拉强度标准值 f_{pk}
钢绞线	1×2（二股）	ϕ^s	8.0、10.0	1470、1570、1720、1860
			12.0	1470、1570、1720
	1×3（三股）		8.6、10.8	1470、1570、1720、1860
			12.9	1470、1570、1720
	1×7（七股）		9.5、11.1、12.7	1860
			15.2	1720、1860
消除应力钢丝	光面钢丝	ϕ^w	4、5	1470、1570、1670、1770
			6	1570、1670
	螺旋肋钢丝	ϕ^H	7、8、9	1470、1570
	刻痕钢丝	ϕ^I	5、7	1470、1570
精轧螺纹钢丝		JL	40	540
			18、25、32	540、785、930

注：表中 d 系指国家标准和企业标准中的钢绞线、钢丝和精轧螺纹钢筋的公称直径。

预应力钢筋抗拉、抗压强度设计值（MPa）　　　　　附表 15-6

钢筋种类	抗拉强度标准值 f_{pk}	抗拉强度设计值 f_{pd}	抗压强度设计值 f'_{pd}
钢绞线 1×2（二股） 1×3（三股） 1×7（七股）	1470	1000	390
	1570	1070	
	1720	1170	
	1860	1260	
消除应力钢丝 螺旋肋钢丝	1470	1000	410
	1570	1070	
	1670	1140	
	1770	1200	
刻痕钢丝	1470	1000	410
	1570	1070	
精轧螺纹钢丝	540	450	400
	785	650	
	930	770	

预应力钢筋的弹性模量（$\times10^5$ MPa）　　　　　附表 15-7

预应力钢筋种类	E_p
精轧螺纹钢筋	2.0
消除应力钢丝、螺旋肋钢丝、刻痕钢丝	2.05
钢绞线	1.95

普通钢筋和预应力直线形钢筋最小混凝土保护层厚度（mm）　附表 15-8

序 号	构 件 类 别	环 境 条 件		
		Ⅰ	Ⅱ	Ⅲ、Ⅳ
1	基础、桩基承台：（1）基坑底面有垫层或侧面有模板（受力钢筋），（2）基坑底面无垫层或侧面无模板	40 60	50 75	60 85
2	墩台身、挡土结构、涵洞、梁、板、拱圈、拱上建筑（受力钢筋）	30	40	45
3	人行道构件、栏杆（受力钢筋）	20	25	30
4	箍筋	20	25	30
5	缘石、中央分隔带、护栏等行车道构件	30	40	45
6	收缩、温度、分布、防裂等表层钢筋	15	20	25

注：1. 对于环氧树脂涂层钢筋，可按环境类别Ⅰ取用；

2. 后张法预应力混凝土锚具，其最小混凝土保护层厚度，Ⅰ、Ⅱ及Ⅲ（Ⅳ）环境类别，分别为40、45 及 50mm；

3. 先张法预应力钢筋端部应加保护，不得外露；

4. Ⅰ类环境是指非寒冷或寒冷地区的大气环境，与无侵蚀性的水或土接触的环境条件；

Ⅱ类环境是指严寒地区的大气环境，与无侵蚀性的水或土接触的环境；使用除冰盐环境；滨海环境条件；

Ⅲ类环境是指海水环境；

Ⅳ类环境是受人为或自然侵蚀性物质影响的环境。

钢筋混凝土构件中纵向受力钢筋的最小配筋率（％）　附表 15-9

受 力 类 型		最小配筋百分率
受压构件	全部纵向钢筋	0.5
	一侧纵向钢筋	0.2
受弯构件、偏心受拉构件及轴心受拉构件的一侧受拉钢筋		0.2 和 $45f_{td}/f_{sd}$ 中较大值
受扭构件		$0.08f_{cd}/f_{sv}$（纯扭时），$0.08(2\beta_t-1)f_{cd}/f_{sv}$（剪扭时）

注：1. 受压构件全部纵向钢筋最小配筋百分率，当混凝土强度等级为 C50 及以上时不应小于 0.6；

2. 当大偏心受拉构件的受压区配置按计算需要的受压钢筋时，其最小配筋百分率不应小于 0.2；

3. 轴心受压构件、偏心受压构件全部纵向钢筋的配筋率和一侧纵向钢筋（包括大偏心受拉构件的受压钢筋）的配筋百分率应按构件的毛截面面积计算；轴心受拉构件及小偏心受拉构件一侧受拉钢筋的配筋百分率按构件毛截面面积计算；受弯构件、大偏心受拉构件的一侧受拉钢筋的配筋百分率为 $100A_s/bh_0$，其中 A_s 为受拉钢筋截面积，b 为腹板宽度（箱形截面为各腹板宽度之和），h_0 为有效高度；

4. 当钢筋沿构件截面周边布置时，"一侧的受压钢筋"或"一侧的受拉钢筋"是指受力方向两个对边中的一边布置的纵向钢筋；

5. 对受扭构件，其纵向受力钢筋的最小配筋率为 $A_{st,min}/bh$，$A_{st,min}$ 为纯扭构件全部纵向钢筋最小截面积，h 为矩形截面基本单元长边长度，b 为短边长度，f_{sv} 为箍筋抗拉强度设计值。

普通钢筋截面面积、重量表　　　　　　　附表 15-10

| 公称直径 (mm) | 在下列钢筋根数时的截面面积（mm²） | | | | | | | | | 重量 (kg/m) | 带肋钢筋 | |
	1	2	3	4	5	6	7	8	9		计算直径 (mm)	外径 (mm)
6	28.3	57	85	113	141	170	198	226	254	0.222	6	7.0
8	50.3	101	151	201	251	302	352	402	452	0.395	8	9.3
10	78.5	157	236	314	393	471	550	628	707	0.617	10	11.6
12	113.1	226	339	452	566	679	792	905	1018	0.888	12	13.9
14	153.9	308	462	616	770	924	1078	1232	1385	1.21	14	16.2
16	201.1	402	603	804	1005	1206	1407	1608	1810	1.58	16	18.4
18	254.5	509	763	1018	1272	1527	1781	2036	2290	2.00	18	20.5
20	314.2	628	942	1256	1570	1884	2200	2513	2827	2.47	20	22.7
22	380.1	760	1140	1520	1900	2281	2661	3041	3421	2.98	22	25.1
25	490.9	982	1473	1964	2454	2945	3436	3927	4418	3.85	25	28.4
28	615.8	1232	1847	2463	3079	3695	4310	4926	5542	4.83	28	31.6
32	804.2	1608	2413	3217	4021	4826	5630	6434	7238	6.31	32	35.8

在钢筋间距一定时板每米宽度内钢筋截面积（mm²）　　　　附表 15-11

| 钢筋间距 (mm) | 钢筋直径（mm） | | | | | | | | | |
	6	8	10	12	14	16	18	20	22	24
70	404	718	1122	1616	2199	2873	3636	4487	5430	6463
75	377	670	1047	1508	2052	2681	3393	4188	5081	6032
80	353	628	982	1414	1924	2514	3181	3926	4751	5655
85	333	591	924	1331	1811	2366	2994	3695	4472	5322
90	314	559	873	1257	1711	2234	2828	3490	4223	5027
95	298	529	827	1190	1620	2117	2679	3306	4001	4762
100	283	503	785	1131	1539	2011	2545	3141	3801	4524
105	269	479	748	1077	1466	1915	2424	2991	3620	4309
110	257	457	714	1028	1399	1828	2314	2855	3455	4113
115	246	437	683	984	1339	1749	2213	2731	3305	3934
120	236	419	654	942	1283	1676	2121	2617	3167	3770
125	226	402	628	905	1232	1609	2036	2513	3041	3619
130	217	387	604	870	1184	1547	1958	2416	2924	3480
135	209	372	582	838	1140	1490	1885	2327	2816	3351
140	202	359	561	808	1100	1436	1818	2244	2715	3231
145	195	347	542	780	1062	1387	1755	2166	2621	3120
150	189	335	524	754	1026	1341	1697	2084	2534	3016
155	182	324	507	730	993	1297	1642	2027	2452	2919
160	177	314	491	707	962	1257	1590	1964	2376	2828
165	171	305	476	685	933	1219	1542	1904	2304	2741
170	166	296	462	665	905	1183	1497	1848	2236	2661
175	162	287	449	646	876	1149	1454	1795	2172	2585
180	157	279	436	628	855	1117	1414	1746	2112	2513
185	153	272	425	611	832	1087	1376	1694	2035	2445
190	149	265	413	595	810	1058	1339	1654	2001	2381
195	145	258	403	580	789	1031	1305	1611	1949	2320
200	141	251	393	565	769	1005	1272	1572	1901	2262

钢筋混凝土轴心受压构件的稳定系数 φ 附表 15-12

l_0/b	≤8	10	12	14	16	18	20	22	24	26	28
l_0/d	≤7	8.5	10.5	12	14	15.5	17	19	21	22.5	24
l_0/r	≤28	35	42	48	55	62	69	76	83	90	97
φ	1.0	0.98	0.95	0.92	0.87	0.81	0.75	0.70	0.65	0.60	0.56
l_0/b	30	32	34	36	38	40	42	44	46	48	50
l_0/d	26	28	29.5	31	33	34.5	36.5	38	40	41.5	43
l_0/r	104	111	118	125	132	139	146	153	160	167	174
φ	0.52	0.48	0.44	0.40	0.36	0.32	0.29	0.26	0.23	0.21	0.19

注：1. 表中 l_0 为构件计算长度，b 为矩形截面短边尺寸，d 为圆形截面直径，r 为截面最小回转半径；
2. 构件计算长度 l_0 的确定，两端固定为 $0.5l$；一端固定，一端为不移动的铰为 $0.7l$；两端均匀不移动的铰为 l；一端固定，一端自由为 $2l$。

钢绞线公称直径、截面面积及理论重量 附表 15-13

钢绞线种类	公称直径（mm）	公称截面积（mm²）	每 1000m 的钢绞线理论重量（kg）
1×2	8	25.3	199
	10	39.5	310
	12	56.9	447
1×3	8.6	37.4	199
	10.8	59.3	465
	12.9	85.4	671
1×7 标准型	9.5	54.8	432
	11.1	74.2	580
	12.7	98.7	774
	15.2	139	1101
1×7 模拔型	12.7	112	890
	15.2	165	1295

钢丝公称直径、公称截面积及理论重量 附表 15-14

公称直径（mm）	公称横截面积（mm²）	理论重量参考值（kg/m）	公称直径（mm）	公称横截面积（mm²）	理论重量参考值（kg/m）
4.0	12.57	0.099	7.0	38.48	0.302
5.0	19.63	0.154	8.0	50.26	0.394
6.0	28.27	0.222	9.0	63.62	0.499

石材强度设计值表（单位：MPa） 附表 15-15

石料强度等级 强度类别	MU30	MU40	MU50	MU60	MU80	MU100	MU120
抗压 f_{cd}	7.95	10.59	13.24	15.89	21.19	26.49	31.78
弯曲抗拉 f_{tmd}	0.55	0.73	0.91	1.09	1.45	1.82	2.18

石材强度等级的换算系数   附表 15-16

立方体试件边长（mm）	200	150	100	70.7	50
换算系数	1.43	1.28	1.14	1.0	0.86

混凝土极强度设计值表（单位：MPa）   附表 15-17

混凝土强度等级 / 强度类别	C15	C20	C25	C30	C35	C40
抗压 f_{cd}	5.87	7.82	9.78	11.73	13.69	15.64
直接抗剪 f_{vd}	1.32	1.59	1.85	2.09	2.28	2.48
弯曲抗拉 f_{tmd}	0.66	0.80	0.92	1.04	1.14	1.24

混凝土预制块砂浆砌体抗压强度设计值 f_{cd} 表（单位：MPa）   附表 15-18

砌体强度等级	砂 浆 强 度 等 级					砂浆强度
	M20	M15	M10	M7.5	M5	0
C40	8.25	7.04	5.84	5.24	4.64	2.06
C35	7.71	6.59	5.47	4.90	4.34	1.93
C30	7.14	6.10	5.06	4.54	4.02	1.79
C25	6.52	5.57	4.62	4.14	3.67	1.63
C20	5.83	4.98	4.13	3.70	3.28	1.46
C15	5.05	4.31	3.58	3.21	2.84	1.26

块石砌体抗压强度设计值 f_{cd} 表（单位：MPa）   附表 15-19

砌体强度等级	砂 浆 强 度 等 级					砂浆强度
	M20	M15	M10	M7.5	M5	0
MU120	8.42	7.19	5.96	5.35	4.73	2.10
MU100	7.68	6.56	5.44	4.88	4.32	1.92
MU80	6.87	5.87	4.87	4.37	3.86	1.72
MU60	5.95	5.08	4.22	3.78	3.35	1.49
MU50	5.43	4.64	3.85	3.45	3.05	1.36
MU40	4.86	4.15	3.44	3.09	2.73	1.21
MU30	4.21	3.59	2.98	2.67	2.37	1.05

注：对各类石砌块，应按表中数值分别乘以以下系数：细料石砌体乘以 1.5，半细料石砌体乘以 1.3，
粗料石砌体乘以 1.2，干砌块可采用砂浆强度为零时的抗压强度设计值。

片石砂浆砌体抗压强度设计值 f_{cd} 表（单位：MPa）　　附表 15-20

砌体强度等级	砂　浆　强　度　等　级					砂浆强度
	M20	M15	M10	M7.5	M5	0
MU120	1.97	1.68	1.39	1.25	1.11	0.33
MU100	1.80	1.54	1.27	1.14	0.01	0.30
MU80	1.61	1.37	1.14	1.02	0.90	0.27
MU60	1.39	1.19	0.99	0.88	0.78	0.23
MU50	1.27	1.09	0.90	0.81	0.71	0.21
MU40	1.14	0.97	0.81	0.72	0.64	0.19
MU30	0.98	0.84	0.70	0.63	0.55	0.16

注：干砌片石砌体可采用砂浆强度为零时的抗压强度设计值。

石及混凝土预制块砌体极限强度（MPa）　　附表 15-21

强度类别	破坏特征	砌体种类	砂　浆　强　度　等　级				
			M20	M15	M10	M7.5	M5
轴心抗拉 f_{td}	齿缝	规则砌块砌体	0.104	0.090	0.073	0.063	0.052
		片石砌体	0.096	0.083	0.068	0.059	0.048
直接抗剪 f_{vd}	—	规则砌块砌体	0.104	0.090	0.073	0.063	0.052
		片石砌体	0.241	0.208	0.170	0.147	0.120
弯曲抗拉 f_{tmd}	通缝	规则砌块砌体	0.084	0.073	0.059	0.051	0.042
	齿缝	规则砌块砌体	0.122	0.105	0.086	0.074	0.061
		片石砌体	0.145	0.125	0.102	0.089	0.072

注：1 砌体龄期为 28d；

　　2. 规则块材砌体包括块石砌体、粗料石砌体、混凝土预制块砌体和砖砌体；

　　3. 规则块材砌体在齿缝方向受剪时，系通过块材和灰缝剪破。

小石子混凝土砌块石砌体轴心抗压强度设计值 f_{cd} 表（单位：MPa）

附表 15-22

石材强度等级	小石子混凝土强度等级					
	C40	C35	C30	C25	C20	C15
MU120	13.86	12.69	11.49	10.25	8.95	7.59
MU100	12.65	11.59	10.49	9.35	8.17	6.93
MU80	11.32	10.36	9.38	8.37	7.31	6.19
MU60	9.80	9.98	8.12	7.24	6.33	5.36
MU50	8.95	8.19	7.42	6.61	5.78	4.90
MU40	—	—	6.63	5.92	5.17	4.38
MU30	—	—	—	—	4.48	3.79

注：砌体为粗石料时，轴心抗压强度为表值乘 1.2，砌体为细料石时、半细料石时，轴心抗压强度为
　　表值乘 1.4。

小石子混凝土砌片石砌体轴心抗压强度设计值 f_{cd} 表（单位：MPa）

附表 15-23

石材强度等级	小石子混凝土强度等级			
	C30	C25	C20	C15
MU120	6.94	6.51	5.99	5.36
MU100	5.30	5.00	4.63	4.17
MU80	3.94	3.74	3.49	3.17
MU60	3.23	3.09	2.91	2.67
MU50	2.88	2.77	2.62	2.43
MU40	2.50	2.42	2.31	2.16
MU30	—	—	1.95	1.85

石子混凝土砌块石、片石砌体的轴心抗拉、弯曲抗拉和直接抗剪强度设计值（MPa）

附表 15-24

强度类别	破坏特征	砌体种类	砂 浆 强 度 等 级					
			C40	C35	C30	C25	C20	C15
轴心抗拉 f_{td}	齿缝	块石砌体	0.285	0.267	0.247	0.226	0.202	0.175
		片石砌体	0.425	0.398	0.368	0.336	0.301	0.260
弯曲抗拉 f_{tmd}	齿缝	块石砌体	0.335	0.313	0.290	0.265	0.237	0.205
		片石砌体	0.493	0.461	0.427	0.387	0.349	0.300
	通缝	块石砌体	0.232	0.217	0.201	0.183	0.164	0.142
直接抗剪 f_{vd}	—	块石砌体	0.285	0.267	0.247	0.226	0.202	0.175
		片石砌体	0.425	0.398	0.368	0.336	0.301	0.260

注：对其他规则砌块砌体强度值为表内块石砌体强度值乘以下列系数：粗料石砌体乘 0.7，细料石、半细料石砌体乘 0.35。

附录 16 公路混凝土梁桥荷载横向分布影响线计算用表

附录 16 用表包括附表 16-1 铰接板荷载横向分布影响线竖标表和附图 16-1 "$G-M$" 法 K_0、K_1、μ_0、μ_1 值的计算用图。

附表 16-1 铰接板荷载横向分布影响线竖标表

1. 本表适用于横向铰接的梁或板，各片梁或板的截面是相同的；

2. 表头的两个数字表示所要查的板号，其中第一个数目表示该梁或板是属于几片梁或板铰接而成的体系，第二个数目表示该片梁或板在这个体系中自左而右的序号；

3. 横向分布影响线竖标以 η_{ij} 表示，第一个脚标 i 表示所要求的梁或板号，第二个脚标 j 表示单位竖向荷载作用的那片梁或板号，表中 η_{ij} 下的数字前者表示 i，后者表示 j，η_{ij} 的竖标应绘在梁或板的中轴线处；

4. 表中的 η_{ij} 值为小数点后的三位数字，例如 278 即为 0.278，006 即为 0.006；

5. 表值按弯扭参数 γ 给出

$$\gamma = 5.8\,\frac{I}{I_T}\left(\frac{b}{l}\right)^2$$

式中 l——计算跨径；

      b——一片梁或板的宽度；

      I——梁或板的抗弯惯性矩；

      I_T——梁或板的抗扭惯性矩。

铰 接 板 3-1   附表 16-1 (1)

γ	η_{ij}			γ	η_{ij}			γ	η_{ij}		
	11	12	13		11	12	13		11	12	13
0.00	333	333	333	0.08	434	325	241	0.40	626	294	080
0.01	348	332	319	0.10	454	323	223	0.60	683	278	040
0.02	363	331	306	0.15	496	317	186	1.00	750	250	000
0.04	389	329	282	0.20	531	313	156	2.00	829	200	-029
0.06	413	327	260	0.30	585	303	112				

铰 接 板 3-2　　　　　　　附表 16-1（2）

γ	21	22	23	γ	21	22	23	γ	21	22	23
0.00	333	333	333	0.08	325	351	325	0.40	294	412	294
0.01	332	336	332	0.10	323	355	323	0.60	278	444	278
0.02	331	338	331	0.15	317	365	317	1.00	250	500	250
0.04	329	342	329	0.20	313	375	313	2.00	200	600	200
0.06	237	346	327	0.30	303	394	303				

铰 接 板 4-1　　　　　　　附表 16-1（3）

γ	11	12	13	14	γ	11	12	13	14
0.00	250	250	250	250	0.15	484	295	139	082
0.01	276	257	238	229	0.20	524	298	119	060
0.02	300	263	227	210	0.30	583	296	089	033
0.04	341	273	208	178	0.40	625	291	066	018
0.06	375	280	192	153	0.60	682	277	035	005
0.08	405	285	178	132	1.00	750	250	000	000
0.10	431	289	165	114	2.00	828	201	−034	005

铰 接 板 4-2　　　　　　　附表 16-1（4）

γ	21	22	23	24	γ	21	22	23	24
0.00	250	250	250	250	0.15	295	327	238	139
0.01	257	257	248	238	0.20	298	345	238	119
0.02	263	264	246	227	0.30	296	375	240	089
0.04	273	276	243	208	0.40	291	400	243	066
0.06	280	287	241	192	0.60	277	441	247	035
0.08	285	298	239	178	1.00	250	500	250	000
1.00	289	307	239	165	2.00	201	593	240	−034

铰 接 板 5-1　　　　　　　附表 16-1（5）

γ	11	12	13	14	15	γ	11	12	13	14	15
0.00	200	200	200	200	200	0.15	481	291	130	061	036
0.01	237	216	194	180	173	0.20	523	295	114	045	023
0.02	269	229	188	163	151	0.30	583	296	087	026	010
0.04	321	249	178	136	116	0.40	625	291	066	015	004
0.06	362	263	168	115	092	0.60	682	277	035	004	001
0.08	396	273	158	099	073	1.00	750	250	000	000	000
0.10	425	281	150	085	059	2.00	828	201	−034	006	−001

铰 接 板 5-2　　　　附表 16-1（6）

γ	21	22	23	24	25	γ	21	22	23	24	25
0.00	200	200	200	200	200	0.15	291	320	222	105	061
0.01	216	215	202	187	180	0.20	295	341	227	091	045
0.02	229	228	204	176	163	0.30	296	374	235	070	026
0.04	249	249	207	158	136	0.40	291	399	240	055	015
0.06	263	267	211	144	115	0.60	277	440	246	031	004
0.08	273	281	214	133	099	1.00	250	500	250	000	000
0.10	281	294	216	123	085	2.00	201	593	241	−041	006

铰 接 板 5-3　　　　附表 16-1（7）

γ	31	32	33	34	35	γ	31	32	33	34	35
0.00	200	200	200	200	200	0.15	130	222	295	222	130
0.01	194	202	208	202	194	0.20	114	227	318	227	114
0.02	188	204	215	204	188	0.30	087	235	357	235	087
0.04	178	207	230	207	178	0.40	066	240	389	240	066
0.06	168	211	243	211	168	0.60	035	246	437	246	035
0.08	158	214	256	214	158	1.00	000	250	500	250	000
0.10	150	216	268	216	150	2.00	−034	241	586	241	−034

铰 接 板 6-1　　　　附表 16-1（8）

γ	11	12	13	14	15	16	γ	11	12	13	14	15	16
0.00	167	167	167	167	167	167	0.15	481	290	129	058	027	016
0.01	214	192	168	151	140	135	0.20	523	295	113	043	001	009
0.02	252	212	168	138	119	110	0.30	583	295	086	025	003	003
0.04	312	239	165	117	090	077	0.40	625	291	065	015	003	001
0.06	358	257	159	101	069	055	0.60	682	277	035	004	001	000
0.08	394	270	152	088	055	041	1.00	750	250	000	000	000	000
0.10	423	278	146	078	044	031	2.00	828	201	−034	006	−001	000

铰 接 板 9-1　　　　附表 16-1（9）

γ	11	12	13	14	15	16	17	18	19
0.00	111	111	111	111	111	111	111	111	111
0.01	185	162	136	115	098	086	077	072	069
0.02	236	194	147	113	088	070	057	049	046

续表

γ	η_{ij}								
	11	12	13	14	15	16	17	18	19
0.04	306	232	155	104	070	048	035	026	023
0.06	355	254	154	094	057	035	023	015	012
0.08	392	268	150	084	047	027	015	010	007
0.10	423	277	144	075	039	020	011	006	004
0.15	480	290	128	057	025	011	005	002	001
0.20	523	295	113	043	016	006	002	001	000
0.30	583	295	086	025	007	002	001	000	000
0.40	625	291	065	015	003	001	000	000	000
0.60	682	277	035	004	001	000	000	000	000
1.00	750	250	000	000	000	000	000	000	000
2.00	828	201	−034	006	−001	000	000	000	000

铰 接 板 9-2　　　　　　　　　　**附表 16-1 (10)**

γ	η_{ij}								
	21	22	23	24	25	26	27	28	29
0.00	111	111	111	111	111	111	111	111	111
0.01	162	158	141	119	102	090	081	075	072
0.02	194	189	160	122	095	075	062	053	049
0.04	232	229	181	121	082	057	040	031	026
0.06	254	255	194	118	072	044	028	019	015
0.08	268	274	202	113	063	036	021	013	010
0.10	277	290	208	108	056	029	016	009	006
0.15	290	318	219	097	043	019	008	004	002
0.20	295	340	225	086	033	013	005	002	001
0.30	295	373	234	068	020	006	002	001	000
0.40	291	399	240	054	012	003	001	000	000
0.60	277	440	246	031	004	001	000	000	000
1.00	250	500	250	000	000	000	000	000	000
2.00	201	593	241	−041	007	−001	000	000	000

铰 接 板 9-3　　　　　　　　　　**附表 16-1 (11)**

γ	η_{ij}								
	31	32	33	34	35	36	37	38	39
0.00	111	111	111	111	111	111	111	111	111
0.01	136	141	142	129	111	097	087	081	077
0.02	147	160	164	141	110	087	072	062	057

续表

γ	η_{ij}								
	31	32	33	34	35	36	37	38	39
0.04	155	181	195	159	108	074	053	040	035
0.06	154	194	219	172	105	065	041	028	023
0.08	150	202	237	182	102	058	033	021	015
0.10	144	208	254	190	099	052	028	016	011
0.15	128	219	287	205	090	040	018	008	005
0.20	113	225	314	215	082	031	012	005	002
0.30	086	234	356	229	067	020	006	002	001
0.40	065	240	388	237	053	012	003	001	000
0.60	035	246	431	246	031	004	001	000	000
1.00	000	250	500	250	000	000	000	000	000
2.00	−034	240	586	243	−042	007	−001	000	000

铰 接 板 9-4   **附表 16-1 (12)**

γ	η_{ij}								
	41	42	43	44	45	46	47	48	49
0.00	111	111	111	111	111	111	111	111	111
0.01	115	119	129	133	123	108	097	090	086
0.02	113	122	141	152	134	106	087	075	070
0.04	104	121	159	182	151	104	074	057	048
0.06	094	118	172	206	165	102	065	044	035
0.08	084	113	182	226	176	099	058	036	027
0.10	075	108	190	244	185	097	052	029	020
0.15	057	097	205	281	202	089	040	019	011
0.20	043	086	215	310	214	082	031	013	006
0.30	025	068	229	354	229	067	020	006	002
0.40	015	054	237	387	237	053	012	003	001
0.60	004	031	246	436	246	031	004	001	000
1.00	000	000	250	500	250	000	000	000	000
2.00	006	−041	243	586	243	−042	007	−001	000

铰 接 板 9-5   **附表 16-1 (13)**

γ	η_{ij}								
	51	52	53	54	55	56	57	58	59
0.00	111	111	111	111	111	111	111	111	111
0.01	098	102	111	123	131	123	111	102	98
0.02	088	095	110	134	148	134	110	095	088

γ	η_{ij}								
	51	52	53	54	55	56	57	58	59
0.04	070	082	108	151	178	151	108	082	070
0.06	057	072	105	165	203	165	105	072	057
0.08	047	063	102	176	224	176	102	063	047
0.10	039	056	099	185	242	185	099	056	039
0.15	025	043	090	202	280	202	090	043	025
0.20	016	033	082	214	309	214	082	033	016
0.30	007	020	067	229	354	229	067	020	007
0.40	003	012	053	237	387	237	053	012	003
0.60	001	004	031	246	436	246	031	004	001
1.00	000	000	000	250	500	250	000	000	000
2.00	−001	007	−042	243	586	243	−042	007	−001

铰　接　板 10-1　　　　　　　　　　附表 16-1（14）

γ	η_{ij}								
	11	12	13	14	15	16	17	18	19	20
0.00	100	100	100	100	100	100	100	100	100	100
0.01	181	158	131	110	093	080	070	063	058	056
0.02	234	192	146	111	085	066	052	043	037	034
0.04	306	232	155	103	069	047	032	023	018	015
0.06	355	254	154	094	057	035	021	014	009	007
0.08	392	268	150	084	047	026	015	009	005	004
0.10	423	277	144	075	039	020	011	006	003	002
0.15	480	290	128	057	025	011	005	002	001	001
0.20	523	295	113	043	016	006	002	001	000	000
0.30	583	295	086	025	007	002	001	000	000	000
0.40	625	291	065	015	003	001	000	000	000	000
0.60	682	277	035	004	001	000	000	000	000	000
1.00	750	250	000	000	000	000	000	000	000	000
2.00	828	201	−034	006	−001	000	000	000	000	000

铰　接　板 10-2　　　　　　　　　　附表 16-1（15）

γ	η_{ij}								
	21	22	23	24	25	26	27	28	29	30
0.00	100	100	100	100	100	100	100	100	100	100
0.01	158	154	137	114	097	083	073	065	060	058
0.02	192	188	157	120	092	071	056	046	040	037

续表

γ	η_{ij}									
	21	22	23	24	25	26	27	28	29	30
0.04	232	229	181	121	081	055	038	027	020	018
0.06	254	255	193	117	071	044	027	017	012	009
0.08	268	274	202	113	063	035	020	012	007	005
0.10	277	290	208	108	056	029	015	008	005	003
0.15	290	318	219	097	043	019	008	004	002	001
0.20	295	340	225	086	033	013	005	002	001	000
0.30	295	373	234	068	020	006	002	001	000	000
0.40	291	399	240	054	012	003	001	000	000	000
0.60	277	440	246	031	004	001	000	000	000	000
1.00	250	500	250	000	000	000	000	000	000	000
2.00	201	593	241	−041	007	−001	000	000	000	000

铰 接 板 10-3   附表 16-1 (16)

γ	η_{ij}									
	31	32	33	34	35	36	37	38	39	40
0.00	100	100	100	100	100	100	100	100	100	100
0.01	131	137	137	123	104	090	078	070	065	063
0.02	146	157	162	138	106	082	065	054	046	043
0.04	155	181	195	158	106	072	049	035	027	023
0.06	154	193	218	171	104	064	039	025	017	014
0.08	150	202	237	181	101	057	032	019	012	009
0.10	144	208	254	189	098	051	027	014	008	006
0.15	128	219	287	205	090	040	018	008	004	002
0.20	113	225	314	215	082	031	012	005	002	001
0.30	086	234	356	229	067	020	006	002	001	000
0.40	065	240	388	237	053	012	003	001	000	000
0.60	035	246	437	246	031	004	001	000	000	000
1.00	000	250	500	250	000	000	000	000	000	000
2.00	−034	241	586	243	−042	007	−001	000	000	000

铰 接 板 10-4　　　　　附表 16-1（17）

γ	η_{ij}									
	41	42	43	44	45	46	47	48	49	50
0.00	100	100	100	100	100	100	100	100	100	100
0.01	110	114	123	127	116	100	087	078	073	070
0.02	111	120	138	148	129	100	080	065	056	052
0.04	103	121	158	180	149	101	069	049	038	032
0.06	094	117	171	205	163	100	062	039	027	021
0.08	084	113	181	226	175	098	056	032	020	015
0.10	075	108	189	244	185	096	050	027	015	011
0.15	057	097	205	281	202	089	040	018	008	005
0.20	043	086	215	310	214	082	031	012	005	002
0.30	025	068	229	354	229	067	020	006	002	001
0.40	015	054	237	387	237	053	012	003	001	000
0.60	004	031	246	436	246	031	004	001	000	000
1.00	000	000	250	500	250	000	000	000	000	000
2.00	006	−041	243	586	243	−042	007	−001	000	000

铰 接 板 10-5　　　　　附表 16-1（18）

γ	η_{ij}									
	51	52	53	54	55	56	57	58	59	60
0.00	100	100	100	100	100	100	100	100	100	100
0.01	093	097	104	116	123	114	100	090	083	080
0.02	085	092	106	129	142	126	100	082	071	066
0.04	069	081	106	149	175	146	101	072	055	047
0.06	057	071	104	163	201	162	100	064	044	035
0.08	047	063	101	175	223	174	098	057	035	026
0.10	039	056	098	185	241	184	096	051	029	020
0.15	025	043	090	202	280	201	089	040	019	011
0.20	016	033	082	214	309	214	082	031	013	006
0.30	007	020	067	229	354	229	067	020	006	002
0.40	003	012	053	237	387	237	053	012	003	001
0.60	001	004	031	246	436	246	031	004	001	000
1.00	000	000	000	250	500	250	000	000	000	000
2.00	−001	007	−042	243	586	243	−042	007	−001	000

附图 16-1   *G—M* 法 K_0、K_1、μ_0、μ_1 值的计算用图

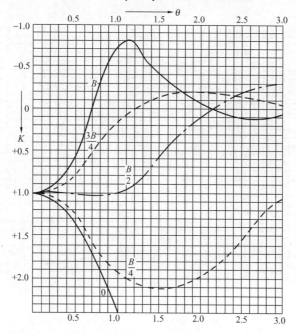

附图 16-1（1）   梁位 $f=0$ 处的荷载横向影响线系数 K_0

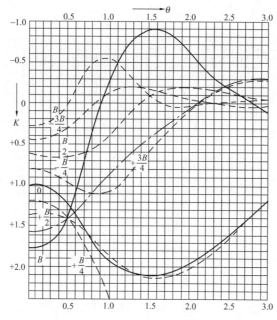

附图 16-1（2）   梁位 $f=B/4$ 处的荷载横向影响线系数 K_0

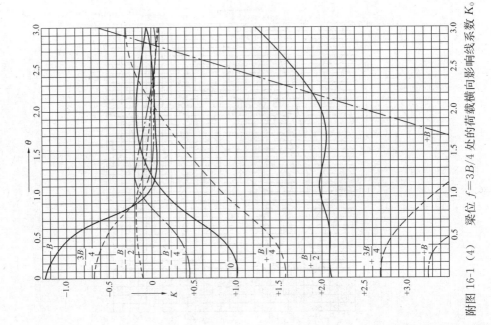

附图 16-1 (4)　梁位 $f=3B/4$ 处的荷载横向影响线系数 K_0

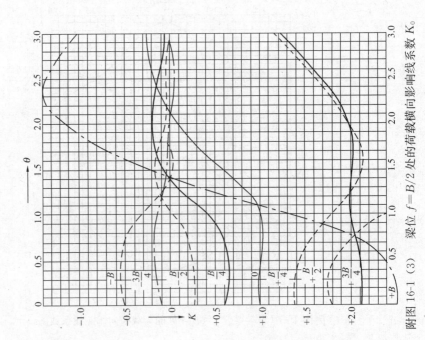

附图 16-1 (3)　梁位 $f=B/2$ 处的荷载横向影响线系数 K_0

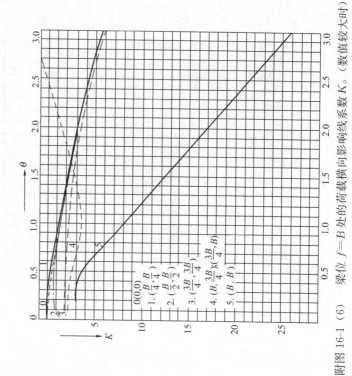

附图 16-1 (6)　梁位 $f=B$ 处的荷载横向影响线系数 K_0（数值较大时）

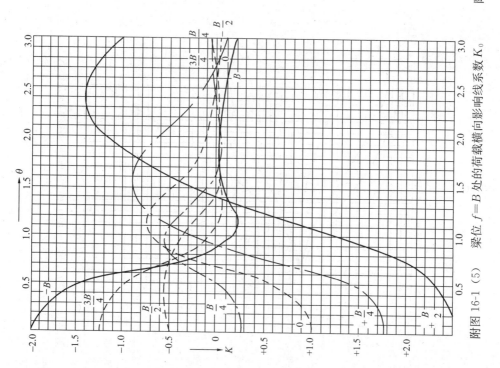

附图 16-1 (5)　梁位 $f=B$ 处的荷载横向影响线系数 K_0

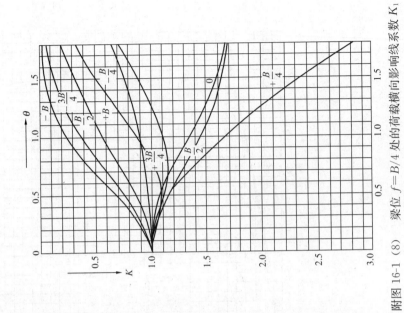

附图 16-1 (8)　梁位 $f=B/4$ 处的荷载横向影响线系数 K_1

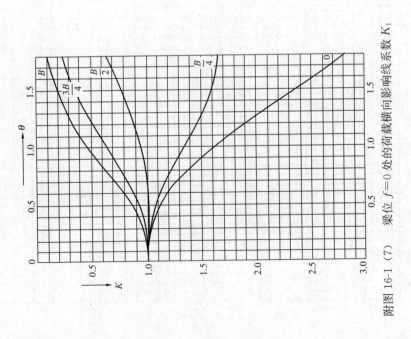

附图 16-1 (7)　梁位 $f=0$ 处的荷载横向影响线系数 K_1

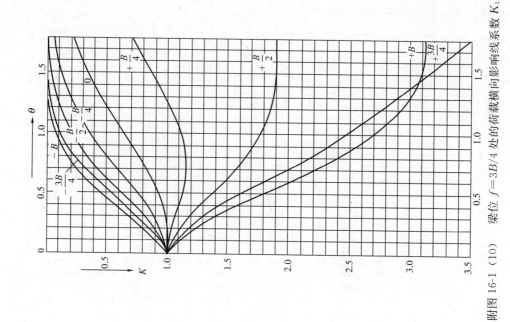

附图 16-1（10）　梁位 $f=3B/4$ 处的荷载横向影响线系数 K_1

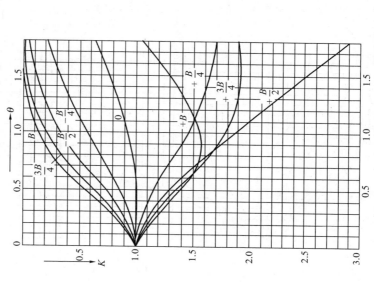

附图 16-1（9）　梁位 $f=B/2$ 处的荷载横向影响线系数 K_1

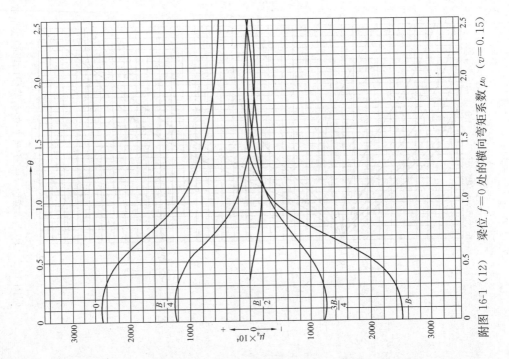

附图 16-1 (12)   梁位 $f=0$ 处的横向弯矩系数 μ_0 ($v=0.15$)

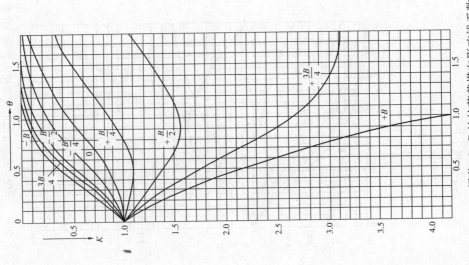

附图 16-1 (11)   梁位 $f=B$ 处的荷载横向影响线系数 K_1

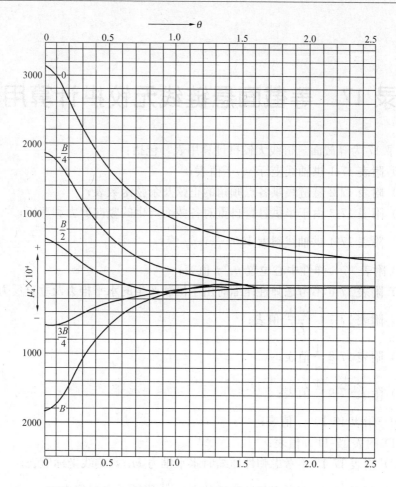

附图 16-1(13) 梁位 $f=0$ 处的横向弯矩系数 μ_1 （$v=0.15$）

附录 17 等截面悬链线无铰拱计算用表

附录 17 为等截面悬链线无铰拱计算用表，包括：

(1) 附表 17-1 拱轴线坐标 y_1/f 值表；

(2) 附表 17-2 悬链线拱各点倾角的正弦及余弦函数表；

(3) 附表 17-3 由于半拱悬臂自重对各截面产生的竖向剪力和弯矩；

(4) 附表 17-4 拱轴线斜度 $1000\dfrac{L}{f}\tan\varphi$ 值；

(5) 附表 17-5 弹性中心位置 y_s/f 值表；

(6) 附表 17-6 不考虑弹性压缩时由于恒载产生的水平推力及垂直反力表；

(7) 附表 17-7 $\displaystyle\int_s\frac{y^2\mathrm{d}s}{EI}$ 值表；

(8) 附表 17-8 $\dfrac{1}{\nu_1}$ 值表；

(9) 附表 17-9 $\dfrac{1}{\nu}$ 值表；

(10) 附表 17-10 μ_1 值表；

(11) 附表 17-11 μ 值表；

(12) 附表 17-12 不考虑弹性压缩时水平推力 H_1 影响线坐标值表；

(13) 附表 17-13 不考虑弹性压缩的弯矩 $\dfrac{M'}{L}$ 影响线坐标值表；

(14) 附表 17-14 M 及相应的 H、R、N 影响线面积表。

本附录所列计算用表是由参考文献 [15] 中选取的，因篇幅有限，仅选取了 $m=2.814$ 的相关计算用表，其他情况参阅参考文献 [15]。

拱轴线坐标 y_1/f 值表　　　　　　　　　　　　　附表 17-1

截面号 $\diagdown$ m	2.814
0	1.000000
1	0.901402
2	0.810048
3	0.725485
4	0.647289

截面号	m
	2.814
5	0.575071
6	0.508471
7	0.447156
8	0.390820
9	0.339184
10	0.291988
11	0.248998
12	0.210000
13	0.174798
14	0.143218
15	0.115101
16	0.090308
17	0.068714
18	0.050213
19	0.034712
20	0.022133
21	0.012414
22	0.005506
23	0.001375
24	0

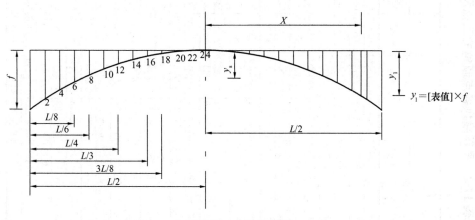

附图 17-1   计算图式

附表 17-2　悬链线拱各点倾角的正弦及余弦函数表

m=2.814

附表 17-2

截面号	1/3 sinφ	1/3 cosφ	1/4 sinφ	1/4 cosφ	1/5 sinφ	1/5 cosφ	1/6 sinφ	1/6 cosφ	1/7 sinφ	1/7 cosφ	1/8 sinφ	1/8 cosφ	1/9 sinφ	1/9 cosφ	1/10 sinφ	1/10 cosφ
0	0.85353	0.52105	0.77556	0.63127	0.70097	0.71319	0.63364	0.77363	0.57459	0.81844	0.52342	0.85207	0.47925	0.87768	0.44105	0.89748
1	0.83514	0.55003	0.75140	0.65984	0.67345	0.73923	0.60467	0.79648	0.54541	0.83817	0.49480	0.86901	0.45157	0.89223	0.41453	0.91004
2	0.81494	0.57955	0.72565	0.68806	0.64485	0.76431	0.57515	0.81805	0.51616	0.85649	0.46644	0.88455	0.42441	0.90547	0.38868	0.92137
3	0.79285	0.60942	0.69837	0.71573	0.61532	0.78827	0.54528	0.83825	0.48699	0.87341	0.43847	0.89874	0.39786	0.91744	0.36359	0.93156
4	0.76883	0.63946	0.66968	0.74265	0.58505	0.81100	0.51522	0.85706	0.45804	0.88893	0.41102	0.91163	0.37201	0.92823	0.33930	0.94068
5	0.74285	0.66946	0.63968	0.76864	0.55419	0.83239	0.48515	0.87443	0.42946	0.90308	0.38418	0.92326	0.34691	0.93790	0.31585	0.94881
6	0.71492	0.69921	0.60853	0.79353	0.52292	0.85238	0.45520	0.89039	0.40136	0.91592	0.35801	0.93372	0.32260	0.94653	0.29326	0.95603
7	0.68507	0.72847	0.57637	0.81719	0.49142	0.87092	0.42552	0.90495	0.37382	0.92750	0.33258	0.94307	0.29912	0.95422	0.27153	0.96243
8	0.65337	0.75704	0.54339	0.83948	0.45984	0.88800	0.39621	0.91816	0.34691	0.93790	0.30792	0.95141	0.27647	0.96102	0.25065	0.96808
9	0.61990	0.78468	0.50974	0.86033	0.42832	0.90363	0.36738	0.93007	0.32069	0.94718	0.28405	0.95881	0.25465	0.96703	0.23061	0.97305
10	0.58478	0.81119	0.47560	0.87966	0.39699	0.91782	0.33909	0.94075	0.29518	0.95544	0.26096	0.96535	0.23364	0.97232	0.21138	0.97740
11	0.54814	0.83639	0.44112	0.89745	0.36594	0.93064	0.31139	0.95028	0.27041	0.96275	0.23866	0.97110	0.21342	0.97696	0.19292	0.98122
12	0.51013	0.86010	0.40643	0.91368	0.33527	0.94212	0.28432	0.95873	0.24636	0.96918	0.21711	0.97615	0.19395	0.98101	0.17518	0.98454
13	0.47092	0.88218	0.37168	0.92836	0.30502	0.95234	0.25788	0.96618	0.22302	0.97481	0.19629	0.98055	0.17519	0.98454	0.15813	0.98742
14	0.43066	0.90251	0.33696	0.94152	0.27525	0.96137	0.23208	0.97270	0.20036	0.97972	0.17615	0.98436	0.15709	0.98758	0.14171	0.98991
15	0.38952	0.92102	0.30235	0.95320	0.24596	0.96928	0.20689	0.97836	0.17835	0.98397	0.15664	0.98766	0.13960	0.99021	0.12587	0.99205
16	0.34766	0.93762	0.26792	0.96344	0.21716	0.97614	0.18229	0.98325	0.15694	0.98761	0.13772	0.99047	0.12266	0.99245	0.11055	0.99387
17	0.30520	0.95229	0.23371	0.97231	0.18884	0.98201	0.15823	0.98740	0.13608	0.99070	0.11933	0.99286	0.10623	0.99434	0.09571	0.99541
18	0.26228	0.96499	0.19974	0.97985	0.16095	0.98696	0.13466	0.99089	0.11570	0.99328	0.10140	0.99485	0.09023	0.99592	0.08127	0.99669
19	0.21901	0.97572	0.16601	0.98612	0.13347	0.99105	0.11153	0.99376	0.09575	0.99541	0.08388	0.99648	0.07461	0.99721	0.06719	0.99774
20	0.17547	0.98448	0.13250	0.99118	0.10634	0.99433	0.08877	0.99605	0.07617	0.99710	0.06669	0.99777	0.05931	0.99824	0.05340	0.99857
21	0.13175	0.99128	0.09919	0.99507	0.07949	0.99684	0.06631	0.99780	0.05687	0.99838	0.04978	0.99876	0.04426	0.99902	0.03984	0.99921
22	0.08790	0.99613	0.06603	0.99782	0.05287	0.99860	0.04408	0.99903	0.03779	0.99929	0.03307	0.99945	0.02940	0.99957	0.02646	0.99965
23	0.04397	0.99903	0.03299	0.99946	0.02640	0.99965	0.02200	0.99976	0.01886	0.99982	0.01650	0.99986	0.01467	0.99989	0.01320	0.99991
24	0	1.00000	0	1.00000	0	1.00000	0	1.00000	0	1.00000	0	1.00000	0	1.00000	0	1.00000

附表 17-3   由于半拱悬臂自重对各截面产生的竖向剪力和弯矩

$m=2.814$ 附表 17-3

$\dfrac{f}{L}$	截面号 / 力	24（拱顶）	18	12	6	0（拱脚）
$\dfrac{1}{3}$	V_K	0	0.12649	0.26278	0.42299	0.62951
	M_K	0	0.03143	0.12810	0.29815	0.55874
$\dfrac{1}{4}$	V_K	0	0.12584	0.25733	0.40324	0.57893
	M_K	0	0.03135	0.12676	0.29105	0.53491
$\dfrac{1}{5}$	V_K	0	0.12554	0.25473	0.39351	0.55288
	M_K	0	0.03132	0.12614	0.28762	0.52303
$\dfrac{1}{6}$	V_K	0	0.12537	0.25331	0.38803	0.53777
	M_K	0	0.03130	0.12579	0.28571	0.51629
$\dfrac{1}{7}$	V_K	0	0.12528	0.25244	0.38466	0.52827
	M_K	0	0.03128	0.12558	0.28455	0.51211
$\dfrac{1}{8}$	V_K	0	0.12521	0.25187	0.38244	0.52192
	M_K	0	0.03128	0.12545	0.28378	0.50934
$\dfrac{1}{9}$	V_K	0	0.12517	0.25148	0.38090	0.51748
	M_K	0	0.03127	0.12535	0.28326	0.50742
$\dfrac{1}{10}$	V_K	0	0.12514	0.25120	0.37979	0.51425
	M_K	0	0.03127	0.12529	0.28288	0.50604

附表 17-4   拱轴线斜度 $1000\dfrac{L}{f}\tan\varphi$ 值

$$\tan\varphi = [表值] \times \frac{f}{1000L}$$ 附表 17-4

截面号	m = 2.814	截面号	m = 2.814
0	4914.33	13	1601.44
1	4555.05	14	1431.54
2	4218.50	15	1268.79
3	3902.98	16	1112.36
4	3606.93	17	961.475
5	3328.87	18	815.389
6	3067.42	19	673.370
7	2821.26	20	534.710
8	2589.17	21	398.716
9	2370.00	22	264.711
10	2162.65	23	132.026
11	1966.08	24	0
12	1779.33	—	—

附表 17-5   弹性中心位置 y_s/f 值表

$$y_s = [\text{表值}] \times f \qquad \text{附表 17-5}$$

$\dfrac{f}{L}$ m	$\dfrac{1}{3}$	$\dfrac{1}{4}$	$\dfrac{1}{5}$	$\dfrac{1}{6}$	$\dfrac{1}{7}$	$\dfrac{1}{8}$	$\dfrac{1}{9}$	$\dfrac{1}{10}$	$\dfrac{y_1/4}{f}$
2.814	0.364165	0.345104	0.333431	0.325949	0.320937	0.317446	0.314931	0.313066	0.21

附表 17-6   不考虑弹性压缩时由于恒载产生的水平推力及垂直反力表

附表 17-6

m	水平推力 H_G 的系数 k_g	垂直反力 R_G 的系数 k'_g	$\dfrac{y_1/4}{f}$
2.814	0.15793	0.77611	0.21

附表 17-7 $\displaystyle\int_s \dfrac{y^2 \mathrm{d}s}{EI}$ 值表

$$\int_s \frac{y^2 \mathrm{d}s}{EI} = [\text{表值}] \times \frac{Lf^2}{EI} \qquad \text{附表 17-7}$$

$\dfrac{f}{L}$ m	$\dfrac{1}{3}$	$\dfrac{1}{4}$	$\dfrac{1}{5}$	$\dfrac{1}{6}$	$\dfrac{1}{7}$	$\dfrac{1}{8}$	$\dfrac{1}{9}$	$\dfrac{1}{10}$	$\dfrac{y_1/4}{f}$
2.814	0.118594	0.106299	0.099373	0.095116	0.092331	0.090420	0.089056	0.088051	0.21

附表 17-8 $\dfrac{1}{\nu_1}$ 值表

$$\frac{1}{\nu_1}\ \text{值表} \qquad \text{附表 17-8}$$

$\dfrac{f}{L}$ m	$\dfrac{1}{3}$	$\dfrac{1}{4}$	$\dfrac{1}{5}$	$\dfrac{1}{6}$	$\dfrac{1}{7}$	$\dfrac{1}{8}$	$\dfrac{1}{9}$	$\dfrac{1}{10}$	$\dfrac{y_1/4}{f}$
2.814	1.25903	1.15786	1.10575	1.07554	1.05654	1.04384	1.03495	1.02850	0.21

附表 17-9 $\dfrac{1}{\nu}$ 值表

$$\frac{1}{\nu}\ \text{值表} \qquad \text{附表 17-9}$$

$\dfrac{f}{L}$ m	$\dfrac{1}{3}$	$\dfrac{1}{4}$	$\dfrac{1}{5}$	$\dfrac{1}{6}$	$\dfrac{1}{7}$	$\dfrac{1}{8}$	$\dfrac{1}{9}$	$\dfrac{1}{10}$	$\dfrac{y_1/4}{f}$
2.814	0.824799	0.879275	0.912838	0.934648	0.949457	0.959891	0.967477	0.973145	0.21

附表 17-10 μ_1 值表

$$\mu_1 = [\text{表值}] \times \left(\frac{r}{f}\right)^2 \qquad \text{附表 17-10}$$

$\dfrac{f}{L}$ m	$\dfrac{1}{3}$	$\dfrac{1}{4}$	$\dfrac{1}{5}$	$\dfrac{1}{6}$	$\dfrac{1}{7}$	$\dfrac{1}{8}$	$\dfrac{1}{9}$	$\dfrac{1}{10}$
2.814	10.6163	10.8925	11.1272	11.3076	11.4429	11.5444	11.6214	11.6808

注：$r^2 = \dfrac{I}{A}$ 截面回转半径；I——截面惯性矩；A——截面面积。

附表 17-11 　μ 值表

$$\mu=\left[\text{表值}\right]\times\left(\frac{r}{f}\right)^2 \qquad \text{附表 17-11}$$

m	$\frac{f}{L}$ $\frac{1}{3}$	$\frac{1}{4}$	$\frac{1}{5}$	$\frac{1}{6}$	$\frac{1}{7}$	$\frac{1}{8}$	$\frac{1}{9}$	$\frac{1}{10}$
2.814	6.95479	8.27171	9.18594	9.82636	10.2831	10.6160	10.8638	11.0521

注：$r^2=\dfrac{I}{A}$ 截面回转半径；I——截面惯性矩；A——截面面积。

附表 17-12 　不考虑弹性压缩时水平推力 H_1 影响线坐标值表

$$m=2.814,\ \frac{y_{\frac{1}{4}}}{f}=0.21 \qquad \text{附表 17-12}$$

截面号	$\frac{f}{L}$ $\frac{1}{3}$	$\frac{1}{4}$	$\frac{1}{5}$	$\frac{1}{6}$	$\frac{1}{7}$	$\frac{1}{8}$	$\frac{1}{9}$	$\frac{1}{10}$
0	0	0	0	0	0	0	0	0
1	0.00208	0.00198	0.00192	0.00187	0.00184	0.00182	0.00180	0.00179
2	0.00774	0.00741	0.00720	0.00705	0.00694	0.00686	0.00681	0.00676
3	0.01623	0.01561	0.01521	0.01493	0.01473	0.01459	0.01448	0.01441
4	0.02690	0.02599	0.02539	0.02499	0.02470	0.02450	0.02435	0.02423
5	0.03919	0.03803	0.03728	0.03676	0.03641	0.03615	0.03596	0.03581
6	0.05265	0.05130	0.05043	0.04984	0.04944	0.04914	0.04892	0.04876
7	0.06686	0.06541	0.06449	0.06386	0.06343	0.06312	0.06289	0.06272
8	0.08149	0.08004	0.07912	0.07850	0.07807	0.07776	0.07753	0.07736
9	0.09626	0.09490	0.09403	0.09345	0.09306	0.09277	0.09256	0.09241
10	0.11091	0.10972	0.10897	0.10848	0.10814	0.10790	0.10772	0.10758
11	0.12524	0.12431	0.12372	0.12334	0.12308	0.12289	0.12276	0.12266
12	0.13907	0.13845	0.13808	0.13784	0.13767	0.13756	0.13747	0.13741
13	0.15225	0.15200	0.15186	0.15178	0.15173	0.15169	0.15167	0.15165
14	0.16464	0.16480	0.16492	0.16501	0.16508	0.16513	0.16517	0.16520
15	0.17613	0.17672	0.17712	0.17739	0.17758	0.17772	0.17783	0.17791
16	0.18664	0.18766	0.18833	0.18879	0.18910	0.18933	0.18950	0.18963
17	0.19608	0.19753	0.19846	0.19909	0.19953	0.19984	0.20007	0.20025
18	0.20439	0.20623	0.20741	0.20820	0.20876	0.20915	0.20944	0.20966
19	0.21150	0.21370	0.21511	0.21605	0.21670	0.21717	0.21752	0.21778
20	0.21738	0.21989	0.22149	0.22256	0.22330	0.22383	0.22422	0.22451
21	0.22199	0.22475	0.22651	0.22768	0.22849	0.22907	0.22950	0.22982
22	0.22530	0.22825	0.23012	0.23136	0.23223	0.23284	0.23330	0.23364
23	0.22730	0.23036	0.23230	0.23359	0.23448	0.23512	0.23559	0.23595
24	0.22796	0.23106	0.23302	0.23433	0.23524	0.23588	0.23636	0.23672

附表 17-13　不考虑弹性压缩的弯矩 $\dfrac{M'}{L}$ 影响线坐标值表

M_{L24}（拱顶）影响线坐标值＝［表值］×L，$m=2.814$，$\dfrac{y_{\frac{1}{4}}}{f}=0.21$

截面号 $\dfrac{f}{L}$	$\dfrac{1}{3}$	$\dfrac{1}{4}$	$\dfrac{1}{5}$	$\dfrac{1}{6}$	$\dfrac{1}{7}$	$\dfrac{1}{8}$	$\dfrac{1}{9}$	$\dfrac{1}{10}$
0	0	0	0	0	0	0	0	0
1	−0.00043	−0.00039	−0.00037	−0.00035	−0.00034	−0.00033	−0.00033	−0.00033
2	−0.00154	−0.00140	−0.00132	−0.00127	−0.00124	−0.00122	−0.00120	−0.00119
3	−0.00309	−0.00283	−0.00268	−0.00258	−0.00252	−0.00248	−0.00245	−0.00242
4	−0.00486	−0.00448	−0.00426	−0.00412	−0.00403	−0.00397	−0.00392	−0.00389
5	−0.00668	−0.00620	−0.00592	−0.00575	−0.00564	−0.00556	−0.00550	−0.00546
6	−0.00842	−0.00786	−0.00754	−0.00734	−0.00721	−0.00712	−0.00706	−0.00701
7	−0.00993	−0.00933	−0.00899	−0.00879	−0.00865	−0.00855	−0.00848	−0.00843
8	−0.01113	−0.01053	−0.01019	−0.00998	−0.00985	−0.00975	−0.00969	−0.00964
9	−0.01192	−0.01135	−0.01104	−0.01085	−0.01072	−0.01064	−0.01057	−0.01053
10	−0.01222	−0.01174	−0.01146	−0.01130	−0.01119	−0.01112	−0.01107	−0.01103
11	−0.01199	−0.01161	−0.01140	−0.01127	−0.01119	−0.01113	−0.01109	−0.01106
12	−0.01116	−0.01091	−0.01077	−0.01070	−0.01064	−0.01061	−0.01059	−0.01057
13	−0.00969	−0.00959	−0.00955	−0.00952	−0.00950	−0.00950	−0.00949	−0.00948
14	−0.00754	−0.00761	−0.00766	−0.00770	−0.00772	−0.00773	−0.00775	−0.00776
15	−0.00469	−0.00494	−0.00508	−0.00518	−0.00524	−0.00528	−0.00531	−0.00534
16	−0.00110	−0.00153	−0.00177	−0.00193	−0.00203	−0.00210	−0.00215	−0.00219
17	0.00324	0.00265	0.00230	0.00209	0.00195	0.00186	0.00179	0.00174
18	0.00836	0.00760	0.00717	0.00690	0.00673	0.00661	0.00652	0.00646
19	0.01428	0.01337	0.01285	0.01254	0.01233	0.01219	0.01209	0.01201
20	0.02099	0.01995	0.01937	0.01902	0.01878	0.01862	0.01850	0.01842
21	0.02852	0.02738	0.02674	0.02635	0.02609	0.02592	0.02579	0.02570
22	0.03686	0.03565	0.03497	0.03456	0.03428	0.03410	0.03396	0.03386
23	0.04604	0.04478	0.04407	0.04364	0.04336	0.04317	0.04303	0.04292
24	0.05604	0.05476	0.05405	0.05361	0.05333	0.05313	0.05299	0.05289

$M_{L18}(3L/8)$ 影响线坐标值=[表值]×L，m=2.814，$\dfrac{y_{\frac{1}{4}}}{f}$=0.21

截面号 \ $\dfrac{f}{L}$	$\dfrac{1}{3}$	$\dfrac{1}{4}$	$\dfrac{1}{5}$	$\dfrac{1}{6}$	$\dfrac{1}{7}$	$\dfrac{1}{8}$	$\dfrac{1}{9}$	$\dfrac{1}{10}$
0	0	0	0	0	0	0	0	0
1	−0.00012	−0.00010	−0.00009	−0.00008	−0.00007	−0.00007	−0.00007	−0.00007
2	−0.00037	−0.00029	−0.00024	−0.00022	−0.00020	−0.00020	−0.00019	−0.00018
3	−0.00056	−0.00041	−0.00034	−0.00029	−0.00027	−0.00025	−0.00024	−0.00024
4	−0.00055	−0.00034	−0.00025	−0.00019	−0.00016	−0.00014	−0.00013	−0.00012
5	−0.00023	0.00001	0.00012	0.00018	0.00021	0.00023	0.00025	0.00026
6	0.00050	0.00075	0.00086	0.00092	0.00094	0.00096	0.00097	0.00097
7	0.00172	0.00196	0.00205	0.00208	0.00210	0.00211	0.00211	0.00211
8	0.00349	0.00368	0.00374	0.00375	0.00375	0.00375	0.00374	0.00273
9	0.00587	0.00599	0.00599	0.00598	0.00595	0.00593	0.00591	0.00590
10	0.00890	0.00891	0.00886	0.00880	0.00876	0.00872	0.00869	0.00866
11	0.01261	0.01251	0.01239	0.01228	0.01221	0.01215	0.01210	0.01207
12	0.01703	0.01680	0.01660	0.01645	0.01634	0.01626	0.01620	0.01616
13	0.02219	0.02181	0.02154	0.02134	0.02120	0.02110	0.02102	0.02097
14	0.02809	0.02757	0.02722	0.02698	0.02681	0.02668	0.02660	0.02653
15	0.03476	0.03410	0.03367	0.03339	0.03319	0.03305	0.03294	0.03287
16	0.04221	0.04141	0.04091	0.04059	0.04036	0.04021	0.04009	0.04001
17	0.05043	0.04952	0.04896	0.04860	0.04835	0.04818	0.04806	0.04796
18	0.05944	0.05842	0.05781	0.05743	0.05717	0.05698	0.05685	0.05675
19	0.04841	0.04731	0.04666	0.04625	0.04598	0.04579	0.04565	0.04555
20	0.03816	0.03700	0.03633	0.03591	0.03563	0.03544	0.03530	0.03520
21	0.02870	0.02751	0.02683	0.02640	0.02613	0.02594	0.02580	0.02570
22	0.02002	0.01882	0.01815	0.01773	0.01747	0.01728	0.01714	0.01705
23	0.01211	0.01094	0.01029	0.00990	0.00964	0.00946	0.00933	0.00924
24	0.00498	0.00387	0.00325	0.00288	0.00264	0.00248	0.00236	0.00227

$M_{R18}(3L/8)$ 影响线坐标值=[表值]×L，m=2.814

截面号 \ $\dfrac{f}{L}$	$\dfrac{1}{3}$	$\dfrac{1}{4}$	$\dfrac{1}{5}$	$\dfrac{1}{6}$	$\dfrac{1}{7}$	$\dfrac{1}{8}$	$\dfrac{1}{9}$	$\dfrac{1}{10}$
24′	0.00498	0.00387	0.00325	0.00288	0.00264	0.00248	0.00236	0.00227
23′	−0.00138	−0.00242	−0.00299	−0.00332	−0.00354	−0.00368	−0.00379	−0.00386

截面号 \ $\frac{f}{L}$	$\frac{1}{3}$	$\frac{1}{4}$	$\frac{1}{5}$	$\frac{1}{6}$	$\frac{1}{7}$	$\frac{1}{8}$	$\frac{1}{9}$	$\frac{1}{10}$
22′	−0.00700	−0.00793	−0.00843	−0.00872	−0.00891	−0.00904	−0.00913	−0.00919
21′	−0.01187	−0.01268	−0.01310	−0.01334	−0.01350	−0.01360	−0.01367	−0.01372
20′	−0.01602	−0.01668	−0.01701	−0.01720	−0.01731	−0.01739	−0.01744	−0.01748
19′	−0.01945	−0.01994	−0.02018	−0.02031	−0.02039	−0.02043	−0.02047	−0.02049
18′	−0.02219	−0.02251	−0.02264	−0.02271	−0.02274	−0.02276	−0.02277	−0.02278
17′	−0.02425	−0.02439	−0.02442	−0.02442	−0.02441	−0.02440	−0.02439	−0.02438
16′	−0.02566	−0.02562	−0.02555	−0.02548	−0.02543	−0.02539	−0.02536	−0.02534
15′	−0.02645	−0.02623	−0.02605	−0.02593	−0.02583	−0.02577	−0.02571	−0.02568
14′	−0.02664	−0.02625	−0.02598	−0.02580	−0.02567	−0.02557	−0.02550	−0.02545
13′	−0.02627	−0.02573	−0.02538	−0.02514	−0.02497	−0.02485	−0.02477	−0.02470
12′	−0.02538	−0.02471	−0.02428	−0.02400	−0.02381	−0.02367	−0.02357	−0.02349
11′	−0.02401	−0.02323	−0.02275	−0.02244	−0.02222	−0.02207	−0.02196	−0.02188
10′	−0.02220	−0.02136	−0.02085	−0.02051	−0.02028	−0.02012	−0.02000	−0.01991
9′	−0.02003	−0.01916	−0.01863	−0.01828	−0.01805	−0.01789	−0.01777	−0.01768
8′	−0.01756	−0.01670	−0.01617	−0.01583	−0.01561	−0.01544	−0.01533	−0.01524
7′	−0.01487	−0.01406	−0.01356	−0.01324	−0.01303	−0.01287	−0.01276	−0.01268
6′	−0.01205	−0.01132	−0.01088	−0.01059	−0.01040	−0.01027	−0.01017	−0.01010
5′	−0.00920	−0.00860	−0.00823	−0.00799	−0.00783	−0.00772	−0.00764	−0.00757
4′	−0.00647	−0.00601	−0.00572	−0.00554	−0.00542	−0.00533	−0.00527	−0.00522
3′	−0.00399	−0.00368	−0.00349	−0.00337	−0.00329	−0.00323	−0.00319	−0.00316
2′	−0.00194	−0.00178	−0.00168	−0.00162	−0.00158	−0.00155	−0.00152	−0.00151
1′	−0.00053	−0.00048	−0.00046	−0.00044	−0.00042	−0.00042	−0.00041	−0.00040
0′	0	0	0	0	0	0	0	0

$$M_{L12}(L/4)\text{影响线坐标值} = [\text{表值}] \times L,\ m = 2.814,\ \frac{y_{\frac{1}{4}}}{f} = 0.21$$

附表 17-13 (4)

截面号 \ $\frac{f}{L}$	$\frac{1}{3}$	$\frac{1}{4}$	$\frac{1}{5}$	$\frac{1}{6}$	$\frac{1}{7}$	$\frac{1}{8}$	$\frac{1}{9}$	$\frac{1}{10}$
0	0	0	0	0	0	0	0	0
1	0.00041	0.00041	0.00040	0.00040	0.00040	0.00039	0.00039	0.00039
2	0.00166	0.00165	0.00163	0.00161	0.00159	0.00158	0.00157	0.00156
3	0.00375	0.00372	0.00367	0.00363	0.00359	0.00357	0.00354	0.00353
4	0.00671	0.00664	0.00655	0.00647	0.00641	0.00637	0.00633	0.00630

续表

$\dfrac{f}{L}$ 截面号	$\dfrac{1}{3}$	$\dfrac{1}{4}$	$\dfrac{1}{5}$	$\dfrac{1}{6}$	$\dfrac{1}{7}$	$\dfrac{1}{8}$	$\dfrac{1}{9}$	$\dfrac{1}{10}$
5	0.01052	0.01040	0.01026	0.01014	0.01005	0.00999	0.00993	0.00989
6	0.01519	0.01499	0.01479	0.01464	0.01452	0.01442	0.01436	0.01430
7	0.02070	0.02041	0.02016	0.01995	0.01980	0.01969	0.01960	0.01953
8	0.02704	0.02666	0.02634	0.02609	0.02590	0.02577	0.02566	0.02558
9	0.03420	0.03372	0.03333	0.03304	0.03282	0.03266	0.03254	0.03245
10	0.04217	0.04159	0.04113	0.04080	0.04055	0.04037	0.04024	0.04014
11	0.05093	0.05024	0.04972	0.04935	0.04909	0.04889	0.04875	0.04864
12	0.06046	0.05967	0.05910	0.05870	0.05842	0.05821	0.05805	0.05794
13	0.04991	0.04904	0.04842	0.04800	0.04770	0.04748	0.04732	0.04720
14	0.04010	0.03915	0.03851	0.03806	0.03775	0.03753	0.03737	0.03725
15	0.03102	0.03001	0.02934	0.02889	0.02857	0.02835	0.02819	0.02807
16	0.02263	0.02158	0.02090	0.02045	0.02014	0.01992	0.01976	0.01964
17	0.01494	0.01387	0.01319	0.01275	0.01245	0.01224	0.01208	0.01197
18	0.00791	0.00684	0.00618	0.00576	0.00547	0.00527	0.00513	0.00502
19	0.00154	0.00049	−0.00013	−0.00053	−0.00080	−0.00098	−0.00111	−0.00121
20	−0.00419	−0.00520	−0.00578	−0.00614	−0.00638	−0.00655	−0.00667	−0.00675
21	−0.00930	−0.01024	−0.01077	−0.01109	−0.01130	−0.01145	−0.01155	−0.01162
22	−0.01381	−0.01466	−0.01513	−0.01540	−0.01558	−0.01569	−0.01578	−0.01584
23	−0.01774	−0.01848	−0.01887	−0.01909	−0.01923	−0.01932	−0.01938	−0.01942
24	−0.02109	−0.02171	−0.02202	−0.02218	−0.02227	−0.02233	−0.02237	−0.02240

$M_{R12}(L/4)$ 影响线坐标值＝［表值］$\times L, m = 2.814$　　　附表 17-13 (5)

$\dfrac{f}{L}$ 截面号	$\dfrac{1}{3}$	$\dfrac{1}{4}$	$\dfrac{1}{5}$	$\dfrac{1}{6}$	$\dfrac{1}{7}$	$\dfrac{1}{8}$	$\dfrac{1}{9}$	$\dfrac{1}{10}$
24′	−0.02109	−0.02171	−0.02202	−0.02218	−0.02227	−0.02233	−0.02237	−0.02240
23′	−0.02390	−0.02438	−0.02459	−0.02469	−0.02474	−0.02477	−0.02479	−0.02480
22′	−0.02617	−0.02650	−0.02662	−0.02665	−0.02666	−0.02666	−0.02665	−0.02664
21′	−0.02793	−0.02811	−0.02812	−0.02809	−0.02805	−0.02801	−0.02798	−0.02796
20′	−0.02920	−0.02921	−0.02912	−0.02902	−0.02894	−0.02887	−0.02882	−0.02878
19′	−0.03000	−0.02984	−0.02965	−0.02948	−0.02936	−0.02926	−0.02919	−0.02913
18′	−0.03034	−0.03002	−0.02973	−0.02951	−0.02934	−0.02921	−0.02912	−0.02905
17′	−0.03026	−0.02978	−0.02940	−0.02912	−0.02891	−0.02876	−0.02865	−0.02856
16′	−0.02978	−0.02915	−0.02868	−0.02835	−0.02811	−0.02793	−0.02780	−0.02771

续表

$\dfrac{f}{L}$ 截面号	$\dfrac{1}{3}$	$\dfrac{1}{4}$	$\dfrac{1}{5}$	$\dfrac{1}{6}$	$\dfrac{1}{7}$	$\dfrac{1}{8}$	$\dfrac{1}{9}$	$\dfrac{1}{10}$
15′	−0.02892	−0.02815	−0.02761	−0.02724	−0.02697	−0.02677	−0.02663	−0.02652
14′	−0.02770	−0.02683	−0.02623	−0.02581	−0.02552	−0.02531	−0.02516	−0.02504
13′	−0.02618	−0.02521	−0.02456	−0.02412	−0.02381	−0.02359	−0.02343	−0.02331
12′	−0.02436	−0.02334	−0.02266	−0.02220	−0.02188	−0.02165	−0.02149	−0.02136
11′	−0.02230	−0.02124	−0.02055	−0.02009	−0.01977	−0.01954	−0.01937	−0.01925
10′	−0.02003	−0.01897	−0.01829	−0.01783	−0.01752	−0.01730	−0.01713	−0.01701
9′	−0.01760	−0.01657	−0.01592	−0.01548	−0.01518	−0.01497	−0.01481	−0.01470
8′	−0.01561	−0.01410	−0.01349	−0.01309	−0.01281	−0.01261	−0.01247	−0.01236
7′	−0.01248	−0.01161	−0.01106	−0.01070	−0.01045	−0.01028	−0.01015	−0.01006
6′	−0.00991	−0.00916	−0.00869	−0.00838	−0.00817	−0.00803	−0.00792	−0.00784
5′	−0.00743	−0.00682	−0.00645	−0.00620	−0.00604	−0.00592	−0.00583	−0.00577
4′	−0.00513	−0.00468	−0.00441	−0.00422	−0.00410	−0.00401	−0.00395	−0.00390
3′	−0.00311	−0.00282	−0.00264	−0.00253	−0.00245	−0.00239	−0.00235	−0.00232
2′	−0.00149	−0.00134	−0.00125	−0.00119	−0.00115	−0.00113	−0.00110	−0.00109
1′	−0.00040	−0.00036	−0.00033	−0.00032	−0.00031	−0.00030	−0.00029	−0.00029
0′	0	0	0	0	0	0	0	0

$$M_{L6}(L/8)\text{影响线坐标值}=[\text{表值}]\times L, m=2.814, \frac{y_{\frac{1}{4}}}{f}=0.21$$

附表 17-13 (6)

$\dfrac{f}{L}$ 截面号	$\dfrac{1}{3}$	$\dfrac{1}{4}$	$\dfrac{1}{5}$	$\dfrac{1}{6}$	$\dfrac{1}{7}$	$\dfrac{1}{8}$	$\dfrac{1}{9}$	$\dfrac{1}{10}$
0	0	0	0	0	0	0	0	0
1	0.00123	0.00119	0.00116	0.00114	0.00112	0.00111	0.00110	0.00109
2	0.00475	0.00461	0.00449	0.00441	0.00435	0.00430	0.00427	0.00424
3	0.01031	0.01002	0.00979	0.00962	0.00950	0.00941	0.00934	0.00929
4	0.01769	0.01723	0.01687	0.01661	0.01642	0.01627	0.01617	0.01609
5	0.02670	0.02605	0.02556	0.02520	0.02494	0.02475	0.02461	0.02450
6	0.03717	0.03634	0.03572	0.03527	0.03494	0.03470	0.03453	0.03439
7	0.02811	0.02711	0.02637	0.02584	0.02546	0.02518	0.02497	0.02481
8	0.02022	0.01908	0.01824	0.01764	0.01721	0.01690	0.01667	0.01649
9	0.01338	0.01212	0.01121	0.01056	0.01010	0.00976	0.00951	0.00932
10	0.00749	0.00614	0.00518	0.00450	0.00401	0.00366	0.00340	0.00320

续表

截面号 \ f/L	$\frac{1}{3}$	$\frac{1}{4}$	$\frac{1}{5}$	$\frac{1}{6}$	$\frac{1}{7}$	$\frac{1}{8}$	$\frac{1}{9}$	$\frac{1}{10}$
11	0.00245	0.00104	−0.00005	−0.00064	−0.00113	−0.00149	−0.00175	−0.00195
12	−0.00183	−0.00325	−0.00424	−0.00493	−0.00542	−0.00577	−0.00603	−0.00623
13	−0.00542	−0.00683	−0.00780	−0.00846	−0.00893	−0.00927	−0.0952	−0.00970
14	−0.00839	−0.00975	−0.01067	−0.01130	−0.01174	−0.01205	−0.01229	−0.01246
15	−0.01081	−0.01208	−0.01294	−0.01351	−0.01391	−0.01420	−0.01441	−0.01456
16	−0.01273	−0.01389	−0.01466	−0.01517	−0.01552	−0.01577	−0.01595	−0.01609
17	−0.01420	−0.01523	−0.01589	−0.01632	−0.01662	−0.01683	−0.01698	−0.01709
18	−0.01527	−0.01614	−0.01668	−0.01703	−0.01727	−0.01743	−0.01755	−0.01763
19	−0.01599	−0.01668	−0.01709	−0.01735	−0.01752	−0.01763	−0.01772	−0.01777
20	−0.01639	−0.01689	−0.01717	−0.01733	−0.01743	−0.01749	−0.01754	−0.01757
21	−0.01651	−0.01682	−0.01695	−0.01701	−0.01704	−0.01706	−0.01706	−0.01707
22	−0.01639	−0.01650	−0.01649	−0.01645	−0.01641	−0.01637	−0.01634	−0.01632
23	−0.01606	−0.01596	−0.01581	−0.01568	−0.01557	−0.01548	−0.01542	−0.01536
24	−0.01555	−0.01525	−0.01496	−0.01474	−0.01456	−0.01443	−0.01433	−0.01425

$M_{R6}(L/8)$影响线坐标值＝［表值］×L，m＝2.814　　　　附表 17-13（7）

截面号 \ f/L	$\frac{1}{3}$	$\frac{1}{4}$	$\frac{1}{5}$	$\frac{1}{6}$	$\frac{1}{7}$	$\frac{1}{8}$	$\frac{1}{9}$	$\frac{1}{10}$
24′	−0.01555	−0.01525	−0.01496	−0.01474	−0.01456	−0.01443	−0.01433	−0.01425
23′	−0.01489	−0.01439	−0.01398	−0.01366	−0.01343	−0.01325	−0.01312	−0.01301
22′	−0.01410	−0.01342	−0.01289	−0.01249	−0.01220	−0.01198	−0.01182	−0.01169
21′	−0.01321	−0.01236	−0.01172	−0.01125	−0.01091	−0.01066	−0.01047	−0.01033
20′	−0.01224	−0.01125	−0.01051	−0.00998	−0.00959	−0.00931	−0.00910	−0.00894
19′	−0.01121	−0.01010	−0.00928	−0.00870	−0.00828	−0.00797	−0.00774	−0.00757
18′	−0.01015	−0.00893	−0.00805	−0.00743	−0.00698	−0.00666	−0.00642	−0.00624
17′	−0.00908	−0.00778	−0.00685	−0.00620	−0.00574	−0.000540	−0.00515	−0.00497
16′	−0.00801	−0.00665	−0.00570	−0.00503	−0.00456	−0.00422	−0.00397	−0.00378
15′	−0.00695	−0.00557	−0.00461	−0.00394	−0.00347	−0.00313	−0.00288	−0.00269
14′	−0.00593	−0.00455	−0.00360	−0.00295	−0.00249	−0.02150	−0.00191	−0.00172
13′	−0.00496	−0.00361	−0.00269	−0.00206	−0.00161	−0.00129	−0.00106	−0.00088
12′	−0.00406	−0.00276	−0.00188	−0.00128	−0.00086	−0.00056	−0.00034	−0.00017
11′	−0.00322	−0.00201	−0.00119	−0.00063	−0.00024	0.00003	0.00024	0.00039
10′	−0.00248	−0.00136	−0.00062	−0.00011	0.00024	0.00049	0.00068	0.00081

$\dfrac{f}{L}$ 截面号	$\dfrac{1}{3}$	$\dfrac{1}{4}$	$\dfrac{1}{5}$	$\dfrac{1}{6}$	$\dfrac{1}{7}$	$\dfrac{1}{8}$	$\dfrac{1}{9}$	$\dfrac{1}{10}$
9′	−0.00182	−0.00082	−0.00016	0.00028	0.00059	0.00081	0.00097	0.00109
8′	−0.00127	−0.00040	0.00017	0.00055	0.00081	0.00100	0.00114	0.00124
7′	−0.00081	−0.00009	0.00038	0.00070	0.00092	0.00107	0.00118	0.00126
6′	−0.00046	0.00012	0.00049	0.00074	0.00091	0.00103	0.00111	0.00118
5′	−0.00021	0.00022	0.00050	0.00068	0.00081	0.00090	0.00096	0.00101
4′	−0.00006	0.00024	0.00043	0.00056	0.00064	0.00070	0.00074	0.00078
3′	0.00002	0.00020	0.00032	0.00039	0.00044	0.00047	0.00050	0.00052
2′	0.00003	0.00012	0.00017	0.00021	0.00023	0.00025	0.00026	0.00027
1′	0.00002	0.00004	0.00005	0.00006	0.00007	0.00007	0.00008	0.00008
0′	0	0	0	0	0	0	0	0

$$M_{L0}(\text{拱脚})\text{影响线坐标值}=[\text{表值}]\times L, m=2.814, \frac{y_{\frac{1}{4}}}{f}=0.21$$

附表 17-13（8）

$\dfrac{f}{L}$ 截面号	$\dfrac{1}{3}$	$\dfrac{1}{4}$	$\dfrac{1}{5}$	$\dfrac{1}{6}$	$\dfrac{1}{7}$	$\dfrac{1}{8}$	$\dfrac{1}{9}$	$\dfrac{1}{10}$
0	0	0	0	0	0	0	0	0
1	−0.01838	−0.01848	−0.01855	−0.01860	−0.01863	−0.01866	−0.01868	−0.01870
2	−0.03232	−0.03267	−0.03292	−0.03309	−0.03322	−0.03332	−0.03339	−0.03344
3	−0.04249	−0.04317	−0.04366	−0.04400	−0.04425	−0.04443	−0.04457	−0.04467
4	−0.04946	−0.05050	−0.05125	−0.05177	−0.05215	−0.05242	−0.05263	−0.05278
5	−0.05371	−0.05512	−0.05611	−0.05681	−0.05731	−0.05767	−0.05795	−0.05815
6	−0.05568	−0.05741	−0.05862	−0.05948	−0.06009	−0.06053	−0.06086	−0.06111
7	−0.05573	−0.05773	−0.05913	−0.06010	−0.06080	−0.06130	−0.06168	−0.06196
8	−0.05420	−0.05639	−0.05792	−0.05898	−0.05974	−0.06028	−0.06069	−0.06100
9	−0.05135	−0.05366	−0.05526	−0.05638	−0.05716	−0.05773	−0.05815	−0.05847
10	−0.04744	−0.04979	−0.05141	−0.05253	−0.05332	−0.05389	−0.05431	−0.05463
11	−0.04268	−0.04499	−0.04657	−0.04765	−0.04842	−0.04897	−0.04938	−0.04969
12	−0.03727	−0.03945	−0.04094	−0.04196	−0.04268	−0.04319	−0.04357	−0.04386
13	−0.03136	−0.03334	−0.03469	−0.03562	−0.03627	−0.03673	−0.03707	−0.03733
14	−0.02510	−0.02683	−0.02801	−0.02880	−0.02936	−0.02976	−0.03005	−0.03027
15	−0.01863	−0.02005	−0.02101	−0.02166	−0.02212	−0.02244	−0.02267	−0.02285
16	−0.01205	−0.01313	−0.01386	−0.01434	−0.01467	−0.01491	−0.01508	−0.01521
17	−0.00548	−0.00618	−0.00665	−0.00695	0.00716	−0.00731	−0.00741	−0.00749
18	0.0101	0.00069	0.00050	0.00037	0.00030	0.00025	0.00021	0.00019

$\dfrac{f}{L}$ 截面号	$\dfrac{1}{3}$	$\dfrac{1}{4}$	$\dfrac{1}{5}$	$\dfrac{1}{6}$	$\dfrac{1}{7}$	$\dfrac{1}{8}$	$\dfrac{1}{9}$	$\dfrac{1}{10}$
19	0.00732	0.00740	0.00748	0.00754	0.00760	0.00764	0.00768	0.00771
20	0.01338	0.01386	0.01420	0.01445	0.01464	0.01477	0.01488	0.01496
21	0.01914	0.02000	0.02059	0.02102	0.02133	0.02156	0.02173	0.02186
22	0.02452	0.02574	0.02658	0.02717	0.02759	0.02790	0.02813	0.02831
23	0.02949	0.03103	0.03209	0.03283	0.03336	0.03374	0.03403	0.03425
24	0.03400	0.03583	0.03708	0.03795	0.03857	0.03902	0.03935	0.03961

$$M_{R0}(拱脚)影响线坐标值＝[表值]\times L, m＝2.814 \qquad 附表 17\text{-}13\ (9)$$

$\dfrac{f}{L}$ 截面号	$\dfrac{1}{3}$	$\dfrac{1}{4}$	$\dfrac{1}{5}$	$\dfrac{1}{6}$	$\dfrac{1}{7}$	$\dfrac{1}{8}$	$\dfrac{1}{9}$	$\dfrac{1}{10}$
24′	0.03400	0.03583	0.03708	0.03795	0.03857	0.03902	0.03935	0.03961
23′	0.03800	0.04007	0.04148	0.04246	0.04316	0.04367	0.04404	0.04433
22′	0.04147	0.04373	0.04527	0.04634	0.04710	0.04764	0.04805	0.04836
21′	0.04438	0.04677	0.04840	0.04954	0.05034	0.05092	0.05135	0.05168
20′	0.04669	0.04917	0.05086	0.05203	0.05286	0.05346	0.05390	0.05424
19′	0.04840	0.05091	0.05262	0.05380	0.05464	0.05525	0.05570	0.05604
18′	0.04949	0.05197	0.05367	0.05484	0.05567	0.05627	0.05672	0.05705
17′	0.04996	0.05236	0.05401	0.05515	0.05595	0.05653	0.05696	0.05729
16′	0.04980	0.05208	0.05364	0.05473	0.05549	0.05604	0.05645	0.05676
15′	0.04902	0.05113	0.05259	0.05359	0.05430	0.05482	0.05520	0.05548
14′	0.04762	0.05954	0.05086	0.05178	0.05242	0.05289	0.05323	0.05349
13′	0.04564	0.04733	0.04850	0.04931	0.04988	0.05029	0.05060	0.05083
12′	0.04310	0.04454	0.04555	0.04624	0.04673	0.04709	0.04735	0.04755
11′	0.04003	0.04122	0.04206	0.04263	0.04304	0.04333	0.04355	0.04371
10′	0.03649	0.03743	0.03810	0.03855	0.03888	0.03911	0.03928	0.03941
9′	0.03254	0.03325	0.03375	0.03409	0.03433	0.03450	0.03463	0.03473
8′	0.02826	0.02875	0.02910	0.02934	0.02951	0.02963	0.02972	0.02978
7′	0.02376	0.02406	0.02428	0.02443	0.02453	0.02460	0.02465	0.02469
6′	0.01914	0.01930	0.01941	0.01948	0.01953	0.01957	0.01959	0.01961
5′	0.01456	0.01461	0.01465	0.01467	0.01468	0.01469	0.01469	0.01470
4′	0.01021	0.01019	0.01018	0.01017	0.01016	0.01015	0.01014	0.01014
3′	0.00628	0.00624	0.00621	0.00619	0.00617	0.00616	0.00614	0.00613
2′	0.00305	0.00302	0.00299	0.00297	0.00296	0.00295	0.00294	0.00293
1′	0.00083	0.00082	0.00081	0.00080	0.00080	0.00079	0.00079	0.00079
0′	0	0	0	0	0	0	0	0

附表 17-14　*M* 及相应的 *H*、*R*、*N* 影响线面积表

在附表 17-14 中，l_1、l_2、l_3＝（表值）$\times L$

$M＝（表值）\times L^2$

$H＝（表值）\times \dfrac{L^2}{f}$

$R＝（表值）\times L$

$N＝（表值）\times L$

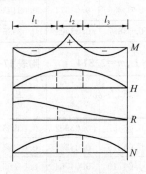

附图 17-2　拱顶（截面 24）
内力影响线面积

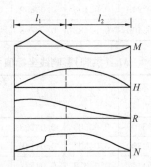

附图 17-3　拱跨 1/4 点（截面 12）
内力影响线面积

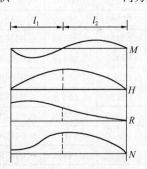

附图 17-4　拱脚（截面 0）
内力影响线面积

$$m＝2.814,\quad \frac{f}{L}＝\frac{1}{3}$$

附表 17-14

项目	截面	24（拱顶）	18（$\frac{3}{8}L$）	12（$\frac{1}{4}L$）	6（$\frac{1}{8}L$）	0（拱脚）
M 影响线	l_1	0.33861	0.11073	0.40144	0.24110	0.37176
反弯点	l_2	0.32278	0.40558	0.59856	0.69131	0.62824
位置	l_3	0.33861	0.48369		0.06759	
M_{max}		0.00775	0.00915	0.00919	0.00352	0.01869
相应的 *H*		0.06932	0.06573	0.04183	0.01373	0.09195

项目 \ 截面		24（拱顶）	18（$\frac{3}{8}L$）	12（$\frac{1}{4}L$）	6（$\frac{1}{8}L$）	0（拱脚）
相应的 R		0.16139	0.30104	0.34615	0.22750	0.17338
相应的 N		0.20796	0.19992	0.15697	0.10209	0.29171
M_{min}		−0.00483	−0.00764	−0.01073	−0.00604	−0.01319
相应的 H		0.05827	0.06187	0.08577	0.11386	0.03564
相应的 R		0.33861	0.19896	0.15385	0.27250	0.32662
相应的 N		0.17482	0.20224	0.29979	0.43365	0.33450

$$m=2.814,\ \frac{f}{L}=\frac{1}{4}$$

项目 \ 截面		24（拱顶）	18（$\frac{3}{8}L$）	12（$\frac{1}{4}L$）	6（$\frac{1}{8}L$）	0（拱脚）
M 影响线	l_1	0.34096	0.10340	0.39764	0.23423	0.37290
反弯点	l_2	0.31809	0.40941	0.60236	0.62894	0.62710
位置	l_3	0.34096	0.48719		0.13683	
M_{max}		0.00743	0.00892	0.00898	0.00336	0.01943
相应的 H		0.06920	0.06550	0.04091	0.01519	0.09223
相应的 R		0.15904	0.30743	0.34466	0.22447	0.17173
相应的 N		0.27679	0.26387	0.18797	0.10875	0.36607
M_{min}		−0.00466	−0.00754	−0.01059	−0.00585	−0.01372
相应的 H		0.05874	0.06102	0.08704	0.11275	0.03571
相应的 R		0.34096	0.19257	0.15534	0.27553	0.32827
相应的 N		0.23497	0.26255	0.38123	0.52555	0.34478

$$m=2.814,\ \frac{f}{L}=\frac{1}{5}$$

项目 \ 截面		24（拱顶）	18（$\frac{3}{8}L$）	12（$\frac{1}{4}L$）	6（$\frac{1}{8}L$）	0（拱脚）
M 影响线	l_1	0.34239	0.09717	0.39539	0.22942	0.37356
反弯点	l_2	0.31521	0.41369	0.60461	0.59328	0.62644
位置	l_3	0.34239	0.48914		0.17730	
M_{max}		0.00725	0.00878	0.00882	0.00327	0.01994
相应的 H		0.06913	0.06544	0.04035	0.01732	0.09242
相应的 R		0.15761	0.31322	0.34385	0.22346	0.17067
相应的 N		0.34567	0.32860	0.22155	0.12529	0.44919
M_{min}		−0.00456	−0.00747	−0.01047	−0.00573	−0.01409
相应的 H		0.05903	0.06273	0.08781	0.11085	0.03575
相应的 R		0.34239	0.18678	0.15615	0.27654	0.32933
相应的 N		0.29516	0.32399	0.46600	0.61704	0.35832

续表

$$m=2.814, \quad \frac{f}{L}=\frac{1}{6}$$

项目 \ 截面		24（拱顶）	18（$\frac{3}{8}L$）	12（$\frac{1}{4}L$）	6（$\frac{1}{8}L$）	0（拱脚）
M 影响线	l_1	0.34332	0.09408	0.39407	0.22657	0.37394
反弯点	l_2	0.31336	0.41560	0.60593	0.57093	0.62606
位置	l_3	0.34332	0.49032		0.20250	
M_{max}		0.00714	0.00869	0.00872	0.00322	0.02030
相应的 H		0.06910	0.06537	0.04002	0.01921	0.09256
相应的 R		0.15668	0.31613	0.34344	0.22359	0.16999
相应的 N		0.41460	0.39336	0.25678	0.14748	0.53734
M_{min}		−0.00451	−0.00742	−0.01039	−0.00565	−0.01435
相应的 H		0.05922	0.06295	0.08830	0.10911	0.03576
相应的 R		0.34332	0.18387	0.15656	0.27641	0.33001
相应的 N		0.35530	0.38636	0.55242	0.70873	0.37509

$$m=2.814, \quad \frac{f}{L}=\frac{1}{7}$$

项目 \ 截面		24（拱顶）	18（$\frac{3}{8}L$）	12（$\frac{1}{4}L$）	6（$\frac{1}{8}L$）	0（拱脚）
M 影响线	l_1	0.34395	0.09233	0.39319	0.22458	0.37417
反弯点	l_2	0.31210	0.41657	0.60681	0.55674	0.62583
位置	l_3	0.34395	0.49110		0.21868	
M_{max}		0.00707	0.00863	0.00864	0.00319	0.02055
相应的 H		0.06908	0.06531	0.03980	0.02062	0.09266
相应的 R		0.15605	0.31780	0.34317	0.22381	0.16954
相应的 N		0.48357	0.45817	0.29294	0.17186	0.62827
M_{min}		−0.00447	−0.00739	−0.01032	−0.00560	−0.01453
相应的 H		0.05934	0.06311	0.08863	0.10780	0.03576
相应的 R		0.34395	0.18220	0.15683	0.27619	0.33046
相应的 N		0.41538	0.44920	0.63989	0.80201	0.39476

$$m=2.814, \quad \frac{f}{L}=\frac{1}{8}$$

项目 \ 截面		24（拱顶）	18（$\frac{3}{8}L$）	12（$\frac{1}{4}L$）	6（$\frac{1}{8}L$）	0（拱脚）
M 影响线	l_1	0.34439	0.09125	0.39257	0.22315	0.37432
反弯点	l_2	0.31122	0.41712	0.60743	0.54649	0.62568
位置	l_3	0.34439	0.49163		0.23036	
M_{max}		0.00702	0.00858	0.00859	0.00317	0.02073
相应的 H		0.06907	0.06527	0.03964	0.02176	0.09274
相应的 R		0.15561	0.31884	0.34299	0.22412	0.16922
相应的 N		0.55256	0.52303	0.32972	0.19800	0.72072
M_{min}		−0.00444	−0.00736	−0.01028	−0.00557	−0.01466
相应的 H		0.05943	0.06323	0.08886	0.10674	0.03576
相应的 R		0.34439	0.18116	0.15701	0.27588	0.33078
相应的 N		0.47541	0.51231	0.72801	0.89609	0.41690

续表

$$m=2.814, \quad \frac{f}{L}=\frac{1}{9}$$

截面 项目		24（拱顶）	18（$\frac{3}{8}L$）	12（$\frac{1}{4}L$）	6（$\frac{1}{8}L$）	0（拱脚）
M 影响线	l_1	0.34471	0.09054	0.39212	0.22208	0.37441
反弯点	l_2	0.31058	0.41746	0.60788	0.54014	0.62559
位置	l_3	0.34471	0.49200		0.23777	
M_{max}		0.00699	0.00855	0.00855	0.00316	0.02087
相应的 H		0.06906	0.06524	0.03952	0.02250	0.09280
相应的 R		0.15529	0.31953	0.34286	0.22424	0.16900
相应的 N		0.62157	0.58793	0.36695	0.22367	0.81399
M_{min}		−0.00442	−0.00734	−0.01024	−0.00555	−0.01475
相应的 H		0.05949	0.06331	0.08903	0.10605	0.03576
相应的 R		0.34471	0.18047	0.15714	0.27576	0.33100
相应的 N		0.53540	0.57559	0.81653	0.99241	0.44108

$$m=2.814, \quad \frac{f}{L}=\frac{1}{10}$$

截面 项目		24（拱顶）	18（$\frac{3}{8}L$）	12（$\frac{1}{4}L$）	6（$\frac{1}{8}L$）	0（拱脚）
M 影响线	l_1	0.34495	0.09004	0.39178	0.22128	0.37448
反弯点	l_2	0.31010	0.41768	0.60822	0.53506	0.62552
位置	l_3	0.34495	0.49228		0.24366	
M_{max}		0.00696	0.00853	0.00852	0.00315	0.02097
相应的 H		0.06906	0.06522	0.03944	0.02312	0.09284
相应的 R		0.15505	0.32002	0.34277	0.22440	0.16883
相应的 N		0.69058	0.65286	0.40451	0.25020	0.90709
M_{min}		−0.00441	−0.00733	−0.01021	−0.00553	−0.01482
相应的 H		0.05954	0.06338	0.08916	0.10547	0.03575
相应的 R		0.34495	0.17998	0.15723	0.27560	0.33117
相应的 N		0.59535	0.63898	0.90534	1.08916	0.46694

参 考 文 献

[1] 中华人民共和国国家标准. 工程结构可靠性设计统一标准 GB 50153—2008. 北京：中国计划出版社，2008.

[2] 中华人民共和国行业标准. 公路工程技术标准 JTG B01—2014. 北京：人民交通出版社，2014.

[3] 中华人民共和国行业标准. 公路桥涵设计通用规范 JTG D60—2015. 北京：人民交通出版社，2004.

[4] 中华人民共和国行业标准. 公路钢筋混凝土及预应力混凝土桥涵设计规范 JTG D62—2004. 北京：人民交通出版社，2004.

[5] 中华人民共和国行业标准. 公路桥涵施工技术规范 JTG/F 50—2011. 北京：人民交通出版社，2011.

[6] 中华人民共和国行业标准. 公路圬工桥涵设计规范 JTG D61—2005. 北京：人民交通出版社，2005.

[7] 李扬海，鲍卫刚，郭修武，程翔云. 公路桥梁结构可靠度与概率极限状态设计. 北京：人民交通出版社，1997.

[8] 叶见曙. 结构设计原理（第三版）. 北京：人民交通出版社，2014.

[9] 张树仁，郑绍陆，鲍卫刚. 钢筋混凝土及预应力混凝土桥梁结构设计原理. 北京：人民交通出版社，2004.

[10] 中国工程院土木水流域建筑学部工程结构安全性与耐久性研究咨询项目组. 混凝土结构耐久性设计与施工指南. 北京：中国建筑工业出版社，2004. 5.

[11] 范立础. 桥梁工程（上）第二版. 北京：人民交通出版社，2001.

[12] 顾安邦. 桥梁工程（下）第二版. 北京：人民交通出版社，2000.

[13] 邵旭东. 桥梁工程（第四版）. 北京：人民交通出版社，2016.

[14] 罗旗帜. 桥梁工程. 广州：华南理工大学出版社，2006.

[15] 公路桥涵设计手册—拱桥（上、下册）. 北京：人民交通出版社，1996.

高校土木工程专业指导委员会规划推荐教材（经典精品系列教材）

征订号	书　名	定价	作　者	备　注
V28007	土木工程施工（第三版）	78.00	重庆大学、同济大学、哈尔滨工业大学	"十二五"国家规划教材、教育部2009年度普通高等教育精品教材
V16543	岩土工程测试与监测技术	29.00	宰金珉	"十二五"国家规划教材
V25576	建筑结构抗震设计（第四版）（赠送课件）	34.00	李国强 等	"十二五"国家规划教材、土建学科"十二五"规划教材
V22301	土木工程制图（第四版）（含教学资源光盘）	58.00	卢传贤 等	"十二五"国家规划教材、土建学科"十二五"规划教材
V22302	土木工程制图习题集（第四版）	20.00	卢传贤 等	"十二五"国家规划教材、土建学科"十二五"规划教材
V27251	岩石力学（第三版）（赠送课件）	32.00	张永兴	"十二五"国家规划教材、土建学科"十二五"规划教材
V20960	钢结构基本原理（第二版）	39.00	沈祖炎 等	"十二五"国家规划教材、土建学科"十二五"规划教材
V16338	房屋钢结构设计	55.00	沈祖炎、陈以一、陈扬骥	"十二五"国家规划教材、土建学科"十二五"规划教材、教育部2008年度普通高等教育精品教材
V24535	路基工程（第二版）	38.00	刘建坤、曾巧玲 等	"十二五"国家规划教材
V20313	建筑工程事故分析与处理（第三版）	44.00	江见鲸 等	"十二五"国家规划教材、土建学科"十二五"规划教材、教育部2007年度普通高等教育精品教材
V13522	特种基础工程	19.00	谢新宇、俞建霖	"十二五"国家规划教材
V20935	工程结构荷载与可靠度设计原理（第三版）	27.00	李国强 等	"十二五"国家规划教材
V19939	地下建筑结构（第二版）（赠送课件）	45.00	朱合华 等	"十二五"国家规划教材、土建学科"十二五"规划教材、教育部2011年度普通高等教育精品教材
V13494	房屋建筑学（第四版）（含光盘）	49.00	同济大学、西安建筑科技大学、东南大学、重庆大学	"十二五"国家规划教材、教育部2007年度普通高等教育精品教材

征订号	书　名	定价	作　者	备　注
V20319	流体力学（第二版）	30.00	刘鹤年	"十二五"国家规划教材、土建学科"十二五"规划教材
V12972	桥梁施工（含光盘）	37.00	许克宾	"十二五"国家规划教材
V19477	工程结构抗震设计（第二版）	28.00	李爱群 等	"十二五"国家规划教材、土建学科"十二五"规划教材
V27912	建筑结构试验（第四版）	35.00	易伟建、张望喜	"十二五"国家规划教材、土建学科"十二五"规划教材
V21003	地基处理	22.00	龚晓南	"十二五"国家规划教材
V20915	轨道工程	36.00	陈秀方	"十二五"国家规划教材
V28200	爆破工程（第二版）	36.00	东兆星 等	"十二五"国家规划教材
V28197	岩土工程勘察（第二版）	38.00	王奎华	"十二五"国家规划教材
V20764	钢-混凝土组合结构	33.00	聂建国 等	"十二五"国家规划教材
V19566	土力学（第三版）	36.00	东南大学、浙江大学、湖南大学、苏州科技学院	"十二五"国家规划教材、土建学科"十二五"规划教材
V24832	基础工程（第三版）（附课件）	48.00	华南理工大学	"十二五"国家规划教材、土建学科"十二五"规划教材
V28155	混凝土结构（上册）——混凝土结构设计原理（第六版）	42.00	东南大学、天津大学、同济大学	"十二五"国家规划教材、土建学科"十二五"规划教材、教育部2009年度普通高等教育精品教材
V28156	混凝土结构（中册）——混凝土结构与砌体结构设计（第六版）	58.00	东南大学 同济大学 天津大学	"十二五"国家规划教材、土建学科"十二五"规划教材、教育部2009年度普通高等教育精品教材
V28157	混凝土结构（下册）——混凝土桥梁设计（第六版）	55.00	东南大学 同济大学 天津大学	"十二五"国家规划教材、土建学科"十二五"规划教材、教育部2009年度普通高等教育精品教材
V11404	混凝土结构及砌体结构（上）	42.00	滕智明 等	"十二五"国家规划教材
VI1439	混凝土结构及砌体结构（下）	39.00	罗福午 等	"十二五"国家规划教材

征订号	书　名	定价	作　者	备　注
V25362	钢结构（上册）——钢结构基础（第三版）（含光盘）	52.00	陈绍蕃	"十二五"国家规划教材、土建学科"十二五"规划教材
V25363	钢结构（下册）——房屋建筑钢结构设计（第三版）	32.00	陈绍蕃	"十二五"国家规划教材、土建学科"十二五"规划教材
V22020	混凝土结构基本原理（第二版）	48.00	张誉 等	"十二五"国家规划教材
V21673	混凝土及砌体结构（上册）	37.00	哈尔滨工业大学、大连理工大学等	"十二五"国家规划教材
V10132	混凝土及砌体结构（下册）	19.00	哈尔滨工业大学、大连理工大学等	"十二五"国家规划教材
V20495	土木工程材料（第二版）	38.00	湖南大学、天津大学、同济大学、东南大学	"十二五"国家规划教材、土建学科"十二五"规划教材
V18285	土木工程概论	18.00	沈祖炎	"十二五"国家规划教材
V19590	土木工程概论（第二版）	42.00	丁大钧 等	"十二五"国家规划教材、教育部2011年度普通高等教育精品教材
V20095	工程地质学（第二版）	33.00	石振明 等	"十二五"国家规划教材、土建学科"十二五"规划教材
V20916	水文学	25.00	雒文生	"十二五"国家规划教材
V22601	高层建筑结构设计（第二版）	45.00	钱稼茹	"十二五"国家规划教材、土建学科"十二五"规划教材
V19359	桥梁工程（第二版）	39.00	房贞政	"十二五"国家规划教材
V23453	砌体结构（第三版）	32.00	蓝宗建 等	"十二五"国家规划教材、教育部2011年度普通高等教育精品教材